航天科技图书出版基金资助出版

航天飞机计划
——技术和成就

The Space Shuttle Program
Technologies and Accomplishments

[英] 戴维德·西沃尔拉 (Davide Sivolella)　著

冯　烨　张　鹏　于欣欣　王　瀛　胡宇桑　李　彬　等译

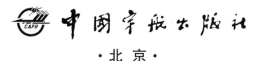

中国宇航出版社
·北京·

First published in English under the title

The Space Shuttle Program：Technologies and Accomplishments

by Davide Sivolella，edition：1

Copyright © Springer International Publishing AG，2017*

This edition has been translated and published under licence from
Springer Nature Switzerland AG.

Springer Nature Switzerland AG takes no responsibility and shall not be made liable for
the accuracy of the translation.

本书中文简体字版由著作权人授权中国宇航出版社独家出版发行，未经出版者书面许可，不得以任何方式抄袭、复制或节录本书中的任何部分。

著作权合同登记号：图字：01－2019－7170 号

版权所有　侵权必究

图书在版编目（ＣＩＰ）数据

航天飞机计划：技术和成就 /（英）戴维德·西沃尔拉（Davide Sivolella）著；冯烨等译. —— 北京：中国宇航出版社，2020.6

书名原文：The Space Shuttle Program：Technologies and Accomplishments

ISBN 978-7-5159-1810-5

Ⅰ. ①航… Ⅱ. ①戴… ②冯… Ⅲ. ①航天飞机—研究 Ⅳ. ①V475.2

中国版本图书馆 CIP 数据核字（2020）第 107232 号

责任编辑	张丹丹	封面设计	宇星文化	

出 版 / **发 行**　**中国宇航出版社**

社　址	北京市阜成路 8 号　邮　编　100830	版　次　2020 年 6 月第 1 版
	（010）60286808　　（010）68768548	2020 年 6 月第 1 次印刷
网　址	www.caphbook.com	规　格　787×1092
经　销	新华书店	开　本　1/16
发行部	（010）60286888　　（010）68371900	印　张　20.5
	（010）60286887　　（010）60286804（传真）	字　数　499 千字
零售店	读者服务部　　　　（010）68371105	书　号　ISBN 978-7-5159-1810-5
承　印	天津画中画印刷有限公司	定　价　168.00 元

本书如有印装质量问题，可与发行部联系调换

航天科技图书出版基金简介

航天科技图书出版基金是由中国航天科技集团公司于 2007 年设立的，旨在鼓励航天科技人员著书立说，不断积累和传承航天科技知识，为航天事业提供知识储备和技术支持，繁荣航天科技图书出版工作，促进航天事业又好又快地发展。基金资助项目由航天科技图书出版基金评审委员会审定，由中国宇航出版社出版。

申请出版基金资助的项目包括航天基础理论著作，航天工程技术著作，航天科技工具书，航天型号管理经验与管理思想集萃，世界航天各学科前沿技术发展译著以及有代表性的科研生产、经营管理译著，向社会公众普及航天知识、宣传航天文化的优秀读物等。出版基金每年评审 1～2 次，资助 20～30 项。

欢迎广大作者积极申请航天科技图书出版基金。可以登录中国宇航出版社网站，点击"出版基金"专栏查询详情并下载基金申请表；也可以通过电话、信函索取申报指南和基金申请表。

网址：http：//www.caphbook.com

电话：(010) 68767205，68768904

译者序

可重复使用的航天运载器是实现自由进出空间的重要技术途径之一，是大规模开发空间资源、建设空间基础设施的重要载体，也是国民经济发展的重要推动力量。作为可重复使用航天运载器的代表，航天飞机无论是在技术研究还是工程实施方面都是航天运输系统的一次创举。航天飞机在其服役的 30 年里，5 个轨道器共成功完成了 134 次载人航天任务，其中包括卫星部署回收、空间望远镜在轨服务及空间站在轨装配等人类航天史的多项奇迹。

本书以航天飞机计划为背景，详细介绍了航天飞机的系统组成、航天飞机的上面级、航天飞机的舱外活动、卫星及哈勃空间望远镜的在轨服务、空间实验室任务、航天飞机的军事应用以及绳系卫星的空间试验等内容。当前，我国载人航天正处于空间站研制、大力推进在轨服务技术的关键阶段，本书涵盖的大量载人航天项目系统论证、任务体系规划、地面模拟验证等相关内容，对航天科研人员具有重要的借鉴价值。

中国空间技术研究院北京控制工程研究所冯烨、张鹏组织了本书的翻译工作。全书由张鹏、李彬进行统稿和审校。第 1、2、3、12 章、致谢及作者简介由张鹏翻译，第 4、5 章由胡宇桑翻译，第 6、7、11 章由于欣欣翻译，第 8、10 章由王瀛翻译，第 9、13 章由冯烨翻译。

在本书翻译过程中，得到了中国空间技术研究院张柏楠总师、杨宏总师，以及范松涛、于丹、蔡彪等领导和资深专家的指导，特别要感谢张柏楠总师、杨宏总师在百忙中为本书申请航天科技图书出版基金撰写了宝贵的推荐意见。感谢中国宇航出版社在本书的编校及出版过程中给予的帮助。另外，还要感谢蒋金哲、蔺玥、李志宇等同事在本书翻译出版以及基金申请过程中给予的大力支持。借此，谨对长期以来关心、支持和帮助我们的领导和同事致以诚挚的感谢。

由于译者水平有限，翻译内容难免存在不足之处，请读者批评指正。

译　者

2020 年 6 月

致　谢

　　我一直是一个"贪婪"的读者，在我十几岁的时候，我曾幻想有一天能写一本书，主题也许是关于太空探索的。这个梦想在 2013 年的夏天成为现实，施普林格-实践出版社出版了我的第一本书——《入轨和返回：航天飞机如何在太空中飞行》。没想到几年后，我还能再次出征，在递交原稿后不久，实践出版社的克莱夫·霍伍德建议我接受这个新项目。为此，我将永远感激他的鼓励和信任。我对航天历史学家大卫·M. 哈兰德表示诚挚的感谢，他使这本书的可读性大大增加，同时帮助我提高了写作技巧。同样，我也要感谢莫里·所罗门和她在纽约的施普林格出版社同事，他们协助我将最初的想法转化为一本完整的图书。

　　写这样一本书要花费很多时间，特别是当你有一份全职工作和家庭的时候。没有人比我的妻子莫妮卡更了解这些。在写作的最后几个月里，我不得不牺牲大量的家庭时间，她长久以来的支持和耐心是这个项目能够成功的最重要因素。如果没有我的父母——帕斯夸尔和玛丽亚，这本书也不会出版。当我还是个小男孩的时候，他们就鼓励我追寻太空探索的梦想。身边的很多朋友在精神上给予了我很大的支持。在此我要感谢文森佐·盖洛，布里吉达·玛丽卡·科拉多以及朱塞佩·佩洛西，还有更多的朋友，他们的鼓励、赞许和关切我将铭记于心。

　　若无特殊说明，插图均引自网站 www. nasa. gov 及相关网站 www. nasaimages. com，www. spaceflight. nasa. gov 和 www. ntrs. nasa. gov。根据 NASA 的规定，它们是可以免费使用的。对于其他来源的图片，本书已获得其使用的书面许可。

目　录

第 1 章　一种令人印象深刻的飞行器

1.1　太空飞机（The Spaceplane）

1972 年 12 月 14 日，在最后一个阿波罗机组离开月球之前，美国航空航天工业已经开始为下一个太空计划部署设计部门了。尽管只是航行到低地球轨道，看似没有探索地球的天然卫星那样令人兴奋，但新的太空船却与之前的型号有着本质的区别。实际上，这是一次实现长久以来梦想的机会，这个想法在几十年前就提出来了，甚至比太空时代的开启还要早。

18 世纪末期，在那些描述太空飞行的科幻小说和故事中，谈到的太空飞行主要依靠一些不切实际的运输工具。例如，在埃德加·艾伦·坡（Edgar Allan Poe）的短篇小说《汉斯·普法尔登月记》中，主角用一个新式气球开始了太空旅程，花了 90 天时间到达了月球。无独有偶，在儒勒·凡尔纳（Jules Verne）的《从地球到月球》中，3 个人坐在类似于子弹形状的密封舱内，通过一个巨大的加农炮将密封舱射向太空。直到俄国人康斯坦丁·齐奥尔科夫斯基（Konstantin Tsiolkovsky）、美国人罗伯特·戈达德（Robert H. Goddard）和德国人沃纳·冯·布劳恩（Werner Von Braun）研究成果的出现，才真正将物理学发挥作用，为太空旅行确定可行且有效的推进系统。19 世纪前 20 年，这些人根据牛顿第三运动定律，通过理论研究或试验（或两者结合）得到了火箭进入太空并在太空中运行的方法。同时，迅速发展的飞机工业令人们形成了固有观念，任何能飞行的机器应该像它们的名字那样带有翅膀（机翼）。由于火箭学被视为航空工程的一个分支，加上大多数对太空旅行感兴趣的工程师有航空知识背景，自然地，火箭和机翼被联系在一起。因此，太空飞机的概念就产生了。

第二次世界大战过后，利用有翼火箭进入太空的概念被科幻作品和电影产业不断巩固。1950 年乔治·保尔（George Pal）的电影《登陆月球》和 1955 年华特·迪士尼（Walt Disney）的动画片《人在太空》及《人在月球》中的有翼火箭就是典型例子。这个概念在航空航天界深入人心，以至于人们完全接受了它却忽略了一个最明显的问题：太空航行不需要机翼，因为真空环境下没有空气作用在机翼上提供升力。同样，在上升段也不需要机翼，因为火箭可以冲出大气层，节省推进剂并且增加有效载荷。机翼只有在再入大气层时才能够发挥作用，可以操控飞行器飞向选定的着陆点，可能还会起到减小过载的作用。考虑到一次典型的大气再入过程是 30～45 min，显然，在 99% 的任务时间里机翼的质量是死重。这部分质量应该更好地用于改善飞机的牵引能力。不过，太空飞机拥有在跑道上降落的能力，这比在水中溅落更具有吸引力。

在第一次计划将人类送入太空时，人们自然想到了一种基于太空飞机的架构。第一架飞行器是波音（Boeing）公司的 X-20 动力滑翔机（Dyna-Soar）。它由美国空军出资建造，项目开始于 1957 年 10 月 24 日，计划制造一架小型单人太空飞机来完成侦察、从太空投掷核弹以及破坏敌方卫星等军事任务。从 1959 年开始的大约 10 年时间里，美国国家航空航天局（NASA）使用北美航空公司的火箭动力飞机 X-15 进行了高超声速飞行测试，目的是将"挑战极限"扩展到太空的边缘。宇航工程一次令人震惊的演变将使飞机具有轨道飞行的能力。

然而，X-20 和轨道飞行的 X-15 都没能离开绘图板。一部分原因是资金，但放弃这些项目的决定性因素还是时间。20 世纪 50 年代末，随着苏联在 1957 年 10 月 4 日成功地将人造卫星（Sputnik）发射入轨，冷战快速地发生了新的转折。苏联的下一步计划是将人送入太空，并且利用这种能力作为战略性军事资本。太空飞机看似简单，但工程上的挑战只能通过消耗大量时间和资金的测试和分析来解决。另一种方案是，将一名航天员放入一个锥形舱内，在弹道式再入大气层后可以在海上溅落并回收。除了更简单外，这只需要很少的研发资金和时间。因此，铁幕两边都希望通过将人类第一次送入太空来打击对方。

1961 年 4 月 12 日，尤里·加加林（Yuri A. Gagarin）围绕地球进行了单圈轨道飞行，苏联在这次竞争中是胜利者。当美国人约翰·格伦（John Glenn）于 1962 年 2 月 20 日完成了一次 3 圈轨道飞行时，苏联在这场竞争中已经遥遥领先，戈曼·蒂托夫（Gherman Titov）在太空中停留了一整天。

20 世纪 60 年代，在所有载人航天计划中，无论是美国还是苏联，使用的太空舱都越来越大，越来越复杂，功能也越来越多。这一次，双方竞争的焦点在于谁能第一个使人类登陆月球。1969 年 7 月，阿波罗（Apollo）计划赢了这场竞赛。随着这个计划临近尾声，NASA 在未来的 10 年里为自己设定了新的挑战。

据水星（Mercury）飞船的主策划马克西姆·法热（Maxime A. Faget）说："空间站是一件显而易见要做的事，人类可以在太空中的实验室开展工作。相对于较小型的太空舱，在空间实验室中我们能更好地理解微重力对人和物理过程的影响。因此，在阿波罗计划的早期和中期我们投入了大量精力，都是为了能够建造一个大型空间实验室……随着空间站计划的逐渐深入，很明显我们需要一个更好的飞行器……双子座（Gemini）太小了，阿波罗又太昂贵，显得大材小用了，土星（Saturn）运载火箭也相当昂贵。"

如果想要一艘飞船有很长的服役周期，应该让它可重复使用，显然 NASA 开始把注意力集中到了太空飞机上。

1.2　航天飞机 101

1969 年 1 月 31 日，NASA 聘请麦道（McDonnell Douglas）、北美洛克韦尔（North American Rockwell）、洛克希德（Lockheed）和通用动力（General Dynamics）公司来着手集成发射和再入飞行器（ILRV）的 A 阶段研究。不久后，它又被命名为国家太空运输系统，通常简称为航天飞机。4 月，NASA 设立了航天飞机任务小组来确定这个新型飞行器的布局和要求。1969 年 10 月，阿波罗 11 号成功后不到 3 个月，NASA 总部负责载人航天飞行的副局长乔治·穆勒（George E. Muller）博士在荷兰阿姆斯特丹的 IATA① 会议上发表了一篇关于后阿波罗时代载人航天飞行的长篇论文。在称赞了阿波罗计划取得的成就后，他向听众陈述了太空技术对日常生活的深远影响，如远程通信和天气预报方面。这是一次航空会议，他总结了太空技术中很多被现代飞机应用的衍生品，包括机身、发动机和航空电子设备。"我们才刚刚触碰到太空探索的边缘，就已收获颇丰。这些收益将是巨大的，将超出我们的想象。"他举了一些例子，如太阳系探索、地球资源和环境监测、气象控制、地球重力环境下可望而不可及的新型材料开发等。这种发展的关键在于建造一个能够容纳至少 12 名航天员的空间站。它将采用模块化设计，以便进行新技术和研究需求的扩展。但是要完成这些事情，需要使进入太空的费用尽量低廉，使太空运行像民航客机一样灵活。航天飞机的主要目标，即 A 阶段正在进行的工作，就是使进入太空常规化。

穆勒强调了航天飞机的一些关键特性，如可重复使用和低成本运行。整个系统由一个推进器和一个轨道器组成。两者的推进剂都是液氢和液氧，它们也是化学火箭最有威力的推进剂。考虑到简化地面操作，他预测航天飞机将由卡车补充推进剂，类似于飞机在停机坪上加油的方式。该火箭发动机的可靠性将非常高，因此在两次飞行之间只需要数小时的维护即可，检修时间间隔与传统的喷气式发动机保持相同数量级。电子技术的发展使系统管理和飞行控制的模块和计算机趋于低价和小型化。其中一项显著的成果是飞行仪表的简化，对于飞行员来说，它类似于现代民航客机的飞行甲板。② 复杂计算机技术和软件为建立类似于机场地面操作的方式创造了条件。每一项机载功能都将通过计算机控制和检测，因此地面操作需要做的事情就是装载乘客或货物。

轨道器将具备全天候再入和着陆的能力，这也与民航客机相似。为了使热防护系统能够重复使用，机身的主要承力结构和热保护层由耐热材料构成。该飞行器将拥有能够进行动力着陆的推进系统，确保其在远离发射基地的地方能够安全自主着陆。着陆能见度至少要与高性能喷气式飞机或规划中的超声速飞机（SST）相当。着陆特点和操作也与民航飞机相似。

最后，穆勒预言航天飞机的研制将会获得巨大成功并带来巨大效益，以至于其他国家也会购买或租用它们用以发展自己的航天项目。最后将形成一个由多个公司及多个国家管理的全球太空运输系统。简而言之，他的论文和接下来十年里的许多其他文章一样，将航天飞机设想成为一种高性能的飞机。

与此同时，波音公司和洛克希德公司在认识到该项目如此复杂，以至于不可能由一家公司完成后，决定进行联合开发，环球航空公司（TWA）加入了研发团队。这是一项战

---

① 国际航空运输协会（IATA）是由全世界多家航空公司组成的一个商业协会，它们共同遵守航空安全、保密、效率及可持续性等全球性标准。

② 在以前所有的座舱内，航天员被布满开关和仪表的控制面板所包围。

略性且明智的举措，因为如果航天飞机可以像商业飞机一样运营，就只有一家航空公司能够提供飞机维修、后勤保障、机组的选拔与训练方面的第一手知识。这家航空公司在计划发射、回收及后勤保障方面将发挥重要作用。任务分工为：波音公司领导助推器和主发动机的设计；洛克希德公司负责轨道器和机载电子设备的研发工作。

类似地，麦道公司联手马丁·玛丽埃塔公司、TRW 公司和泛美航空公司开展了研发工作。它们也研究了一种两级、全部可回收和可重复使用的架构，包括一个助推器和一个轨道器。这种情况下，马丁·玛丽埃塔公司负责设计助推器，麦道公司负责设计轨道器，TRW 公司负责设计机载电子设备。

最后，格鲁门公司、通用电子公司（负责电子设备集成及热防护系统的研发）、诺斯罗普公司（由于该公司在测试 M2 - F2 和 HL - 10 等升力体研究飞机方面经验丰富，因此负责轨道器的研发）和复活节航空公司（Easter Airliners）组成了第三个研发联盟。

随着 1969 年各方提交了 A 阶段方案后，NASA 于 1970 年 5 月 12 日宣布，由麦道公司和北美洛克韦尔公司继续跟进 B 阶段的研究。然而，在次月 NASA 就资助其他失去机会的公司延长 A 阶段研究，以评审其他构型。经过数年的时间和多次设计复查才确定了航天飞机由一个轨道器、一个外部贮箱和一对固体火箭助推器组成，这些复查项目由研究和开发的预算结余来支撑。1972 年 7 月 27 日，北美洛克韦尔公司得到了一份价值数十亿美元的合同来设计和开发轨道器。固体火箭助推器的工作被指定给莫顿·齐奥科尔公司（Morton Thiokol）负责。此时，太空运输系统（见图 1 - 1）的方方面面与穆勒在几年前的 IATA 会议上提出的概念已经截然不同了。

1.3　固体火箭发动机

穆勒设想中的第一个与预算削减相冲突的项目就是可回收的载人助推飞行器。1971年 5 月，负责起草美国总统提交给国会的预算方案的管理与预算办公室表示，NASA 将在开发轨道器方面得到充足的资金支持，但不是其设想的那种形式的助推器。所以，两级全部可重复使用系统的想法将被放弃。每个人都重新回到图纸设计阶段，这次的任务是要设计出一种消耗型助推器。

有人认为，消耗型助推器能够相对快速并廉价地被开发出来，以确保计划顺利进行。以后在资金允许的情况下，消耗型助推器可以被完全可重复使用型助推器代替。波音公司提议将轨道器安装在改进型土星 5 号火箭的第一级（S - I C）顶上。这种方案引起了该公司的强烈兴趣，因为在阿波罗项目接近尾声之际，它可以使 S - I C 生产设施继续运营下去。同样，马丁·玛丽埃塔公司提议用名为大力神Ⅲ - L 的火箭作为航天飞机的助推器，这是一个比大力神Ⅲ更大的火箭。它由一个新型的直径 16 ft（1 ft＝0.304 8 m）的液体推进剂芯级火箭捆绑 6 个直径为 10 ft 的固体火箭组成。第三项提议是采用固体火箭发动机，由莫顿·齐奥科尔公司、航空喷气发动机公司、联合技术公司和洛克希德推进公司联合提出。他们建议将各自公司不同种类的火箭进行混合使用。最后还有一项提议是马歇尔航天

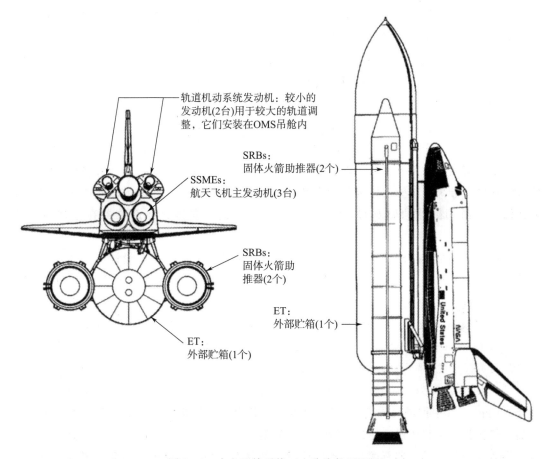

图 1-1　太空运输系统（也称为航天飞机）

中心（Marshall Space Flight Center）提出的挤压式（pressure-fed）消耗型助推器，它最吸引人之处在于去掉了复杂的涡轮机构（在通往发动机的通道内对推进剂增压），因此节约了开发成本。缺点在于，为了承受内部压力，推进剂贮箱结构将更厚。总而言之，增加助推器的重量并由此降低其性能被认为是降低成本的可行方法，因此可以分配更多的资金来发展轨道器主发动机之类的前沿技术。如果消耗型助推器只是一种临时方案，那么这种方法就更有意义了。与此同时，设计师开始考虑在轨道器的外部安装推进剂贮箱。

当意识到采用这种结构，分级速度（staging velocity）将降至 5 000（也许只有 4 000）ft/s 时，NASA 转而重拾其全部可重用助推器的想法。实际上，助推器保证的分级速度远小于最初设想，因为只有这样才不需要复杂的热防护。重燃希望后，马歇尔仍坚持推行它的挤压式助推器，并声称它不需要机翼就可以重复使用。它厚实的外壁提供了坚实的承力结构，在降落伞系统的辅助下可以保证在水面溅落及漂浮时助推器的安全。此外，厚实的外壁在再入过程中也能起到散热器的作用，这也避免了热防护系统增加不必要的质量。由于与有翼助推器相比它显得非常笨重，因此这一概念被非官方地称为"大笨助推器"。

　　波音公司也坚持着它们最初的改进 S-ⅠC 的方案，这次增加了机翼、尾翼、带飞行甲板的头锥和能够确保其飞回发射点的 10 台喷气发动机。NASA 对这个想法非常感兴趣，因为它代表了该局最初设想的全部可回收式飞返助推器。但也有一些实际的问题被列出，如助推器的热防护系统以及飞行员如何在事故中逃生等。

　　一种叫作推力辅助轨道器航天飞机（TOAS）的新思路被提出，外部贮箱将装有充足的推进剂，以确保轨道器主发动机从地面到入轨持续工作，而不是仅在助推器分离之后再开机。在这种设计中，轨道器显然不能装在助推器顶部。实际上，这种"平行分级"结构要求助推器安装在大型外部贮箱的两侧。在发射段提供上升推力后，助推器将在达到特定的分级速度后分离。尽管固体火箭助推器和液体火箭助推器性能相似，但固体火箭助推器将比液体火箭助推器的研发费用低 10 亿美元，因此，固体火箭助推器在这次竞争中胜出。①

　　固体火箭助推器（SRB）作为最大的待建固体火箭，是第一种被设计为可回收、翻新和重复使用的助推器，也是唯一搭载人类乘员的助推器。② 从性能角度来看，两个 SRB 提供了航天飞机从地面上升到大约 150 000 ft 高空的大部分推力。此外，满载的外部贮箱和轨道器及其有效载荷的整个质量通过 SRB 被转移至移动发射平台。每一个助推器产生了大约 33 000 000 lbf（1 lbf=4.448 N）的海平面推力，这对助推器提供了至少 70% 的升力。

　　每个 SRB 长度为 149.16 ft，直径为 12.17 ft，在发射时质量约为 1 300 000 lb（1 lb=0.453 6 kg）；其中推进剂质量为 1 100 000 lb，其余的是结构质量。由于其体积庞大，助推器不能作为一个整体进行建造。取而代之的是，将外壳分为 4 个主要部分，分别为前铸段、中铸段（每个助推器有两个）和后铸段。每一部分都由一些较小的部件组成，总共有 11 个小部件。特别是，前铸段由一个向前的圆顶段和两个圆柱段组成。每个中铸段由一对圆柱段构成。后铸段由连接段、两个加肋段和尾段组成。4 大部件共同组成了助推器产生推力的部分，因此构成了固体火箭发动机。③

　　对于马克西姆·法热来说，这样的构型是错误的，"我们在固体火箭上所犯的错误是我们决定在犹他州建造固体火箭，这是一个重大错误，它限制了固体火箭的尺寸。这也意味着它们需要被分割。但尺寸限制可能比分割更严重。固体火箭的直径必须小于 12.5 ft，以满足现有铁路运输限制，因为它必须经过许多隧道。所以我们不能使它比限制的尺寸更粗。固体火箭设计中的另一个限制因素是，它们的长度不能太长。长度和直径比是一个有限的设计因子，因此我们限制了总冲，即推力乘以时间。固体火箭的推进剂总量受到了这类限制，意味着固体火箭只能在最初几分钟内起作用，但它们却要被携带很久。我们只能用这些固体火箭加速到每秒 4 000 ft 多一点，这实际上意味着航天飞机和贮箱有很多的任

----

　　① 固体火箭比液体火箭简单，因为其不需要推进剂贮箱、推进剂补充系统、确保推进剂处于低温的隔热系统、发动机涡轮机构等。

　　② 美国空军试图用大力神Ⅲ-M 火箭发射双子座飞船作为载人在轨实验室（MOL）的一部分，该火箭有两个固体火箭助推器，它们比为航天飞机开发的助推器小，但这个项目没有进行任何一次飞行就在 1969 年被取消了。

　　③ 正是由于这个原因，4 大部件也被称为固体火箭发动机组件。

务要完成，它确实限制了性能，阻碍了运载能力的提升，而这个计划长期以来一直处于这种状态。

固体火箭发动机与其他部分结合，构成了一个完整的固体火箭助推器（见图 1-2）。在助推器的顶部，鼻锥组件安装了回收系统。该组件分为鼻帽段和锥台，引导伞和减速伞位于前者的位置，锥台部分承载了水中回收需要用到的 3 个主伞、漂浮装置和相关硬件。在锥体外表面安装有 4 个固体发动机，用来在上升过程中的适当位置使助推器与外贮箱分离。一个前裙被放置在鼻锥组件下方和前固体火箭发动机段的顶部，作为在展开、下降和拖拽过程中降落伞的承载结构，并在内部安装了电气和仪表子系统、速率陀螺组件和发射场安全面板。在固体火箭发动机底部的后铸段上有一个被称为尾裙的圆锥形铝钢结构，它能提供气动及热防护，同时为推力矢量子系统、电子系统的其他部件和 4 台分离发动机提供安装位置。尾裙还有 4 个与移动发射平台连接的固定点，在助推器点火之前，可在任何条件下支撑航天飞机。

然而，设计的简单性造成了乘员安全系数的降低。事实上，与液体火箭发动机不同，固体火箭发动机只能在推进剂耗尽时关机。如果发生故障，所能做的就是按下按钮进行自毁。前航天飞机项目经理阿诺德·D. 奥尔德里奇（Arnold D. Aldrich）在谈到 SRB 时说："没有出路，不能下车。它们必须持续燃烧 2 min，2 min 后才能分离，并不再提供推力，最后坠落。但如果试图使它们分离，那么没有办法让它们关机；如果试图在它们燃烧的时候使它们分离，那么推力的动量就会把它们固定在原位，它们仍旧连着。所以即使把螺栓松开想要使它们分离，它们也不会分离，因为推力使它们保持在原位。我很担心，一个故障就会引起一场灾难。在飞行的前 2 min 里，没有办法从'SRB'故障中恢复过来。"

虽然航天飞机研制团队最终接受了这种情况并相信固体火箭的基本可靠性，但奥尔德里奇和他的团队花了一些时间设计了一些方法。"也许你可以关闭固体火箭助推器，从顶部喷射一些东西，它会抵消推力。但是这样的系统还没有被开发、运行和使用。通过分析得出，当向前喷射后需要一定时间才能使推力衰减，并且它会造成无法接受的推力不平衡。最后，团队意识到这可能不是一件真正可行的事情，这不比正确地设计火箭并保持其原样更安全。"

1.4　外部贮箱

轨道器的设计同样也经历了巨大的变化。当设想建造一架太空飞机时，没有人对最初通过内部贮箱为发动机供给液氢、液氧的构型提出质疑。然而，对于一架高性能飞行器的渴望影响了工程上的判断。

选择这样的推进剂是由于它们在火箭发动机中更高效，但氢是有缺点的。正如化学基础课程上讲的那样，氢是宇宙中最轻的元素，因此密度非常低，约为水的 1/14。虽然液氢质量仅占推进剂质量的 1/7，但氢占总体积的 3/4。由于密度低，质量小，轨道器内携带

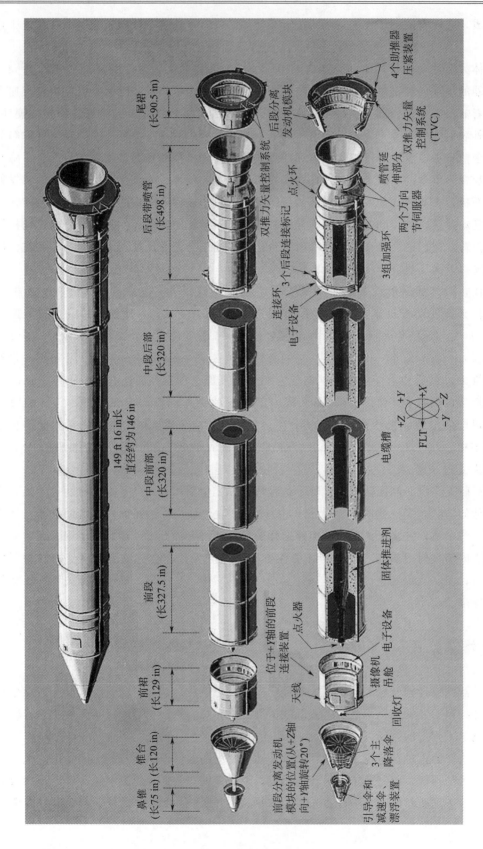

图 1-2　固体火箭助推器的技术参数（1 in＝0.025 4 m）

的氢需要非常大的贮箱，这将导致两个主要结果：首先，尽管贮箱由铝制成，但需要以牺牲有效载荷质量为代价增加大量的质量，同时也会增加再入所需的热防护系统的复杂性；第二，即使假设这样一个庞然大物能够飞行，开发成本也远远超出了热情高涨的美国国会议员愿意分配的资金。

由此引出了部分可重复使用构型的考虑，其中轨道器将通过消耗型铝制贮箱来携带液氢燃料。这将简化轨道器的结构，大大减小需要热防护的表面面积。同时，新的研究结果表明，这种结构可能降低助推器抛离时的分级速度，这将有助于轨道器和助推器的开发并提升有效载荷能力。

下一个合乎逻辑的步骤是利用扩展的外部贮箱来携带液氧。这具有双重好处：首先，它将进一步减小轨道器的尺寸，使之仅用于执行任务；其次，所有的推进剂在外部携带，航天器可以实现标准的设计，与贮箱尺寸独立。贮箱可以扩大，以进一步降低分级速度。反过来，这将减小助推器的尺寸，从而降低项目成本。这样直接推理出一个熟悉的构型，轨道器安装在巨大的消耗型外部贮箱上，两侧是两个可重复使用的固体助推器。

外部贮箱（见图 1 - 3）的长度为 153.8 ft，直径为 27.6 ft，可容纳 1 385 000 lb 液氧和 231 000 lb 液氢，是航天飞机上最大和最重（满载情况下）的部件。作为中心、集成结构单元，在发射平台上，它承受的静态负载主要来自轨道器，而在飞行过程中，它所承受的推力负载来源于两个 SRB 和轨道器主发动机。这个庞大硬件结构构型的选择很简单：两个贮箱，分别为主发动机提供燃料和氧化剂，由一个被称为箱间段（intertank）的坚实圆柱体结构相连。这从概念上和操作上避免了两个推进剂贮箱之间共有一个舱壁的复杂性。由于液氧的密度较大，它的贮箱最小，位于飞行器顶部以增加其可控性。两个贮箱的铝制壳体由预制化学铣三角条瓣、面板、机加工配件和环形框熔焊而成。在贮箱内部，防晃动和底部防涡设计使液体残留最少并抑制流体的失稳振荡，否则可能会在流体通过供给管路输送到发动机时造成失稳。

1.5　轨道器

航天飞机的主要要求是可重用性，这代表每架航天飞机的使用寿命至少为 10 年，在此期间将执行 100 次飞行任务。

工程师们设计的航天飞机应该与阿波罗号一样具备可行性。为了解决这个问题，他们首先要决定航天飞机使用的结构材料。可重用性意味着轨道飞行器（OV，通常简称为轨道器）必须能够反复地在再入大气层的炽热环境中生存。实际上，这需要设计一种热防护系统，以防止结构在再入过程中熔化。

安装在阿波罗座舱底部的烧蚀防护罩，虽然概念上很简单且性能非常有效，但很快被排除，因为要为轨道器巨大的气动表面建造一个烧蚀防护罩太困难了，而且在两次任务之间的两周时间里要进行翻新。除了可重用性的问题，在这样一个大表面上安装烧蚀材料是很困难的，并且质量代价也将是巨大的。

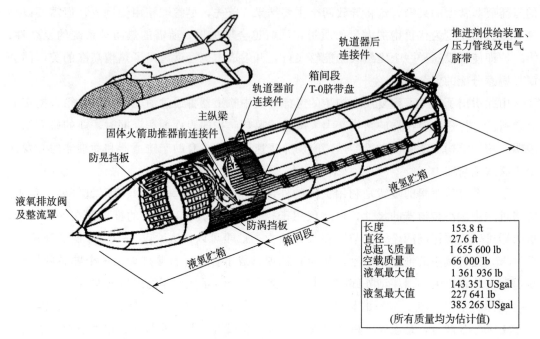

图 1-3　外部贮箱的主要部件（1 USgal＝3.785×10⁻³ m³）

　　于是人们将焦点转向了所谓的"热结构"（hot structure），其主要部件由能够承受高温而不损失其承载能力的材料制成，它不仅能承受机械载荷，还能集成到热防护系统中。然而，即使这样的结构也不能直接暴露在再入过程的热浪中。它仍然需要一种类似于屋顶上瓦片形式的热防护系统。这些被选择的平面瓦（shingle）材料不能有任何散热能力，吸收的热量只能辐射出去，以在吸热和辐射之间建立平衡状态。当然，热量仍将转移到主结构，但由于材料的低散热特性和安装在平面瓦下面的绝热层能够减缓热量向内流动，因此热量转移的过程非常缓慢。当热量开始侵入主结构时，轨道器已经通过了热量峰值期，结构受热仍在材料的极限内。其他的设计要求是，平面瓦可以膨胀和收缩，确保在温度变化的情况下不松动，并且它们要能够承受气动载荷及抵御颤振。与烧蚀防护罩不同的是，这种平面瓦在再入过程中不会被烧蚀。它们的可重用性进一步提高了轨道器的运行效率。由于一块平面瓦损坏后在两次任务期间很容易被更换，因此可维修性也是可以保证的。

　　大获成功的 X-15 和 SR-71 黑鸟都拥有"热结构"，它们在真实的高温环境下证明了这个概念的可行性。尤其是 SR-71 的结构由钛制成，它在 340 ℃时仍能保持其力学性能。因此，它是建造轨道器热结构的首选材料。由于机翼和机身的上表面在再入过程中的温度要比腹部低得多，因此在这些区域不需要额外的热防护。机身腹部必须承受 1 400 ℃的高温，因此用平面瓦覆盖钛结构的这种做法不仅保证了坚固耐用，而且大大减小了热防护系统的质量，因为它只需要覆盖轨道器的下侧。

　　尽管各公司急于采用热结构的概念以在竞争中拿到轨道器开发的合同，但很快就有一个重大缺陷暴露出来。用来制造平面瓦的材料（钼和铌）非常容易在高温下氧化，这将严重影响其力学性能。虽然使用防氧化涂层是可行的，但一块平面瓦表面即使存在微小划伤都可能导致再入过程中发生灾难性的故障。

另一个问题是，当时的航空航天工业界在使用钛方面的经验有限，基本上仅限于 SR-71，而将这种高度机密的军事项目中的技术应用到民用项目非常不容易。当然，考虑到预算有限，成本是阻碍轨道器结构中使用一种新异金属的重要因素。

自 20 世纪 30 年代初以来，飞机一直采用铝合金建造，它以廉价的方式提供轻质但坚固的结构。随着为轨道器建造一个热结构的倾向逐渐减弱，焦点转向了这种轨道器是否可以用铝来制造，航空航天工业界对此拥有丰富的经验。在新的热防护系统出现的那一天，一个肯定的答案出现了，即可重用表面绝热（RSI）材料的防热瓦（tile）。如同之前提到的平面瓦一样，防热瓦将吸收的热量重新辐射出去，使流入和流出的热通量达到平衡，从而使底层主结构仅承受很小的热负荷。事实上，可以用铝来制造整个机身，因为铝是一种具有优良力学性能但耐热性很低的金属。像平面瓦一样，在再入过程中防热瓦也不会被消耗，而且损坏的防热瓦可以更换，使航天飞机实现可重复使用。此外，由于防热瓦材料已经氧化，因此不需要采用保护涂层。另外，RSI 材料密度较小。

因此 NASA 决定用铝来建造轨道器结构，并在再入过程中用防热瓦保护它。

轨道器结构（见图 1-4）使用的强化外壳称为半硬壳式结构。这种结构很早就被飞机设计者公认为是轨道器最好的结构。它的外表皮（外壳）通过名为纵梁的纵向构件来增大强度，通过被称为框架（机身部分）或肋（机翼）的横向构件进行连接。如果能明白用锋利的物体刺穿鸡蛋是多么容易，那么就容易理解为什么采用这样的结构了。一个单纯的壳体结构（如一个鸡蛋）能够很好地将受力分布于一个区域（如容器内的静水压力），但无法抵抗与机身集中载荷产生的压缩力和剪切力。航空航天飞行器结构上特定的点受到负载的形式不同，如起落架与机身的连接点或火箭顶部航天器的连接结构。纵梁、肋和框架使轨道器结构能够承受并分散各种负载，使其强壮、坚固和轻质。

显然，轨道器作为一个可重复使用的太空船应该具备在跑道上降落的能力，它的结构由飞机机身、机翼和尾翼构成。机身包括前机身、中机身和后机身。

1.5.1　轨道器前机身

前机身设计不仅要求将乘员舱模块纳入结构，而且要提高高超声速俯仰配平性和方向稳定性，同时减少机身再入时的发热。它还必须能承受主体挠性负载及前起落架负载。[①] 从结构上看，机身由上、下两部分组成，乘员舱以三明治的形式夹在中间。这种构型是从机组人员的安全角度考虑的。事实上，如果乘员舱的建造类似于普通飞机的机身，那么对前机身的任何损坏，如使舱内压力降低的表面裂缝或孔洞，都会严重危及航天员的安全。乘员舱是一个简单的压力容器，位于机身内部，并通过一些硬连接点与机身固连。这个巧妙的解决方法使机身在弯曲和扭曲的情况下，负载不会转移到乘员舱，

---

① 挠性负载是改变机身曲率半径的一种趋势。

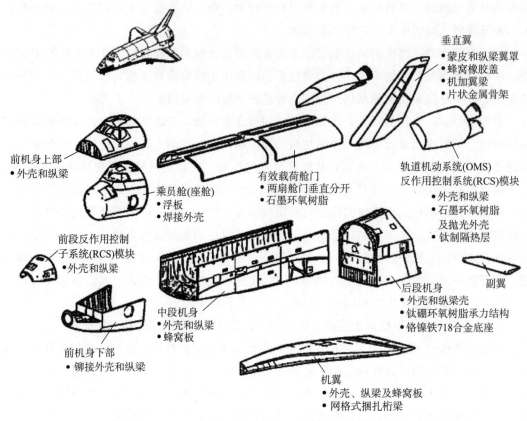

图 1-4　航天飞机轨道器结构

它只需承受压力。

　　在布局方面，乘员舱被分为飞行甲板、中层甲板与下层设备舱，其结构如图 1-5 所示。

　　飞行甲板位于乘员舱的顶层。前方和两侧的位置是任务指挥和飞行员的工作台。这些控制和显示设备在整个任务阶段可以维持轨道器的自主控制。在飞行甲板后部有两个任务专家的座位，也有在交会、悬停、对接操作期间执行姿态控制或平移机动的工作台，还有开启和关闭有效载荷舱舱门、部署及回收有效载荷，以及闭路电视操作的工作台。

　　在飞行甲板的地板左侧有 1 个通孔通向中层甲板，3 个电子设备舱分布在中层甲板，其中两个在前面，另一个在后面。根据任务需求，双层睡眠站、运动器械以及厨房可以安装在中层甲板。还有一些模块式储物柜，用来储存乘员的个人装备、个人卫生用品、试验和任务所需的仪器。发射和返回时，4 名乘员将坐在飞行甲板，其他人位于中层甲板。[①]

　　中层甲板地面可以通往下层设备舱，这里放置着废物管理系统的主要部件和环境控制与生命保障系统，如泵、风扇、氢氧化锂罐、过滤器、热交换器和杂物管道。

————————————

　　①　单个航天飞机任务规模最庞大的乘组有 8 名航天员。

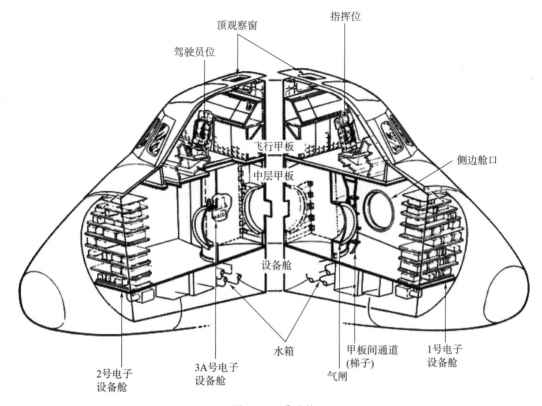

图 1-5 乘员舱

1.5.2 轨道器中机身

中机身是轨道器最大的结构部分,长度为 60 ft,宽度为 17 ft,高度为 13 ft。中机身由铝材制成,两端开口,与前机身、后机身和机翼相连接。它支持有效载荷舱门、门铰链和轨道器的各种其他部件的安装。

中机身被分成 13 个舱,每个舱都由侧向加工的垂直元件和硼/铝管制成的水平元件(用钛合金端头紧固件连接)组成。中机身的外部轮廓由数控加工的蒙皮和纵横向加强筋构成。两个机械加工的板梁和舱门大梁横跨整个机身,以承受有效载荷及有效载荷舱门引起的弯曲和纵向负载。另一个重要部件是位于机翼传载结构前方侧壁上的横向耳轴支撑结构,它承受着主起落架的负载。

如此大型货舱的产生主要归因于两个历史条件。航天飞机的设计是在 NASA 将人类送上月球的时代进行的,当时建造大型空间站的方案仅仅处于图纸阶段。用于搭载设备和试验装置的重型火箭土星 5 号第三级的改进型还在开发之中,名为天空实验室(Skylab)的轨道工场于 1973 年发射升空,陆续有 3 个由 3 名航天员组成的飞行乘组来到这里。然而,在阿波罗计划结束之前,重型火箭土星 5 号的生产线就被关闭了。因此,NASA 的规划者们开始考虑在轨一块一块地组装未来空间站这样的大型结构。为了实现这一目标,需要能够输送各种组件的飞行器。为此,NASA 需要航天飞机有效载荷舱的直径达到 17 ft。

与此同时，为了应对美国国会对发展航天飞机的反对意见，NASA 寻求美国空军的支持，虽然美国空军同意这一要求，但要求对轨道器的总体构型做一些改动。尤其当时正处于冷战时期，空军希望把更大、更重的侦察卫星送入轨道，这需要载荷舱大幅度地扩大。事实上，空军要求它的长度至少达到 60 ft。

为了使航天飞机在整个计划中表现出令人难以置信的多用途性，有必要设计一种恰当的方式在货舱中存放有效载荷。问题是，由于航天飞机的任务种类繁多，对有效载荷的要求要么含糊不清，要么根本不存在。即便如此，有效载荷舱也必须要设计出来。

轨道器结构设计师托马斯·L. 莫泽（Thomas L. Moser）回忆说："我们研究了种类众多的有效载荷，它们有不同的方向、不同的重心、不同的位置、不同的质量等。因而我们设计的中段机身能容纳 1 000 万种类型的有效载荷。所以轨道器在容纳有效载荷方面没有遇到过任何问题。"

为了避免坚硬的有效载荷栓接在中段机身结构上，连接配件被设计成可以滑动的方式。这意味着有效载荷可以独立于轨道器进行设计，反之亦然。对于在整个任务期间只停留在同一个地方的非部署有效载荷，使用了所谓的无源连接配件，任务控制中心和乘组人员都无法对其进行控制。对于要部署的有效载荷，使用了主动电动机驱动的保持机构。它们由乘员激活的方式来释放有效载荷或将有效载荷固定在舱内。保持机构通过跨舱桥与大梁相连，并通过龙骨桥与舱内地板相连。

载荷舱舱门长 60 ft，直径 20 ft，总面积约 1 600 ft²，它是有史以来为运载器建造的最大整流罩。它们发挥了防止有效载荷受到地面环境污染和消除湍流气流的影响以减小大气阻力的双重作用。从结构上说，一个载荷舱舱门由 5 块面板组成，每块都是由石墨环氧树脂和诺梅克斯组成的夹层结构。面板之间利用剪切销相连，通过内部肋框架、肋间结构和纵梁加强，这些都是由固态石墨环氧树脂层压板制成的。

飞行器到达轨道后不久，有效载荷舱门将被打开，并在离轨机动数小时前一直保持打开状态。在轨飞行的整个过程中，进入和离开地球阴影区时的热应力会导致材料发生膨胀和收缩，进而使舱门或多或少发生扭曲。这种舱门的扭曲虽然不会影响在轨任务的进行，但它可能导致返回地球时舱门无法关闭。如果不能完全密封舱门，那么再入大气层时的炽热等离子体就会穿透轨道器，从而带来灾难性的后果。为了避免这个问题，托马斯·L. 莫泽和他的团队想出了一个解决办法，使"载荷舱舱门相当灵活，以至于一旦要在轨关闭，就可以拉上它们"。它们就像一件带拉链的衬衫。这是通过三套闭锁机构实现的，第一套在前机身的后舱壁上，第二套在后机身的前舱壁上，第三套在舱门的中心线上。

1.5.3　轨道器后机身

后机身是轨道器布局最密集的部分，放置着所有执行器、涡轮泵和管路，为 3 台主发动机提供推进剂和万向架固定。它还包含 3 个辅助动力单元和附属液压系统，用于上升与再入过程进行主动热防护的氨锅炉和闪蒸器，以及发动机和飞行器的电子设备。它支持并连接两个尾部轨道机动系统/反作用控制系统分吊舱、机翼、襟翼、垂直尾翼、发射脐带和 3 台主发动机。

这部分机身承受了来自主发动机群 15 000 000 lbf 的巨大推力，并在不发生灾难性故障的情况下将推力传递到机身的其余部分。为了做到这一点，组成内部推力结构的 28 个桁架构件是一个由钛制成的 18 ft 长、22 ft 宽、20 ft 高的盒子，通过扩散焊接的流程制造。托马斯·L. 莫泽回忆说："我们所要做的是将两块钛合并在一起，不是将其熔焊连接，而是将它们放在高温真空环境下按压，直至它们黏合在一起。从分子角度看，它们成为一个整体。"处理结果产生了单一、中空的均质体，比锻造件更轻，但更坚固。对于结构上的特定区域，用硼/环氧材料来加强扩散焊接的桁架元件，以进一步减小质量和增大强度。

1.5.4　轨道器机翼

在航天飞机计划开始时，设想的整个系统将是可重复使用的，并且能够在常规跑道上着陆。这需要新的太空船再入大气层时能够产生升力。这件事远没有想象的容易，因为确定机翼正确的外形、尺寸、安装位置和翼型是飞机设计中最困难的问题之一。对于一个像火箭那样离开地球，作为太空船完成在轨任务，像滑翔机一样返回地球的飞行器来说，更是如此。

NASA 的工程师和竞争航天飞机研发合同的公司，开始提出了"升力体"的概念。但事实证明这是空气动力学家的梦想和梦魇。这种构型的主要优点是融合了机翼和机身。与相同性能的传统机器相比，其优点是结构更小，也避免了空气动力学中让人头疼的翼-体接口引起的巨大阻力。但也存在一些缺点。举个例子来说，升力体不会像有翼飞机那样产生那么大的升力，而增大的阻力会提高着陆速度（原文如此——译者注），这是一种不期望的操纵品质。此外，升力体复杂的空气动力学特性使正确构型中最小的偏离也会严重影响整个设计。为了安全地操纵升力体，必须开发复杂的软件，使机载计算机能够稳定本质上不稳定的机器。虽然作为一种创新设计很有吸引力，但用这种方式制造轨道器的想法很快因为更传统的机翼和机身的概念而被抛弃。然而，想要航天飞机计划在冷战中发挥作用，让原本在传统布局下实现简单设计的期望变得复杂起来。

20 世纪 60 年代末和 70 年代初，两个超级大国的目标是最大程度地控制"外太空"。以"詹姆斯·邦德"的方式，航天飞机可以在发射后迅速接近并抢夺一颗敌方卫星，在轨绕行一圈，耗时 90 min 后返回。许多军用卫星在极轨道运行，这意味着轨道的平面垂直于赤道。为了使航天飞机匹配这类轨道，必须从加利福尼亚的范登堡空军基地发射。该地点的另一个优势是，公众无法进入其中，这意味着发射行动可以秘密地进行。但从范登堡发射为航天飞机计划引入了一个新的参数，即轨道器再入过程中的横程能力。空军希望它在一个极轨道周期后返回发射场，但是地球的自转将使该地点相对轨道航迹东移 1 100 mile（1 mile=1 609.344 m）。这就要求轨道器在重返大气层的各个阶段都能滑翔，从而可以朝着陆点方向飞行。此外，NASA 和空军担心航天飞机可能不得不中止其任务并尽快返程。从佛罗里达州肯尼迪航天中心向东发射将不会带来问题，因为能够找到合适的应急着陆点。但对于极轨道飞行任务来说，甚至在紧急情况下，唯一可以着陆的地方只有范登堡本身。因此，长达 1 100 mile 的横程能力被认为是必不可少的。

　　这意味着机翼不能像 NASA 原先设想的那样短小平直，而三角翼可以使其在高超声速下产生相当大的升力，以便向初始航迹的一侧滑行足够远的距离。但是用三角翼飞行来实现横程飞行将使轨道器较长时间暴露在热环境下，因此又需要热防护系统覆盖整个暴露表面。由于三角翼比小型直翼面积大得多，它将进一步增大热防护系统的质量。尽管如此，还是选择了三角翼来满足空军横程飞行的需求，因为如果没有空军的支持，这个计划将在美国国会搁浅。

　　如果说机翼的形状主要取决于空军在整个飞行过程中对横程及飞行器控制的要求，那么机翼的大小在很大程度上取决于着陆条件。拥有后掠机翼（如三角翼）的飞机必须以高攻角着陆，以便在低速时提高升力。由于这个角度也是机翼前缘后掠角的函数，所以所需的攻角越大，起落架支柱越长，防止飞机尾部在跑道上刮擦。支柱越长，主起落架的自重越大，在飞行中所需容纳它的体积就越大。通过结合所有这些需求，优化得到了"双三角"机翼，前部分后掠角为 81°，主要部分后掠角为 45°。它与机身的连接部分长度大约为 60 ft，最大厚度为 5 ft。每个机翼由 4 个主要部件组成：前翼箱、中间段、扭矩箱和升降副翼接口。

　　前翼箱采用由铝肋、铝管和管状支柱构成的常规结构。[①] 上、下蒙皮为加肋铝，前缘梁采用波纹铝。中间段是由铝制多肋结构件和含上、下蒙皮的铝管组成的铝制蜂窝结构。这一部分的空间几乎被主起落架占据了一半。机翼上的所有扭转和弯曲负载都通过扭矩箱被传递和分散到飞行器结构的其他部分。它由 4 个波纹铝梁加上一系列的管状支柱，与加肋铝制成的上、下蒙皮组成。两对升降副翼在轨道器再入过程中穿越较低的稠密大气层时为其提供横向操纵能力。

1.5.5　轨道器热防护系统

　　当最终决定使用 RSI 材料时，洛克希德公司已经在研究这种新材料的特性方面以及高效制造技术的试验方面遥遥领先。事实上，这些研究早在 1957 年就开始了，公司研究了一系列可重复使用的表面绝缘材料。这包括全硅体系、锆化合物及莫来石（氧化铝和铝硅酸盐）。材料的改进导致一种新型全硅材料 Li-900 的出现，它的密度为 9 lb/ft³，无定形硅石纤维（silica fiber）具有惊人的 99.8% 的纯度。两种防热瓦用相同的材料制成，用于轨道器的不同部分。高温可重用表面绝热（HSRI）材料是黑色的，低温可重用表面绝热（LSRI）材料是白色的。白色防热瓦主要用于轨道器暴露在寒冷太空的区域，由于不需要承受再入时的热量，所以它们很薄，因此需要高反射率来反射太阳的热量。然而，HSRI 材料则被涂成黑色来加强再入时热量的反射，这些被应用于轨道器的整个腹部。

---

　　① 　一般来说，轨道器机翼上这些管状支柱像肋条一样支撑机翼翼面，传统飞机则是由肋条组成的网格结构。采用支柱结构是为了减小质量。

　　为了理解这个概念，有必要回顾一下硅石纤维，它本身是白色的，具有低热发射率，热辐射很小。必须制作更厚、更重的防热瓦，以适应极高的表面温度。但是为了达到高发射率，采用了一种能使它变黑的涂层，使其能有效地散热，从而保持较低温度。涂层是一种硼硅酸盐玻璃，含有的碳化硅能进一步提高发射率，这被称为反应固化玻璃。事实上，硅石和玻璃都由二氧化硅构成，它们能确保涂层和底层物质的热膨胀系数匹配，防止再入时涂层在热应力下开裂。实际上，玻璃涂层在很高的温度下会变软，从而"愈合"防热瓦表面的轻微划痕或刮伤，使其能够在 1 371 ℃ 的重复加热循环中存活下来，从而达到航天飞机设计师期望的可重用性要求。

　　刚性防热瓦并不是唯一的热防护形式。当人们意识到防热瓦要求的最小厚度为 0.5 in 时，对一些不会超过 371 ℃ 的表面是一种过度保护，这些防热瓦产生了不必要的质量。例如，上表面足以阻隔以 40°攻角再入大气层时的最大热量，但它们在轨受到的太阳辐射最大。甚至在哥伦比亚号首飞之前，NASA 的工程师们已经开始开发一种柔性绝热材料。这种毛毡可重用表面绝热（FRSI）材料由一种防水的诺梅克斯纤维垫组成，厚度范围为 0.16～0.40 in。它用来保护轨道器上温度为 177～371 ℃ 的部分。当发现号（Discovery）、亚特兰蒂斯号（Atlantis）和奋进号（Endeavour）出现在帕姆代尔的洛克韦尔工厂时，最初被用于哥伦比亚号和挑战者号上的 FRSI 材料大部分已经被先进的柔性可重用表面绝热（AFRSI）材料所取代，它是由一种低密度纤维硅絮（silica batt）组成的高纯度硅石和 99.8% 的无定形硅石纤维构成的。

　　再入过程中，轨道器的一部分，尤其是鼻锥罩和机翼前缘，必须承受高达 1 260 ℃ 的温度，远超黑色 HSRI 防热瓦承热的极限。这些部件需要由另一种可重用的表面绝缘材料保护，它是一种基体和纤维都由碳构成的复合材料。这种增强型碳-碳材料（RCC）继承了石墨密度小、耐高温、涂层适中、耐氧化等优点。它的强度和低热膨胀系数保证了它对热冲击以及温度变化所产生的应力具有优异的抵抗能力。它也比石墨有更好的损伤容限，并且容易成形。鼻锥罩由一块大型材料构成，而机翼前缘保护层有 22 块面板，由 22 个 RCC 制成"T 型密封"浮动接头进行机械连接，从而使机翼变形对这些面板的负载最小化。这种分割不仅对适应高温制造过程是必要的，也能够通过材料在再入过程中的热膨胀防止出现大缺口。此外，在再入过程中 T 型密封能够防止热边界层的气体穿透机翼前缘，避免造成灾难性的损害。

1.6　航天飞机：做什么用？

　　1969 年 9 月，阿波罗 11 号登月及航天飞机 A 阶段开发启动数月后，时任美国总统的理查德·M. 尼克松（Richard M. Nixon）建立了空间任务小组，为 NASA 制订了几十年的发展路线。特别是，到 20 世纪末，NASA 预期会将人类送上火星。虽然这项任务不像时任美国总统的约翰·F. 肯尼迪（John F. Kennedy）在 1961 年承诺在 10 年的时间里将人类送上月球那样急迫，但这也是该局一直在追求的目标。当时，正在计划建造一个大型空间站，由土星 5 号一级的运载火箭运送需要组装的部件。太空拖船将被用于建造该前哨站，以及通过核动力飞行器飞抵红色星球。拖船还将从地球高轨回收卫星，并将其运送到空间站进行必要的维护，然后重新将它们放回原本的轨道。同时，其他空间站也将被建造以启动太空制造业，制造出由于地球重力影响而无法制造的高纯度医药及新型合金，从而改善地球上的生活。这一设想的关键在于开发出一种可重复使用的"太空货车"，从而廉价地、定期地运送航天员和其他有效载荷，并在空间建设活动和卫星维修中提供恰当的协助。

这种设想在不到 6 个月的时间里破灭了，1970 年 1 月 13 日，NASA 局长托马斯·O. 佩恩（Thomas O. Paine）博士在华盛顿的一次新闻发布会上宣布，由于经费削减，只有可重复使用的航天飞机能得到支持。将不再有空间站，不会重返月球，也没有火星任务。在可预见的将来，人类将被限制在地球低轨道上。

降低进入太空的成本是航天飞机给出的承诺，但正如一项经济分析所表明的那样，只有在每个有效载荷都分配给航天飞机时，才能实现这一目标。为了使航天飞机成为真正的低成本空间运输系统，飞行率必须提高，这样就不会给其他消耗型运载火箭留有空间，它们将不得不被逐步淘汰。这种情况为航天飞机任务需求的确定提供了激励。

从阿波罗 16 号任务返回后，托马斯·K. 马丁利二世（Thomas K. Mattingly Ⅱ）很快参与起草了航天飞机可能实施的典型任务需求。"我们知道，航天飞机将会在几十年持续执行飞行任务，没有人有足够的睿智来确定我们将开展的任务是什么样的。因此，我们非常大胆地尝试确定了我们能做的压力最大的任务。"为此，有 3 个宽泛的任务类别摆在面前。"一是作为一个实验室，我们列举了所有可以想到的实验室需求——人们在其中工作需要得到的支持，以及所有物品；二是在轨部署有效载荷，它需要有机械臂和支架，以及做这件事需要的所有东西；三是一类极地任务。实验室任务要求高轨道倾角，部署任务要求向正东方发射……这些中的每一个都最大程度地给飞行器造成了压力。"

虽然从来没有执行过极地任务，但 5 架轨道器[①]在 30 年里完成了 134 次飞行[②]，证明了航天飞机实际上是一种能执行各种任务的卓越飞行器。众多的卫星、望远镜和探测器从有效载荷舱部署，这是实现它们最终目标的第一步。几十年来，在国际空间站只存在于艺术效果图和技术图纸中时，航天飞机扮演了天基研究设施的角色。它实施了复杂和危险的卫星回收和翻新，其中首屈一指的是哈勃空间望远镜的 5 次在轨服务任务。当时机到来时，航天飞机在轨装配空间站也将成为现实。

可以说，尽管由于预算的缩减，原始设计中存在缺陷，但航天飞机的非凡性能使其成为一种与众不同的飞行器。在随后的章节中，我们将研究什么样的技术使航天飞机能够展示多才多艺和灵活多样的特点，同时，扩大其飞行包络，将其性能提升至超越最初的界限。

---

①　按入役顺序，它们是哥伦比亚号、挑战者号、发现号、亚特兰蒂斯号和奋进号。
②　航天飞机计划共计 135 次飞行，但 1986 年 1 月的 STS-51L 没有进入轨道，因为在起飞 72 s 后发生了灾难性的故障，导致挑战者号损毁及 7 名乘员丧生。

第 2 章　发射平台

2.1　"两个上面级的故事"

在设计师和支持者的心目中，航天飞机将成为从低地球轨道一直延伸到火星表面的基础设施的第一部分。它只不过是一辆运送特殊货物的货车。这辆货车拥有一个如此大的货舱，可以将空间站的模块组件送入低轨，将卫星送入地球同步轨道，将月球和火星的前哨模块送入轨道。实际上，它可以运送美国航空航天业想要送入太空的一切东西。它像预期一样非凡和新奇，这辆太空货车的一个严重缺陷就是飞行高度不足。事实上，在它的早期开发阶段人们就已经意识到它的运行上限将是 300 n mile，而它要运送的大部分有效载荷需要在更高的高度运行，例如 22 236 mile 的地球静止轨道。一些有效载荷是探索太阳系中未知领域的机器人探测器，目的地远远超出了航天飞机的可达范围。

解决方案是建造一个"太空拖船"，将这些有效载荷送到合适的目的地。这个想法既直接又简洁。一旦进入太空，拖船将参与众多航天飞机任务。航天飞机到达低轨道时，拖船将会靠过来。航天飞机的有效载荷将被卸载到拖船上，拖船将这个物体运送到其预期的运行轨道。随着时间的推移，拖船多次往返于低轨道和高轨道之间。它也能够回收卫星，并将其运送到航天飞机上，然后在机组人员修复和翻新之后，将它们送回原来的位置。拖船也将被用来将航天员从航天飞机转移到空间站，反之亦然。

在航天飞机运行的最后 10 年里，我们逐渐习惯了这种飞行器停靠于国际空间站。然而，因为最初的概念是一个运送货物和人的低轨运输货车，它的创造者没有让它拥有与空间站对接的能力；尽管航天飞机是组装空间站的主要手段，但是只能通过太空拖船将所有东西运往空间站，包括人员。

太空拖船的部件由航天飞机搭载并在低轨进行组装。它的模块化设计使它可以为每类任务进行配置。例如，在建立了环绕月球或月球表面的前哨站后，或两者皆有的情况下，太空拖船将运送硬件和航天员往返。卫星可以直接在其运行轨道上进行维修，而不是被拖回到低轨道的航天飞机上。在这种情况下，太空拖船将配备一个乘员舱，以及一个用于放置维修活动所需工具和材料的货舱。

概念研究早在 1970 年就开始了，其目的是在航天飞机被引入时让太空拖船投入使用。不幸的是，NASA 的宏伟计划很快就被削减了。事实上，在最后的阿波罗登月任务之前，月球和火星作为航天飞机任务的可能目的地已经被降级为未来的不确定项了。更糟糕的是，由于美国国会对扩展太空探索持怀疑态度，经费的缩减使地球轨道空间站在事项单上的优先级也降低了。美国的太空计划变为一个只限于地球轨道的计划。不可避免地，人们对太空拖船的需求产生了疑问。NASA 已经在努力维持航天飞机计划了，坚称它将是国家民用和军用航天计划的首选运载器，计划使航天飞机在 20 世纪 70 年代末服役。如果需要一艘太空拖船的话，那会是在 20 世纪 80 年代中期，NASA 希望在那时开始建造一个模块化的空间站。有人认为保有拖船的想法是很重要的，以便在运营商希望回收和维修他们的在轨资产时可以做出回应。然而，出于经济利益的考虑，运营商并没有表现出这方面的意愿。他们觉得维修卫星会增加它的整体运营成本，阻碍了更新、更好的技术在新一代卫星上的应用。

最终，NASA 使得航天飞机被接受为国内唯一可使用的运载器，但该局仍不得不设法克服该飞行器飞行高度的限制。

NASA 搁置了太空拖船的概念，1974 年开始与美国国防部（DoD）会谈，寻求开发消耗型过渡上面级（IUS）的经济支持。IUS 会比太空拖船的能力小得多，因为它是消耗型的且不能回收卫星，但它将提供一个可行的短期解决方案。空军的空间和导弹系统局（SAMSO）分析了其他运载器已经使用过的上面级，以确定它们是否可以被升级，与航天飞机匹配以发挥 IUS 的作用。出于安全和财政上的考虑，很快决定了 IUS 必须用固体火箭发动机。

1975 年 12 月，美国国防部进行了一次 IUS 的竞标。建议书于 1976 年 3 月收齐，8 月宣布波音公司赢得了开发上面级的 5 000 万美元合同，最早在 1978 年开始批量生产。公司预计在未来 10 年有 300 个 IUS 的需求。

美国国防部对 NASA 关于航天飞机应该成为通往太空的唯一途径的说法持怀疑态度。他们需要一套备份发射系统，以防航天飞机在某次发射时由于某种原因无法使用。所以他们决定让大力神系列运载火箭继续服役。为了简化后勤保障和库存，他们要求 IUS 与大力神Ⅲ运载火箭兼容。

空间站不会很快得到资助逐渐成为一件显而易见的事，因此在 10 年内不需要太空拖船，形容词"过渡的"被"惯性的"所取代，作为新型飞行器的惯性导航系统的参考。虽然这只是语义上的变化，但清楚地表明了 IUS 成为一个长期的解决方案，这对太空拖船来说是一个致命打击。[①]

IUS 意味着可以将重达 5 000 lb 的有效载荷送入地球同步轨道，但为了与其他运载器竞争，特别是与已经在出售阿里安火箭运载服务的日益增强的欧洲竞争，航天飞机/上面级组合需要经济可行地发射更小的有效载荷。

"副局长乔治·M. 洛（George M. Low）对于航天飞机能否与德尔它运载火箭竞争表示担忧，"曾从事太空拖船概念研究的休伯特·P. 戴维斯（Hubert P. Davis）回忆道。"所以他说：'让我们看看我们对德尔它系列的有效载荷能做什么，你想怎么做。'"休伯特·P. 戴维斯进行了一项他称之为"德尔它杀手"的研究。研究结果是 NASA 需要一个

---

① 太空拖船将作为 NASA 后航天飞机计划的一部分重新出现。

具有"近地点点火发动机（perigee kick motor）"的固体自旋上面级（SSUS）[①] 来将
2 380 lb 的有效载荷送入地球同步转移轨道。这与德尔它火箭的能力相同。NASA 还要求对
有 4 300 lb 的运载能力的 SSUS 进行研究，以匹敌宇宙神/半人马座运载火箭的运载能力。[②]

　　在意识到航天飞机将结束美国"马厩"里所有其他运载器的使用时，麦道公司的航
天分部渴望在航天飞机兼容的常规运载能力方面分得一杯羹，它提出的一项设计在
1976 年年底获得了 NASA 批准。但这家航空航天业巨头在努力开发和制造 SSUS 上没
有得到一分钱，或者说至少目前还没有。只有在航天飞机进行正常的轨道服务之后，
NASA 和其他可能的用户才会有资金下订单。作为交换，NASA 向该公司保证它们将成
为德尔它上面级的唯一供应商。麦道公司为航天飞机提供的设计主要基于已经作为上面
级供应给德尔它火箭的有效载荷辅助模块（PAM）。升级后的版本称为 PAM - D，其中
D 表示其有效载荷能力与德尔它版本相同。为了最大化航天飞机的利润，PAM - D 被制
造得足够小，使有效载荷舱可以携带多达 4 个。

　　从航天飞机部署有效载荷的操作优势促成了一套全新的规划和执行发射的方法。例
如，有效载荷的设计将得益于航天飞机提供了更为有利的发射环境，它可以使用更轻和相
对较脆弱的结构。这是由于轨道器上升段最大加速度为 $3\,g$，抑制了施加于该飞行器的载
荷，同时缓解了航天员和那些缺乏喷气式飞机飞行员抗压经验的太空飞行参与者[③]的压力。
此外，发射中止不会造成有效载荷的损失，它将随航天飞机返回，并且一旦完成维修，也
可以被安排到下一次飞行。[④] 一旦进入轨道，在部署之前，能够检测卫星，如果在发射过
程中发生损坏或故障，可以取消任务并将有效载荷安全送回，进行修复并重新发射，从而
避免了损失宝贵的有效载荷及其运行能力。

　　使用的一种机载支持设备（ASE）的可重复使用铝制支撑结构将 IUS 和 PAM - D 送
入轨道。它有两种型号，每一种与一类上面级匹配。ASE 不仅可以作为一种机械支撑设
施，在轨道器结构和上面级之间传递上升段负载，还可以用作太空中的发射平台。在这两
种情况下，ASE 也会为上面级及其有效载荷提供服务，如指令、防护、安全、电源分配、
通信等。两种类型的 ASE 都被尽可能设计为自足及自主的，它只需要乘组人员少量的关
注。两种上面级的相似之处也使它们的操作方法可以共享。随着航天飞机通过机动达到部

---

　　① "自旋"一词是指飞船在轨道机动过程中围绕自身长轴旋转以增加方向稳定性的一种常见做法。实际上，这是
一种使轨道保持稳定的有效手段，它大大减少了姿态控制系统通过点火来保持航天器正确航向的需求。因此节省的推
进剂是相当可观的。

　　② 严格来说，IUS 是一个两级推进的系统。第一级从航天飞机的低轨道助推到大椭圆"转移轨道"，第二级将在
同步轨道高度使轨道圆化。相反，SSUS 只进行一次机动，卫星将不得不自己将轨道圆化。因此，SSUS 也被称为近地
点点火发动机。

　　③ 在第 6 章中有解释，这些人被称为载荷专家。

　　④ 在上升过程中，根据紧急情况的高度、速度和严重程度可以调用 4 种所谓的完整中止模式。在每一个中止模
式中，希望轨道器能够安全地降落在肯尼迪航天中心或欧洲、非洲的机场。对于更严重的情况，如 3 个主发动机全部
出现故障，其他中止模式也是可能的。这些被称为应急模式，它们要求航天飞机争取到达美国东海岸的紧急着陆带，
或者到达一个安全的高度，航天员将在那里跳伞。对于应急中止模式而言，如果与完整中止模式相比，轨道器及其有
效载荷的生存概率大大降低。

署卫星期望的轨道和姿态，航天员会运行一个预部署流程来确认上升过程没有损坏上面级及其有效载荷，并为即将到来的行动做准备。接下来，ASE 准备将上面级配置到合适的状态。最后，更新后的航天飞机轨道参数和位置将被上传到上面级的导航软件，以提高即将开始的飞往地球同步轨道旅程的精度。如果航天员感到满意并且所有的检测都通过了，上面级将从 ASE 的弹簧结构释放，自由漂离航天飞机。

由于分离的平移速度比较小，上面级与航天飞机基本保持了相同的轨道。如果航天飞机在发动机点火时离得很近，它将被火箭尾焰炸毁，结果可想而知，尤其是脆弱的舱室窗户。所以点火约在 45 min 后进行，以保证航天飞机到达一个安全的距离。为了进一步预防尾焰的影响，轨道器将腹部朝向火箭。[①] 然而，将数千块精致的防热瓦暴露在尾焰下，可能会对热防护系统造成真正的损坏，听起来也是不理智的！考虑到没有检查腹部防热瓦状况的能力，更不用说修复损伤的方法了，[②] 机组乘员怎么知道这些缺陷呢？我们永远不会知道，因为幸运的是，这种情况从未出现过。

2.2　有效载荷辅助模块首飞

航天飞机的第一次卫星部署发生在 1982 年 11 月 11 日，当时哥伦比亚号携带了两颗商业通信卫星，这是航天飞机计划的关键时刻。事实上，前 4 次试飞已经证明了该飞行器能够运行，哥伦比亚号迎来了廉价可靠的商业运行模式时期。正如 NASA 所见，该计划开始营业，准备接收来自全球客户的现金流，并把竞争对手甩在身后。

每颗卫星都收拢于 ASE 的保护罩内，ASE 安装在 PAM - D 上。ASE 是一个开放式桁架结构的支架，它由经过加工的铝框架和镀铬钢纵梁及龙骨耳轴组成。支架支撑着旋转台和相关的驱动系统组成的 PAM - D/卫星垂直安装平台。标准的安装包络是一个直径为 7.16 ft，高为 8.4 ft 的圆柱体。选择这样的尺寸是为了与德尔它运载火箭兼容。这样，如果航天飞机由于某种原因不能使用，作为备份方案有效载荷可以由德尔它运载火箭发射。一旦对航天飞机足够有信心，就可以让消耗型德尔它火箭退役了，利用轨道器载荷舱内的额外体积可以将标称包络扩大为支架内直径 9 ft，高度达到 10 ft。

为了防止支架和上面级受轨道环境温度波动的影响，外表面由多层隔热材料覆盖。在支架顶部的管状框架支撑了聚酯薄膜绝缘材料构成的固定太阳防护罩，但覆盖了航天器顶部的部分由两个翻盖部分组成，以防止热应力的影响，同时可以保证航天飞机入轨后载荷舱门可以打开。

PAM - D（见图 2 - 1）本身相当简单，使用美国齐奥科尔公司制造的 Star - 48 固体火箭发动机，最大推进剂装载量接近 4 273 lb。在发动机外壳上的有效载荷连接装置（PAF）与卫星形成机械接口。它拥有可伸缩的配件来应对上升过程中航天器与支架之间的侧向负载，还有一个弹簧系统提供从支架分离的动力。PAF 上也放置了发动机和航天器之间的

---

① 这类似于把手放在脸上以保护它不受近处爆炸的伤害。

② 实际上，在哥伦比亚号事故发生几年后，增加了这两种能力。

电气接口连接器、备份的发动机点火安全保险装置、遥测组件和 S 波段发射机。

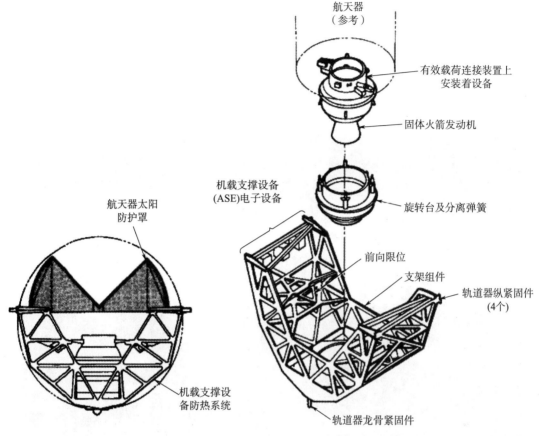

图 2-1　航天飞机 PAM-D 系统硬件

在起飞后的 8 h 内，STS-5 的乘员已经做好了让哥伦比亚号成为第一个载人在轨发射平台的准备。第一个受益于这个专用设施的是 SBS-3，它是一颗私人拥有的通信卫星。[①] 为了准备部署，乘组人员进行了一系列检查和有效载荷配置程序。同时，哥伦比亚号进行机动，使打开的有效载荷舱朝向上面级点火方向。

"卫星本身的概念很简单，它们可以通过自旋被部署到位。"STS-5 任务专家乔·艾伦（Joe Allen）指出。"你的方法就是把卫星放在一个台子上，然后台子开始旋转，就像你把一张唱片放在唱机上一样。你把它放下，然后让它旋转。对于通信卫星来说，它在发射前就被安装在台子上，然后进入轨道……一旦让台子旋转，并让航天飞机指向正确的方向，在轨道上正确的位置。当你放手时，卫星上的弹簧会展开，轻轻向外推，它就会非常完美地旋转下去。"

乔·艾伦的同事威廉·B. 勒诺伊尔（William B. Lenoir）负责部署。他创造了轨道发

① 休斯飞机公司为卫星商业系统公司（SBS）建造了这个航天器，SBS 是一个由安泰人寿保险子公司、COMSAT、通用公司和 IBM 共同拥有的一家私人通信公司。

射主管这一术语。在航天飞机计划的早期，机组人员只能在轨道周期的 15%～20% 时间内与任务控制中心进行通信，因为 NASA 的地面跟踪站只能覆盖这个范围。但是轨道力学要求航天飞机应该在穿越赤道时部署卫星，它将发生在其中一个通信中断区。这意味着乘员需要自行决定是否继续或中止部署。威廉·B. 勒诺伊尔说，负责卫星操作的航天员"是真正的发射主管，他最终决定卫星是否从航天飞机发射"。

随着 PAM - D 承载着 SBS - 3（见图 2 - 2 和图 2 - 3）以 3 ft/s、50 r/min 的速度旋转漂移出有效载荷舱时，航天员针对该有效载荷的任务就完成了。

图 2 - 2　SBS - 3 的部署。在背景中，太阳防护罩在 Anik C - 3 卫星部署（随后的任务）之前处于关闭状态

图 2 - 3　挑战者号在 STS - 7 中的一幅标志性的图片，展示了多个 PAM - D 在有效载荷舱内的典型分布

按照计划，任务指挥官万斯·德沃·布兰德（Vance DeVoe Brand）和飞行员罗伯特·F. 奥弗迈耶（Robert F. Overmyer）进行了一系列的点火来移开哥伦比亚号，以规避PAM-D发动机排放的气体。45 min 后，上面级上的计时器点燃火箭发动机，推动卫星飞向地球同步轨道。由于哥伦比亚号的腹部朝着上面级点火方向，因此航天员无法亲眼目睹这一事件。

第二天，11 月 12 日，节目再次上演，加拿大的 Anik C-3 通信卫星扮演了主角。在轨道发射主管乔·艾伦的批准下，卫星被成功部署。

在太空中释放卫星不是什么新鲜事，因为这是消耗型运载器在每次任务中必不可少的一部分。而且，毕竟为航天飞机设计 PAM-D 的一个关键是作为备选项保留其与德尔它火箭的兼容性。然而，在太空中，不能对任何事情存在侥幸心理，即使是像发射卫星这样普通的任务。威廉·B. 勒诺伊尔指出："这是从来没有做过的事情，因为它以前还没有被发明。"事实上，对于航天飞机是否有能力成为一个在轨发射平台还是存有疑虑的，尤其是担心它是否能像地面发射平台一样保持稳定。几天后，随着这两颗新卫星到达地球同步轨道后，人们打消了这些疑虑。

2.3　航天飞机惯性上面级首秀

SBS-3 和 Anik C-3 的成功发射证明了航天飞机与 PAM-D 组合是一个成功的团队。IUS 是否也能同样被证明呢？1983 年 4 月 4 日下午早些时候，STS-6 启航去验证这个问题。长 17 ft，直径 9.5 ft，重 32 500 lb 的圆柱体上面级令人印象深刻。此外，有效载荷（TDRS-A）比之前任务中部署的商业卫星大得多。

如图 2-4 所示，在物理上，IUS 由后裙、第 I 级、级间段、第 II 级和设备支撑段组成。两级均采用固体推进剂和活动喷管进行推力矢量控制。冗余的机电执行机构允许较大的第 I 级发动机发生 4°转向，较小的第 II 级发动机发生 7°转向。肼类单组元推进剂反作用控制系统在滑行和推进阶段提供姿态控制，以及精确入轨的脉冲动力。主要电子设备和控制分系统被安置在设备支撑段，其中还包括一个 9.84 ft 直径的接口安装环及匹配航天器和上面级的电气接口连接段。即使航天器在上面级上，也可以通过检修门更换部件。还有一些先进的特性使 IUS 与其他上面级不同。例如，它拥有为不载人太空飞行器研制的第一套全冗余电子系统，使其能够在毫秒级时间内调整飞行中的特性。它还有一个冗余的计算机系统，如果有必要，第二台计算机能够接管主计算机所有的功能。最后，碳复合材料喷管的喉部允许高温火箭发动机长时间运行。

因为 IUS 与航天器组合体非常重且几乎占据了有效载荷舱的全部长度，机载支撑设备被分为前、后框架的形式。IUS 的尾部插入 ASE 后框架的环形结构，安装在有效载荷舱后部。同样，IUS 前端由半圆形的 ASE 前框架约束。为了减少上升段施加在 IUS 上的负载并保护铝制蒙皮-桁架结构，阻尼器安装在后框架与有效载荷舱及前框架的连接点上。ASE 还为电池、电子设备、电缆和通信服务设备提供了放置空间，以支持飞行器及其有效载荷。

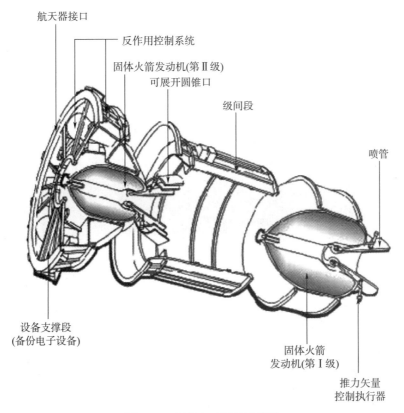

图 2-4　惯性上面级的透视图

　　到达轨道后，一系列类似于 STS-5 的动作被实施。在部署前检查之后，轨道器调整到释放 IUS 的正确姿态。释放只需要再按下几个开关。然而，由于为有效载荷设计的 IUS 比那些小型 PAM-D 搭载的有效载荷大得多（见图 2-5），部署机制要求进行不同的动作序列。实际上，STS-6 任务部署的是跟踪和数据中继卫星（TDRS）星座中的第一个成员，TDRS 是一套全新的通信系统，它将取代支持航天飞机和各种科学任务的地面站网络。

　　挑战者号有效载荷舱几乎 3/4 的长度被 IUS/TDRS-A 的组合体占据。[1] 这么长的有效载荷怎么被部署呢？机械臂不能使用，因为 IUS 没有被设计成用它来处理的形式。取而代之，ASE（见图 2-6 和图 2-7）来执行这个任务。后框架可以向上倾斜，将其有效载荷的前部提升到轨道器乘员舱的上方（见图 2-8）。在完成部署前检查时，ASE 前框架的固定闩锁被放开。然后，机电执行机构将后框架（见图 2-9）倾斜到 29°。此时，TDRS-A 位于有效载荷舱的上方，并准备好进行地面遥测验证。如果发现卫星有故障，部署将被取消，ASE 再次下降将 IUS/卫星放入有效载荷舱。如果检查结果令人满意，乘员们将尾框架提升到 58°，进入所谓的部署位置。由于分离即将展开，轨道器姿态控制系统被禁止运行，以确保过程的稳定性。

---

　　① 实际上，这是一种典型的航天飞机部署 IUS 的情形。

图 2-5　地面处理中的惯性上面级。参照在上面工作的技术人员身形，证明了它的巨大尺寸

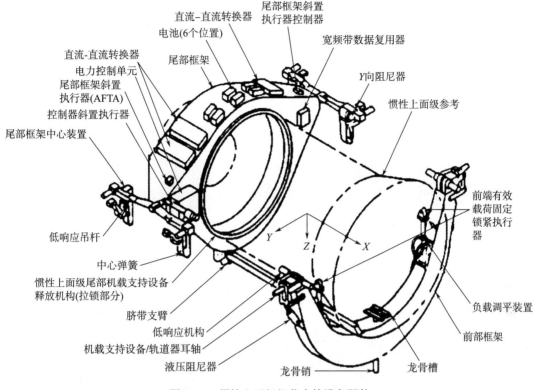

图 2-6　惯性上面级机载支持设备硬件

　　起飞后不到 10 h，STS-6 乘员便看到这个庞大的复合体以 0.4 ft/s 的速度平稳地飞过乘员舱的壮观景象。IUS 离开有效载荷舱后（见图 2-10），轨道器进行机动，将距离保持在安全范围，释放 45 min 后 IUS 第 I 级点火。

　　1982—1986 年年初，航天飞机定期搭载各种商业卫星，成功完成了 20 次使用 PAM-D 和 2 次使用 IUS 的部署任务。[①] 1986 年 1 月 28 日的挑战者号事故对 NASA 继续运营航天飞机产生了重大影响。其中之一是商业用户不再采用它，因为用航天员的生命作为赌注部署一颗卫星是不合理的，传统的消耗型运载火箭也可以有效发射。但也有例外，如在 STS-32 中 Syncom-4 卫星的部署、5 颗 TDRS 卫星的发射，以及美国国防部的其他几颗卫星。上面级最后一次在航天飞机上使用是在 1999 年 7 月的 STS-93 中，哥伦比亚号部署了一个 IUS，通过机动将巨大的钱德拉 X 射线天文台送入了轨道倾角为 77°，高度在 6 000～86 400 mile 的椭圆轨道。

---

　　① 这包括大酒瓶（Magnum）电子信号智能（ELINT）卫星在 STS-51C 中的部署，这是美国国防部的第一次航天飞机任务。

图 2-7　IUS/卫星组合体充分利用了航天飞机的有效载荷舱。在这里可以看到钱德拉 X 射线天文台在航天
飞机部署的最后一个 IUS 的顶部。这台望远镜太长了，以至于它与有效载荷舱的前舱壁之间只有几英寸

图 2-8 惯性上面级及其有效载荷上升到部署位置

图 2-9　惯性上面级及其有效载荷开始飞往地球同步轨道的航程。背景中 ASE 的前、
后框架清晰可见。两者都被金色的隔热层包覆

图 2-10　随着 IUS 的离开，有效载荷舱空荡荡的。ASE 后框架恢复到标准位置并被锁紧，
以便在再入过程中减小负载

2.4　死亡之星

　　早在 IUS 开始服役之前，美国空军和 NASA 就都知道它不会持续太长时间，他们需
要开发一个新型的、更强大的上面级。尽管至少在 20 世纪 80 年代中期之前，航天器的质
量都预计不会超过 5 000 lb，即 IUS 将其提升至地球同步轨道的能力，但两家机构都要预
测卫星质量在 10 年内会稳步增长。例如，国防部已经批准了一些项目，到 1987 年将重达
5 500 lb，1988 年增长到 6 200 lb，而在 20 世纪 80 年代末到 90 年代初将达到 8 000～

10 000 lb。同样，在商业通信卫星产业中，NASA 渴望将其作为航天飞机的一个收入来源，预计到 20 世纪 90 年代中期需要运载的物体质量将达到 12 000 lb。

增大航天器质量有几个优点。例如，更大的卫星可以携带更多的推进剂，从而在位置保持和姿态控制方面延长其寿命，因此需要被发射的替代星就更少，从而能大大节省客户或业主的开支。更大的航天器还为有效载荷硬件设备提供更多的空间，[①] 因此增加了为任务规划者或客户提供的服务或能力。尽管听起来有悖常理，但这样却可以更便宜。事实上，当质量是一个制约因素时，航天器设计者不得不依赖昂贵的小型电子设备和系统硬件。这迫使他们投入相当大的努力，制定最佳的方案来压缩机载系统和有效载荷的占用空间。系统内组件之间或不同的系统之间的干扰在它们距离接近时更可能发生，为了克服这个缺点，需要依靠昂贵的地面测试并可能因此延误生产和发射。然而，如果没有办法发射，发展大型或重型卫星显然是毫无意义的。

这是美国卫星产业当时的现状，20 世纪 70 年代中期民用和军事卫星也不得不面对同样的情况。航天飞机的推出将所有现有消耗型运载器的退役计划提上日程，卫星制造商和客户对更大航天器的开发和需求持谨慎态度，因为他们已经意识到航天飞机/IUS 组合体运载能力的限制。除非批准开发能够提供必要性能的更强大的上面级，否则为无法离开洁净室的航天器制订计划是没有意义的。风险在于，它们可能会转向竞争对手，要求刚起步的欧洲阿里安运载火箭提供发射服务，从而造成 NASA 收入的严重损失。另外，一个强大的上面级将有利于该局的行星探索任务，如伽利略任务（进入木星轨道）和研究我们的母星的国际太阳极地任务（ISPM）[②]。

一般来说，推导这类任务的最终需求是一个迭代过程，在几个方面都要考虑到发射能力限制。例如，特定发射时机的低能量轨道可能需要多次行星飞越来辅助实现，尽管这明显增加了旅行时间、维护成本以及到达目的地之前故障发生的概率。另一种方法是将原来的探测器分成两个或三个更小的航天器，当时机出现时，它们会被单独发射。这也类似于减少任务目标，以牺牲科学回报和项目价值为代价使航天器更简化和更轻便。通常用两个或两个以上的替代组合。举个例子，伽利略任务包括一个木星轨道器和一个进入大气层的探测器，NASA 考虑用航天飞机/IUS 将它们单独发射，每个飞行器独立飞向其目标。随着伽利略号和 ISPM 项目的开展，其他行星项目也蓄势待发，特别是一个土星轨道器，它带有研究土星大气层及其最大卫星土卫六的探测器，探测天王星和海王星大气层的探测器，以及与多颗小行星的交会任务。[③]

1982 年美国国会让 NASA 和美国空军合作开发一种已经应用于宇宙神运载火箭上的半人马座上面级（见图 2-11），以便航天飞机使用。这是令人失望的，因为这些机构正寻求开发一款具有内在增长潜力的新型特殊设计的助推器，例如可以转化为一种人工操作或

---

① 当一个航天器作为运载器的有效载荷时，航天器的有效载荷就是执行任务的设备。其余的质量包括推进剂和运行航天器及其有效载荷的硬件设备。

② 国际太阳极地任务后来被重新命名为尤利西斯。

③ 当时，还未近距离飞越过任何一颗小行星，它们充满了神秘感。

自动化的太空拖船，或者轨道转移飞行器。然而，当该项目需要 10 亿美元资金时，相比花费 2.5 亿美元的成本使半人马座上面级适配航天飞机，就很容易理解为什么美国国会选择后者了。适配半人马座上面级有额外的优势，就是美国航空航天业知道如何使用低温发动机技术，能够确保它更有效地与新型的欧洲阿里安火箭竞争。

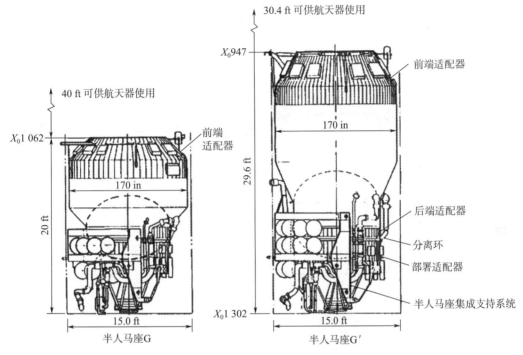

图 2-11　航天飞机半人马座上面级构型

半人马座和 IUS 之间的差别主要是推进剂。一般来说，提升火箭性能的一个方法是使贮箱更大，从而能够携带燃烧更长时间的推进剂。发动机的类型也是一个因素，因为推进剂不同的配比可以产生明显不同的推力。尽管有一句老话说，尺寸并不重要，但对于航天飞机的上面级来说却很重要，因为推进级和它的有效载荷必须装在有效载荷舱内。有效载荷舱 60 ft 的长度是主要限制。这很容易理解，上面级越长，携带有效载荷的空间就越小，因此牺牲了任务目标和能力。同时，质量也是影响上面级尺寸的一个关键限制因素。事实上，轨道器和上面级/有效载荷的组合体质量不能超过 65 000 lb。同样容易理解的是，推进剂的质量越大，它所能承载的质量就越小。航天飞机有效载荷舱尺寸和质量的限制严重影响了 NASA 和美国空军设想的有效载荷质量增长，这也是驱使他们寻求 IUS 替代品的首要原因。

唯一保证尺寸和质量在可接受范围内的策略是为上面级更换低温氢和氧推进剂，因为这种组合提供了最大的能量密度。宇宙神火箭上使用的半人马座就是这个类型的飞行器。虽然航天飞机的半人马座上面级将满足 NASA 和美国空军的需求，但很快就意识到，"一刀切"的做法是不切实际的，因为民用和军事任务有完全不同的需求。所以航天飞机必须有两个版本的半人马座上面级。配置给空军使用的命名为半人马座 G，能够将 40 ft 长、

10 000 lb 重的有效载荷送入地球同步轨道，其本身大约 19.5 ft 长，14.2 ft 宽。这是一个比宇宙神火箭使用的 30 ft 长、10 ft 宽的半人马座更短更胖的版本。配置给 NASA 使用的版本叫半人马座 G′（见图 2-12），有 29.1 ft 长，14.2 ft 宽，其任务是逃脱地球引力并将有效载荷置于行星际轨道。这两个版本将采取与 IUS 相似的方式搭载于航天飞机的有效载荷舱中，在部署之前倾斜适当的角度，再由一个叫作半人马座集成支持系统的机械装置弹出。

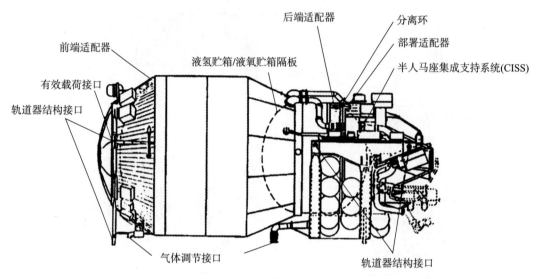

图 2-12　航天飞机半人马座 G′构型和主要结构接口

因为 NASA 对宇宙神半人马座上面级的航天飞机版本已经进行了可行性研究，该局被指定为两个新的改进型担负总体管理职责，NASA 和空军的联合项目办公室将监督其开发过程。因为通用动力公司是宇宙神半人马座的设计方和制造商，所以顺理成章地选择了他们作为新版本的主承包商。另一个明智的选择是在改进型上使用相同的双 RL-10 发动机配置。而普惠公司作为发动机制造商，对其进行改进，以使发动机喷管能够提供更大的推力。最后，由霍尼韦尔和特里达因公司开发复杂的机载电子设备来安全、准确地为这种高性能飞行器提供导航和控制能力。

到了 1985 年，关于开发新半人马座上面级的谈判正处于一个陡坡上。由于轮班制和质量控制问题的预算超支，令预算快速增长。① 时间上的延误是由于 NASA 改变了复杂系统的冗余需求，这需要重新进行设计。此外，与轨道器结构的集成也带来了难度，因为有效载荷舱内的支撑结构需要改变，以确保它能够安全地承载很重的上面级和有效载荷。在一次压力测试中，氢气贮箱焊缝突然发生泄漏，需要延迟 4 个月来加强受损结构和改进飞行单元。机载电子设备的认证是造成时间延误和财政超支的另一个障碍。半人马座 G′上第一个飞行单元直到 1985 年 9 月 27 日才交付给 NASA。

---

① 历史上，航天工业不把轮班制应用于飞行硬件的制造。事实上，它增加了由于人为因素错误（如不完整的交接）而降低装配质量的风险，这种错误通常出现在轮班连续生产的情况中。

　　自然地，美国空军半人马座 G 的开发也受到了其民用同行（指 NASA——译者注）遇到的问题的严重影响，并因为与航天飞机以及消耗型运载器大力神 34D[①] 兼容的自身需求而更加严重。事实上，在航天飞机有效载荷舱内，该上面级的前端和后端都有支撑，而在大力神火箭上只能固定在尾部。这种差异实质上影响了重要组件的尺寸和位置。"螺栓连接工具包"作为一个可能的解决方案被提出。方案是这样的，半人马座 G 被开发成与大力神兼容的形式，如果需要搭载在航天飞机上，将增加附加物以修改结构接口。另一个问题是，大力神 34D 的性能比预期的要差，因此希望半人马座 G 能够弥补这一短板。事实上，美国空军几乎设计了两种半人马座 G 的亚型，一种为航天飞机设计，另一种为消耗型运载器设计。实际上，在 1985 年 4 月，通用动力公司建议空军应该终止基于大力神火箭的半人马座 G，因为更改会增加风险和复杂性，并且可能最终被证明是不切实际的。与 NASA 之间不太理想的关系和对其质量控制流程的担忧是影响半人马座 G 设计的其他因素。然而不久后，这些问题就都不存在了，因为在 1986 年 1 月 28 日的挑战者号失利之后，航天飞机半人马座项目被取消了。

　　很少有太空项目被取消是令人欣慰的，但航天飞机半人马座上面级是个特例，特别是航天员队伍。STS‑61F 已经被指定为第一次飞行，上面级将携带尤利西斯太阳探测器。然后在 STS‑61G 中计划由另一个半人马座上面级携带伽利略号去往木星。首席航天员约翰·W. 杨（John W. Young）经常将这两次飞行形容为"死亡之星"任务。这是一个黑色幽默，它源于半人马座上面级的设计中存在危及参与部署的航天员生命的风险。存在的主要问题是在上升段过程中的安全。STS‑61F 的指挥官弗雷德里克·H. 豪克（Frederick H. Hauck）说："如果你得执行一个返回发射场中止或一个跨大西洋中止的任务，货舱里携带着一枚装满了液氧和液氢的火箭，你必须排放掉这些推进剂。你必须在意外中止飞行过程中抛掉它们。为了确保它能安全地泄放，需要有冗余的并联排放阀、控制排放阀的氦气系统和确保这些处置流程的软件。当你着陆时，你与航天飞机货舱内的半人马座上面级坐在一起。如果还没能把所有气体都排掉，你就从一侧排出氢气，另一侧排出氧气。那可不是个好主意。"

　　整个上面级的设计是有缺陷的，因为它从来就不是载人级的，而载人评级过程是在不断节省成本的情况下进行的。"由于它从未被设计为载人太空计划的一部分，存在许多潜在的失效模式，整个概念并不是一个好主意，因为你总是说：'嗯，我不想太完善地解决问题。只要能解决就够了，所以我已经解决问题了。'这是什么意思呢？就是你不想花太多钱但你还要解决问题，所以你总是试图弄明白：'我是不是妥协太多了？'最终结果就是你会一直妥协。"

　　为了减小结构质量，宇宙神和航天飞机的半人马座贮箱都是由很薄的铝合金板构成的。由于缺乏内部强化措施，氢气和氧气贮箱都被加压以保持其形状。正如弗雷德里克·H. 豪克回忆的那样，"如果没有加压，它就会因自重而变形；如果没有加压，在悬挂状态

———————————
[①]　尽管美国空军（USAF）在理想情况下希望用航天飞机运送所有有效载荷，但由于它表现出了不确定因素，导致同意保留一种消耗型运载器，直到航天飞机证明自身的价值。

下你用手指一按，贮箱壁就会凹陷。"

　　另一种减小质量的方法是两个贮箱共用一个隔板，与土星 5 号第二级采用的方法类似。安全、可靠性及质量保证（SR&QA）部门副部长加里·W. 约翰逊（Gary W. Johnson）回忆说：我们最大的疑虑是……隔板上一个很小的压差将导致它被破坏，从而出现问题（因为如果氢气和氧气混合在一起，将产生剧烈的爆炸）。没有采用直接的压差报警系统，是因为如果压力接近报警值，压力系统将被关闭或确保系统安全，取而代之的是他们用一个计算机程序调节氧气贮箱和氢气贮箱的压力，通过调节两者压力，确保压差能满足要求。但我们并没有直接测量压差，那是我们真正关心的东西……安全小组坚持要我们将它分开。"

　　由于液氢和液氧的状态不稳定，半人马座在发射前几个小时在发射平台上进行加注。加里·W. 约翰逊和他的团队对推进剂加注系统非常担心。"加注是利用管路穿过航天飞机，然后进入半人马座。管路几乎没有余量，如果在贮箱加注过程中突然停止了推进剂加注，将产生锤式压力——这是由于突然关闭产生的冲击——非常容易导致轨道器管路破裂，从而导致发射平台上整个飞行器的损失。这是一个很大的安全问题。在这些管路上，我们没有足够的余量。"

　　同样令人担忧的是，尽管飞行硬件设备没有通过地面测试，但还是被批准进入太空。这是引起加里·W. 约翰逊深切关注的一个问题。"我通过一些文件进行审查，注意到一些从计算机发送命令的重要继电器盒，它们在振动测试时发生了故障。我没有在文件上看到任何真正的收尾工作，说明那种硬件应得到认证，相关人员都签署了文件，认为所有的东西都经过了认证，准备就绪。但在我看来，还有一些尚未解决的问题需要修订。我叫来负责那个系统的工程师。我想问他我们是如何检查每一件事的，以及是如何发现这些问题的。我问：'签字同意准备就绪的理由是什么？'我看到那个年轻的工程师明显受到了惊吓，他坦白说他是被他的管理者强迫要求签字的。"

　　弗雷德里克·H. 豪克记得在一次会议上提到另一个安全问题，即氦系统的冗余，氦系统会增加贮箱的压力并迫使推进剂进入双发动机的燃烧室。在一次发射中止过程中，该系统将从贮箱中排放出推进剂，使轨道器的质量降到可控的水平，以便安全着陆。"在 1986 年 1 月初到中旬，我们正在研究如何处理液氧和液氢排放阀的氦发生器系统冗余问题，很明显，该项目在加压氦气产生的推进剂压力阈值方面进行了妥协。我们非常担心。我们去了一个"安全评审"委员会，认为在这个问题上妥协不是个好主意。然而，委员会拒绝了这一请求。"这次会议很有启发性，所以很快弗雷德里克·H. 豪克就召集了他的工作人员，并表达了他对 NASA 愿意牺牲任务安全性的担忧。他向他们保证，如果有人想要退出任务，他会支持他们的决定，整个机组共进退。

　　如果你想知道为什么这些聪明的人在充分意识到和半人马座一起飞行有多危险后还愿意冒生命危险，你需要了解当时的历史背景。

　　STS-61F 的任务专家约翰·M. 朗治（John M. Lounge）承认："我们认为可以解决所有这些问题。我们基本上还是防弹的。直到挑战者号失事，我们指望我们是防弹的，细节问题可以解决。"弗雷德里克·H. 豪克回应了这个观点。"那个时候，我们没有任何人在太空中丧生。我的意思是，有一种不可能发生的感觉。"此外你还要考虑，航天员必须承担在太空中飞行的风险，特别是一个引人注目的任务。约翰·M. 朗治说出了当时他的考虑："被分配到一个重要的任务是一种特权，所以我们的态度是只需要将它完成。"如果航天员是像弗雷德里克·H. 豪克一样的海军飞行员，那么荣誉感也是一个主要的因素："我很可能受自尊心驱使，你知道的，'我可以做这个。这不算什么，我从航母上起飞过，我也在战斗中飞行过，我曾将自己置于比这个更危险的境地。我很愿意做这件事。'所以我从来没有想过会说，'嗯，我不打算执行这个任务。'"

当挑战者号的调查正在进行时，越来越多的细节暴露了 NASA 安全性管理的不足，尽管存在众多的安全问题，航天飞机半人马座项目仍在进行。然而，它的时间也所剩无几了。早在 1986 年年底之前，NASA 局长、前航天员迪克·特鲁利（Dick Truly）就决定永久停止这个项目。航天飞机的半人马座从来没有在太空中飞行，并且任务被修订为使用动力稍弱的惯性上面级。

图 2-13　2016 年 5 月，仅存的半人马座 G′在俄亥俄州克利夫兰的 NASA 格伦研究中心展示

在新千年早期的一小段时间内存在过在航天飞机上使用低温上面级的设想。事实上，2000 年在 NASA 马歇尔航天中心，波音公司先进的航天飞机上面级（ASUS）已经被测试。计划是在发射时上面级是空的，然后在上升过程中通过航天飞机的外部贮箱将液氢和液氧注入其中。推进剂输送系统是一个压力供给快速冷却和注入系统，它由位于每个贮箱中间并贯穿贮箱全长的喷管（spray bar）组成。在加注操作开始时，推进剂使贮箱壁冷却，汽化的推进剂通过排气系统排出。当贮箱壁达到可接受的温度时，排气阀

关闭，以启动真正的推进剂加注，这将耗时 5 min。这是一个聪明的想法，因为它利用了储备的氢和氧，通常在外部贮箱与轨道器分离后会有残留。这样，航天飞机运载有效载荷的能力就不会降低。此外，由于冷却和无泄放加注方法正在被考虑应用于在轨推进剂传输，有理由认为使用 ASUS 的经验将有助于发展低重力低温推进剂传输技术。尽管测试证明这一设想是可行的，但在哥伦比亚号事故发生后，它从未有机会在任务中证明自己。

2002 年第二季度，NASA 马歇尔航天中心进行了一次为期 6 个月的关于高能上面级（HEUS）概念的评估研究。这个概念由诺斯罗普·格鲁门公司提出，它也设想了一个液体推进剂上面级，但与半人马座或 ASUS 不同的是它使用可储存的甲基肼和四氧化二氮推进剂。这些推进剂相对低温推进剂更容易处理，但会通过接触自发燃烧，容易引起自燃。有两种上面级被纳入考虑范围：一种是液体推进剂，另一种是可储存的凝胶推进剂。除了推进系统外，它们的子系统主要基于成熟硬件，以最大限度地降低成本、风险和开发时间。

不幸的是，这项研究没有通过概念阶段。如果它达到了开发阶段并进入装配车间，HEUS 将成为运送詹姆斯·韦伯空间望远镜（JWST）的理想候选者，JWST 被认为是哈勃空间望远镜（HST）和太空干涉测量任务（SIM）的继任者，用于寻找系外行星。[①]

2.5 通往太阳系之门

航天飞机半人马座上面级项目的下马及挑战者号失事后，飞行梯队的停飞为深空探测项目带来了严重的负面影响。身着白衣的技术人员在保存太空价值（space‐worthy）的状态下封存了麦哲伦号、伽利略号和尤利西斯号太空探测器，等待着发射时间表的修订。同时，考虑在取消大动力上面级的情况下，根据行星运行计算未来的发射时机。在适当的时候，所有这些探测器都将安全地使用固体推进剂惯性上面级发射。

第一个是探测金星的麦哲伦号。在历史的某一阶段，金星曾被认为是地球的双子星，而受到了业余天文爱好者和天文学家的关注。然而，令他们沮丧的是，这颗行星表面被一层不透明的大气所掩盖。人们甚至无法确定该行星的自转速度。1961 年通过高功率天线将无线电信号发射至该行星并对反射信号进行分析，才最终实现了自转速度的测量。金星以逆行方式旋转，自转方向与轨道运行方向相反。实际上它是上下旋转的。此外，它的旋转非常缓慢，自转周期是 241.5 个地球日，比它绕太阳一周的 224.7 天更长。后来发现，可以通过处理雷达回波来产生行星表面的图像。然后，美国和苏联装有雷达装置的探测器被置于这颗行星的轨道上来绘制其地图。NASA 的先驱者 12 号（也被称为先驱者金星轨道器）于 1978 年提供了几乎整个星球的地图。这次扫描以 30～84 mile 的分辨率覆盖了92% 的表面。1983 年苏联的金星 15 号和 16 号轨道器实现了 1.25 mile 的高分辨率，但其

① 太空干涉测量任务由于复杂而昂贵的技术被取消了，它需要对几十光年或数百光年以外的外星球进行成像。JWST 目前预计在 2018 年搭载阿里安 5 火箭发射，它标志着欧洲的重大突破。

覆盖范围仅限于北纬 30° 以上。

到了 1988 年，NASA 希望提高分辨率并扩大地图测绘至覆盖整个表面。实际上，在 1972 年水手 9 号成功进行了火星光学地图测绘之后，[①] 一项关于去往金星的同等任务的可行性研究就开始了。金星轨道成像雷达（VOIR）使用了一个合成孔径雷达（SAR），以优于 400 m 的分辨率测绘 70% 的行星地图。雷达还收集测高数据并以被动方式感知行星表面的辐射。但 VOIR 没有通过图纸阶段，1982 年项目被取消了。次年，NASA 提出了金星雷达制图仪（VRM）作为一个更简单但更聚焦的任务。所有的非雷达试验都被去掉了。只有被取消的 VOIR 中核心的科研目标被保留了，即研究表面的地质历史和内部的物理状态。1986 年，这个不怎么吸引人的缩略语被更合适的名字麦哲伦号取代，这是为了纪念葡萄牙探险家费迪南德·麦哲伦（Ferdinand Magellan），他在 16 世纪初首次环绕地球来揭示广阔海洋的自然奥秘。同样，人们希望麦哲伦号探测器能够对我们临近的孪生兄弟提供一个全球性的了解。

为了节约开发成本，麦哲伦号几乎由其他任务的备份件组成。例如，用于将合成孔径雷达测绘地图和数据传输到地球的直径为 12 ft 的高增益天线，是旅行者项目的一个备份件，主结构和用于姿态控制的小型推力器也是如此。从伽利略号项目中，麦哲伦号获得了指令与数据处理系统、姿态控制计算机和配电单元。中增益天线则是水手 9 号任务的一个备份件。

麦哲伦号最初的计划是在 1988 年 4 月至 5 月由航天飞机部署，并在 4 个月内通过一条 I 型轨道到达金星。从发射到目的地，飞船绕太阳运行不到 180°。1986 年 1 月的挑战者号事故致使航天飞机梯队停飞，直到 1988 年 9 月恢复运行。I 型轨道下次发射时机是 1989 年 10 月。但这与探测木星的伽利略号探测器的预定发射处于同一时期。为了避免进一步推迟任务，决定在 1989 年 4 月至 5 月择机发射麦哲伦号。IUS 不能将麦哲伦号送入 I 型轨道。当时地球和金星的相对位置意味着它要沿着更长的 IV 型轨道飞行，它将用 15 个月时间环绕太阳航行一圈半。航行时间的延长通过减少发射能量和金星接近速度得到了补偿。1989 年 5 月 4 日，在 160 n mile 的高度绕地球旋转 5 圈后，麦哲伦号在 STS-30 中被亚特兰蒂斯号熟练地部署，并开始了探索未知陆地的旅程。这是 NASA 的重要时刻，因为它标志着行星探索的恢复，而在这之前行星探索已经停滞了 10 多年了。

接下来的任务是伽利略号。17 世纪早期，意大利天文学家伽利略花了无数时间用简单的望远镜观测天空。他喜欢观赏的天体之一是雄伟的木星。令他吃惊的是，它不仅显示了自己是一颗行星，还拥有四颗显眼的卫星。这给了天主教会支持的亚里士多德·托勒密的宇宙观点致命的打击，他们认为所有的天体都围绕地球运行。实际上，利用他对木星系统的观测与对其他行星的运动数据的收集，伽利略强有力地捍卫了哥白尼的"所有行星，包括地球在内，都在围绕太阳旋转"的观点。1989 年 10 月 18 日下午，探索木星的探测器在 STS-34 中由亚特兰蒂斯号运送入轨，以这名托斯卡纳的天文学家的名字为其命名恰如

---

① 火星大气层薄而透明，很容易用地面望远镜和轨道探测器来观察它的表面。

其分。它将成为第一个进入木星轨道的航天器，用于对这颗行星、其磁层及其卫星进行长期观测。一个小型探测器被释放用来对其大气层进行直接测量。

航天飞机半人马座的取消意味着伽利略任务不得不使用动力更弱的 IUS。结果，它必须借助一系列引力，沿着一条非常迂回的路线飞行。直到 1995 年 12 月 7 日它才到达目的地，期间飞越金星一次和地球两次，这被称为金星-地球-地球引力辅助（或 VEEGA）轨道。[①]

STS-41 的飞行结束了航天飞机执行深空任务的短暂时期。发现号携带了尤利西斯探测器于 1990 年 10 月 6 日上午升空，开启了首次研究太阳极地区域的任务。这项任务设计需要航天器的轨道相对于木星围绕太阳运行的轨道平面有一个大倾角，并近距离飞越木星极点。虽然探测器不大，为了弥补半人马座的缺失，必须为 IUS 增加一个基于地球同步轨道卫星近地点点火的发动机而开发的有效载荷辅助模块，作为一个第三级，以便在 1992 年到达木星。[②] 这将是第一次也是唯一一次为航天飞机开发这种上面级组合。

2.6　附加上面级

PAM-D 和 IUS 不是航天飞机客户唯一可用的卫星交付系统。有几次，休斯公司建造的 Syncom 大型卫星只是简单地从有效载荷舱里转出来，这被俗称为飞盘部署模式。作为第一颗专门为航天飞机设计的卫星，它的尺寸刚好贴合有效载荷舱的宽度。这个宽阔的机身为近地点和远地点点火发动机提供了足够的空间。实际上，这个航天器有自己内置的上面级。NASA 发射卫星以货物占据有效载荷舱空间的比例为计价标准。大而短的卫星可以搭载在一侧，以节省客户的开支。[③] 卫星通过 5 个接触点与有效载荷舱中的支架连接，4 个在纵梁上，1 个在龙骨上，如图 2-14 所示。

为了准备飞盘部署模式，航天飞机将其尾部指向航行方向，并将有效载荷舱朝下，使卫星旋转轴指向近地点发动机推力的方向，正如它被消耗型运载器释放的情形一样。4 个触点的锁销将被电动机收回，每个锁销需要约 5 min。然后，在第五个触点上的火工装置将被启动，通过释放一个弹簧推动卫星的一侧向上，使其另一侧翻转（见图 2-15）。这样同时提供了旋转和平移动作，给了它 1.3 ft/s 的初始分离速度和 2 r/min 的自旋稳定速度。30 s 后，Syncom 卫星将自动激活。其中一个效果是启动星载时钟，开始为机动事件计时，如反作用控制系统将自旋速率调整到 33 r/min 等。大约 45 min 后，在航天飞机调整到安全的距离和姿态时，近地点点火发动机将被点燃，以达到远地点 9 000 mile 的椭圆轨道，然后与卫星分离。液体推进剂的远地点发动机将进行一系列机动，将远地点提升至 22 236 mile 并将轨道圆化。

---

① 如果半人马座 G 可用，前往木星的航程只需要 2.5 年。另一方面，漫长的迂回飞行为使用新型传感器研究金星和第一次近距离飞越小行星提供了机会。

② 第三级代号为 PAM-S。

③ 具体细节将在第 12 章中讨论，航天飞机部署卫星的费用可以通过一个相关的公式计算得出，它考虑了货物的质量和长度与航天飞机总容量的比率（以较大者为准）。

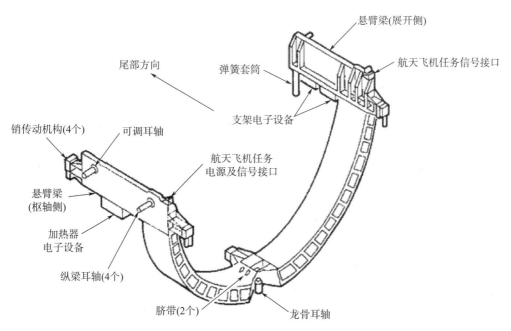

图 2-14　飞盘部署模式使用的支架主部件

图 2-15　Syncom 卫星转出有效载荷舱。背景是覆盖了金色聚酯薄膜绝热层的支架

　　1992 年 10 月 23 日，作为 STS-52 任务的主要目标，哥伦比亚号部署了意大利建造的 LAGEOS Ⅱ卫星。这个激光地球动力学卫星是一个重 900 lb，直径 24 in 的球体，其表面看起来像一个带有凹痕的巨大高尔夫球，因为它的表面被 426 块几乎等间隔的三维棱镜所覆盖，三维棱镜由被称为透明石英的石英玻璃制成。参与 LAGEOS 项目的任何一个地面站用激光束照射卫星，光束将被这些棱镜反射。测量往返光程时间并乘以恒定的光速将精确地测量到航天器与地面站之间的距离。通过多年时间跟踪 LAGEOS 卫星，科学家将能够表征地面站的运动。这将使他们能够监测地壳的运动，表征地轴的"摆动"，收集关于地球大小和形状的信息，并更准确地确定一天的长度。

　　这样一个简单的航天器设计，甚至都没有一个星载系统，是几个方面权衡的结果。事实上，作为一个稳定的轨道参考点，它的质量必须足够大，以尽量减少非引力的影响；但也要足够轻，可以被置于一个非常高的轨道。它必须足够大，以安装多个反光镜；但也要足够小，尽量减少太阳光压的影响。铝对整个星体的质量来说太轻了，所以决定把两个铝制半球包在黄铜芯上。选择这种材料有助于减少与地球磁场的相互作用，从而提高航天器的在轨稳定性。第一颗 LAGEOS 卫星于 1976 年 5 月 4 日从加利福尼亚范登堡空军基地使用德尔它运载火箭发射。

　　由于 PAM-D 过早地退役，NASA 没有合适的部署 LAGEOS Ⅱ 这样的中型卫星的上面级。相反，意大利航天局（ASI）提供了意大利研究过渡级（IRIS，见图 2-16），意料之中的是，它实际上是退役的 PAM-D 的翻版。实际上，它由一个固体火箭发动机构成，发动机安装在顶部的电动转台上，被封闭在机载支持设备支架中，在支架上还装有遮阳板和上面级部署所必需的硬件和设备。这颗卫星及其 LAGEOS 远地点级（LAS）被安装在 IRIS 上。离开哥伦比亚号后，卫星在 3 600 mile 的高度被推进至期望的圆轨道。

　　转移轨道级（TOS，见图 2-17）是仅在航天飞机上使用过一次的另一个上面级。它类似于 IUS，但更小。它由马丁·玛丽埃塔航天集团建造，由轨道科学公司负责管理，这是一个一级固体发动机推进系统，包含一个可以进行推力矢量控制的摆动喷管，一套导航和制导系统，一套反作用控制系统（用来调整姿态或航向），以及一套支架（用来在载荷舱内支撑整个包裹以便部署）。支架与 IUS 上的支架类似，包括前部和后部组件。前支架是一个环形梁。其上部可以解锁后旋转打开，允许以后部支架作为支点使 TOS/航天器组合体倾斜 45°角。火工装置释放上面级，弹簧轻轻地将两者从有效载荷舱中推出。

　　TOS 的第一次任务是在 1992 年 9 月，任务是由消耗型大力神运载火箭发射火星观测器。一年后它首次亮相于航天飞机，在 STS-51 任务中由发现号部署了先进通信技术卫星（ACTS）。这是一次 NASA 和美国工业界在面对欧洲和日本激烈竞争的情况下，为保持美国在卫星通信领域的优势而建立的合作。ACTS 是一个先进技术和高风险技术的天基试验台，NASA、工业界和政府希望能大大提高卫星通信行业的能力，并减少使用这样一个系统的成本。

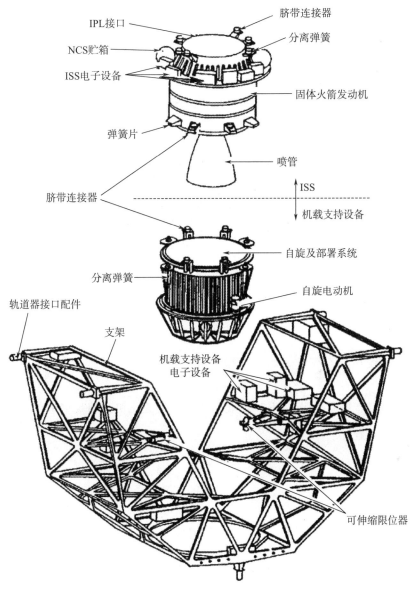

图 2-16　意大利研究过渡级的开放式视角

（太阳防护罩和隔热层在图中未表示）

　　这次部署是成功的，但是在回顾上面级分离的视频时发现，支架结构被严重破坏了。锋利的金属碎片及非金属材料随处可见。最需要担心的是后支架的一些部分可能松动了，在再入和着陆过程中可能会损坏轨道器。分析表明，有效载荷舱隔热衬里能够在这种情况下保护底层结构。对轨道器中部机身和后舱壁的飞行后检查发现，总共有 36 个碎片撞击。尽管它们大多是有效载荷防热层的碎片，但也导致了金属电缆托盘上出现了 3 处豁口，载荷舱后舱壁一处被完全穿透。然而，这些都没有对后部的设备造成任何伤害。进一步的调

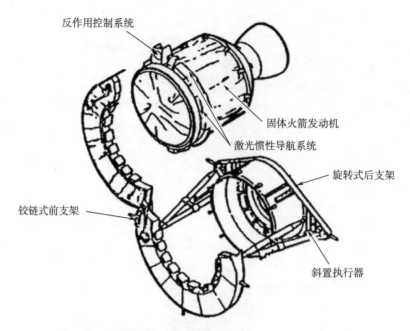

反作用控制系统

固体火箭发动机

激光惯性导航系统

旋转式后支架

铰链式前支架

斜置执行器

图 2-17　转移轨道级的主硬件及与其连接的星载支持设备

查发现错误的接线导致了两根爆炸索引爆，而不是一根。[①] 由此产生的更大爆炸破坏了支架。

尽管它的制造者雄心勃勃，但 TOS 再也没有被航天飞机或消耗型运载器使用过。

---

① 第二根爆炸索只是一个备份，除非主爆炸索失效，否则不会被使用。

第 3 章　EVA 操作

3.1　"没有 EVA 需求"

舱外活动（EVA）也就是俗称的"太空行走"，毫无疑问是太空飞行的精髓。事实上，太空行走及在太空中工作之美被爱德华·H. 怀特二世（Edward H. White Ⅱ）完美地诠释了，他是第一个走出航天器的美国人，当时他说："我感觉好极了。"训练和实施太空行走是最受欢迎的一项任务，也是这个计划的关键。如果没有太空行走，又怎么会有哈勃空间望远镜的在轨服务和国际空间站的组装？

令人困惑的是，正如著名的阿波罗号飞行主管尤金·F. 克兰兹（Eugene F. Kranz）回忆的那样，"当时收集的航天飞机建造需求中，并没有包含 EVA 需求。"NASA 从双子座计划开始负责航天服开发的詹姆斯·W. 麦克巴伦二世（James W. McBarron Ⅱ）补充道："NASA 将航天飞机看作一架能够在跑道上起飞和降落的飞机，并且里面的人……不需要穿航天服。事实上，起初的航天飞机计划中并没有包含出舱能力。"这确实是一个大胆的做法，但经历了 4 次太空行走的杰弗里·A. 霍夫曼（Jeffrey A. Hoffman）指出："他们意识到航天飞机仍然是一个新型的飞行器，而我们应该将所有注意力集中到如何安全地飞行，如何完成基本的任务，如何发射卫星这些事情上。如果将太空行走加入航天飞机项目中，人们的注意力将被转移，这可能很危险。"其他人认为太空行走只会增加不必要的安全问题。事实上，当航天员离开飞行器上安全的居所，并将自己的性命交由航天服保护时，无情的空间环境将变得更加危险。太空行走也被认为是一项昂贵的能力，这不仅体现在设计航天服和训练开发方面，也因为增大必要的质量导致了有效载荷的减小。实际上，不仅需要将笨重的航天服放置在乘员舱，还需要一个气闸舱，不管它被设计得多么简单，都将进一步减小有效载荷。

然而，随着轨道器设计的进行，迅速出现了一些有可能严重危及乘组安全的致命问题，它们亟待解决。

第一个问题涉及再入前用来密封大型载荷舱门的复杂机构。尽管舱门不是由主结构部件构成，但它们具有气动整流罩的作用，以防止再入过程中产生的热等离子体入侵有效载荷舱，否则结果是可想而知的。正如 STS - 1 驾驶员罗伯特·L. 克里平（Robert L. Crippen）所说："它们毫无疑问是关键的。只要进入再入段，它们就必须被关闭。"为了使需求更加官方，并令整个 NASA 接受它，尤金·F. 克兰兹将它纳入到规定任务的飞行规则中。"我们有一条任务规则说，再入时我们必须让有效载荷舱门锁紧。因此，除非完成这些锁紧工作，否则我们将不能安全再入。"如果自动关闭模式没有工作，唯一的选择是手动关闭它们，这就意味着要出舱。这为航天飞机需要具备 EVA 的能力提供了一个有力的理由，至少在紧急情况下必须如此。罗伯特·L. 克里平继续道："所以我们开始尝试各种方法，如果它们没有正常关闭，我可以出舱关闭它们。我们设计了带有绳索的绞车，通过滑轮将它们拉下来，然后锁紧，当实际的锁紧无法进行时，可以采用这种方法。所以我们做了相当多的模拟，假如遇到这个问题我会相当有信心，也许我能修好它。但这不是我期待发生的。"幸运的是，舱门在每一次航天飞机任务中都令人满意地发挥了正常功能，这个应急措施从未付诸行动。

　　第二个薄弱环节涉及轨道器后机身下侧的两个小门。它们的功能是密封两个舱体，其中容纳了轨道器与外部贮箱之间的结构附件，以及上升过程中外部贮箱向主发动机供给推进剂的断接器。在地面和有动力飞行时，它们保持着打开状态。但外部贮箱分离后，必须关闭这两个门，以恢复轨道器腹部连续的热防护。这两个门可以由乘组通过一系列的开关操作手动关闭，但是航天服工程师及管理人员罗纳德·L. 纽曼（Ronald L. Newman）曾向 NASA 解释："一个很大的问题是如果锁紧机构不工作，如果门没有被弹簧关好，再入过程可能是致命的，因为在那里必须有防热瓦保护。所以每个门都有备用的机构来确保它关闭，但是每个人都在想：'好吧，有时候里面可能有碎片，或者由于一些其他原因，它没有关闭。我们就必须让航天员出去修理它。'"

　　发展 EVA 能力的另一个关键原因在于，至少在紧急情况下，可以保证航天飞机腹部成千上万块硅基陶瓷形成的精致拼图的完整性。甚至在航天飞机首飞之前，在上升过程中热防护系统损坏的可能性就促使 NASA 的工程师们想了很多让航天员在太空中进行维修的方法。许多研究被开展，目的是开发可以修复各种可能损伤的技术。罗伯特·L. 克里平回忆说："防热瓦是一个大问题。最初，当他们装上防热瓦时，它们没有像预想的一样附着在飞行器上。事实上，当他们第一次把哥伦比亚号从爱德华兹带到肯尼迪航天中心时，它上面的防热瓦就不像离开加利福尼亚时那么多了。人们开始致力于解决这个问题，但同时大家又说：'好吧，如果有一块决定了我们能否返回的防热瓦从航天器底部掉落，我们应该有办法修复它。'于是我们开始寻找这样的技术，我记得我们使用了一个曾在科罗拉多州丹佛的马丁·玛丽埃塔公司的模拟器，通过它可以模拟在零重力条件下在飞行器底部爬行的效果。我迅速得出的结论是我扯下的防热瓦比我能修复的防热瓦更多，唯一现实的解决方法是确保防热瓦能留在上面。"

　　随着 STS-1 发射的临近，开发一系列工具和材料以使航天员能够修复热防护层的防护功能的工作被取消了，一部分原因是由于存在各类技术问题，同时也因为人们对防热瓦本身重拾了信心。[①]

　　除紧急情况外，第一批天空实验室乘组成功地进行了紧急维修，挽救了一个原本注定要失败的空间站，这为詹姆斯·W. 麦克巴伦提倡的基于航天飞机的太空行走能力提供了强有力的证明。"我们获准授予承包商研究项目，以展示 EVA 对一个像航天飞机一样的系

---

① 不幸的是，22 年后的一个星期六早晨，当哥伦比亚号在返回得克萨斯途中解体时，NASA 意识到继续发展这些用于在轨修复热防护系统的研究是更加明智的。

统的好处。我们不能说它就是航天飞机，而是类似于航天飞机。这些研究面向所有的卫星制造商，询问他们 EVA 如何能为卫星的飞行维护和服务带来好处。"[①]

双子座和阿波罗计划给了 NASA 很多在太空行走方面的经验。由于没有气闸舱，在打开舱门开始 EVA 之前，舱内必须是无压力的，因此，每个舱的船天员都必须穿着上升段航天服。这意味着太空舱的可居住部分必须能够应对太空真空环境，并能经受住轨道飞行昼夜循环时的巨大热漂移。因此，开发成本被抬高了。对于航天飞机来说，这种做法是非常不切实际的。一个常规的乘组包含 7 名航天员，你能想象他们都穿上航天服却只有两人在外面工作数小时的样子吗？[②] 并且携带 7 套沉重的航天服对有效载荷质量的影响有多大？[③] 航天服应该被放在密闭乘员舱的什么地方？另外，没有足够的资金来制造既能适应真空又能适应严酷环境的乘员舱和复杂的设备。尽管这看起来有些昂贵，但还是决定为航天飞机添加一个气闸舱，让两名穿着航天服的航天员完全独立于其他乘员，在无须对乘员舱减压的情况下进行 EVA。虽然气闸舱增加了总重量，但这被认为是可以接受的，詹姆斯·W. 麦克巴伦回忆说，它被设计为"自我维持的，除了在我们从飞行器进入气闸舱时提供氧气补给和水冷却之类的服务事项外"。

贴着中层甲板后壁，气闸舱是一个高 83 in、宽 63 in 的圆柱体，如图 3-1 所示。它包含两个直径为 39.4 in 的 D 形压力密封舱门。其中装有所有 EVA 装备、检查面板和充电站。所有舱门都被安装在气闸舱上。在外壁上的一个内部舱门将气闸舱和乘员舱隔离开。它可以由一名航天员向内拉约 6 in，然后转向右侧而开启。当外部舱门关闭时，将气闸舱与无压力的有效载荷舱隔离开，打开时作为通往有效载荷舱的通道。要打开它，先要朝向气闸舱拉动，然后底部向前并向上旋转，直到它的外侧朝向气闸舱顶棚。每个舱门有 6 个等间距的插销、一个变速箱和多个执行器、两个压力平衡阀和舱门开启手柄。此外，每个舱门还带有两个压力密封口，一个在舱门盖上，另一个在气闸舱的结构接口上。舱门上还带有压差表和减压阀。后来，当航天飞机与空间站进行对接时，气闸舱被重新放置在载荷舱的桁架上，并且增加了通往中层甲板的通道和顶部的对接机构，如图 3-2 所示。

我们已经看到，在有效载荷舱门不能完全关闭的情况下，是多么需要一次应急太空行走。很显然，气闸舱外部舱门在飞行中是通往有效载荷舱的唯一通道。所以，如果想知道那个舱门没有打开会发生什么，哥伦比亚号的 STS-80 飞行过程将给你答案。它除了是载入史册的最长任务外，[④] 也是第一次和唯一一次气闸舱无法打开的任务。飞行后检查发现一颗松动的螺钉卡住了舱门的变速箱，阻碍了这次计划的两次太空行走任务。这是非常令人失望的，尤其对那些被指派进行 EVA 的航天员而言，这是一个危急情况，因为如果有效

---

① 我们将在第 5 章中看到，一些卫星回收和维修任务的飞行算得上是航天飞机上最壮观的 EVA。

② 一般情况下，航天员成对进行太空行走。在 STS-49 期间（1992 年 5 月 7 日至 16 日），挑战者号的首飞任务中，在回收 Intelsat Ⅵ号通信卫星时出现了应急情况，决定派 3 名乘员出舱。

③ 在上升段，双子座和阿波罗航天员穿着与太空行走相同的航天服。在挑战者号灾难以前，航天飞机航天员只穿着蓝色套装。后来，在上升和再入飞行中穿着橙色的部分压力服，它能为乘员在低空跳伞时提供一定保护。然而，这些服装都不适合 EVA 操作。

④ 实际上，哥伦比亚号的飞行记录为 17 天 15 小时 33 分。

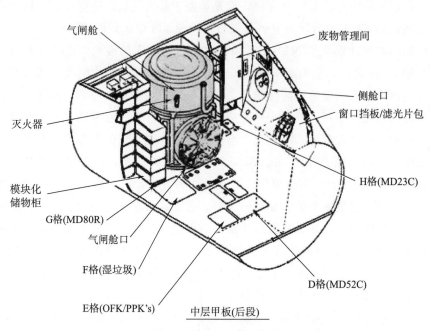

图 3-1　气闸舱在中层甲板的位置

图 3-2　气闸舱被重新放置到有效载荷舱内的视图。可以看到气闸舱顶部的对接机构。气闸舱在
有效载荷舱内时，航天员可以享受更宽敞的乘员舱。这是博物馆里展出的亚特兰蒂斯号

载荷舱门没有正常关闭，紧急指派航天员进行手动关闭是不可能的。然而，那次飞行中的任务专家斯托里·马斯格雷夫（Story Musgrave）曾说："我们可以做些事情，如弄坏手柄，弄坏齿轮，破门而出。你可以用机械臂伸入这个机械装置，并摇动这个机械装置，因为门闩在外面。"

3.2　航天员的衣柜

就基线的应急 EVA 能力达成一致后，是时候开发航天服了。NASA 在设计和处理航天服方面已经获得了长期且宝贵的经验。事实上，阿波罗计划期间的航天服允许一小队航天员在另一个天体的表面行走。鉴于现有的技术和资金的长期短缺，问题在于阿波罗航天服是否可以为航天飞机重新改造，也许需要一些小改动，或者最好是设计一个全新的型号。也许并不出乎意料，这个决定取决于造价。"我想将 13 种不同方法的不同成本评估放在一起，以使新项目的成本最低，"詹姆斯·W. 麦克巴伦回忆了当时的情景。"我考虑了这些事项，阿波罗的背包应用于新航天服中，阿波罗的航天服配旧款背包，重复使用的头盔和新设计的头盔，重复使用的轴承和航天服硬件与新硬件。"在考虑了多种组合之后，NASA 认为应该尽可能地采用封存的阿波罗航天服的材料，开发一套新的应用于航天飞机的航天服。"我们决定重复使用阿波罗航天服上的硬件，如头盔、颈圈、气体连接器及腕部断接器，开发一套新的航天服。我们实际上取下了阿波罗航天服上所有的硬件（除了那些已经飞行过的和被送到史密森博物馆的），并将它们作为 GFE（政府供应设备）提供给新的航天飞机航天服承包商。"

尽管阿波罗号的硬件被重用，NASA 向工业界提出的建议中也包含了众多需求，这些需求将使 EVA 装备被打造达到一个全新的水平。考虑到预计一年大约 50 次飞行，并且每次飞行至少需要两套航天服来保证 EVA 应急能力，继续采用双子座和阿波罗计划中的一次性使用方法将是对财政资源的浪费。因此，第一项基本需求是将预期寿命定为最低 6 年和 100 次飞行。换句话说，航天飞机的航天服必须是可重复使用的。

第二项需求是使航天服成为一套完整的系统。阿波罗航天服是一个工程上的杰作，它由两个独立的部件组成：一个是包裹航天员的拟人压力容器；另一个是便携式的生命保障系统，它是一个可携带的背包，并通过软管插入航天服，如图 3-3 所示。

对于航天飞机航天服，或者更具体地说是舱外移动单元（EMU），NASA 要求将压力容器和生命保障系统合二为一，以取消带子、电缆和插头，这是因为它们给阿波罗航天服带来了麻烦。这也意味着，只需要一个承包商，不像阿波罗号那样，ILC 和汉密尔顿标准公司分别是压力容器和生命保障系统的主承包商。1977 年，汉密尔顿标准公司被指定为负责 EMU 开发和整合的主承包商。它还负责设计生命保障系统。ILC 作为分包商负责提供压力服。

可重用性的需求牵引出通用规格或模块化的规范。双子座和阿波罗航天员奢侈地享有量身定制的航天服。事实上，他们收到了 3 套这样的航天服。除了在飞行中要穿的主套装外，他们还有一套备用航天服和一套训练服。考虑到航天飞机的高飞行率和大量飞行任务所需的大批航天员，不仅一次性概念不在考虑之列，这套航天服还必须能够尽可能大范围地兼容男式和女式尺码。曾在 NASA 从阿波罗号开始就致力于航天服硬件开发的托马斯·V. 圣佐内（Thomas V. Sanzone）解释说："我们必须适应 5% 的女性和 95% 的男性身材需求，那可是一个大群体。"

图 3-3　科学家、航天员哈里森·H. 施米特（Harrison H. Schmitt）在阿波罗 17 号任务中
收集月球上的岩石样本。航天服的拟人容器和便携式生命保障系统背包清晰可见

可重用性、集成性和模块化相结合，使 EMU 的创造被证明是航天服工程的真正杰作。例如，一个可重用性需求的结果是放弃使用阿波罗航天服上的某种材料或机械元素，如电缆、铆接、压力密封拉链以及用于制造较软部分的氯丁橡胶或橡胶化合物。这些都不能承受频繁使用和穿脱的磨损，或是需要昂贵的翻新。此外，在阿波罗号上，它们都造成相当大的麻烦，如压力泄漏和刻痕，而在航天飞机计划中希望避免这些问题。

集成性需求将 EMU 分为两个主要组件：躯干下部组件（LTA）和硬式上躯干（HUT），如图 3-4 所示。这些构成了航天服，航天员被包裹在拟人压力容器内，并由集成的生命保障系统进行供给。

LTA 包裹了腰部下半身、腿和脚，它由多层材料构成，可以防磨损、热应力和微流星体，并能够在航天服受压膨胀时提供机械阻力。HUT 包裹了航天员的上半身，肩膀处与左右臂组件相连。阿波罗航天服需要航天员爬进压力容器，并且通过另一个人拉上延伸整个背部的长拉链。航天飞机航天员将首先穿上 LTA，然后提起并钻入 HUT，那时

HUT 被挂在气闸舱壁的转接板上。一旦进去，航天员拉起下躯干并使用腹部 12 个等间距的锁紧装置连接两部分，如图 3-5 所示。两组件间所有的机械连接都是干润滑的滚珠轴承，这大大增加了手臂和上身的灵活性和活动范围，如图 3-6 所示。

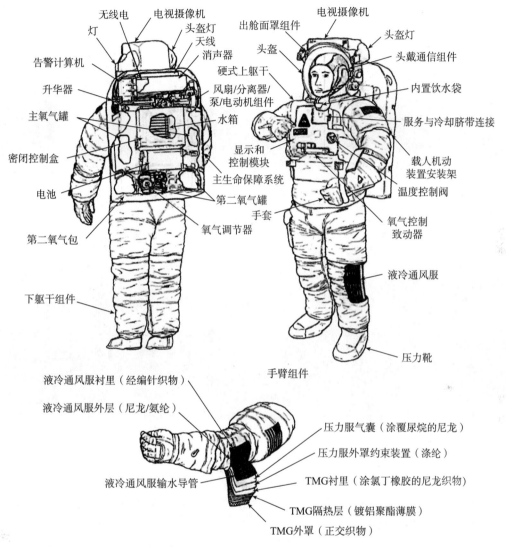

图 3-4 航天飞机舱外移动单元的主要部件

上躯干、下躯干和手臂组件的组合提供了必要的模块化设计。托马斯·V. 圣佐内继续道："我们并不是真的做航天服……理解它最好的方法是考虑箱子里的所有零件。我们像裁缝一样测量航天员的尺寸，然后从零件箱里拿我们认为最接近他尺寸的左下臂组件，左上臂同样如此，我们将它们连接在一起。此后，我们会做一些调整，拉出一点或拉进去一点。下躯干也是同样的过程。"换句话说，EMU 是一种混搭及匹配式的航天服。

在上躯干组件的描述中，"硬质"指的是它的结构，它与下躯干组件明显不同。它的承重结构是一种纤维玻璃外壳，能为背部的主生命保障系统硬件和胸前显示控制模块提供

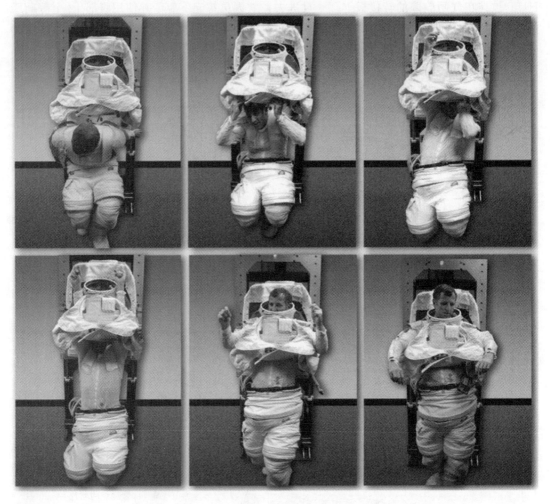

图 3-5　穿着 EMU 的过程：手臂部分被移除，以说明进入硬式上躯干部分后肩部和手臂活动的范围

安装点，如图 3-7 和图 3-8 所示。托马斯·V. 圣佐内说："主生命保障系统、显示和控制模块都要安装在航天服上，并且它们是半永久性的。但从在轨飞行的航天员角度来说，他们就是永久性的了。"

　　纤维玻璃外壳内置的通道使电缆束能够在两种硬件设备之间穿行，以便所有的电缆都能部署在航天服内。托马斯·V. 圣佐内回忆起一件关于设计硬式上躯干的趣事。"汉胜公司设计的航天服从胸前显示和控制模块到背后主生命保障系统的尺寸为 19.75 in。他们宣称这是一个特殊功能，他们可以通过一个大概 20 in 的开口从航天服放置的中层甲板上到飞行甲板。"这不是 NASA 的要求，但汉胜公司乐于这样宣传，以至于托马斯·V. 圣佐内进行了一些测试来证实他们的说法。"多年来，人们总是来询问我，因为我是测试对象。'你真的能做到吗？'我的回答始终是：'如果你能让一个人身穿加压的 EMU 在有人推拉的情况下从中层甲板到飞行甲板，你什么都控制不了，因为你不得不保持一只手向前，另一只手向后。'虽然物理上是可实现的，但你考虑那么做吗？不，我不建议那样做。"

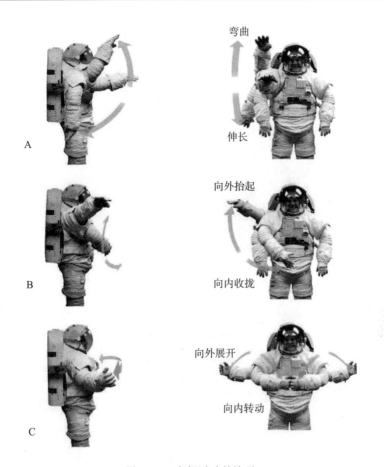

弯曲

伸长

A

向外抬起

向内收拢

B

向外展开

向内转动

C

图 3-6　肩部活动的演示

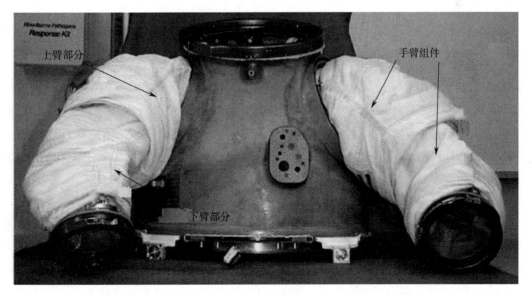

图 3-7　硬式上躯干上坚硬的玻璃纤维外壳和两个手臂组件清晰可见

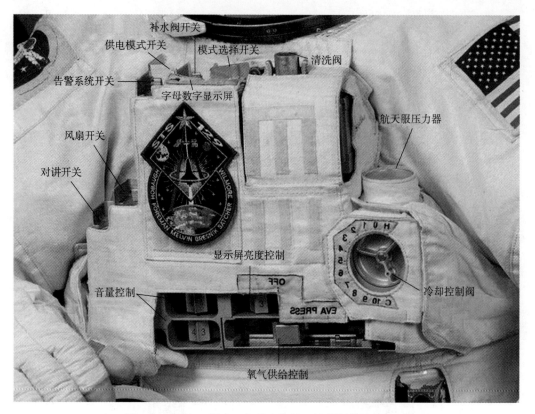

补水阀开关
供电模式开关
模式选择开关
清洗阀
告警系统开关
字母数字显示屏
航天服压力器
风扇开关
对讲开关
显示屏亮度控制
音量控制
冷却控制阀
氧气供给控制

图 3-8   固定于硬式上躯干胸前的显示控制模块的特写

　　固定在上躯干背部的复杂的主生命保障系统为航天员提供了一个安全的生存环境。为了达到这个目的,它实现了诸如供氧、增压、冷却、通信、控制与监测 EMU 资源和运行等功能。连接在主生命保障系统底部的是第二供氧系统,作为主供氧系统的备份能够提供至少 30 min 的应急供氧,同时保证航天服的压力和冷却度。

　　开发航天服带来了一系列挑战。例如,小哈罗德·约瑟夫·麦克曼 (Harold Joseph McMann Jr) 指出:"一套生命保障系统和一套航天服是完全不同的。生命保障系统有很多金属部件。它是根据图纸和非常严格的标准来定制的,你可以测量其性能指标,公差在 0.01 in 以下。在一套航天服上,尤其是软质部分,公差必须更宽泛。有时采用不同的材料会产生巨大的差异。你不用画图,只需要有样式,所以可以通过不同的方法来描述你要制作的东西。"因此,生命保障系统和航天服是两个独立的实体,每一个都有自己的寿命。"如果我能让生命保障系统的寿命周期和航天服的寿命周期相同,那就好了,但事实并非如此。所以你必须以不同的方式定义你的认证要求。航天服上的部件或材料的寿命显然短得多。材料老化时间,也许是 3 年或者 6 年,或者 8 年,你必须更换它。对于生命保障系统来说,也许可以用 15 年,然后因为收集了更多的数据,你又发现它可以用 20 年。对于航天服的后勤保障,你可以把握尺度。但对于便携式的生命保障系统背包来说你就无法把握尺度了。这是一个完全不同的保障问题。尽管它们要一起工作,但它们完全不同。"

硬式上躯干在早期受到了关注，尤其是在负责监督 EMU 开发的航天员斯托里·马斯格雷夫进行了地面测试之后。"对航天员来说，穿上硬式上躯干相当困难，尤其是对斯托里而言，"托马斯·V. 圣佐内说："他肩膀很宽，在一个通道（指上躯干——译者注）里爬，你只有看到才能意识到这点。他在做这件事的时候真是一团糟。很明显，我们需要对上躯干部件做出重大的更改，主要的变化是使它变短。它的下部原来在你的腰部。当把它提高到你的腹部时，缩短了航天员穿行的通道。"

而且在一些女性航天员参与 EMU 测试时，一些问题进一步突显出来。这主要是因为女性平均身材较男性小。在 STS - 41G 任务中，凯瑟琳·D. 沙利文（Kathryn D. Sullivan）作为第一个进行太空行走的美国女性，让她印象深刻的主要因素有两个："肩膀宽度相比肩部轴承的位置，以及你的胸腔厚度相比航天服前后尺寸。让肩部活动的袖孔轴承是相当庞大复杂的组件。物理上，只有距离很近时，才能把它们放在硬式上躯干上，前提是它们没有因互相碰撞而失去功能。第二，硬壳的前面是用于安装显示和控制模块的地方。如果把肩部轴承拉得太近，就没有地方可以安装控制模块了。"这为上躯干做成小尺寸带来了限制。航天员安娜·L. 费舍尔（Anna L. Fisher）继续说道："他们一直试图使上躯干足够小，但能用的硬件设备只有那么小……他们决定只使用'中号'和'大号'航天服。如果你不适合这样的尺寸，那么就不能成为太空行走的候选人。我并不反对这个决定，因为特别小的 HUT 意味着所有装在胸前的仪表和控制模块都要足够小，你真的不能使它们更小了。即使你把躯干部分做得足够小，当你在太空行走进行大部分工作时，手臂能够达到的有效距离也远小于那些有着大猩猩手臂的家伙。"

上躯干尺寸的约束也为训练和太空行走航天员资格选拔带来了意想不到的影响。在地面上，太空行走训练是在一个大水池里进行的。水提供的浮力能很好地模拟太空中的失重场景。尽管如此，你仍然会受重力作用，正如凯瑟琳·D. 沙利文解释的："如果航天服前后尺寸不适合你，你会在航天服内后倒，背部顶着航天服的背面，这时你的指尖会脱离手套，让你真的无法工作。没有理由认为小骨架的人无法在零重力环境下表现得很好，那是在倒靠在航天服背面的现象还没有发生的时候。"然而，凯瑟琳·D. 沙利文继续道："在训练中如果你每次都要调整自己的身体，或你的手有可能从手套中脱离，你几乎不可能或很难说明你在 EVA 任务中的顶尖能力。这意味着你无法有效控制和工作。这就是争论的复杂性所在。"总之，训练团队很难评估航天员是否适合进行太空行走。他（或她）可能由于航天服不够紧而表现得不如预期，但是如果他们没有被排除在太空行走之外呢？如果你认为他们的表现受到了航天服尺寸和重力的综合影响，那么你可能真的选错了人。凯瑟琳·D. 沙利文进一步解释说："如果我训练了 6 个人作为这项任务的候选人，我看到他们中有 5 个在水下表现得很出色，而我从来没有看到他们中的第 6 个人表现得很好……你怎么能指望我选一个我没见过他表现出色的人呢？我不会选的。你必须履行你对这个项目的责任。"

凯瑟琳·D. 沙利文也经历了一些其他适应性难题。"躯干部分的尺寸很适合我。但我穿脱航天服时几乎被擦伤。如果我完全鼓起胸部，我的肋骨、两侧和前后都能感觉到硬点。因此，这是一个很好的刺激，让我的呼吸保持顺畅和平缓……机械肘的位置应该与我的肘部对齐。我的肘部与机械肘大约差 1.5 in 或不到 2 in。当我想要弯曲航天服的手臂时，我实际上没有转动它。这就像在弯曲一个气球。我不得不用力压，所以它需要额外的力量来弯曲。我适应了。我的膝盖也从来没有真正与航天服膝部对齐。而航天服的关节低于我的膝盖，所以这里也不容易弯曲。这件航天服会撞到我的小腿，我不得不在拐角处推一下才能使膝盖弯曲。"

　　生命保障系统的氧气供应也遇到了麻烦。事实上，有一次几乎夺去了汉胜公司技术人员罗伯特·梅菲尔德（Robert Mayfield）的生命。当时他正准备进行 EMU 首次载人舱测试。凯瑟琳·D. 沙利文解释说："流程中的一步是带着模式控制器，就像在飞行中一样，将它从 IV（舱内）位置移至 EV（舱外）位置，此时风扇和泵都在运行，航天服处于加压状态，然后通过舱门。关键时刻发生在 IV 到 EV 的过程中，一个阀门打开了，启动了应急氧气瓶。它与系统之间的隔离阀被打开，使得 6 000 psi（1 psi＝6.89 kPa）的氧气流进入调节器中，准备在航天服压力下降时进入航天服内。如果扯开航天服，你就不用管已经开始涌入航天服的应急氧气了。一旦压力足够低，瓶中氧气就开始流入。当他们将模式控制器的开关从 IV 调至 EV 时，航天服爆炸了。整个躯干部分像一个大的氧气球一样爆炸了（见图 3-9），毫无疑问在航天服内工作的技术人员被严重烧伤了。"

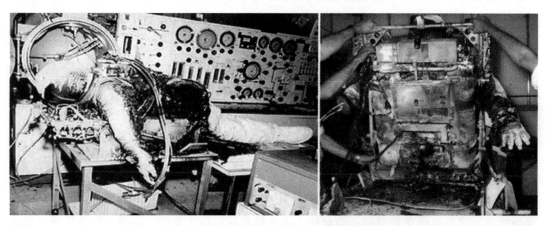

图 3-9　价值 200 万美元的 EMU 被损坏的样子

　　调查无法复现这次故障，可能是高压氧气流从第二氧气罐流入调节器组件的冲击波产生的局部热量所导致的，调节器的任务是将供氧压力降至可呼吸的 3.5 psi。正如凯瑟琳·D. 沙利文所说，这揭示出"高压氧气流管路的形状是细微但重要的因素，同时它可能有残留的有机物质。这套航天服没有被完全清洁干净。你被氧气包围，不断上升的压力使温度升高，同时使足够的有机物质挥发。"

　　经历了 5 周的调查，研究团队提出了几点建议，如重新设计高压氧气阀和调节器，以避免氧气停滞并减少内部污染的概率；将硅橡胶密封圈更换为更耐燃的材料；在生产过程中做更详细的检查；将压力调节器的易燃铝合金更换为高耐热性的蒙乃尔合金。[①]

3.3　两次太空行走的故事

前四次轨道飞行试验中的每一次都包含两套在紧急情况下（诸如有效载荷舱舱门没有锁好）使用的航天服，尽管这种紧急情况从未发生。EMU 在 STS-4 中首次进行了在轨测试，从而为预定下一次任务的航天飞机计划的第一次太空行走做准备。实际上，由于至少需要两名乘员相互支持（被称为伙伴系统），显然第一次太空行走必须等待至少包含 4 名乘员的机会。这就是 STS-5。

STS-4 的指挥官托马斯·K. 马丁利（Thomas K. Mattingly）在机舱内穿上 EMU，试图解决两个基本问题。EMU 已经在地面上进行了大量的测试，并被认为可以在哥伦比亚号的第一次飞行任务中使用，但它并没有在真实的使用环境下被测试。对于 EMU 来说，第一个问题是航天员在自己或尽可能少地获得团队乘员协助的情况下，能否将航天服的上下组件锁紧在一起。

正如航天服工程师罗纳德·L. 纽曼所说："当爬入上躯干后……必须把裤子连接到航天服的上部。这是一个带有 12 个锁的环……每个锁都必须被锁上。"

第二个问题是托马斯·K. 马丁利是否完全适合他的航天服。众所周知，在轨飞行中的失重使肌腱和韧带放松，因为身体不再受重力影响，体液会渗入脊椎。因此，身体有 1 in 左右的伸展。除了皮肤和神经引起的背部疼痛外，还可能会造成适应航天服的一些困难。在训练过程中，航天员喜欢有一点紧身的航天服，这使他们活动起来更方便。如果衣服松了，当移动时，他们会在航天服里面滑动，导致他们的手脱离手套，影响操作的灵活性。罗纳德·L. 纽曼回忆说："航天飞机航天服的早期设计中有一个托架，如果按下一个按钮，航天服就会伸长 1 in。"但由于这是一种复杂的机械装置，难以制造，而且很笨重，所以很快就被舍弃了，以寻求一种更简单的解决方案。最后决定航天员们应该在训练中使用一套紧身的航天服，然后在发射前将航天服的长度增加 1~2 in。因此，在轨飞行时，它们仍然能够达到紧密契合。"当托马斯·K. 马丁利穿上航天服时，对我们来说这是一个紧张的时刻，因为从来没有人这样做过。穿上这套航天服对他来说是个大工程。他穿上航天服，并将衣服拉上。通过通信链路，他说：'他们应该把航天服做得更长些，但这感觉就像在地球上穿上它一样。'这个问题被解决了。"EMU 已经为首次走出航天飞机做好了准备。

在 STS-5 的第四天，乔·艾伦和威廉·B. 勒诺伊尔渴望通过航天飞机时代的第一次太空行走写下太空飞行史上新的篇章。他们都穿着白色的 EMU，"就在刚要开始太空行走时我的航天服出现了故障，"乔·艾伦说，"这是航天服的电气故障。当你在航天服中接通电源时，你的耳朵就会听到一个高声调的嗡嗡声，就是一种高频的嗡嗡声。当我接通电源

[①]　蒙乃尔合金是一种镍-铜合金，它在高温下具有高强度特性，非常适合应用于喷气发动机的涡轮和燃烧室。

时，嗡嗡声开始了，听起来不像是正常的，像是一只愤怒的蚊子发出的声音。我以前从来没有听到过。我开始对航天服系统进行各种电气检查，然而没有一项检查通过。"显然乔·艾伦不会在那天创造历史。威廉·B. 勒诺伊尔的衣服也出现了小故障。他回忆说："航天服应该保有 4.3 psi 的纯氧。我的只有 4.1 psi 并且保持不变，这是安全的。"威廉·B. 勒诺伊尔独自出舱的想法很快被打消了，因为害怕在没有伙伴的情况下航天服发生更严重的故障。但他也趁机在气闸舱做了一些有意义的事。"我们所做的是，我进入气闸舱，关上了门。我们做了局部减压，想看看我的航天服会有什么反应。所以我处于一个近似真空的环境中，尽管从来没有出去，航天服一直保持着锁紧状态。"

1983 年 4 月 7 日是 STS-6 梯队乘员的表演时间。NASA 一直渴望在轨道器外尝试太空行走，同时乔·艾伦和威廉·B. 勒诺伊尔的航天服故障已经解决了。值得一提的是，威廉·B. 勒诺伊尔的航天服无法达到所需的 4.3 psi 的原因是压力调节器里有两个小塑料插件。尽管制造文档说它们处于该处的位置，但还是弄丢了。另一方面，乔·艾伦的航天服故障是由于过量潮气损坏了磁传感器而导致电动机间歇性运行。换句话说，传感器阻止了航天服的氧循环风扇像预期那样工作。正如罗纳德·L. 纽曼回忆的那样，"传感器会感知到风扇运行太慢或太快。如果风扇太慢，它就无法通过足够的循环来清除呼吸气体中的 CO_2。逻辑上不允许你操作，它会关闭。如果风扇转得太快，这可能是一个电气问题，所以它会关闭。风扇必须保持一定的速率才能使系统保持运行。传感器本身没有正常工作，它没有发出正确的信号来确保系统运行，所以那套航天服也就无法工作了。"

失去进行太空走行的机会无疑是难以下咽的苦果，尤其是它还可以被载入史册。然而，乔·艾伦苦笑着说："好消息是当它发生故障时我们没有在飞船外。如果它在外面发生故障，那才是巨大的灾难。这对我来说不是致命的，但肯定会引起我的关注。在其他部分失灵之前，我必须赶紧回去，固定好自己的身体，然后脱下航天服。"在飞行后的调查中，NASA 实施了更严格的航天服测试，以防止这些故障再度发生，当然也包含其他故障。

在 STS-6 中，斯托里·马斯格雷夫和唐纳德·H. 彼得森（Donald H. Peterson）准备进行太空行走。作为预防措施，挑战者号配备了第三套上躯干组件。在准备过程中，两人穿上类似于长款内衣的液冷通风服（LCVG），它由密集的网状柔性管路制成，其中来自主生命保障系统的循环水可以带走航天员身体散发的热量，使其保持在一个舒适的温度。这套服装还包含一个管道网，以避免充满 CO_2 的空气在航天员肢端停留，从而使衣服形成完整的通风回路。然后，两名航天员进入气闸舱，穿上 EMU。他们先穿下躯干，然后缓慢地爬入挂在墙上的上躯干。唐纳德·H. 彼得森解释道："你要确保一切都安排妥当，你所能检查的一切都能正常工作。整个过程都是一边检查一边进行的。换句话说，你不只是穿上航天服并打开舱门，还要确保在你走出最后一步之前一切都是正常的。"

EMU 的设计是在 4.3 psi 的压力下工作，这样能够让手的灵活度更高，同时减少移动手臂关节所需的力量。实际上，如果这套航天服在里面没有人时加压，它就会处于所谓的中性位置。正如唐纳德·H. 彼得森所说："如果你把它从某个位置移走，它就会试图回来，因为手臂和周围部分都非常僵硬，它们都处于压力之下。"然而，心脏有问题的人不能在航天服内工作。"如果航天服不是那么难穿的话，EVA 会很有趣的。航天服穿起来很不舒服……所以无论何时你要做一些事情，首先要与航天服本身抗争。手套也是一样。如果你看了太空行走的很多照片，会看到……他们很少抓一些东西，因为如果那样做，必须与手套抗争。他们用手指夹着东西，因为这样不必施加压力。"

由于轨道器舱压为 14.7 psi，在开始太空行走之前，两个人不得不从体内的软组织和体液中排出氮。事实上，一旦航天员被密封在航天服内，压力比舱内低得多，他们的身体会快速将氮转移到血液中，这将导致各种不好的后果，如心脑血管堵塞、关节疼痛和皮疹。在最坏的情况下，它会导致瘫痪和死亡。换句话说，他们会患上减压病，这种现象被深海潜水员称为"弯曲病"，因为积聚在关节中的氮会迫使人痛苦地弯曲。虽然可以设计更高压力的航天服，从而减轻减压病的危险（例如俄罗斯航天员使用的 Orlan 航天服工作压力为 5.8 psi），但一个显而易见的缺点是操作它需要更多的体力，换句话说就是容易产生疲劳。

为了抵消减压病导致的疼痛和降低死亡威胁，斯托里·马斯格雷夫和唐纳德·H.彼得森花了 4 h 在气闸舱内悠闲地呼吸纯氧，这就是所谓的"预呼吸"程序。唐纳德·H.彼得森解释说："你要穿航天服时，因为航天服固定在气闸舱的墙上，你就挂在了墙上。你所能做的就是等待。接下来发生的事情就是，当你吸入氧气时，你体内的氮气试图与外面的气体相平衡。当你呼吸时，氮正被氧气所取代，一点一点地，氮气从你的身体排出——不是所有的，但大部分从你的身体里出来了。它进入航天服内，但因为你连入了航天飞机系统，它将流入轨道器。"因为航天服不是绝对密封的，这段时间内气闸舱的压力维持在比航天服更低的水平，以防流入气闸舱的氮气再回到航天服和航天员的身体。

几年后，NASA 试图设计一种航天服，以双倍的 EMU 压力来取消预呼吸程序。资深太空行走航天员杰弗里·A. 霍夫曼（Jeffrey A. Hoffman）参与开发这种零预呼吸航天服（ZPS）。"在太空中空闲的 4 h 是不可接受的……如果你能开发一套在 8 psi 工作的航天服，你就不必进行预呼吸，因为如果压力变化小于 2 倍，经验告诉我们，航天员将不受弯曲病的影响。这就是开发 8 psi 航天服的动机。他解释说："我们有两种类型的航天服：一种由约翰逊航天中心开发；另一种由加利福尼亚艾姆斯研究中心开发。艾姆斯航天服是一套硬式的衣服，看起来很像一个带有很多关节的机器人。人很容易穿进去，但它又大又重。我们不得不建造大量设施来测试这些航天服。"在用于 EVA 训练的大型水箱中，他们与STS-61B 乘员重复开展着相同的建造工作，来测试不同的在轨组装大型结构方法。"[①] 他们测试了两种类型的 8 psi 航天服，并与常规的 EMU 进行了比较。"最后，我们的建议是两套航天服都不合适。主要原因是没有人能够在 8 psi 下使用手套工作。"还是老问题，灵活性的缺失和完成一项工作增加的体力消耗是它的缺陷。它是可以避免 4 h 的预呼吸程

---

① 著名的 STS-61B 任务的更多细节参见第 4 章。

序，但太空行走时间很可能不得不因为航天员的疲劳而被缩短。较短的太空行走时间将转化为更多的 EVA 次数，以完成与穿着常规 EMU 单次外出相同的任务量。

在整个航天飞机计划中，每一次太空行走开始前，机舱压力会在预呼吸程序之前降低到 10.2 psi。为了节省时间，预呼吸程序通常是在 EVA 之前的睡眠时间内进行的。如果你认为挂在墙上的时间里会感觉不舒服，唐纳德·H. 彼得森的话会让你改变看法。"挂在墙上睡觉可能是我在轨经历最好的睡眠了，因为那时吸入新鲜的氧气，仿佛会产生一种美妙的呼呼声，并且没有其他噪声。我们把无线电接收机的音量调小些，这样就不会被别人说话打扰了。所以我们出舱之前真的睡得很好。"

一旦有足够的氮气离开他们的身体，斯托里·马斯格雷夫和唐纳德·H. 彼得森就准备好创造历史了。在舱门密闭后，气闸舱减压至 4.3 psi，然后航天员确认他们的航天服能够保持压力。最后剩余的空气被排出，航天员们被允许打开外舱门并开始他们在有效载荷舱的冒险。

当斯托里·马斯格雷夫离开气闸舱后，他成为了航天飞机时代第一个太空行走的航天员。总的来说，他是唯一适合的第一人选，因为他多年来一直在发展 EMU 和 EVA 操作中起着关键作用。事实上，正如唐纳德·H. 彼得森回忆的那样，"斯托里知道航天服的一切。他在水箱中花了 400 h 来测试航天服，所以他其实没有必要参与训练。"尽管轨道器具有的机动能力可以重新捕获一名在太空漂浮的航天员，但是两个人还是用安全绳将自己固定在有效载荷舱上。唐纳德·H. 彼得森解释说："你有系绳，还有一条短一些的安全绳，同时你有在舱外使用的安全卷轴，因为你需要四处移动。所以要做的是将安全绳挂在气闸舱内，然后从舱门出去，并把卷轴钩到一条线上。现在你挂在滑索上，可以在扶手上做上下移动，将系绳上下拖动。然后解开挂在气闸舱内的安全绳。所以你一直被系在某个东西上。"

斯托里·马斯格雷夫和唐纳德·H. 彼得森的任务是验证全 EVA 系统的运行充分性，包括 EMU、气闸舱、用于太空行走的有效载荷舱补给、程序、时间表和训练的逼真度。关于 EMU 测试，唐纳德·H. 彼得森回忆说："我们使用不同的工具，拍摄了所有的事。我们用胳膊、腿和头做了一些动作，以确保航天服没问题。但基础测试是让航天服进入外部环境并看看它是否能正常工作……我们只是按事先说好的顺序来测试设备，如果出了问题，你就停止并返回……航天服在真实环境中与我们在地面上看到的工作方式有一点不同，但基本上完成了应该完成的工作，并且是按照我们的预期在工作。"

机载支持设备为两名航天员提供了一个有用的平台，尤其是在进行应急 EVA 操作时格外有效，它早期曾在任务中被应用于 IUS/TDRS - 1 的部署。[①] 唐纳德·H. 彼得森说："在我们关闭有效载荷舱门并准备返回之前，机载支持设备必须向后倾斜。但他们没有用电动机来驱动它，而是说：'我们回去看看是否能用扳手把它扳下来，来模拟一次故障，看看是否能做到这一点。'虽然我们有足部限位器，但是我们花了太长时间才把它们装好

---

① 参见第 2 章。

并实现移动，以至于我们再也不想那样做了。所以我用一只手抓住一块金属板，并且用另一只手扳动扳手，可这不是最好的方式，此时我的腿在身后漂浮着。"

突然间，彼得森的 EMU 内部传感器检测到了氧气泄漏并开始报警。他与斯托里·马斯格雷夫一起，进行了多次交叉检查。大约 20 s 后警报停止了。于是两个人继续工作，好像什么事也没发生过一样。"一切似乎都很好，"彼得森回忆道，"所以我们刚刚完成了要做的事情。我的意思是，一切似乎都很好。"尽管如此，还是必须找出异常的原因。任务控制中心所能提供的唯一解释是，由于彼得森工作非常努力，他对氧气的需求增加，使传感器误以为有泄漏。然而，彼得森不相信这是真正的问题。"我和一些医生谈过，他们说：'我们认为那不对。'嗯，我的心率很高。穿航天服工作很困难。我的心率达到 192 次/min，当我转动扳手的时候，我的确非常努力地在工作。但是像我这样身材的人不足以吸入那么多的氧气，以至于触发警报。"

真正的原因在两年后才被查明。当时航天员香农·卢希德（Shannon W. Lucid）正在进行航天服的试运行。她在跑步机上行走时，航天服上的警报响了，警告有氧气泄漏。真空室内不断上升的压力也表明泄漏还在持续。当香农·卢希德停下来，站了一会儿后，警报（就像当初彼得森的情况一样）解除了。对于一名正在进行监测的技术人员来说，这是一个发现时刻（Eureka moment）。唐纳德·H. 彼得森解释道："这名技术人员说：'我以前也见过同样的事情。我不记得细节了，但我以前也见过同样的现象。'他们回看我飞行的录像，这个家伙说——这很有意思——当香农·卢希德在行走的时候，因为她是女人，她的臀部在扭动，她的航天服实际上也是扭动的，但我们从来没有见过男人发生过这样的情况，因为男人不会那样走路。他又说：'彼得森的航天服在两年前也发生了同样的事情。'因为我在转扳手时，施加在扳手上的力反作用在自己身上，我的腿就像在游泳一样摆动。由于腰环来回转动，腰环上的密封圈弹出，航天服发生泄漏从而触发警报。"在重新设计腰部密封圈后，这个问题再也没有复现过。

斯托里·马斯格雷夫和唐纳德·彼得森的 4.5 h EVA 是一个相当有效的经历，使 NASA 重新投入到太空行走的业务中。直到 30 年后航天飞机退役，一共进行了惊人的 160 次太空行走。没有任何其他国家的太空计划能够取得这样的成就，而且在很长一段时间都不会有。人们通过实施太空行走来救援和维修卫星，在轨服务哈勃空间望远镜，装配和维护庞大的国际空间站。EVA 训练和太空中花费的数百小时提供了大量有价值的专门知识，它们被应用于新的航天服开发和未来的太空活动，不仅适用于太空开放空间，同样适用于月球、火星和小行星表面。

3.4　EMU 的改进

航天飞机和国际空间站太空行走的成功主要归功于 EMU。它基本上保持不变的事实证明了其出色的设计和性能的裕度。正如小哈罗德·约瑟夫·麦克曼所说："航天飞机 EMU 被设想在进行地面维护之前能够应用于 3 次 EVA。我们对它进行了测试，并认为它在维护服务之间能够进行 25 次 EVA。这真是件非常棒的事情……我们怎么能做到呢？答案是：裕度。"事实上，国际空间站目前所使用的航天服与增强型 EMU 无异，它具备通过铝制尺寸环和长度可调的约束线在轨调整手臂和腿部组件尺寸的能力。这意味着航天服可以适应太空中的任何空间站，而不需要在航天飞机执行任务之前在地面订制。不难发现，对于国际空间站的航天员来说，每次太空行走都需要订制一套航天服，这不是一个可行的选择。抛开航天飞机计划的停止不谈，这种方法将是非常昂贵和不切实际的。事实上，在一些场合中需要通过应急太空行走修复国际空间站的某个关键系统。在这种情况下，EVA 必须尽快进行，能够立即使用的航天服是必不可少的。

而航天飞机时代的一次重大升级是增加了 EVA 救援的简易辅助装置（SAFER）。这是一个小型的、独立的推进系统，在一些情况下为漂浮的太空行走人员在轨道器无法提供营救能力时提供自救模式，诸如与国际空间站或哈勃空间望远镜对接的时候。该单元安装在现有背包的底部。这是目前应用于国际空间站的增强型 EMU 的标准配置，如图 3 - 10 所示。该系统有 24 个气态氮推力器，同时具有使漂浮中的航天员保持稳定并安全返回的控制能力。它的推进剂可以使用大约 13 min。可以通过手持控制器实现控制，控制器可以在需要时从单元中伸出。

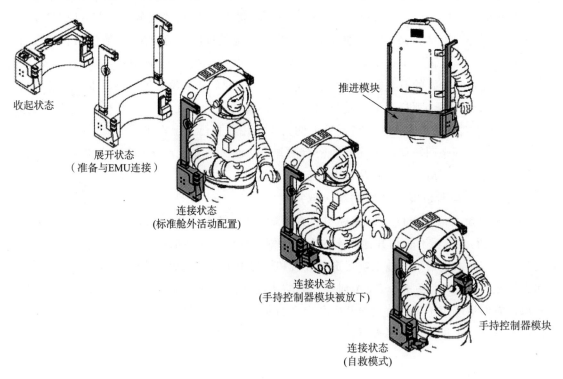

图 3 - 10　SAFER 与 EMU 之间的连接

一个受到定期关注的元件是航天服手套。作为航天员与工作对象之间灵活和直接的界面，人们致力于提高其灵巧性和舒适性，并减轻疲劳。托马斯·V. 圣佐内解释说："手套技术大幅提高，并在整个航天飞机计划进行中持续改进。当想要让航天员对哈勃空间望远镜做些什么时，使用阿波罗时代的手套，甚至使用早期航天飞机的手套都是不可能的。那些太笨重了，不能完成那种事情。因此，ILC 的人对手套进行了大量的技术开发。"①

　　航天员杰里·L. 罗斯（Jerry L. Ross）在 1985 年 11 月 STS - 61B 任务期间完成了他职业生涯的第一次两度太空行走。他回忆说："手套的设计使大多数人的拇指和其他手指变得麻木，但问题是它有太多的气囊了……这就像每次你试图抓住某样东西时，贯穿拇指这部分的神经都被压着，感觉像一支铅笔。如果你能在那里放一支铅笔，并且一次连续地挤压 6 h，这就是那种感觉。这会刺激神经末梢，导致手指麻木。既然如此，加上它们不能很好地适合很多人的手，我们说服了项目组在这方面做一些事情。"结果是手套可以完美地匹配手部外形。"他们首先制作手部的石膏模型，然后试着制作一个手套，像真正的手套一样去适应它。他们使手指关节能够旋转，因此它们更加灵活并减少了弯曲手指关节带来的疲劳……有一样东西被称为手掌部件。这是一种试图防止手掌过度膨胀的装置，它能像你希望的那样保持手套的凹陷部分。我们可以通过手掌筋（palm bar）调整手套。手掌筋是一种金属条，贯穿整个手掌，使得手部不会过度膨胀。当你对某些东西施压时，它会试图变成一个圆柱体或球体。当你想要手套的轮廓与手掌的凹陷相同而对手套施压时，它并不尽如人意，所以手掌筋试图保持手套与皮肤表面更接近。在手掌内侧，有一个带子，你可以在能忍受的范围内将它收紧，并使其在手套内发挥作用，保持其适形性。它可以移动，而不像其他手套一样被固定在一处。它的金属条是扁平的，而不像圆形截面的金属条那样不好用。"

　　另一个关键的变化是增加了指尖加热器。航天员们一直抱怨在轨道阴影区或有效载荷舱阴影中工作时，他们的手非常冷。托马斯·V. 圣佐内指出："最终，指尖是航天员处理事情的界面点……因此手套实际上是航天服上隔热材料最少的部分。航天服本身、手部和腿部都有很多隔热材料。身体会产生热量，所以我们从来没有在航天服和生命保障系统内为航天员加温，即使当他处于 $-148.9\ ℃$ 的环境中，因为他是在一个'保温瓶'内，他的身体产生热量。"

　　当斯托里·马斯格雷夫为第一次哈勃空间望远镜服务任务进行真空室测试时，这个问题变得格外令人担忧。他们必须模拟他所经历的真实热环境。正如托马斯·V. 圣佐内所说："我们将他置于一个非常寒冷的环境，这是计划好的，因为这就是他们在太空中要经历的。最后，他的指尖被严重冻伤了。这件事吓坏了很多人。天啊，这将是我们即将工作的环境。所以我们首次开发了手套指尖加热器。我们把小型加热器置于指尖处，如果航天员处在这种寒冷的环境中，我们可以要求他，或者他可以自己激活这些加热器。打开关，实际上是旋开开关，这将给他的指尖提供一些热量。"

---

　　① 　ILC 是 EMU 压力服的制造商。

3.5　人体卫星

《登月计划》（又译为《太空城》）是詹姆斯·邦德电影系列的第 11 部，它讲述了无畏的英国特工抵御来自地球外的威胁，拯救整个星球的故事。剧中最大反派不是绿色的外星人，而是雨果·德拉克斯（Hugo Drax），詹姆斯·邦德必须阻止这个恶棍想要铲除人类从而建立优势种族的计划。德拉克斯工业是一家坐落于加利福尼亚的大型私有制造企业，作为创始人和所有者，德拉克斯建造了一支名为月球飞船（Moonraker）的可重复使用有翼飞船舰队销售给世界各国政府。月球飞船与航天飞机的轨道器很类似，但哥伦比亚号在几年后就要首飞，电影制片人在避免触及真实航天飞机计划方面格外小心。由于厌倦了人类持续破坏环境，雨果·德拉克斯秘密地在地球低轨建立了一个空间站，并计划用携带神经毒气的炸弹轰击地球，这对人类是致命的，但对动物却无害。在他的空间站内居住了几对完美的"亚当和夏娃"，以至于一旦致命的毒气消散，他就能够建立一个新的优势种族。电影结尾时一个最宏伟的场景中，雨果·德拉克斯的防卫部队与美国军方派出的战士在零重力空间开展了一场战斗。部分对峙发生在开放空间，双方航天员利用自主推进背包得以快速机动，并展开殊死搏斗。显然，邦德在和美国军方取得了空间站的完全控制权后，雨果·德拉克斯的计划被挫败，他的炸弹在打击目标前就被激光炮摧毁。

《太空城》于 1979 年在全球影院上映，这比哥伦比亚号的首次发射早了两年。1984 年 2 月 7 日，这部电影中的一些场景成为了现实，航天员在 STS-41B 任务期间，通过自主推进背包从挑战者号的有效载荷舱飞出（没有激光炮）。早些时候，由阿波罗号和航天飞机的资深航天员万斯·D. 布兰德（Vance D. Brand）带领的 5 人飞行梯队部署了两颗通信卫星，由于 PAM 上面级的故障，这两颗卫星都未能到达预定目标轨道。为了在年内晚些时候对太阳极大期（Solar Max）卫星实施救援，一颗可充气的热气球被作为演练交会和接近操作的目标而部署。① 不幸的是，气球被压破了，导致计划中的交会演练搁浅。机组乘员试图跟踪 30 000 ft 外的破裂气球，以获取短程的传感器数据。第五个飞行日中，将部署第四颗卫星，这次必须成功，因为它事关成败。

航天员布鲁斯·麦坎德利斯二世（Bruce McCandless Ⅱ）走出挑战者号的气闸舱进入有效载荷舱，紧随其后的是他的同事罗伯特·L. 斯图尔特（Robert L. Stewart），他走向了轨道器的左舷，开始了自 20 年前阿列克谢·列昂诺夫（Alexei Leonov）的第一次太空行走以来最具野心的一次 EVA。覆盖在轨道器腹部以阻隔航天飞机再入过程中热量传导的防热瓦是很脆弱的，这在航天飞机计划开始时就是众所周知的。担心轨道器在再入过程中失事促使 NASA 设计了一种查看被覆盖表面的方法，以检查热屏蔽层的缺陷，并测试临时的维修方法。由于轨道器的机械臂太短，无法使航天员观察到轨道器的腹部及尾部，

---

① 细节请参见第 5 章。

科罗拉多州丹佛的马丁·玛丽埃塔公司负责研制了一种自主推进平台，使航天员可以自由地绕轨道器飞行。

对于这种平台的试验可以追溯到 1966 年的双子座 9 号，航天员尤金·A. 塞尔南（Eugene A. Cernan）在走出乘员舱后试图取回的航天员机动单元（AMU）是一个被放置在飞船尾段的火箭背包。AMU 的概念是让航天员在太空自由移动，并完成各种任务。换句话说，航天员将扮演真正的"巴克·罗杰斯（Buck Rogers）"的角色。但当时 NASA 没有认识到太空行走的困难之处，训练比较初级且不充分。尤金·A. 塞尔南竭力在失重状态下稳定住自己，他的航天服处于过热状态并且头盔面罩已经雾化。当 AMU 任务被取消时，他已经筋疲力尽并设法重新回到飞船。这个目标直到天空实验室投入使用后才得以实现。事实上，造访美国第一个轨道前哨站的第二、第三机组花费了一些时间在 M509 试验装置上（见图 3-11），其中包括一种被称为自动稳定机动单元（ASMU）的背包式机动单元和一种类似于爱德华·怀特二世在 1965 年美国第一次太空行走时使用的手持机动单元。两种装置都在空阔的实验室环境下进行了测试，经历了大约 14 h 的试验。试验中有几个小时是在航天员穿着全套航天服下完成的。

从这些试验中吸取的教训使马丁·玛丽埃塔公司能够开发出载人机动单元（MMU，见图 3-12）。它像一个大型的扶手椅，航天员身着 EMU 坐在其中，它就是一个自主控制的空间飞行器（见图 3-13）。

MMU 由白色镀膜的铝制框架组成，中心结构连接两侧塔状结构和两臂。中心结构包含一对凯芙拉纤维包裹的铝制贮箱，用于容纳 3 000 psi 的气态氮以及相关线路和配件，它们为分布于两个侧塔的两组共 12 个推力器提供补给，从而实现 6 个自由度的姿态和平移控制。每一个贮箱可为一组推力器提供补给，但是交叉补给这一内置功能，可以将两个气态氮贮箱连通至装有 12 个推力器的系统。推进剂之所以选用氮气，是因为它具有化学惰性，可以避免航天员使用 MMU 接近有效载荷舱时造成污染。右臂上的手持控制器可以进行俯仰、滚转和偏航方向上的姿态控制，而左臂上的手持控制器可以进行平移控制。两个控制器可以同时操作，通过总计 729 个控制逻辑电路的指令组合实现全方位的动作。具有自动姿态保持模式是本系统的一大特色，它能使航天员与另一个目标保持一定的相对位置，例如在修复轨道器的防热瓦时。这种模式可以通过按下右手控制器上的特定按钮来启用。

中心结构还装有包含 3 个陀螺仪（每个旋转轴 1 个）、控制逻辑、推力器选择逻辑和电动机驱动的推力器阀驱动放大器的控制电子组件。中心结构还有一对 16.9 V 的直流银锌电池和一个带有断路器、开关和继电器的配电系统。每块电池上都有两个加热器系统，确保它们能维持所需的工作温度，以获得最佳性能。在设计电气和推进安全系统时要小心，以便在一次操作失效的情况下，航天员仍能完成一项关键任务，并利用剩余可用系统（如剩余的能源或推进剂）安全地返回轨道器。万一发生第二次故障，EVA 飞行机组成员将等待轨道器的救援。即使 MMU 耗尽推进剂，推动太空行走人员直接远离了轨道器，救援仍是可以实现的。

图 3-11　天空实验室 3 号任务指令长艾伦·L. 比恩（Alan L. Bean），在天空实验室内试飞 M509

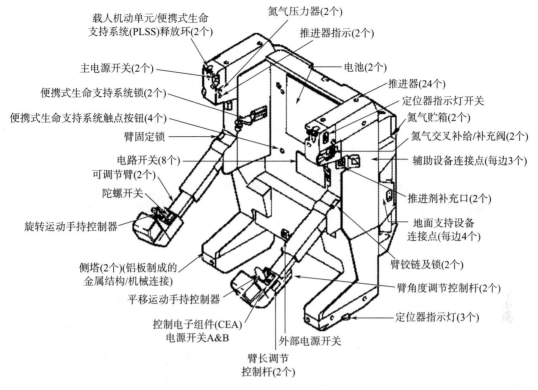

图 3-12　载人机动单元

STS-41B 中携带了两个 MMU，在其有效载荷舱的两侧各配置有一个飞行保障站（FSS），它们都被安装在前舱壁附近，以减少航天员从气闸舱的外舱门移动到 MMU 的时间和体力消耗。FSS 不仅能在发射、再入及非 MMU 轨道活动期间提供存储功能，同时也允许轨道器为 MMU 电池充电，还能在非使用状态下运行它们的加热器。它还可以从轨道器的环境控制和生命保障系统中为 MMU 贮箱补充氮推进剂。

当接近左舷的 FSS 时，布鲁斯·麦坎德利斯爬到一个可调节的足部限位器上，航天员通过调节其高度以便穿脱 MMU。在检查了 MMU 之后，他背对 MMU，使位于每个塔状结构内部和两臂上方的机械锁紧装置插入 EMU 背包中，将他牢牢固定。他现在就和 MMU 成为一体了。然后，他扣紧了腰带，并将他固定于轨道器上的安全绳断开。他站在足部限位器上，检查了两个手持控制器的功能，包括自动姿态保持模式。在得到满意的测试结果后，他走下足部限位器并进行了一系列的平移和旋转运动，使自己适应 MMU，如图 3-14 所示。随后，他开始创造历史。

"尼尔（尼尔·阿姆斯特朗）的一小步，是我的一大步，"布鲁斯·麦坎德利斯在有效载荷舱上盘旋时喊道，他慢慢地移动到距挑战者号 105 ft 的地方（见图 3-15）。这是航天员第一次在与母船没有任何连接的情况下进行的太空行走。

回来后，布鲁斯·麦坎德利斯又飞了出去，比上一次的距离增加了一倍。安全返回有效载荷舱后，他开始测试耳轴连接装置（TPAD），这是一个为了救援太阳极大期而开发的

图 3-13　航天员罗伯特·斯图尔特（Robert Stewart）在地球上穿着 EMU 和 MMU。
注意和人的身材相比 MMU 的巨大尺寸

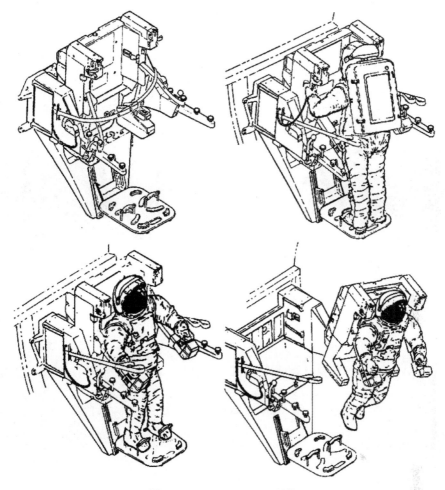

图 3 - 14　FSS 和 MMU 操作

关键设备。有效载荷舱中间是德国制造的 SPAS[①] 平台，上面有一个与太阳极大期相同的容器。布鲁斯·麦坎德利斯进行了一系列的对接练习。

　　同时，罗伯特·斯图尔特测试了机械臂足部限位器（MFR），它是一个不起眼的 EVA 工具，在随后的太空行走中，它的作用被多次证明。它是一个可以在轨道器机械臂工作范围内无限制地到达 EVA 工作地点的平台。事实上，它可以安装在机械臂末端，也可以安装在有效载荷舱的其他工作地点，这样航天员就可以停在适当的位置，松开双手进行工作而无须刻意保持姿态。它还为绑定工具和 EMU 的安全绳提供了系留点。

　　完成 TPAD 测试后，布鲁斯·麦坎德利斯回到 FSS 为 MMU 贮箱补充氮气。然后两个人交换了位置，罗伯特·斯图尔特用 MMU 飞行，布鲁斯·麦坎德利斯继续评估机械臂和足部限位器的操作。

---

　　① SPAS 代表航天飞机托盘式卫星，它作为一个自由飞行平台在不同的配置中飞行过很多次，这些配置包含了实验和/或天文观测的硬件设备，它们需要远离轨道器在无干扰的环境下工作。

图 3-15　布鲁斯·麦坎德利斯乘着 MMU 离开了挑战者号。由于当罗伯特·斯图尔特呼叫
吉布森（Gibson）拍照片时轨道器所处的倾斜姿态，他在照片中呈现出一个倾斜的角度

两天后，他们进行了第二次太空行走，这次他们使用了右舷的 MMU。这次太空行走的目的是为太阳极大期任务的第一次太空行走做预演。届时该卫星将被捕获并装在有效载荷舱内，因此，这次机械臂将抬起 SPAS 平台，并使其绕纵轴缓慢转动来模拟一颗滚转的卫星。航天员们演练了他们接近目标的路径，匹配了转速，然后使用 TPAD 对接。但当机械臂做出动作准备抓取 SPAS 时，它的腕部偏航关节失效了。经过一些故障排除后，机组人员确定这不是软件或传感器故障，而是一个硬件故障。随后机械臂回到了它的固定位置，太阳极大期的交会对接练习不得不用坐在有效载荷舱里的 SPAS 来完成。后来，罗伯特·斯图尔特花了些时间开展了一次在轨加注的工程演示，模拟向 Landsat 4 卫星推进剂端口样机传输肼推进剂，NASA 希望在随后的航天飞机任务中将卫星恢复到全状态运行。

　　尽管机械臂出了问题，对 NASA 而言 STS‑41B 的 EVA 仍取得了圆满成功。EMU 和 MMU 配合完美，MMU 的性能正常。唯一令人心烦的是在 $+X$ 方向的移动过程中出现的"振颤"。这是由于 MMU 的几何推力中心与其质心间存在 0.6 in 的偏移量。在 $+X$ 方向移动时，这一偏移量导致产生了一个正向偏航运动。如果 MMU 要在平动过程中保持姿态，那么控制逻辑电路将通过切断 4 个推力器中的 2 个来保持较低的俯仰速率，然而为了产生 $+X$ 方向的平移运动，需要发动 4 个推力器。因此控制电子组件会非常频繁地反复在 4 个和 2 个喷管间切换指令，因此就产生了观测到的振颤。

　　布鲁斯·麦坎德利斯和罗伯特·斯图尔特证明了 MMU 将是太空行走人员可以利用的有效工具。当 MMU 项目已经成熟到足以成为一个有空间价值的装备时，除了辅助进行轨道器维修外，其他用途也得到了认可。可以设想到的用途包括有效载荷的部署或回收、仪器的调整、自主飞行有效载荷的在轨服务、传感器和镜头的清洁、大型结构的组装、从另一个轨道器上营救航天员等。但是很可惜，MMU 没能实现这样的期许，我们很快就会看到，之后只有两次飞行用到过它。

第 4 章　学习建造空间站

4.1　引言

1984 年 1 月 25 日，刚刚就任的美国总统罗纳德·里根（Ronald W. Reagan）在美国国会两院联席会议上发表演讲。他在国情咨文中报告了美国的国情，并指出他今年的工作议程和首要任务。在 43 min 的演讲中，罗纳德·里根向听众们阐述了美国的下一个前沿领域：太空。他强调："我们无处不在地展示着技术领先地位和在地球上创造更好生活的能力。"他继续补充道："美国之所以一直是最伟大的国家，是因为我们敢于伟大。我们可以再次取得伟大的成就，去遥远的星球追求我们的梦想，在太空中生活和工作，并由此得到和平、经济和科学方面的收益。"此时，美国国会众议院在场的每个人已准备好接受总统宣布下一个重大的决定："今晚，我将授权 NASA 开发一个永久性载人空间站，计划在10 年内完成。"

这个计划显然意图唤起人们关于 1961 年 5 月 25 日的记忆，这一天，时任美国总统的约翰·肯尼迪宣称将在 10 年的时间里完成将美国人送上月球的挑战。里根指引 NASA 追求的是一个早在阿波罗号航天员在月球表面留下足印之前就已提上议事日程的梦想。这正是詹姆斯·M. 贝格斯（James M. Beggs）（NASA 局长）一直在等待的，他花了多年时间研究建立一个永久性载人空间站的可行方案，并向白宫诉说它的好处。"我告诉他空间站能做些什么，给了他许多关于空间站潜力的介绍，我们能学到什么、商业活动的潜力、在太空长时间研究的潜力、微重力研究等，所以我向他提出可以做长期的研究。研究往往是你为一项试验设定目标，却经常在做试验时出现的其他结果，如果你想要更好地利用它们，则需要你继续做。这就是我们将要做的。我说出了一个他喜欢用肉眼看到它，它是一颗启明星。他很喜欢这种说法。我补充说：'稍微增加我的预算，如果你给我增加 2%（扣除物价因素），我认为我们可以在不增加任何额外预算的情况下做到这一点。'"

向罗纳德·里根推销建立空间站的想法并不困难，因为他喜欢太空项目。他认识到，空间站作为国家安全的一项关键战略资产，是美国经济蓬勃发展的催化剂。承载先进科学技术研究的空间站将会是一个醒目的提醒，提醒人们自由世界相对于统治铁幕另一边的意识形态的优越性。

当罗纳德·里根继续他的演讲时，他扩大了空间站项目的吸引力。"希望我们的朋友们帮助我们应对这些挑战，共享利益。NASA 将邀请其他国家参与进来，这样我们就可以加强和平，建设繁荣，为拥有共同目标的人拓展自由。"

在接下来的几周内，罗纳德·里根授权詹姆斯·贝格斯在这个新项目中与潜在的合作伙伴开展初步会谈。"总统先生说：'我将给你一封写给全世界所有总统和总理的介绍信'。要知道，如果你得到美国总统的介绍，你就有了敲门砖。在副总统的帮助下，我得到了一架空军飞机，然后我们开始了寻找合作者的世界旅行。"

加拿大、日本和欧洲（英国除外）都表达了强烈的热情和意愿，愿意参与并贡献硬件设备，以充分利用他们的特长。例如，欧洲空间局（ESA）在为航天飞机设计和建造空间实验室的工作中获得了宝贵的技能和知识，并为空间站提供一个名为哥伦布的永久实验室。[①] 同样地，加拿大航空航天工业已经为航天飞机开发了机械臂，由它提供一个更先进的工具来减轻空间站建造和维护的压力，也是理所当然的事情。尽管在载人航天飞行方面没有任何经验，但日本航空航天工业决心做出重大贡献，提议增设一个具有独立的后勤保障系统的实验室。

尽管空间站项目原本打算在 20 世纪 80 年代末投入运行，但该项目在配置和成本方面陷入了争议。20 世纪 90 年代早期，该项目构思时吹捧的预算已经花完了，却没有一个飞行硬件在建造。直到苏联解体，俄罗斯被纳入国际合作伙伴后，计划才真正开始实施。即便如此，第一个由俄罗斯提供的模块直到 1998 年 11 月才投入发射。一个月后，NASA 加入了它的第一个模块。最后一个单元是在 2011 年 5 月（航天飞机退役前不久）安装的一台在天体物理学领域进行反物质研究的试验设备。

完成时任美国总统罗纳德·里根的委托比预期的时间要长得多，但工程挑战是在政治博弈的背景和严苛的预算限制下不断探索追求的。由于计划的可用资金一再被限制，被设想成为太空前沿的大型多功能前哨站，在规模和性能上都有所减少，能保留下来的大部分变成了国际空间站。

当 NASA 一方面努力说服国会和管理预算办公室批准充足资金的同时，另一方面意识到缺乏有效的建造空间站的技术。事实上，短暂存在的天空实验室是完全组装好才发射并投入使用的，但这个全新的、更大的空间站将由航天飞机发射组件，在太空中组装。这增加了更多的太空行走和机器人工作的时间，而这些工作几乎没有实际经验可循。在之后的几年里，一些航天任务的主要或次要目标是演练和评估轨道建设工作的技术或者验证可能的工程模型。

4.2　重型有效载荷提举

1983 年 4 月 5 日凌晨，当 TDRS - 1 中继卫星离开挑战者号的有效载荷舱时，进行此类试验的第一个机会出现了。[②] 在惯性上面级第一级正常点火后，第二级火箭发动机却过早地关机了。近 3 h 的时间里，美国的第一颗 TDRS 中继卫星似乎丢失了，对所有的通信

---

① 多年后，NASA 还与意大利太空总署（ASI）签订一份提供 3 个加压保障模块的合同，以供航天飞机往返国际空间站运送货物。

② 参考第 2 章了解更多细节。

都置若罔闻。在美国东部时间上午 9 点，加州的金石（Goldstone）测控站接收到一个微弱的信号，表明卫星已经与第二级火箭分离，但它处在一个高度为 21 950～13 540 mile，倾角为 2.4°的椭圆形轨道上。这不是预定轨道，因为 TDRS 中继卫星的设计是在 22 236 mile 高的圆形赤道轨道上运行。此外，它转速失控了，达到了惊人的 30 r/min。

但是，人们还是有希望修复这颗卫星的。NASA 的戈达德航天飞行中心的工程师与制造商合作编写了一个复杂的程序，通过该航天器姿态控制系统推力器的 39 次点火后到达预定轨道，从而能够为以航天飞机为代表的各种 NASA 任务进行中继转发。下一颗 TDRS 计划在第八次航天飞机任务（STS-8）中发射，让空间通信网络启动并为期待已久的空间实验室首飞服务。然而，由于无法确定导致上面级关机的根本原因，NASA 不得不从 STS-8 飞行任务中取消了 TDRS-2。这一决定导致了重大的经济损失，但如果再发射一个有缺陷的 IUS，在错误的轨道上再搁浅一颗中继卫星，将会更加糟糕。STS-8 飞行任务被改为发射印度通信卫星 INSAT-1B。

小尺寸的 INSAT-1B 卫星使挑战者号有效载荷舱富余了很大一部分空间。突然多出的空间给了 NASA 一个意想不到的机会，给它安装了一个长相笨拙、被称为有效载荷飞行测试件（PFTA）的装置。这个装置由一个 19 ft 长的空心铝梁结构组成，每一端都有一个直径约 16 ft 的铝箔屏，这种结构的设计意图给人一种"全容积"的圆柱形载荷的错觉。7 460 lb 中的大部分质量被放置在船尾，由铅压载构成。由于它特殊的质量和大小，PFTA 装置在进入太空前通过 5 个结合点固定住，每根纵梁上各有 2 个点，1 个在有效载荷舱的龙骨上。这种附件配置是第一次演示。顾名思义，PFTA 完全是被动式的，这意味着它没有任何自主制导系统或任何星载系统。然而，它的简易性是具有欺骗性的。事实上，这个装置的设计目的是测试机械臂在处理重型有效载荷（如未来空间站）时的操作范围。到目前为止，只有小型的有效载荷在轨道器周围被移动过。未来的任务将要求机械臂操纵更大的载荷。

另一个例子是长期曝露装置（LDEF），这个重达 20 000 lb 的无源卫星可以用来测试材料在恶劣的空间环境中的耐久性。它将由 STS-41C 航天飞机送入轨道。同样在这个任务中，大型的太阳极大期卫星将被回收，以完成航天器第一次在轨救援和维修。[①] 哈勃空间望远镜的质量和尺寸堪比 LDEF，它也在试验名单上。此外，如果航天飞机要实现在太空中组装像空间站这样的大型结构，这项任务将涉及操纵重型和庞大的有效载荷。

显然，NASA 不仅需要了解机械臂在处理大惯量有效载荷时的性能，还需要了解在这种情况下，轨道器姿态控制系统的性能。STS-8 和 PFTA（见图 4-1）项目的目的就是找到这些问题的答案。

在 INSAT-1B 被部署后，第 3～第 5 天的飞行时间用来操纵 PFTA，并对机械臂/轨道器组合体进行一系列测试。测试是通过抓捕 PFTA 上两个不同的点来实现的，模拟具有不同转动惯量的重型载荷的停泊和非停泊状态。[②] 机械臂在增强模式和单关节驱动模式下

①　请参阅第 5 章关于第一次卫星救援和维修任务的详细说明。
②　物体的转动惯量表明开始或停止运动是多么困难。它取决于物体的几何形状和对重心的质量分布。

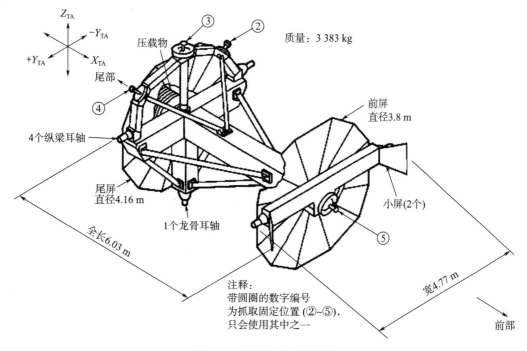

图 4 - 1　PFTA 简易结构图

均可操作；后者是降级模式运行。[①] 理查德·H（Richard H.）和戴尔·A. 加德纳（Dale A. Gardner）在操作机械臂时，收集了数据用于飞行后分析，以提高对挑战者号飞行姿态控制系统和结构响应的认识，从机械臂获得的数据显示了它的动态特性，包括固有频率和阻尼特性，以及它按照预先编程的自动规划路径到达指定位置和姿态的能力。这对了解机械臂的动力学至关重要，正如 STS - 8 飞行主管兰迪·斯通（Randy Stone）在一次任务前的新闻发布会上解释的那样："操纵一个像 PFTA 这样的重型物件的目的是了解当你开始移动和停止这个有效载荷时的动力学特性。例如当你让机械臂停止操作时，它实际上会比你想要停下的地方移动得更远一点，然后它会移动回来。有了这个测试装置的数据，我们就可以推断出 20 000 lb 或更重的有效载荷的相关特性。"飞行试验的结果很快被送入机械臂模拟器，以改进被指派为机械臂操作员的航天员的训练。

　　STS - 8 任务中还演示了在有效载荷抓取固定位置不会被机械臂操作员直接看到的情况下，可以安全地移动有效载荷。在之前应用机械臂开展的任务中，操作员能从后部飞行甲板的窗口清晰地看到有效载荷的抓取点。但在 STS - 8 中，操作者没有这种奢侈的待遇。相反，他不得不在闭路电视的屏幕上观察机械臂上和有效载荷舱内的摄像头拍摄到的动作画面。这是一项重要的试验，因为部署大型有效载荷和建造空间站将取决于操作员能否在视线之外操作机械臂。STS - 8 任务中机械臂的表现给了 NASA 很大的信心。国际空间站的成功组装可以直接追溯到 PFTA 试验。

---

① 有关机械臂操作方式的更多细节，请参阅拙作《入轨和返回：航天飞机如何在太空中飞行》的第 2 章。

考虑到机械臂在航天飞机 30 年的运行过程中的重要性，以及它所获得的标志性地位，难以想象机械臂在航天飞机上的发展和安装遭遇到了公开的敌意，这种敌意甚至来自于航天员自身。尤金·克兰兹（Eugene Kranz）是水星、双子座和阿波罗时代任务控制的策划者，他任命了杰里·博斯蒂克（Jerry Bostick）来解决这个问题。杰里·博斯蒂克说："在一个正常工作时间的午后，克拉夫特（Kraft）博士（约翰逊航天中心主任）……走进我办公室，说：'杰里·卡尔（Jerry Carr）① 刚离开我的办公室，大喊大叫地形容将要搭载在航天飞机上的机械臂（RMS）是多么可怕。它永远不会起作用，他说机械臂看上去就像一根湿面条，太不安全了。尽管加拿大人正在建造它，并将它提供给我们，但我们不应该接受。或者我们应该花很多钱装好它，因为它实在太可怕了，不能工作，一点用都没有。明天早上，我想让你和阿龙·科恩（Aaron Cohen）② 谈谈，然后看看你们能不能装好它。'"

这就是杰里·C. 博斯蒂克建立以机械臂为主要硬件的有效载荷部署和回收系统办公室的过程。③ 但在解决技术问题之前，他必须让一些不带偏见的人解决系统中的错误。"事实证明，有很多人认同卡尔的观点。其中就包括格林·伦尼（Glynn Lunney）。④ 我和阿龙·科恩谈过之后不久就去看他，我问他：'你觉得 RMS 怎么样？'他说：'这是一堆垃圾。扔掉它吧，它不会起作用的。我们正在研究部署有效载荷的其他方法，例如旋转臂。这个带有樱桃采摘器的玩意（指机械臂）从驾驶舱后面伸出来，每次轨道器上的推力器点火时，它都会摆动。它可能会折断，忘记它吧。从设计角度来看，这是一个死胡同。不要那样做，因为你会失败。'"尽管任务处于不利的环境，以及有可能断送事业前景，杰里·C.博斯蒂克还是设法获得了航天员的合作，他们愿意以客观的方式来测试机械臂。

杰里·C. 博斯蒂克说："比尔·勒诺伊尔（Bill Lenoir）、诺姆·撒加德（Norm Thagard）、萨莉·赖德（Sally Ride）、朱迪·雷斯尼克（Judy Resnik）有一段时间非常好，非常客观。他们抱着要把工作完成的态度。是的，航天员办公室反对 RMS，他们不喜欢它或害怕它，但是航天员们保持开放的心态，非常有助于推导出合理的需求，并与加拿大人和轨道器的人共同探讨，要如何把这些系统整合在一起。"

萨利·K. 赖德回忆说：我是开始大力参与模拟器工作的一对航天员之一，这包含验证模拟器对机械臂的建模是否精确，开发在轨使用机械臂的程序，以及开发故障程序，这样航天员就能知道如果出了什么问题，该怎么办。"

操作轨道器接近已经部署的或将要回收的有效载荷也是一个值得关注的问题。很容易理解的是，如果轨道器机动太快，脆弱的机械臂可能会给有效载荷带来显著的振动。在手臂完全或部分伸展的基础上，杰里·博斯蒂克和他的团队想出了组合方式，以使姿态控制推力器能够按顺序喷气，而这也不会破坏动力学。程序描述了如何快速地释放一个有效载

---

① 杰拉尔德·卡尔（Gerald Carr）是天空实验室计划的一名老兵，他花了 84 天时间完成了最后一次载人航天飞行任务。
② 阿龙·科恩是轨道器项目经理。
③ 有效载荷部署和回收系统的其他组成部分包括附件配件、视觉辅助设备和软件。
④ 格林·伦尼是一名飞行主管，当时负责管理航天飞机有效载荷集成和开发计划。

荷，或者当一个自由飞行的平台可以被抓住，尤其是如果它正在旋转，或者处于更糟糕的翻滚状态时，没有建立足够的力矩就会损坏机械臂，或者把它从轨道器上折断。就像萨利·赖德回忆的那样："我们开始的时候没有任何清单可供参考，但我们研制出了所有的这些东西。"

由于机械臂被设计成一个即插即用的硬件，博斯蒂克还考虑了与轨道器的接口应该在哪。理想的位置是在有效载荷舱的一根纵梁上。"把它连接到轨道器上的一根纵梁上，是另一个工程上的挑战，因为纵梁（有效载荷舱的侧梁）已经建造好了，所以它有一定的强度。由于空间有限，在关闭有效载荷舱门时，机械臂必须适应那个小空间。因此，机械臂需要构造足够结实、足够小的底座或肩部，使它能匹配小空间，这是一个工程挑战。

考虑到机械臂有肩、肘和腕关节，在操作范围内将末端执行器定位在一点[①]是一个挑战。正如博斯蒂克所描述的，"你在建筑工作中看到过车载式起重机，它们中的大多数只能一次移动一个关节，所以当你移动一个关节，然后移动另一个关节时，你会得到一些奇怪的动作。有时你认为这个关节会上升，当你旋转这个关节时，实际上末端执行器会下降。"设计师们想要一次操作一个关节，但是博斯蒂克坚持要求航天员输入他们想要末端执行器去的地方，然后软件就会把机械臂定位到合适的位置。这将使航天员能够以精确和快速的方式操作手臂，因为他们不需要考虑关节位置和几何形状。明智的是，如果一个故障使软件驱动的模式完全失效，那么将每个关节单独移动的能力将被保留，以提供降级模式。

即使有软件驱动模式的便利，航天员仍然需要视觉提示来安全地操纵机械臂。正如萨利·赖德所说："航天员看着窗外的机械臂并进行控制，同时用几台摄像机监测它的运动。在视野的关键部分被阻挡，或者手臂距离窗口太远，或者工作精度要求很高这些情况下，航天员需要参考点来指导他或她移动机械臂的方向。你怎么知道你正在把一颗卫星从有效载荷舱里提举出来，而没有撞到结构上？"

这些研究推动了末端执行器目标、视觉提示，以及机械臂上和有效载荷舱内摄像系统的开发，以便为航天员提供最佳的态势感知能力。

在轨服务哈勃空间望远镜和组装国际空间站等任务的成功证明了博斯蒂克和他的团队为引入这一关键工程所克服的挑战是值得的。

4.3 空间站硬件测试

国际空间站利用 8 个太阳电池阵总共可以产生 75 kW 的电能，这些电池阵是如此之大，其反射的太阳光使这个前哨站在暮色中很容易用肉眼看到。[②] 事实上，它们是空间站中最大的部分。电池阵轻薄而精致的设计是空间站硬件的另一个奇迹，它的成功可以追溯到 OAST - 1 试验。

---

① 末端执行器是机械臂的抓手。

② 很明显，当你观察到空间站飞过你的位置时，天空必须是晴朗的。

在遭遇了一次发射台中止后，[①] 发现号重回装配大楼进行发动机检修，并更换 2 号发动机。重新计划于 1984 年 8 月 29 日发射，而飞行软件和主事件控制器[②]之间的定时问题又导致第三次发射被取消（原文如此——译者注）。尽管 6 名航天员最终在第二天起飞，但地面发射程序装置[③]出现问题并且两架私人飞机闯入发射作业禁区，造成发射额外延迟 6 min 50 s。历时 7 天的任务实现了多个目标，例如首次在一次飞行中部署了 3 颗卫星。[④]

测试 NASA 的航空与航天技术办公室（OAST-1）有效载荷的不同配置花费了大量的时间，这是为了研究太阳能和大型空间结构技术，这两项技术对空间站都至关重要。其中的核心元素是太阳电池阵试验（SAE），太阳电池翼长 103 ft，宽 13 ft，它的主要结构是一张聚酰亚胺薄毯，当它被拉出储存装置时，84 个小面板就会像手风琴一样地展开。

正如 STS-41D 任务专家史蒂文·霍利（Steven Hawley）所说："它实际上和我们在国际空间站上的太阳电池阵很相似，这是当时试验的重点。我们应该做的一件事是把这个东西展开，在轨道器的脉冲控制系统中输入脉冲信号，然后观察太阳电池板的动力学，观察它是如何随着时间而减振的，看看预测是否和我们看到的相符。他们在太阳电池阵上安装了摄像机，用来测量装置顶端的偏转程度，并与他们的预测相比较。"他回忆起这项令人着迷的试验，"我记得最清楚的是在日出或日落时，第一缕阳光或最后一点阳光照射在太阳电池阵，这使它看起来几乎像是用自己的内部照明光源点燃的。周围一切都是黑暗的，太阳电池阵闪闪发光。真的很漂亮。"

在横跨有效载荷舱的桁架（支撑着 SAE）上，还有动态增强试验（DAE）和太阳电池校准设施（SCCF）。DAE 收集了关于太阳电池阵结构振动的信息，以验证一种确定和评估大型空间系统结构的动态特性的在轨方法。SCCF 评估和验证了太阳电池校准技术。总的来说，OAST-1 使 NASA 对大型、低成本、轻型、可展开/可收缩的太阳电池阵的性能有了重要的认识，如图 4-2 所示。

STS-48 任务对空间站的硬件进行了进一步的测试和验证，机组开展了中层甲板零重力动力学试验（MODE），这是麻省理工学院（MIT）发起的一项研究，旨在提高空间环境下对大型结构的设计和建造的理解（见图 4-3）。

在地球上精确测试这种结构是不可能的，因为万有引力会改变动力学响应。一种掩藏重力的方法是将结构挂在复杂的悬挂系统上，但这不能完全消除重力的影响。为了更真实地测试，MIT 开发了中层甲板零重力动力学试验（MODE）。这是一种特殊的电子仪器设备，在发现号的中层甲板上占据了 3 个半的储物柜。该试验装置包括 4 个流体试

---

① 在发射台中止过程中，由于发动机健康监测系统监测到违反了一个或多个安全标准，在预定起飞时间前 6 秒起动的 3 台主发动机的点火序列被截断。STS-41D 是航天飞机计划经历的 5 次发射台中止中的第一次。最后一次发生在 STS-68 中，主发动机在点燃固体火箭助推器的命令即将发出前 1.9 秒被关闭。

② 主事件控制器是一个航天器的内部时钟，为所有主要的飞行程序设定时间，例如发动机点火和关闭。

③ 地面发射程序装置是一时钟，它控制着倒计时时序列中的所有事件，直至发射。

④ 指的是 Syncom-4、Telstar 3-C 和 SBS-D 通信卫星。它们都是用 PAM 上面级助推到运行轨道上的。

图 4 - 2　OAST - 1 的太阳电池阵展开试验

验件、由一个部分组装的结构试验件、光学数据存储盘以及一个安装在试验支持模块上的"振动器"组成。

正如任务指挥官约翰·克赖顿（John Creighton）所说，结构试验件是"一种非常类似于他们建造国际空间站的桁架结构。根据轨道器的生活区地板和天花板之间大约 7 ft 的高度，我们建造了这个试验件。就像一个小孩拿着'万能工匠'积木，把所有的配件拼在一起"。试验件配有 4 个应变计和 11 个加速度计，并由执行机构起振。"然后有一个小振动器，上面有一堆弦规（测量装置），用来观察在太空中振动器会如何反应。他们试图验证地面上的计算机模型，确保这个桁架的振动和特性在空间中的反应与计算机预测的一样。结果是成功的。"使用结构试验件，航天员测试了不同配置下的可展开和可架设的桁架[①]类型。第一种配置包含内嵌组合的桁架部分，在可架设模块两端安装着可展开模块。第二种配置用一个类似于"阿尔法关节"的旋转关节取代了可架设的部分，它控制国际空间站太阳电池阵的方向。第三种配置有一个 L 形组合的可展开桁架、旋转关节和可架设模块（全部直列安装）和另一个可展开的部分（与可装配桁架的末端成 90°）。在第四种配置

① 可展开的结构被折叠存储。然后被解开，卡入测试位置。可架设结构是单个桁架元件的集合，这些元件拧入球形的关节或"节点"上。

图 4 - 3　STS - 48 任务中，航天员马克·布朗（Mark Brown，左）和
詹姆斯·比什兰（James Buchli）使用结构试验件，模拟了空间站桁架结构。
组装完毕后，该设备的长度约为 72 in，有 8 in 见方的横截面

中，为了模拟一个太阳电池板或一个太阳动力模块，将一个柔性附件连接到 L 形排列的肘部。

流体试验件用于模拟液体推进剂在贮箱中的动力学。克赖顿解释说："我们已经飞行了好几年，我们知道当贮箱装满推进剂时是如何工作的，空的时候是如何工作的，但是没有足够的证据来证明这些贮箱在半空的情况下是如何运行的。所以我们通过在这个特殊装置上振动它们进行了小型试验。这是麻省理工学院设计的一个试验，我们研究了液体如何在透明的有机玻璃容器内移动。我们并没有使用真正的火箭推进剂——如果它泄漏了，可能有致命危险——所以我们使用具有类似特性的液体，看看它们在一个球形试验仪器中是如何表现的。"

正如飞行后任务报告中所述，零重力动力学试验非常成功。研究人员对上述 4 种流体试验件进行了研究，并对 4 种结构试验件进行了组装和振动测试。在两天半的时间里，乘组完成了 6 项计划内的流体测试程序，以及 8 项计划内的和另外 5 项计划外的结构测试程序。这些试验活动实时下行的视频为预测行为提供了宝贵且及时的确认。

4.4 在轨组装

现国际空间站的结构，以及它之前的大多数设计中（例如"电力塔"和"双龙骨"）都设置有一个被称为整体桁架结构的长框架。由各个桁架节段组成的这个长 230 ft 的骨架是空间站的结构基础，支撑 4 组太阳电池阵、2 个大型散热器，以及构成生活和工作设施的多个增压舱，这是最复杂的太空工程成就（见图 4-4）。

图 4-4 完成装配的国际空间站。其中 4 组太阳电池阵、2 个大型散热器和多个增压舱都清晰可见

早在 20 世纪 70 年代，随着空间站和其他轨道前哨站概念的提出，桁架式结构的优势促使研究人员对其进行了详细的可行性研究。因为它们很轻、很坚固，并且可以由最少种类的组件组装成大型复杂的设施，所以桁架能提供优良的承载结构。但一个重要的问题是如何将各个部分送入到太空中。当时主要的工程观点是，即使航天飞机有大型的有效载荷舱，以完全预先组装的方式运载，也将是低效和昂贵的。事实上，为了将预期体积非常大的预组装部分安装到轨道器的货舱中，它们需要折叠起来进行发射，并在太空中展开。很容易理解的是，这种方法需要增加机械装置，如用来关闭和打开结构的滑轮和齿轮箱。这样的复杂性不仅会增加设计成本，而且会增加在轨展开时失败的风险。

人工在轨装配是首选方式，即航天飞机运送单独的连杆和连接节点，航天员采用组装玩具的模式来手工组装结构体。随着组装工作的进行，电缆、管路和设备的其他部分将被添加到开放桁架结构中。直至 NASA 得到总统批准建造空间站时，关于在轨手动装配的许多问题仍未得到解答。虽然 NASA 在用于太空行走训练的水池中已经尝试了许多技术，但这些技术仍然需要在太空的真实条件下进行测试。

人工在轨装配工作始于 1985 年 11 月的 STS-61B。在部署了 3 颗通信卫星之后，任务专家杰里·罗斯和舍伍德·斯普林（Sherwood Spring）进入了亚特兰蒂斯号的有效载荷舱，用两种方法使用小部件在太空中组装大型结构。离开航天器的保护范围无疑是航天员生涯中的最高成就之一。如果你正在进行第一次太空行走，这无疑是一个特别令人激动的经历。斯普林说："我们穿上了航天服。在轨时我变高了，对这一点我印象很深。我长高了大约 1.5 in……但是，当你在轨工作时，1.5 in 的尺寸对你来说还是有些"太小"，所以当你进入到航天服中，你就已经真正进入了在轨工作状态。航天服将你的脊梁骨压缩到它们应处的位置的感觉还是不错的。穿上这些裤子并系好真的需要一些帮助，所以你必须努力去适应。我记得挂在气闸舱的舱壁上，等待出舱时的情景。那是我两次太空行走中的其中一次，心里七上八下的，这种感觉在发射前没有，但在我出舱之前出现了。脑子里想的是，'哦，我希望我不要搞砸了'。这是再正常不过的事了。原因有两个：一个是，这是你的大好机会；另一个是，所有的摄像机都在对着你拍摄……如果你搞砸了，你的朋友们会在'飞行后'的别针派对（pin party）上为你准备好失败时的照片和视频。"

一到外面，斯普林和罗斯就将自己推向有效载荷舱中的任务专用设备支撑结构（MPESS，见图 4-5）。[①] MPESS 横跨整个有效载荷舱，这个结构装着两个航天员在太空行走时使用的所有硬件。它包括接口板，可以方便地安装 4 个足部限位器和几个手部限位器，使航天员在从事组装工作时能够先固定自己。

在确认所有设备正确配置后，他们戴上手套开始的第一个试验是可架设空间结构的组装概念（ACCESS，见图 4-6）。它由位于弗吉尼亚州的兰利研究中心提供，包括 93 根直径 1 in 的管状铝制支柱（根据预定位置而长度不同）和 33 个相同的垒球大小的节点。节点和支柱被装在该载体的侧面和顶部的容器里。在装配前，每位航天员把他的靴子固定在一个足部限位器里，足部限位器一个安装在 MPESS 上部，另一个安装在底部。接下来，他们展开 3 个垂直导轨作为夹具，以协助完成每个架段（或单元）的装配。然后他们打开支柱箱并开始将它们取出。

斯普林说："我们把这些东西拿出来并且操纵它们……我想将支柱滑出来……它们在两个容器里，那些节点在一个转筒里。要拿到一个支柱的方法就是抓住它的顶端，让它向一个方向滑，这样它就可以自行飞行，然后在中途抓住它。我们在水中学会了这些技巧，很实用，但是你必须集中精力去做。我记得布鲁斯特·肖（Brewster Shaw）曾对我们在做这件事时的散漫行为表示担忧。"

装配一个单独的架段是一个相对简单的任务，罗斯回忆说："这基本上就是把一个部分拿出来，放在装配夹具上，绕着三个面将连接组件连接在一起，然后往上滑动整个桁架

---

① 有关 MPESS 的详细信息，请参阅第 6 章。

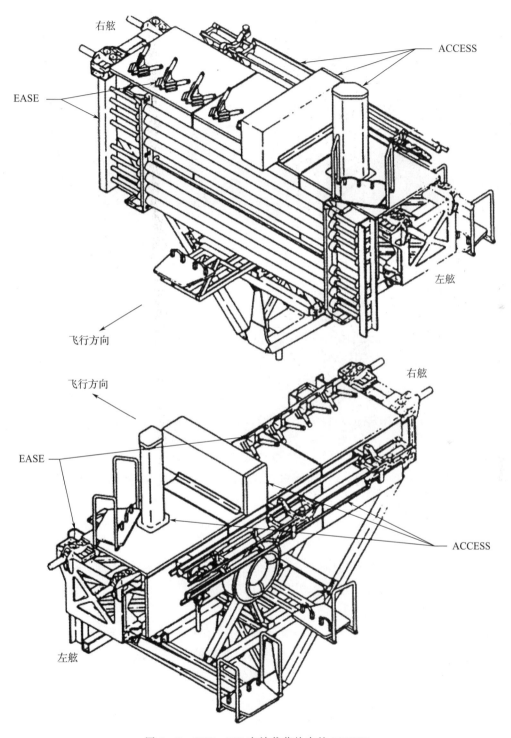

图 4 - 5　STS - 61B 有效载荷舱中的 MPESS

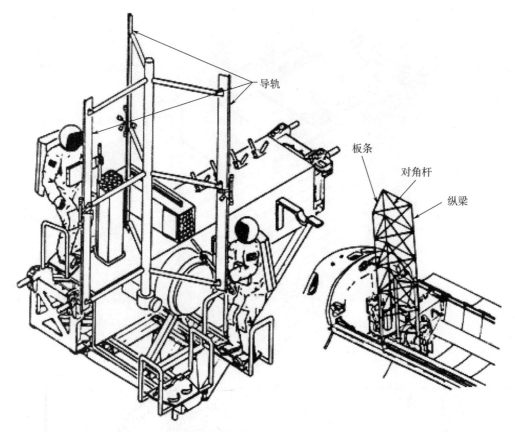

图 4-6　ACCESS 试验的主要组成部分。左边是用于组装单个架段的导轨夹具

段，并重复以上这个过程来组装 10 个架段，每一个架段都有 4.5 ft 长。我们知道这是一种非常令人感到踏实的组装方式，因为当一名机组乘员的脚被固定以后，就可以让双手自由地工作。"

　　一旦这 10 个一样的架段装配好，组装成的 45 ft 高的多层框架结构将赫然耸立在有效载荷舱上方。

　　ACCESS 技术的美在于它的简单，唯一的工具就是航天员的手。他们所需要做的事情只是把预制部件在末端节点连接起来并把它们锁定到位。平均来说，一个单独的架段可以在 2 min 15 s 内建成，在 1 min 45 s 内完成拆卸。

　　罗斯和斯普林的第二次组装工作是舱外活动中的结构试验组装（ESAE），它是由位于阿拉巴马州亨茨维尔的马歇尔航天中心开发的。前述的 ACCESS 采用"空间装配线"技术，两位航天员都站在支撑结构上的固定工作位置，而在 ESAE 试验中，他们能够移动。就像之前那样，他们只需要用双手进行工作。舱外结构硬件由 6 个 12 ft 长的重型铝梁（每一个质量为 64 lb）和 4 个相同的连接点组成。

　　正如杰里·L. 罗斯所说："EASE 需要一个航天员飘浮在结构的上方，仅用一只手抓着并且试图操纵这些相当重的梁……比如扭转它们的位置、对齐以及滑动套筒进行连接。我们不认为这是一种可取的操作方式，但我们确实准备好了去实施，看看在水中（水箱）

和在轨操作之间的区别，并与 ACCESS 试验进行比较。"

　　EASE 组装的顺序为将 3 根垂直梁连接到工作平台顶部的一个节点上，然后用 3 根水平梁连接自由端。完成后，EASE 结构将组装成一座倒置的 12 ft 高的"金字塔"，如图 4 - 7 所示。由于工作速度快，完成了 8 个装配/拆卸循环，比计划多了两次。正如麻省理工学院（MIT）研究人员戴维·埃金（David Akin）在一次太空行走新闻发布会上所说："我们认为，有明显的证据证明航天员们有一个学习曲线。他们对这种自由浮动装配技术能够迅速地适应，能很好地控制自己的体位。在没有足部限位器或任何其他形式约束的情况下，他们在大质量梁的对准方面有出色的表现，并且我们看到的证据表明，他们在太空完成这种对准任务的速度比在水中更快。"

图 4 - 7　航天员罗斯和斯普林在 EASE 试验的装配循环中。倒金字塔形清晰可见

经过一天的休整之后，罗斯和斯普林再次穿上航天服。他们第一次出舱的目的是体验人类在失重环境下装配工作的特点，而这一次他们要评估另一种装配方法：与机械臂配合一起演练维护空间站的场景。和之前一样，他们从装配 ACCESS 塔开始。按以前的方式快速完成 9 个架段的组装后，罗斯把第 10 个架段的梁和节点放到安装在机械臂末端工作站上的一个部件载体中。按 NASA 的说法，这称为机械臂足部限位器。正如斯普林所解释的，"当你踏入足部限位器时，你的脚指头被'小马镫'限制住，你的脚后跟上有一个突起，刚好使你的脚滑进去，这就是你要做的。你的脚踝也会感到有一些摩擦，但这是因为你站在足部限位器中。"罗斯爬上平台并固定后，让机械臂操作员玛丽·克利夫（Mary Cleave）把他移到塔顶。在亚特兰蒂斯号上空 40 ft 的地方，罗斯组装了最后的架段，然后将一根长绳子夹在框架的一边，作为初步的模拟，试探如何将电缆手动连接到这样的结构上。由于未来空间站的桁架部分的主要作用是支撑电力和数据电缆，或支持流入流出散热器冷却液的管道，航天员应该尝试反复安装它们。

NASA 用上述太空行走证明了用小部件手工装配大型结构是可行的。但是建造几个这样的结构然后将它们连接在一起呢？一些科学家根据空间站的概念设想建立一个相当大的框架，以容纳各种功能模块，并在几个模块中进行科学研究。例如，计划在空间站增加修理和维护卫星的机库，以及为飞向月球或火星的航天器加油。望远镜和其他科学仪器也能在该设施最远的地方找到一个位置，以便进行维修和升级。利用特殊的太空环境制造药品和其他产品的自由飞行平台，可以停靠在空间站，以便在下一次运行前输送产品和补充原材料。随着时间的推移，空间站将演变成一个太空港，类似的前哨站将在月球和火星轨道上建立。[①] 显然，随着空间站规模和功能范围的扩大，将需要更多的框架。

在模拟了电缆铺设之后，斯普林仍然在支撑架的底部观察着他的同事，他从支撑结构中释放了 ACCESS 塔，并把它交给了在机械臂上的杰里·L. 罗斯。杰里·L. 罗斯在转动 190 lb 的框架，使它变换到不同的位置时，报告说："感觉很简单，我并不费劲。要想启动或停止运动，只需要很小的力。"他完全控制了结构的运动，这项任务甚至比在水箱里训练时更容易完成（见图 4-8）。

把这个塔送回它的支撑结构时，杰里·L. 罗斯和舍伍德·C. 斯普林需要在机械臂的足部限位器上交换位置。当他向塔顶移动时，舍伍德·C. 斯普林经历了一个焦虑的时刻，"我记得上一次有点焦虑还是在第二次 EVA 中。玛丽之前与杰里·L. 罗斯工作过，所以现在她对用最大速度移动机械臂很有把握，我们可以很快地操作机械臂。所以我说：'好啦，玛丽，带我上去。'她就这样做了，她做了最大限度的速度提升，以最快速度把我送上去。这么说并不确切，但突然，一切对我来说'有把握的、安全、舒适的感觉'非常快地离我而去，在熬过有效载荷舱上空大约 15 ft 或 20 ft 那一段后，我有一种感觉，我的位置太高了，而且没有一个好的抓手……我使自己平静下来，并对自己

---

① NASA 从来不缺乏大胆的想法，在 20 世纪 70 年代和 80 年代初更是如此。由于登月的荣耀仍然照亮着 NASA 的工程方案办公室，宏伟的太空探索计划的提出是总会发生的事情。

图 4-8　NASA 马歇尔航天中心中性浮力模拟器中 EASE 装配技术训练过程演示

说：'好吧，这很酷。没错，你很酷，你很酷；是的，我们很酷。'然后我放手，在余下的任务中正常地工作。但我的第一感觉是：'哇，这里很高。'实际上，我现在距地面 230 mile 高，并且每小时移动至少 17 500 mile。我的注意力，我的安全，我的方向感仅来源于距离 45 ft 远的航天飞机。"

斯普林不是唯一感到紧张的人。布鲁斯特·肖（STS-61b 任务指挥）回忆道："一次走到玛丽身后，当时她正在操作 RMS，而在机械臂末端有一个人。我把手放在她的肩膀上，她的整个身体都在颤抖，因为她非常想把这件工作做好，不想使任何人受到伤害。她很专注，很认真，不想做错任何事，只是因为有人在机械臂的末端而颤抖，那给我留下了深刻的印象，因为我想，你也知道，这是一个多么大的挑战，当时她面临很大的压力，因为她要完成的是一个非常艰巨的任务。你知道，她太紧张了。但她做得很好，非常棒。"

有时，即使是最好的训练环境也无法再现太空飞行的场景。正如玛丽·L. 克利夫所说："我们面对着地球，而我在操作机械臂。当伍迪（Woody）和杰里在上面做空间站建造试验时，我把他们放在顶部的窗口上，有效载荷舱对着地球，就像我们平时工作一样。地球在你下方以 25 Ma 的速度运动，它是一个移动的目标。我缺少参照物，所以我试着对着桁架、对着地球来移动他们，最后不得不在窗口上做个大记号，这样我移动他们就有了参照物。这真的很容易使注意力分散，直到我们解决了这个问题，用图形或数字或别的什么在窗口边进行标记。"

　　在拆卸完 10 号架段并且将部件放回到足部限位器上的容器后，舍伍德·C. 斯普林移动到 8 号架段，在那里他移除了一根梁和连接的节点并复原它们，以评估通过简单的替换来有效地进行修复的可行性。然后，像杰里·L. 罗斯之前做过的那样，舍伍德·C. 斯普林自己去手动操纵这个塔（见图 4 - 9）。斯普林回忆说，他非常喜欢这项工作，"我使这个 45 ft 的网格结构移动得很快。我想看看移动它有多困难。我是一个试飞员，我喜欢移动一些东西，然后看看它对外界输入的响应。但我只是让它比布鲁斯特能接受的速度移动得稍微快一点，因为布鲁斯特说：'慢一点，伍迪。'"

图 4 - 9　舍伍德·斯普林被固定于机械臂的足部限位器上，他正在移动 ACCESS 塔

　　在将 ACCESS 送回支撑结构时，舍伍德·C. 斯普林加入了杰里·L. 罗斯的工作，他们一起拆开这个塔架然后架设 EASE。这一次他们轮流在机械臂上的足部限位器平台上，而另一名航天员仍然在 MPESS 支撑结构上。整个结构都是手动操作的，这些练习作为构建一个更大结构的一部分，增加了他们操纵整个框架的信心。NASA 正在考虑使用长外部

热管回路的方式来散去空间站设备产生的热量，EASE 梁是用来模拟如此长刚性设备的完美模型。正如杰里·L. 罗斯所解释的，"我们用一个短的耦合装置，把两根 14 ft 长的梁连接在一起，进行了 EASE 试验。我们在中间插上一个小接头，看看从一端移动这个较长的梁是否容易。这让我们理解了在太空中装配是怎么一回事。"

关于他们所完成的工作，舍伍德·C. 斯普林给出了如下说法："如果有很好的足部限位器和工作的空间，航天员几乎可以做任何事情。添加适当的把手点，就可以操纵巨大的物体——我的意思是许多吨——而且相当精确，因此我们完成了哈勃空间望远镜以及其他一系列的任务。"

然而，持续削减的经费使空间站的规模和功能大幅缩减，手工装配方法也被放弃了。另一方面，尽管 EVA 已成功完成了所有分配的任务，当初促成这些太空行走的根本原因一直存在，但是很显然，在轨手工装配大型结构不是一个可行的解决办法。事实上，正如杰里·L. 罗斯所解释的，"一旦你组装了这个开放的桁架网络，当考虑要把所有的电气和流体管道，还有其他所有的东西都整合到结构中时，很难弄清楚你将如何做到这一点，并把所有的东西连接起来，确保它通过测试并正常工作。"

在放弃了人工装配的方法后，国际空间站的脊梁采用了由预先集成的部件组装而成，然后在轨机械地将它们连接在一起的方法。航天员只需要验证这些连接是否正确，然后连接好相邻部件之间的电缆和管道。这是一个能省下大量成本的更好和更简单的方法，因为它减少了空间站装配的太空任务和太空行走次数。

大约 7 年后，进一步组装测试被分配给了 STS - 49 任务，这是奋进号的首航。这次的目标是评估货物运输和大型有效载荷的操控，例如那些与空间站的外部结构相匹配的有效载荷的操控。这涉及由戈达德航天飞行中心、兰利研究中心、约翰逊航天中心共同研发的通过舱外活动方法的空间站装配（ASEM，见图 4 - 10）试验。它由一组支柱和节点组成，构成一个横跨整个载荷舱的桁架金字塔结构，所有用于装配的部分都在 MPESS 载体上，其本身就是试验的一部分。建造 ASEM 金字塔后，航天员凯瑟琳·C. 桑顿（Kathryn C. Thornton）和托马斯·D. 埃克斯（Thomas D. Akers）将要进行手动解开 MPESS，分别在有或者没有机械臂协助的情况下将 MPESS 移动到不同的位置。他们完成了试验，后来，他们也尝试了用不同方法将 MPESS 与其固定装置相匹配，并仅使用机械臂重复同样的任务，这有效对比了机械臂和手动操作的效率。在整个 EVA 项目中，航天员的评论、意见、图像和视频信息都被记录下来，以供事后分析。该试验协助开发了国际空间站装配时对有效载荷的处理步骤。

4.5　太空行走的黄金时光

挑战者号发生事故之后，许多人离开了 NASA，其中有很多训练员、飞行控制员、技术员和工程师，他们在设计和规划太空行走方面具有丰富的知识和经验。为了建造空间站，NASA 必须重建失去的这些基本技能。航天员杰伊·阿普特（Jay Apt）和杰里·L.

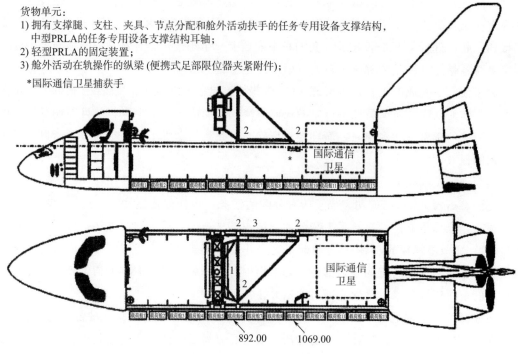

货物单元:
1) 拥有支撑腿、支柱、夹具、节点分配和舱外活动扶手的任务专用设备支撑结构,
   中型PRLA的任务专用设备支撑结构耳轴;
2) 轻型PRLA的固定装置;
3) 舱外活动在轨操作的纵梁(便携式足部限位器夹紧附件);

*国际通信卫星捕获手

图 4 - 10　ASEM 的在轨布局

罗斯被赋予这项任务。正如杰里·L.罗斯所回忆的那样,他们说服空间站项目管理层:"我们需要开始制订一些 EVA DTO(详细的测试目标),来开展一些实际的舱外活动,以便再次建立经验基础,这既是为我们部门,也是为了飞行控制器和硬件的设计者。"由于空间站将是一个非常大的结构,杰里·L.罗斯提出了"CETA"(航天员和设备转移辅助系统的首字母缩写)的概念,这是一种供航天员在组装和维修工作中可以随时在空间站周围移动使用的小车。CETA得到了积极的认可,在批准后的一个月内,由航天员杰伊·阿普特和杰里·L.罗斯在STS-37任务中对它进行测试。在任务中,将作为主载荷被释放的康普顿伽马射线天文台(CGRO)需要一次应急太空行走来解开一个被卡住的天线[①]。由于地面控制台在机械臂释放它之前要对卫星进行检查,这两个出舱航天员被允许留在舱外,需要他们随时关注卫星上的问题。在接下来的 4 h 里,他们没有闲着享受美景,而是开始了第二天正式计划的一些太空行走任务。

特别地,他们练习使用了航天员载荷仪表托盘(CLIP)。正如杰里·L.罗斯所指出的,"这基本上是一台磁带录音机,里面有一些电池,可以为托盘上的仪器供电。其目的是试图了解航天员在有足部限位器或没有足部限位器时能够承受什么样的负荷,我们需要这些基础数据,进而为着手空间站的建设提出设计要求。"将该硬件安装到有效载荷舱的左舷壁上之后,杰里·L.罗斯完成了一系列特定的任务,每个任务都代表了组装空间站所必需的典型活动,比如拧紧螺栓或转动旋钮。他干得如此出色,以至于记得"出了一身

---

①　有关这些事件的描述,请参阅第 6 章。

的汗，汗珠滴进了我的眼睛里。这是一段相当累人的时间。"多年以后，他会后悔在执行这些任务时效率如此之高。"在我之后，我们所有人都参考我的数据。我在部件上施加了很大的力量，而设计人员把这些作为了空间站的设计要求。这要求他们加入载荷缓冲器和其他一些东西。他们说：'用最大的力。'假如他们说：'用合适的力就行了，'那将完全不同。"

最后，在机械臂释放 CGRO 的命令发出后，杰伊·阿普特和杰里·L. 罗斯返回到气闸舱。

第二天，他们就出舱继续执行之前的计划。如果没有那次照料卫星的应急 EVA，这将是挑战者号之后的第一次太空行走。杰里·L. 罗斯和杰伊·阿普特开始在有效载荷舱的一侧组装一条导轨，CETA 推车将会运行在这个导轨上。由于该卫星占据了有效载荷舱的整个宽度，CGRO 的存在阻碍了全长 46.8 ft 的导轨安装。随着导轨准备就绪，他们俩开始评估 3 种不同的配置来测试这个方案。杰里·L. 罗斯说："因为工程部门的工程师们想要提高他们的专业水平……他们同意了以几种不同的方式推着我们在导轨上来回移动。"

第一种方式是手动配置。一旦脚被限制住，航天员就可沿着导轨用左右手交替推进自己，如图 4-11 所示；第二种方式类似于轨道车（railroad car）的结构，航天员可以按压 T 形手柄来移动，这种运动是由齿轮传动装置将航天员的动作转换成两个车轮驱动器的连续转动，如图 4-12 所示；第三种方式是使用一个手摇柄来手动生成电流驱动小车，如图 4-13 所示。

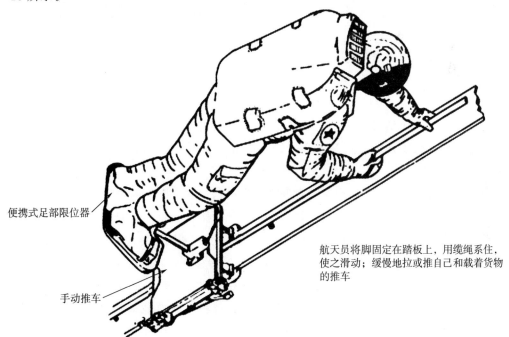

便携式足部限位器

手动推车

航天员将脚固定在踏板上，用缆绳系住，使之滑动；缓慢地拉或推自己和载着货物的推车

图 4-11　CETA 的手动配置演示

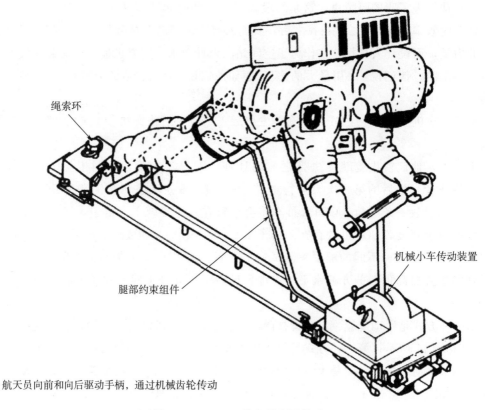

绳索环

机械小车传动装置

腿部约束组件

航天员向前和向后驱动手柄，通过机械齿轮传动

图 4-12　CETA 的机械配置演示

　　杰里·L. 罗斯回忆道："基本来说是这样，你站在它上面，有一个驱动发电机的手摇柄。发电机将电力输送到电动机，使你在导轨上来回移动。"两名航天员都测试了所有的配置类型。此外，杰里·L. 罗斯指出："我们也趴到另一个人的背上增加了一些质量，看看是否有很大的差别。一个穿航天服的人重约 350 lb。"在每一次测试过程中，都测量了动力学，包括转移速率、导入小车和导轨的乘员载荷。所有的配置都是有效的，但是结果表明手动的配置是最合适的。几年后，这种方式被应用于国际空间站的计划中。

　　杰里·L. 罗斯说："我们还有一种绳索传送机构，它实际上就是导轨侧面带有滚轴的滑道，使得绳索不会脱离。这个概念是，你只把自己拴在上面，然后依靠自己实现在整个轨道来回滑动。这种方式很有用。"这种方式也融入了后来国际空间站的设计中。

　　6 小时 EVA 的最后一部分时间用于研究 EVA 转移评估（ETE），旨在更好地了解太空行走的轨道器环境。例如，他们把一根绳子拴在有效载荷舱上，以此作为一种移动的方式。杰里·L. 罗斯还测试了身体和手动操纵机械臂移动有效载荷的可行性。也就是说，当他稳稳地站在有效载荷舱上时，他抓住了机械臂并试图移动它。杰里·L. 罗斯回忆说："我证明了在一些方向上可以平移它，但完全无法让末端执行器转动，因此，无法让有效载荷移动到一些连接它的位置。"为了圆满完成太空行走，"我和琳达（Linda Godwin）一

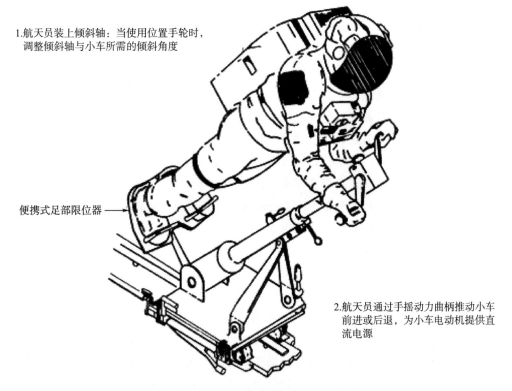

1.航天员装上倾斜轴：当使用位置手轮时，调整倾斜轴与小车所需的倾斜角度

便携式足部限位器

2.航天员通过手摇动力曲柄推动小车前进或后退，为小车电动机提供直流电源

图 4-13　CETA 的手摇柄电气配置演示

起骑在机械臂的末端，基本上是用最大速率上下左右移动。这是在试图了解航天员在机械臂末端能够承受的速度极限。"

　　正如杰里·L. 罗斯和杰伊·阿普特向空间站管理者们指出的那样，NASA 应尽可能多地执行 EVA，以获得组装空间站所需的经验。后来一些预定的飞行被分配了同样的任务，以改进未来太空行走的训练方法，增加地面控制人员、教练和航天员的经验，提高人们对真正失重环境和在水下训练差异的理解。

　　这种探索活动始于 1993 年的 STS-54 任务，其主要目标是部署一颗中继卫星。在飞行的第五天，格雷戈里·J. 哈博（Gregory J. Harbaugh）和马里奥·伦科·朱尼尔（Mario Runco Jr）冒险进入空的有效载荷舱，评估他们如何适应太空行走，在携带或不携带物品时进行移动，在不使用把手的情况下爬进一个足部限位器，以及在失重环境下对准大型物体的能力。为了模拟一个大型物体的运送，一个航天员将背着另一个航天员。为了探索大型工具的使用方法，他们使用了一种已经在奋进号上使用的装置，该装置是用来手动调整 IUS/TDRS 有效载荷使用的倾斜台。[①]

　　戴维·洛（David Low）和杰夫·维索夫（Jeff Wisoff）在 STS-57 任务的第五天执行了更多与空间站有关的太空行走时间。然而，他们的第一项任务并不是空间站的工作，

_____

①　有关 IUS 的详细信息，请参阅第 2 章。

而是保障轨道器和有效载荷的安全。两天前，由 STS-46 任务部署的欧洲尤里卡自主飞行器已经被成功回收。当奋进号接近时，这个满载试验装置的载体正在被关闭。这个关闭工作流程包括折叠两根长长的无线电天线。尽管欧洲地面控制中心发出的指令得到了正确接收和执行，但遥测数据显示，天线都没有收缩到装载位置。在故障定位失败后，奋进号仍在接近的情况下，决定继续抓取。但是，不是在有效载荷舱里装载该航天器，而是将其固定在机械臂上。任务前的训练有这样的场景，所以戴维·洛和杰夫·维索夫知道如何完成两个天线的收拢和锁定。但是，当机械臂抓住卫星时，一个新的问题出现了。该平台通过机械臂从轨道器获得电力，以维持航天器的热控系统。经飞行后检查，确定了机械臂末端执行器上的一个连接器被安装在与它原本应该的位置完全相反的方向上。由于电池快速耗尽[①]，任务控制中心决定立即将尤里卡号装载到有效载荷舱中，使其能够使用与轨道器电气系统直接相连的远程脐带接头来获取电力。

　　两天后，戴维·洛和杰夫·维索夫开始了他们的 EVA 活动，将两个天线推到了预定位置。如果它们没有被锁住，再入大气层时的振动可能会导致天线弹开，并可能损坏附近的有效载荷和轨道器结构。完成了这一应急行动后，两人开始了太空行走的预定任务。这包括模拟对大型物体的处理，一名机组乘员将自己在奋进号机械臂的足部限位器上固定，并将他的同事作为一部分硬件设备来操作。他们也以类似的方式，预演了大质量物体的精细对准。在这种情况下，机械臂上的人移动了飘浮的航天员，试图将他的脚靠近一个足部限位器的位置。下一个任务是使用手动扭矩扳手插入和拆卸螺栓，测试不同长度、接近角度和手动位置的套筒。还评估了几个改进的舱外活动工具，包括一种减少障碍的较短的自维护设备绳，一种使太空行走者紧贴结构的安全绳，以及胸部安装的工具架和带有多个挂钩的身体约束器。

　　本系列任务的下一次太空行走被分配给 STS-51 的任务专家吉姆·纽曼（Jim Newman）和卡尔·沃尔兹（Carl Walz），他们在太空行走中进行了一系列的活动。这一次，没有使用机械臂。事实上，在第二个飞行日，发现号的机组人员已经释放了 ORFEUS/SPAS 自由飞行器，这是将要在任务的晚些时候回收的。为了减少故障使平台在轨搁浅的可能性，该计划并不打算使用机械臂进行部署和回收。7 h 的舱外活动让他们可以测试各种类型的刚性和半刚性的绳索，然后又进行了一次带着对方的移动。他们还评估了一名太空行走者在失重状态下如何能很好地操纵一个大物体，并确定在失重状态下，他在施加一个强大的扭矩来拧紧螺栓时必须受到多大的约束。

　　在 STS-69 任务中继续进行了更多的舱外活动测试，吉姆·沃斯（Jim Voss）和迈克·格恩哈特（Mike Gernhardt）对他们航天服的热控改进方面进行了评估，以及可用于国际空间站装配的各种各样的工具和技术。每个航天员都在机械臂上度过了 45 min，远离了有效载荷舱散发的热量。由于有效载荷舱面向深空，航天员身处在 −84 ℃ 的温度下。他们对舒适程度不断地进行主观评价，欣慰地报告了具有旁路液冷通风的航天服和加热手

---

　　① 尤里卡号通过两个巨大的太阳电池板为自己提供电力。然而，这时它们已经被折叠起来以回收卫星，因此无法再为航天器提供动力。

套确实如宣传的一样舒适。事实上，两名航天员都证实在整个太空行走期间，包括在冷浸试验期间和在一系列重复的工具操作任务期间，热舒适性持续稳定。

在 STS-72 任务中进行了两个与空间站有关的 EVA 训练。在第五个飞行日，焦立中和丹·巴里（Dan Barry）花了 6 h 以上的时间在奋进号的有效载荷舱评估工具、技术和建造设备上。在有效载荷舱适应了几分钟后，第一次太空行走的焦立中和 丹·巴里在机械臂末端安装了一个便携式工作平台，这次训练由飞行员布伦特·杰特（Brent Jett）和任务专家若田光一（Koichi Wakata）操作。布伦特·杰特用机械臂来操作各种各样的硬件，这些硬件设计用来容纳大的模块化组件。这模仿了设备盒和航电设备在组装空间站时来回移动的方式。焦立中和丹·巴里展开了一个斜穿过有效载荷舱前部的电缆桥架。电缆桥架也被称为刚性脐带，安装了模拟的电气和流体管道，类似于连接空间站模块和节点的管线。

焦立中说："基本上，这是一个铰链式的电缆桥架，它将被用来连接空间站的多个模块。你会把液体和电气的脐带部署在电缆桥架上，我们必须进行测试，确认它是一个有效的结构概念，从而可以很容易地让它发挥作用。我们发现一个有趣的现象，在电连接器中，塑料和金属材料在寒冷的太空中变得非常僵硬。所以我们得到了一个重要教训，必须在电缆中设计足够多的松弛部分以使其满足弯曲的要求。连接器必须非常完美地对齐好，才能配合在一起，并且能够成捆搬动并将它们全部锁住。所以这是一个很大的问题。"

焦立中和温斯顿·斯科特（Winston Scott）完成了第二次 EVA 任务。正如焦立中回忆的那样，"我们有一些工具箱。我们测试了身体约束绳，这真的是一个很好的工具，你将它戴在腰部……这是一摞有钳口的球体，你可以把钳口固定在扶手上，然后用中间的缆绳拉紧这些球，这是半刚性的连接。你仍然可以抓住扶手，四处走动，但是你可以用双手去做任何你需要做的事，因为你是用'第三只手'建立了连接。"这次成功的测试证明了它对国际空间站的装配过程是有益的。正如焦立中所说："这是一个非常节省时间的方法。在发明这个工具之前，他们都是使用足部限位器。在这种情况下，你必须随身携带一个笨重而庞大的足部限位器，还必须小心不让它撞到任何东西或损坏它，必须花时间把它插到插座上，然后安装好。我们最终能够不使用足部限位器完成很多任务。这节省了很多时间，但对于重型任务，当你真的需要双手使劲搬动东西时，仍然需要足部限位器。所以我们有时还是得把它带在身边。但我们称之为 BRT 的身体约束绳，确实帮助我们简化了很多操作。"

在哥伦比亚号历经了 16 天的 STS-87 任务飞行返回途中，任务指挥凯文·克雷格尔（Kevin Kregel）总结这次任务的成就时说："这是一次充满行动力的飞行。"主要的目标是第四个美国微重力有效载荷（USMP），这是 9 个试验装置的集合，以获得对空间中各种材料和液体的基本特性和反应的进一步理解。第二个目标是部署和回收斯巴达 201 自主探测器，为航天员提供了比预期更多的合作与互动。这个多功能平台的第四次飞行研究的是太阳表面热外层的物理条件和过程，也就是所谓的日冕。在第三个飞行日，自主探测器被机械臂释放，但它却未能在启动程序中执行一个旋转动作。很明显，它的精细定向姿态控制系统出现了故障。任务专家和机械臂操作员卡尔帕纳·肖拉（Kalpana Chawla）试图重新捕获这个自由飞行器，但没有收到任何已捕获的迹象。她把机械臂往后退，想再试一次捕获，但仍无济于事。事实上，这个自由飞行器是以 2 （°） /s 的速度旋转。这时候，凯文·克雷格尔开启了哥伦比亚号的推进器，开始了一种分离策略，因为很明显需要实施一个新的计划。

任务专家温斯顿·斯科特和土井隆雄（Takao Doi）计划在第六个飞行日执行一项 EVA 任务，以评估在国际空间站组装和维修期间会使用的设备和程序。这次的任务是把分配给 STS - 80 的任务全部完成，在那次任务中，气闸舱的故障阻止了太空行走。① 温斯顿·斯科特和土井隆雄曾接受过手动捕捉斯巴达号的训练，并被告知要这样做。他们进入哥伦比亚号的有效载荷舱不仅标志着日本人的第一次太空行走，也是这架轨道器的第一次 EVA 任务。尽管航天飞机时代的第一次太空行走被分配给了 STS - 5 任务的哥伦比亚号，但是两套航天服的故障迫使太空行走计划被取消。现在，完成 STS - 83 任务之后，航天员可以通过气闸舱出舱。温斯顿·斯科特和土井隆雄站在斯巴达号支撑桁架的两边，这个桁架横跨有效载荷舱的整个宽度，接着，哥伦比亚号向这个自由飞行器机动。当它离得足够近的时候，这两个人用手抓住卫星，把它放到桁架上，然后把它固定住。完成之后，他们将注意力转到安装和测试一种起重机装置上。在国际空间站的组装和维护过程中，这种装置将被用来移动大型的在轨可更换单元（ORU）。在有效载荷舱的左舷壁上安装了起重机后，土井隆雄对其工作特性进行了评估。与此同时，温斯顿·斯科特从右舷壁上释放了一个大型电池单元及其载具。这个 500 lb 的电池/载具随后被吊在起重机上，以评估其移动大质量物体的能力。土井隆雄和温斯顿·斯科特把所有的设备都装好之后又重新进入了气闸舱。

人们也考虑过第二次尝试部署斯巴达号，但最终任务管理者放弃了这个想法，因为这会扰乱 USMP - 4 的试验，并且会消耗轨道器为应对其他可能的意外和着陆使用的推进剂储备。然而，为了完成第一次太空行走遗留下的任务，决定再派温斯顿·斯科特和土井隆雄出舱。所以，在第 15 天飞行的 5 h 太空行走中，这两个人继续进行起重机的试验，但是他们没有使用大型的模拟空间站电池，而是使用了一个不同的 ORU 模拟器来代表在空间站组装过程中移动的小物体。温斯顿·斯科特还手动地部署了自主舱外活动机器人相机/Sprint（AERCam/Sprint），这是一个小型、不太引人注意的自由飞行电视摄像机原型，以评估远程检查空间站的可能性。利用飞行甲板尾部的操纵杆，飞行员史蒂夫·林赛（Steve Lindsey）花了一个多小时，在一个预置的飞行测试场景中，操纵着有效载荷舱里直径 14 in 的小球体。试验完成后，球体被手工抓取、固定，并返回到气闸舱。最后，试验的所有目标都已经完成，没有任何系统异常。这项试验成功地演示了一种新型在轨操作和大型结构组装的能力。

---

① 详情请参阅第 3 章。

当温斯顿·斯科特和土井隆雄重新进入哥伦比亚号的气闸舱时，这不仅标志着这次任务的最后一次太空行走的结束，也标志着 NASA 为了掌握如何组装空间结构而组织的训练计划的结束。在过去的 20 年中，NASA 积累了足够的太空行走经验，以确信国际空间站可以由航天飞机运送一系列模块进行在轨组装。

一年后，STS-88 执行装配国际空间站的第一次任务，实现了名为团结号的美国节点舱和名为曙光号的俄罗斯控制舱的首次对接。2011 年夏天，国际空间站成功建成，这应归功于 NASA 准备在太空中进行最大建造项目的独创性和所付出的努力。

第 5 章　卫星服务

5.1　引言

弗兰克·切波利纳（Frank Cepollina）在航天领域的职业生涯开始于设计卫星来探索太空的新边界。他从圣克拉拉大学获得机械工程学位后，进入弗吉尼亚州沃伦顿陆军安全局工作。1963 年，他加入了位于马里兰州格林贝尔特的 NASA 戈达德航天飞行中心，并被分配到先进的轨道太阳观测站项目中，为了发展天基观测站以连续监测太阳活动及其对地球附近空间环境的影响而努力。当时，这个成立了 5 年的机构，或者整个美国航天工业的很大一部分，正处在陡峭学习曲线的攀升过程中。1965 年，这个项目被分解成了一些不那么激进的任务。

弗兰克·切波利纳刚加入新的轨道天文台项目的时候，正好见证了第一次的航天器失败。他苦笑着说："它在轨道上运行了大约 90 min，然后因为一个重大的通用设计问题而死亡了。"当时的卫星在运行的最初 6 个月内的失效率高达 25%，这次的失败是意料之中的。弗兰克·切波利纳不断看到其他一些失利，"当我在做那个项目时，两三个其他的观测站都失败了。其中最令人尴尬的是一个名为'轨道地球物理天文台'的观测站。当他们命令它开始运行时，它却反向旋转，因为陀螺接反了。"

显然，这种情况是不可持续的，因为尽管每次失败都提供了一个有价值的机会去吸取教训，但每次失败都是在浪费纳税人的钱，并且让这个年轻的机构成为大家批评的焦点。正是在这个时候，NASA 副局长乔治·洛命令戈达德航天飞行中心迅速改进。"他主要告诉我们的是，'你们戈达德的员工必须找到一种更廉价、更可靠的航天器建造方法。'"

弗兰克·切波利纳组织了一个由工程师和火箭建造者组成的团队来解决这个问题，他们推荐了一种基于模块化原则的合理而完美的解决方案。他们认为，如果将航天器设计为由所有子系统部件组装而成，模块可以被简单地插到航天器上，并通过一系列通用标准接口相互连接，则航天器的可靠性将大幅提高。"这些模块是矩形的，它们构成整个航天器系统。较小的模块也可使用于电子、传感器和仪器设备。如果进行模块化设计，'不同的'航天器和科学仪器之间的设计迭代可以明显减少，那样科学家就不必成为航天器专家，工程师也不必是想要成为的科学家。"

这个概念适用于从天基观测站到通信卫星的任何类型的航天器。这种多任务模块化航天器（MMS）的概念迅速传遍了整个工程界，并且在一些新的项目中被采用，如太阳极大期（Solar Max）和大型空间望远镜（LST）项目。[①] 它甚至促成了国会批准新兴的航天飞机计划。他们在戈达德建造了一个 LST 的全尺寸样机，并把它运送到加利福尼亚州的唐尼，在那里，北美航空[②]已经组装了航天飞机轨道器的胶合板模型，用来向媒体演示内置模块化是如何让两名太空行走的航天员服务于轨道器有效载荷舱内的大型卫星的。

　　NASA 局长罗科·A. 佩特龙（Rocco A. Petrone）就是这场展示的其中一个观众，他对他所看到的一切十分着迷。弗兰克·切波利纳回忆说："他立马打电话给他的助理们，让他们过来看看'原理样机'。他们知道我们是能促使他们的航天飞机计划上马的重要组成力量。"事实上，弗兰克·切波利纳和他的团队已经在头脑里构建了在航天飞机设计上使用 MMS 的想法。同时，弗兰克·切波利纳回忆了乔治·M. 洛告诉戈达德的人提高航天器可靠性的时候补充的话，"哦，顺便说一句，所谓的'阿波罗时代'即将结束，我们将迎来另一种可以由航天员完成航天器维修的飞行器。"这一切将很快到来。MMS 的模块化设计是提升 EVA 效率的一种有效手段，因为航天员不需要在拧开一个要被更换的箱子的同时，还要抓住一个扶手来保持自身位置。[③] MMS 规范中还包括一个外部的抓取装置，以使轨道器的机械臂能够抓住卫星。总之，MMS 对在轨有人照料的服务来说只是较以往稍微增加了一点复杂程度。

　　第一个完全采用 MMS 设计的航天器是太阳极大期，它由仙童（Fairchild）公司制造。这是第一个用于专门研究太阳耀斑的太阳观测站。太阳耀斑是一种太阳表面经常发生的剧烈喷发现象。这颗卫星长 13 ft，宽 4 ft，重 5 105 lb。它被分成两个主要部分，并由适配器连接。支持模块包括所有必要的飞行器子系统，如姿态控制系统等；仪表模块包括 7 个仪器构成的有效载荷，负责观察太阳在紫外线、X 射线和伽马射线区域的光谱。仪表模块还装有控制指向的传感器。适配器支持两个固定的太阳电池板（3 000 W 的功率），以及一个用于向地面传输数据的高增益天线。

　　太阳极大期（见图 5-1）于 1980 年 2 月 14 日发射，用于监测即将到来的 11 年周期中最强烈的太阳耀斑，[④] 那时太阳耀斑是最频繁的。它的观测结果将与探空火箭、地面观测站相结合，预计这是一个值得纪念的国际太阳活动极大年。然而，10 个月后，7 700 万美元的航天器由于 3 个熔断的保险丝而失效，这 3 根保险丝均被密封保护在姿态控制系统中。卫星无法继续保持面向目标的姿态飞行，开始旋转和摆动。它只能利用扭矩杆与地球磁场的相互作用，完成粗略的定向。这样可以使携带的 7 种仪器中的 3 种能够继续收集有用的数据。而多亏弗兰克·切波利纳和他的团队的远见，NASA 能够提出并实施一个大胆的救援卫星计划。

---

① 几年后，LST 成为众所周知的哈勃空间望远镜。

② NASA 授予北美航空公司建造航天飞机轨道器的合同。

③ 在无摩擦的空间环境中，牛顿第三运动定律甚至在最简单的任务中都能发挥作用。固定螺钉的结果是航天员会向相反的方向旋转，除非他有办法固定自己来抵消旋转。

④ 这就是为什么这个任务被称为太阳极大期。

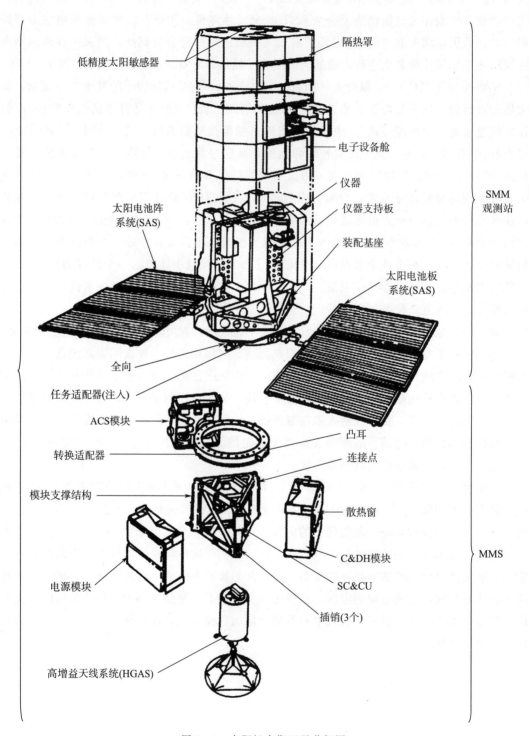

低精度太阳敏感器

隔热罩

电子设备舱

仪器

仪器支持板

装配基座

太阳电池阵系统(SAS)

太阳电池板系统(SAS)

全向

任务适配器(注入)

ACS模块

转换适配器

模块支撑结构

电源模块

高增益天线系统(HGAS)

凸耳

连接点

散热窗

C&DH模块

SC&CU

插销(3个)

SMM观测站

MMS

图 5-1　太阳极大期卫星分解图

5.2 第一次在轨卫星服务

1986 年 4 月 6 日,当挑战者号升空后,STS - 41C 任务中的 5 名乘员开始执行 NASA 到目前为止最复杂的一次任务。他们的第一个任务是部署长期暴露设施 (LDEF),这是一个庞大的开放式网格 12 面棱柱体,由铝环和纵梁构成,携带了 57 个 科学应用和技术试验装置,计划在几个月后由另一架航天飞机将它取回,并返回地球, 以揭示不同材料暴露在太空环境中所受的影响,这一试验是未来航天器设计师,尤其是 空间站的设计师所感兴趣的。由于大多数卫星要么无限期地在轨道上持续飞行,要么在 再入过程中化为灰烬,只有少数被专门回收回来,这些试验的结果将有助于制造商制造 出更好的航天器。LDEF 也包含科学、电子、光学、电力和推进试验,以减少在空间科 学技术中引入新技术产生的风险。它是一个简单的无源结构,没有姿态控制、电源、数 据处理或通信系统。个别试验装置必须携带自己的电源或磁带记录器进行数据存储,并 能在没有地面监控的情况下运行。[①]

在飞行的第二天,特里·J. 哈特(Terry J. Hart)巧妙地操控挑战者号的机械臂来对 接 LDEF 的抓取装置(见图 5 - 2),从而激活了一个试验启动系统,开启了所有需要电能 的科学研究。然后他巧妙地把卫星用它的 5 个锚点吊起来,并且直接将它从有效载荷舱吊 出。由于是完全无源的,维持卫星稳定姿态所需的唯一方式是为其提供一个未受干扰的微 重力环境,特里·J. 哈特将其释放为这样一种姿态,即卫星内部质量分布会令其在地球引 力梯度场中保持稳定。一旦他操作它到了所期望的方向上,他就收回机械臂,并小心避免 产生任何旋转运动。然后轨道器后退,机组拍摄这颗卫星的记录照片。

现在,这次任务的棘手部分是人们期待已久的太阳极大期修复。

交会程序第一次的点火是在飞行 5 h 后完成的,以建立相对于太阳极大期正确的相 位。其他点火在第三个飞行日进行,将挑战者号带到太阳极大期附近。除了主要的机械臂 操作,特里·J. 哈特还帮助指令长罗伯特·L. 克里平进行复杂的对接任务,"我正与罗伯 特·L. 克里平合作,使用雷达和光学星跟踪器来找到太阳极大期,并且保证一切都恰到 好处,正如它应有的样子。当然,我们有来自任务控制中心的足够的备份信息。我们通过 星跟踪器捕捉到距离大约 300 mile 以外的卫星,然后我们通过雷达靠近它。在导航系统的 协助下,我们开始处理所有的流程,一切都'很好',正如皮特·康拉德(Pete Conrad) 常说的那样。[②] 我们来了,当我们距离太阳极大期几百英尺时,罗伯特·L. 克里平开始手 动操作。"

---

① 虽然这似乎是一个无聊的航天器,LDEF 实际上是 NASA 试图降低太空试验成本的一个很好的例子。根据它 的复杂性,一项试验可能的花费从不到 10 000 美元到大约 400 000 美元,从而支持并存的高风险和高回报。它还使太 空试验对学校和研究团体也特别有吸引力,因为他们不需要过多的投资或太空试验经验。此外,LDEF 是可重复使用 的,飞行计划持续数月至数年。也可能有维修任务来改变一些试验。计划在 1986 年年底执行一项为期两年的任务,其 主要目标是收集那些发生在宇宙射线中的重核。

② 皮特·康拉德参与了双子星、阿波罗和天空实验室任务。

图 5 - 2　在 STS - 41C 中，LDEF 被吊在挑战者号的载荷舱外

　　虽然太阳极大期的自转慢得足以使机械臂抓住它，首选仍是通过航天员操控 MMU 来尝试手动捕获。乔治·D. 纳尔逊（George D. Nelson，昵称 Pinky）离开挑战者号飞向太阳极大期，而太空行走同伴詹姆斯·D. A. 范·霍夫坦（James D. A. van Hoften，昵称奥克斯）在有效载荷舱里等待。离开航天飞机是一次深刻的经历，乔治·D. 纳尔逊回忆说："回想起来，这是一件非常令人兴奋的事，记忆中那里的景象真是令人惊叹——比如对着地球的航天飞机，发动机在喷火等。而最不同寻常的经历是能够操控 MMU。"预定计划是匹配太阳极大期的旋转运动，然后用安装在胸前的 TPAD[①]（见图 5 - 3）捕捉来自

---

①　缩写 TPAD 表示耳轴连接装置。这是一个 T 形组件，其最大高度约为 20 in，最大厚度约为 20 in。

MMS 卫星适配器的凸耳轴销（见图 5-4）。当时，乔治·D. 纳尔逊打算使用 MMU 的推进器抵消自旋，这样挑战者号可以靠近些，然后特里·J. 哈特就可以抓住卫星了。

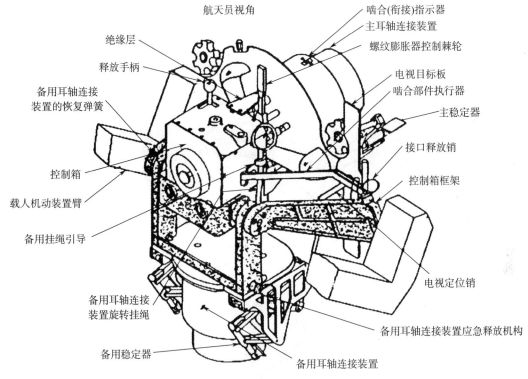

图 5-3　TPAD 详解

当乔治·D. 纳尔逊谨慎地前进进行捕捉时，一切进展顺利（见图 5-5）。TPAD 对接上耳轴销，但过了一会儿又弹了回来。他又一次尝试了下，更加用力去推，还是没有成功。乔治·D. 纳尔逊甚至试图用他戴着手套的手抓住一个太阳电池板，结果又一次徒劳无功。正如特里·J. 哈特观察到的，"当然，我们从来没有在喝咖啡时谈论过这种情景。我的意思是，在这一点上完全只能自由发挥，我们不知道该怎么办"。对于乔治·D. 纳尔逊来说，幸运的是，锋利的电池板没有划开他的手套，并且令人高兴的是，乔治·D. 纳尔逊没有抓坏太阳极大期易碎的电池板。但是每一次与卫星的接触都扰乱了卫星稳定的自旋，而角动量守恒则带来了翻滚运动，要想捕获卫星变得更加困难。事实上，特里·J. 哈特曾尝试用机械臂捕捉它，但失败了——真是幸运，因为卫星的动能可能会把机械臂从轨道器上折断。

任务控制中心明智地取消了这次回收计划，并且让挑战者号撤退到安全距离，而戈达德航天飞行中心制订了一个替代方案。至于是出了什么问题，特里·J. 哈特回忆说，问题很快就被理解了，"他们尽力想去连接 TPAD 的销是发射时用于固定卫星的，并且在它的周围有一些金色的隔热层。乔治·D. 纳尔逊胸前的对接适配器像是一个里面带洞的圆罩，没有人注意到的是，一块隔热材料是挂在小塑料螺柱（standoff）上的，隔热层上的扣眼

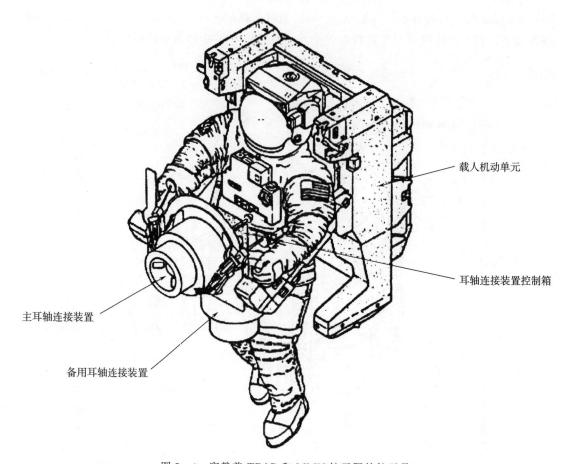

载人机动单元

耳轴连接装置控制箱

主耳轴连接装置

备用耳轴连接装置

图 5-4　穿戴着 TPAD 和 MMU 航天服的航天员

正好套在上面。设计图纸和工程图纸都并没有指明这些螺柱在哪儿。但当他们设计对接适配器时，也没有人注意到这一点。他们有'组装'的特写照片，但没有人注意到那里有一个销子。所以当他去对接时，销子干扰了对接器。他们花了一个晚上查明原因，然后第二天早上告诉了我们，所以我们知道我们不能再使用对接适配器了。"

这不是个好消息，但至少航天员们现在可以放松了。事实上，罗伯特·L. 克里平回忆说，他预见到自己"将用未来 6 个月的时间在华盛顿解释为什么没有抓住卫星"。同样，乔治·D. 纳尔逊认为他"应该为此受到责备，得到了信任，却没有完成任务。"但是，航天员并没有错。

在第五个飞行日，挑战者号再次接近太阳极大期进行第二次回收尝试。由于轨道器的推进剂供应已经接近红色极限，这将是捕获和修复卫星的最后机会。事实上，在第一次尝试中，罗伯特·L. 克里平为了保持在视野里能够看到乔治·D. 纳尔逊，不得不进行大量机动，并且当机械臂试图捕获时，要避免被翻滚的卫星击中。因此现在在前面的 RCS 舱里仅有不到 22% 的推进剂，只剩下很小的误差裕度。

用 EVA 来进行救援根本不可能，抓住太阳极大期的唯一方法就是使用机械臂。由于

图 5-5　乔治·D. 纳尔逊到达失效的太阳极大期附近

戈达德的飞行控制人员的出色表现，卫星再次处于稳定的旋转状态。特里·J. 哈特回忆说："我们接近卫星，在卫星的前面看着它旋转。当它转到恰当的位置时，我伸手抓住了它，一切都很顺利。但对于任务控制中心的人们来说，这是一个激动人心的时刻。"

特里·J. 哈特将卫星安置在飞行支持系统（FSS，见图 5-6）上，占据了有效载荷舱尾部。巨大的 U 形结构由 3 个支架构成，代号分别为 A、B 和 A′。支架 A 有 16 in 深，有一个锁梁横跨整个支架，在发射或再入时可以作为卫星的固定锚点，同时如果在轨服务时要求卫星放置在水平方向，它也可以起到作用。支架 A′ 的尺寸与支架 A 相同，但具有延长器和适配器部分，用于抓握和操作靠泊定位系统（PBS）的抓捕环。夹在这两个支架之间的是支架 B，通过 4 个纵梁耳轴和龙骨耳轴固定在轨道器结构上。主支撑结构有 12 个电动机驱动机构，为轨道器和附属载荷提供机械和电气连接。在发射时 PBS 环垂直存放于支架内，在在轨时转动至水平。环上的旋转器可以转动卫星，一个旋转机构可以将它倾斜到 90°（垂直于有效载荷舱）到 0°（平行于有效载荷舱）之间的任意角度。① 该环还包含 3

①　如果发现卫星无法修复，需要返回地球，则将使用水平位置。

个钳口状的系泊锁，可将其夹在卫星支撑模块底部的销钉上。两根脐带电缆将插入卫星，使其可以从挑战者号获得电力和热量。FSS 上的系统在地面和在轨时为 PBS 的电气操作、FSS 和附属航天器提供电气支持服务。这些服务包括供电操作、外部加热、经由轨道器向有效载荷运行控制中心（POCC）传递指令和遥测信号。FSS 是基于 MMS 航天器的一个可重复使用的主接口，它设计成可以适应不同的任务。3 个支架一起将卫星携带进入太空并进行部署，或者为返回提供全面服务，[①] 在轨服务时只需要支架 A′。

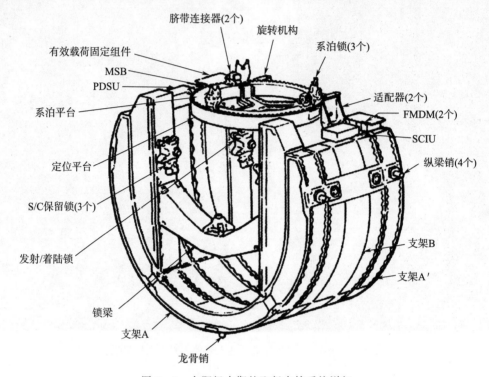

图 5-6　太阳极大期的飞行支持系统详解

　　现在是进行维修工作的时候了。太空行走双人组从闭合环形系泊锁开始，锁紧位于卫星上的销，使太阳极大期牢固地固定在支持结构上。然后，特里·J. 哈特可以自由地将机械臂撤走，以便航天员移动。在短短 4 h 内，他们成功地完成了有史以来第一次的在轨卫星修复（见图 5-7）。他们首先更换了一个失效的姿态控制箱。替换工作是由范·霍夫坦实施的，他首先盖住了模块中易受影响的星跟踪器。随后，他使用专门为更换 MMS 模块[②]而开发的模块服务工具，松开模块的两个固定螺栓[③]，然后小心翼翼地从卫星上卸下 500 lb 的盒子。从 FSS 中取出更换的姿态控制模块并使同样的工具固定到这颗航天器上。

---

①　对于 STS-41c 任务，FSS 配置了全部 3 个支架，以应对太阳极大期返回地球的任务。
②　该工具由两个手柄和两个开关控制。工具上的两个门闩安装在模块上的长方形孔上，当工具末端的套筒扳手松开固定螺栓时，将其固定到位。这个笨重的工具是必需的，因为如果用一个普通的扳手，紧固件就会留在原位，航天员就会因受力而移动。
③　每个箱形模块通过两个固定螺栓连接到 MMS 上。

图 5-7　太阳极大期在挑战者号的有效载荷舱里正在被维修。在 FSS 下端可以清晰地看到
两个装着维修部件和工具的大箱子

接下来，他们将一个挡板安装在 X 射线多色仪排气口处。该仪器测量太阳耀斑辐射的
X 射线，需要使用挡板来防止热等离子体泄漏到仪器中，使采集到的数据发生畸变。维修
不需要专用工具，因为挡板被设计成可以简单地用弹簧夹夹在通风口上的形式。

最后，他们移动到了仪器段，更换研究太阳外层大气的日冕仪/偏振计的主电子箱。
自从发射以来，它一直运转不良。这次维修在卫星在轨服务的历史上可能更为关键，因为
不像支持段那样几乎全部都由 MMS 构成，特有的仪器段并没有采用适应在轨修复的设
计。因此，航天员们需要证明，不是专门为在轨维修设计的设备也可以被维修。这项操作
也是由范·霍夫坦完成的。他先在卫星外壳的一个面板上割开一个孔，然后穿过绝热箔进

入主电子箱。接着，他卸下了一些在主电子箱上固定保护性隔热层的螺钉，然后把隔热层和绝热材料拿开，这样他就可以方便地工作了。此后，他安装了一个铰链并取出剩余的螺钉，以便打开主电子箱的盖板。现在他把主电子箱里的电缆拔掉，取出主电子箱，并递给乔治·D. 纳尔逊，乔治·D. 纳尔逊递给他替换的主电子箱。然后进行安装，所有的连接器都重新插接，关闭检修口以确保安全，并且将绝热材料安回原处。

当天的晚些时候，太阳极大期被释放回轨道，在接下来的 5 年中，它提供了关于我们的母星（指太阳——译者注）的宝贵的观测数据。随后受大气阻力作用，太阳极大期于1989 年 12 月 2 日再入大气层。

与哈勃空间望远镜复杂、精细的在轨服务或国际空间站的装配任务相比，太阳极大期的维修显得微不足道，甚至可能没什么价值。但这次真正具有开创性的任务的重要性不可低估。首先，这一任务无疑表明了在轨维修确实是可行的，并且可以通过安装一些使它"比原装的更好"的最先进的部件、子系统或试验仪器来提高航天器的效能。它还表明，MMS 的概念可以降低设计成本，缩短生产时间，因为制造商不再需要通过在系统中设计昂贵的组件的备份来防止系统失效。有人认为，航天飞机提供的太空可达性保证了航天器的回收，并且在失效的情况下能以维修来避免代价昂贵的报废。也许意义更深远的是，它证明了在轨服务在经济性和科学性方面都很有意义。

例如，该任务宣传材料估计修理费用为 4 800 万美元，相比于报告中更换和发射一个全新的太阳极大期所需的 2.35 亿美元的经费，用于单一的修理任务的费用几乎只占1/5。同时避免了更换航天器带来的新的不确定性。曾经一次又一次，资金不足和缺乏在轨服务能力迫使人们放弃了一个本来可以成功的航天器。如果拥有了在轨服务，那么采用一种全新的方法就变成了可能。当然，NASA 会乐于指出，太阳极大期的维修服务是在一次航天飞机的其他任务中附带完成的，它的主要目标是部署 LDEF 卫星等，在某种意义上，这次任务是"免费的"。

航天员杰里·L. 罗斯也带回了一堂宝贵的工程课，他说："尽管卫星的一部分是被设计为可在轨服务的，但人们从未想过要用手去抓取它。我们从那次任务中吸取到的一个经验，是需要非常仔细地记录太空中硬件的配置，以便能合理地设计与它接口匹配的硬件。"这方面最典型的反例就是 TPAD 与这颗卫星匹配的失败。

此外，太阳极大期任务证明，为太空中昂贵的科学工具提供在轨服务推进了科学目标的实现并且结果超乎想象。事实上，NASA 延长了该观测站的任务周期，为科学家们提供了意料之外并且很受欢迎的大量观测时间，这超出了太阳活动的极大期，并进入了 11 年周期中的极小活动期。当然，后来对哈勃空间望远镜 5 次非常成功的服务任务是向科学界展示在轨维护的最好例证。

STS-41C 任务将航天飞机计划推进到大有可为的新领域。正如我们将看到的，其他引人关注的修复和服务任务将随之而来，但也同时表明，尽管有诸多好处，在轨服务并没有得到完全开发和利用。

5.3　"一些从未有人做过的事"

1984 年 11 月制订的 STS-51A 飞行计划被证明是航天飞机计划中最令人兴奋的一个，这多亏了当年早些时候部署了 Palapa B2 和 Westar 6 通信卫星的 STS-41B 任务。因为它们的 PAM 近地点点火上面级出现了一个系统故障，所以它们都未能到达指定的轨道。① 结果，价值数百万美元的硬件在具备良好工作状态的情况下，被留在无用的轨道上。但在这次失利中也有一些有益的结果，这就是 MMU 的成功引进。②

STS-51A 航天员乔·艾伦回忆说，挑战者号在 STS-41B 任务中返回地球之前，NASA "很快就规划了使用 MMU，让航天员太空行走到卫星附近，抓取它们并把它们带回家"的计划。因此 STS-51A 将是历史上第一次太空救援作业的尝试。尽管最初有一些人怀有疑虑，特别是考虑到这两颗卫星都没有回收设计的情况，但当卫星的保险公司要求回收时，NASA 同意了这个计划。正如乔·艾伦所说："这项计划受到了来自现在拥有卫星的商业实体，也就是保险公司的外部鼓励，一个是伦敦的劳埃德公司，另一个是国际技术保险公司。"

STS-51A 航天员戴尔·加德纳（Dale Gardner）是一名前海军测试工程师，他很快意识到这个问题与空中加油类似。美国海军飞机在空中加油时，需要受油飞机将探头插入加油机油箱引出的长软管锥套中。他认为可以在这次任务中应用类似的概念。如果卫星的远地点发动机喷管③可以当作锥套，并且安装在 MMU 前部的探头可以插入喷管，那么航天员就可以将卫星送入轨道器的有效载荷舱。这促进了大家熟知的"尾刺"（见图 5-8）技术的发展。正如乔·艾伦进一步解释的，"它像一把折叠伞，可以插入火箭喷嘴中，然后打开，这样伞头将黏在侧面，这样尾刺就锁在卫星的发动机里了。"④

在第五个飞行日，乔·艾伦进入发现号的有效载荷舱，穿上存放在有效载荷舱左侧的 MMU，将自己推向缓慢旋转的 Palapa B2 卫星，沿着圆柱形旋转轴接近它的远地点变轨发动机。⑤ 他很轻松地将尾刺直接插入喷管并且展开尖端，实现所谓的软对接。然后他操作手摇曲柄，将丝杠伸入尾刺，拧紧尾刺基座与卫星分离环⑥之间的垫环来实现刚性对接。这样就在卫星、尾刺和 MMU 之间建立了刚性连接。乔·艾伦使 MMU 处于姿态保持模

---

①　一项调查显示，两个 PAM 上面级的喷管壁有制造缺陷，结果，点火几秒钟后，发生了一次烧蚀，这次烧蚀导致了发动机关闭。

②　STS-41B 的详情请参考第 3 章。PAM 上面级的详情参考第 2 章。

③　这时候，卫星的 PAM 上面级已被抛弃，留下远地点点火发动机暴露在外。PAM 上面级试图通过近地点点火发动机将卫星送入地球同步转移轨道。远地点点火发动机将轨道圆化，使卫星进入地球同步轨道。

④　为了更好地理解"尾刺"如何工作，可以想象在烟囱里打开一把雨伞的场景。

⑤　卫星制造商休斯航空航天公司控制卫星利用远地点发动机和姿态控制推进器进行了大约130次机动，将卫星稳定在发现号可达的高度，并且距发现号几百公里的轨道上。此外，它们的转速从 50 r/min 降到2 r/min（这是保证陀螺稳定性的最慢速度），并且放弃剩余推进剂，用于消除营救操作过程中的安全隐患，并且使它们在返回途中变得更轻。这样一个庞大而复杂的发动机和推进器点火序列依赖于地面控制的自动化，它实现了在正确的时间产生需要的点火指令和姿态控制指令。

⑥　这是卫星和 PAM 上面级之间的连接接口。

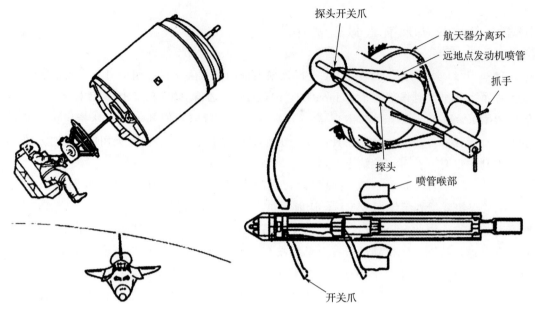

探头开关爪

航天器分离环

远地点发动机喷管

抓手

探头

喷管喉部

开关爪

图 5-8　"尾刺"概念

式，消除了剩余的卫星自旋。

安娜·L. 费希尔操纵机械臂抓住了一个从尾刺一侧伸出的固定装置，并且将乔·艾伦和卫星向下移动到有效载荷舱，到达了最前端。[①] 戴尔·加德纳（Dale Gardner）在麦道公司建造的支架旁边等待着，准备进行第二幕。在这种局面下，机械臂不能把卫星放到支架上，由于那种操作需要许多扭转，有超出关节角运动极限的风险。作为代替方案，戴尔·加德纳将要手动安装名为"天线桥梁结构"的第二个抓手工具，或者简称为"A-框架"。它由一个有抓手的水平单杠构成，正好适合放到碟形天线上，并且夹紧在卫星顶部的径向相对位置上。戴尔·加德纳通过手持 A-框架来保持卫星的位置，同时安娜·L. 费希尔将机械臂从尾刺转移到 A-框架上的抓手机构。接下来，两名航天员将移动到尾部来连接一个适配器，适配器将与支架上的固定结构对接。计划就是这样。

在移除了一些阻碍 A-框架安装的隔热层后，戴尔·加德纳遭遇了一次令人不悦的意外。在 A-框架的末端将要用于连接的地方有一个刚性的盒子。就是一块之前在卫星设计图里从来没见过的小块金属，在设计 A-框架时也没有考虑，几个月的规划和培训因这块金属付诸东流。若没有 A-框架，航天员们就无法将卫星安装到支架上。看起来似乎是这样。

这种情况需要快速临场发挥。乔·艾伦将尾刺从 MMU 上卸下来，将尾刺留在卫星最底端的喷管中。他操纵 MMU 飞回位于有效载荷舱左侧壁的站点上，并且脱下 MMU。然后他站在右侧纵梁上的足部限位器上。同时，安娜·L. 费希尔旋转 Palapa B2，将它的顶

---

① 在这个描述中，卫星的前端是碟形天线的外壳（仍然处于折叠状态），而后端装载远地点发动机。

端转向乔·艾伦，乔·艾伦抓住了天线。[①] 他现在手动将大约 2 000 lb 的太空硬件设备（见图 5-9）固定在有效载荷舱上，这是在地表不可能完成的壮举，但在太空中完全可能，唯一需要关注的是物体的惯性。事实上，由于物体有保持原来位置的趋势，惯性使他能够用一只手举着卫星，同时可以放松另一只手，减轻手臂的肌肉疲劳。然而，操作时间过长就会变得不舒服，就像乔·艾伦所说："一个身穿航天服的航天员全身会自然控温，除了没有包裹在液冷服里的双手。我的手在某地方会感到很暖和，但在有些地方也会感到很冷，这很不舒服，但我不认为这会威胁到生命安全。"

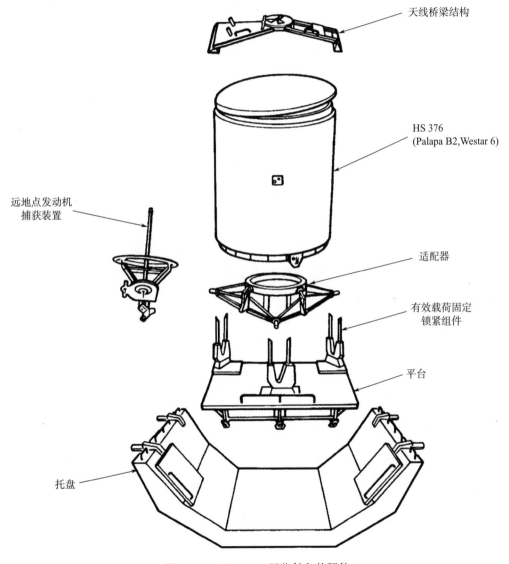

图 5-9　STS-51A 回收任务的硬件

① 回忆卫星被机械臂倒置与尾刺抓取装置连接的样子是很有帮助的。因此，它顶部朝向有效载荷舱，底部朝向深空。

安娜·费希尔从尾刺上收回机械臂，为戴尔·加德纳留出空间，把它移走并装载到有效载荷舱里。接着，戴尔·加德纳又回到卫星，将大型适配器贴在卫星的分离环上。在适配器的顶部有 9 个导轨，其中 3 个导轨装有弹簧锁扣（柔性对接夹），为卫星提供了松散捕获（软对接）的条件，从而使航天员能够自由地处理其他任务。如果在最初的对接过程中，适配器与卫星没有对准，航天员将解开锁扣并再次尝试。与导轨交替安装的是 9 个夹具，每个夹具都是可以在适配器的底端被操控的。夹板可以用来牢牢固定住卫星。实际上，分离环相当灵活，因此需要将触点的数量（夹具）与触点预载相结合，以便在最恶劣的再入过载下仍能固定卫星。科学家们发现 9 个夹具是最好的解决方案，如果失效夹具两侧有 2 个可用夹具，那么 6 个夹具就足够了。这些夹具是由扭矩扳手拧紧的，拧紧的顺序也经过了仔细的研究。每个驱动机构上的被动指示灯可以验证预载是否正确。夹具端头的设计使其能够允许分离环有一定的制造公差，也允许由温度导致的一定的尺寸变化发生。适配器有 3 个支腿，每个支腿末端都有一个耳轴。需要提供超出卫星边缘的连接点，以使操作人员可以通过视觉验证它与固定平台的连接。固定平台是一个安装在空间实验室的托盘安装面上的 6.89 ft×10.71 ft 的平台，这样卫星柱体上的太阳电池板就不会接触到托盘倾斜的侧壁。在平台上安装了 3 个有效载荷固定锁紧组件。在发射过程中，它们会固定适配器环，并在再入时用于将适配器/航天器固定在一起。托盘/平台也携带了尾刺、天线桥梁结构和各种其他工具的配件。

如果安装了 A-框架，安娜·费希尔就可以使用机械臂将 Palapa B2 停泊到有效载荷舱（见图5-10）。没有 A-框架，航天员们只好干重活了。他们小心翼翼地将卫星调整为垂直方向，将两根凸出的夹具耳轴插入支架底座伸出的 V 形导轨，希望第三根耳轴能与它的导轨方向一致（见图 5-11）。操作成功了，而且支架夹紧了卫星。这个看似简单的任务并不简单。在地面进行卫星与适配器对接时，尽管具有极佳的可视性，且易于操作，但仍很费劲。在失重的环境中，在有效载荷舱的范围内，由于航天员穿着航天服，操作空间和可视性受到很大限制，任务变得相当困难，甚至冗长。

随着 Palapa B2 被安全地安装在发现号的货舱内，身心疲惫的航天员开始装载他们用来完成这次壮举所用的设备。

考虑到 A-框架遇到的问题，航天员在与任务控制中心协调后，决定使用临时程序捕获 Westar 6 卫星（见图 5-12）。虽然第一次太空行走从开始到结束持续了 8.5 h，但这次任务仅花费了不到 6 h（见图 5-13）。

携带安装了 PAM 上面级的卫星进入轨道的航天飞机有一个蛤壳式的保护罩，能够保护该硬件免于热环境的影响，而这颗回收的卫星将会经受在每个轨道周期反复进出地球阴影时的温度变化，因此有人担心反复冻融循环会导致燃油管破裂和腐蚀性推进剂的泄漏。为了降低这一风险发生的概率，人们进行了大量分析，并制定了飞行剖面图，以确保推进剂的温度不会降到冰点以下。

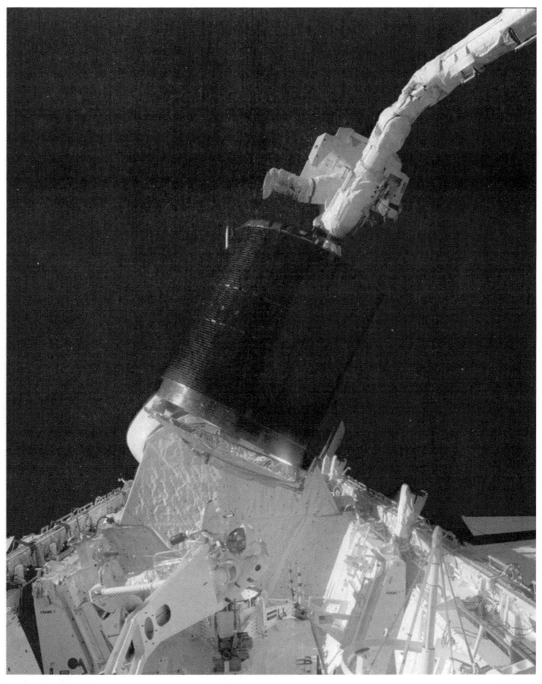

图 5-10　乔·艾伦（上）与"尾刺"设备和 Palapa B2 通信卫星。戴尔·加德纳在发现号的
有效载荷舱里等待，协助回收卫星的停泊。安娜·L. 费希尔控制机械臂末端执行器，抓着
乔·艾伦右边的一个专用抓手

图 5-11　乔·艾伦是回收的 Palapa B2 卫星上部唯一的固定点。注意在发现号的外壁（右）上放置的
两个尾刺设备的区别。靠近垂直稳定器的那个已经被使用过，在当天早些时候被乔·艾伦插入以稳定
卫星。靠近相机的那一个稍后将被用于捕获 Westar 6 卫星

　　尽管在 STS-51A 任务中取得了成功，但 MMU 之后再也没有被使用过。这次任务
是航天员的最后一次未系绳太空行走，直到 1994 年 SAFER 工具包第一次在太空中进行
测试。

　　Palapa B2 和 Westar 6 已经安全返回到它们制造商那里翻修，并在数年后被消耗型运
载器重新发射，继续提供着服务，尽管它们现在是由不同的运营商所拥有。

图 5-12　乘着载人机动装置（MMU）的戴尔·加德纳准备与旋转的 Westar 6 卫星对接

5.4　"一些没有计划去做的事"

　　1985 年 4 月，STS-51D 任务的第一个飞行日，发现号部署了搭载于 PAM-D 上面级的 Anik C-1（也叫 Telesat-I）卫星。这是加拿大建立付费电视网络的系列卫星中的第一颗。第二个飞行日部署了 Syncom Ⅳ-3（也被称为 Leasat-3，因为它的服务是租赁给美国海军的）。当大型鼓形卫星以飞盘模式从有效载荷舱的右侧滚出时，机组乘员等待着一系列动作的实施。正如杰弗里·A. 霍夫曼所回忆的那样："2 min 后，有一个天线应

图 5 - 13　戴尔·加德纳（左）和乔·艾伦共同努力将 Westar 6 带入发现号的有效载荷舱。
乔·艾伦在机械臂的足部限位器上，它由安娜·L. 费希尔控制。戴尔·加德纳正在努力
从处于稳定状态的卫星上移除一个尾刺装置

该会弹出。当然，这之前一直是在模拟器中实现的。"该系列中的其他卫星分别于 1984 年的 9 月和 11 月成功在 STS - 41D 和 STS - 51A 任务中被部署。

全向天线是折叠在卫星顶部的一个附属装置，一旦鼓形卫星到了有效载荷舱外，它就会自动弹出。卫星随后将自旋起来，以增加其陀螺仪的稳定性，为 45 min 后点燃其内部发动机做准备。然而，天线展开和自旋都没有得到正常执行。任务控制中心命令乘组离开卫星，防止发动机在预定时间点火并损坏轨道器。

对这个故障进行故障树分析后很快发现，在卫星离开有效载荷舱时，卫星一侧的一个外部开关没有被移动到"开"的位置。休斯敦中心向航天员说明了这一发现，并补充说明发动机并没有点火，驾驶员唐纳德·E. 威廉斯（Donald E. Williams）回忆说："我们正在考虑与卫星对接，做一次检查，看看我们能做些什么。"他和他的指令长卡罗尔·J. 博布科（昵称博）（Karol J. Bobko）都非常高兴。"博和我在想：'太好了，我们将会做一些我们之前并没有计划去做的事情。'"休斯敦中心继续说道："你们也许能做点什么，我们现在正在计划如何去做，这可能要涉及 EVA。"此时又有两名乘员感到非常兴奋。事实上，

杰弗里·A. 霍夫曼和他的同事戴维·格里格斯（David S.Griggs）接受过应急 EVA 训练。[①] 而现在他们有可能尝试一项他们从未被训练过的 EVA 任务。这将是航天飞机计划中第一次计划外的太空行走。所以我们很容易理解杰弗里·A. 霍夫曼的感受，"当我们听到 EVA 这个词时，令人激动得像触电一样。"

最初的想法是让杰弗里·A. 霍夫曼在机械臂末端，手动打开开关，但控制中心最终决定将一个临时装置连接到机械臂末端执行器上，然后用它来打开开关。导致计划改变的原因是，两名应急太空行走人员和两名驾驶员已经很久没有进行 EVA 和交会对接的练习了。通过电传打印机上传了操作说明，让机组人员使用现成的材料来制作一个临时工具，它类似于苍蝇拍和曲棍球棒的结合（见图 5-14）。两天后，太空行走人员用快速绑带将这个临时装置连接到末端执行器上。杰弗里·A. 霍夫曼说："这个任务相对简单，问题是，由于我们没有计划要执行 EVA 任务，所以没有足部限位器，也没有任何特殊的工具可以使用，所以我们每个人都必须用一只手来束缚住自己。我们只能用另一只手来工作……虽然身体到处乱飞，但我们训练有素。"

在两人返回发现号舱内之前，休斯敦中心要求确认，机械臂被收回时附件不会与有效载荷舱尾部发生干涉。这是因为任务规划人员不想在以后的任务中让航天员再次出舱，去把临时工具从机械臂上移除，他们想在回家前让它放在合适的地方。航天员们确认，尽管它与一个相机有轻微干涉，但机械臂最终可以安全地被收回。

在第六个飞行日，同步通信卫星（Syncom）再次出现在视野中，仍然以 2 圈/min 的速度旋转着。卡罗尔·J. 博布科和唐纳德·E. 威廉斯出色地完成了与这颗故障卫星接近的工作，尽管他们之前在交会方面只进行了很有限的训练，而且是在没有交会检查表的前提下进行的。[②]

当他们靠近时，航天员报告说，可能导致卫星出现问题的开关在"开"位置上。杰弗里·A. 霍夫曼回忆道："雷亚（雷亚·塞登，Rhea Seddon）将机械臂伸出去，钩住它好几次。"这不是一件容易的事。当卫星旋转时，末端执行器必须被精准放置，使类似苍蝇拍和曲棍球棒的临时装置能够接触到开关突出的地方。而且，这种接触会导致卫星远离，迫使她继续移动机械臂，以保持与卫星的接触。通过这种方式，雷亚·塞登至少 3 次拨动了这个开关，但什么也没发生。全向天线没有展开，卫星也没有开始旋转。故障显然不仅是一个失效开关那么简单，但即使在发现号带着两名聪明的航天员着陆之前，地面人员还在寻找解决方案。

5.5　"我们认为我们可以上去修好这个东西"

当 STS-51D 任务正在进行时，詹姆斯·D. A. 范·霍夫坦和 J. 迈克尔·朗奇（J. Michael Lounge）正在休斯敦附近的艾灵顿·菲尔德进行为期两天的空军国民警卫队

---

① 这种最小型的 EVA 训练是让两名机组乘员出舱执行重要任务，例如手动关闭有效载荷舱门。

② 这是通过电传打印机发送的，这样驾驶员就可以在进行机动前熟悉这些程序。

图 5-14 发现号的机械臂靠近 Syncom 卫星，试图激活它的展开过程。在机械臂末端清晰可见的
是在几天前的应急 EVA 期间临时安装的类似苍蝇拍的工具

执勤，他们驾驶一架 F-4 鬼怪式战斗机紧急起飞，以应对得克萨斯州上空的可能威胁。
他们花了些时间开始策划一个可能的救援计划，从计划一开始，就采取了航天员手动捕获
的形式。詹姆斯·D. A. 范·霍夫坦说："我马上说：'好吧，我要出舱，上到遥控机械臂
的末端，抓住这个东西。我想知道那有多困难。'"粗略的计算结果显示，使用 200～
300 lbf 就足以抓住、稳定并释放卫星。①

---

① 事实上，后来的详细分析显示，精确值为 268 lbf。

　　詹姆斯·D. A. 范·霍夫坦和朗奇在 1985 年的晚些时候被安排执行发现号的 STS -51I 任务已进入日程。该任务的指令长乔·恩格尔（Joe Engle）和驾驶员理查德·O. 科维（Richard O. Covey），以及 NASA 总部和作为卫星供方的休斯航空航天公司，很快都加入了这一计划。詹姆斯·D. A. 范·霍夫坦说："他们向我们解释说，他们大致知道卫星出了什么问题，并且有一个维修计划，我们要去在轨修复它，并重新启动它。"如果你知道带回来一颗装满推进剂的卫星有多危险，你就会认为这个决定多么明智！不管载人与否，太空任务总是需要相当长的时间去策划，但是 STS - 51I 任务计划在 8 月下旬发射，NASA 仅有 4 个月的时间来确定救援计划。事实上，正如理查德·O. 科维所说："我们没有任何工具可帮助我们完成要做的工作，因为奥克斯（詹姆斯·D. A. 范·霍夫坦）基本可以够到那里，也许能抓住这个航天器，但是我们需要一种方法把它放到 RMS 的末端，让它稳定下来，这样我们就可以做一些其他工作并重新部署它。所以，这是一个非常简单的方法……我们想到的 3 个工具必须在短时间内被开发出来。"

　　假设卫星仍在旋转，开发的第一个工具被称为"捕获杆"，詹姆斯·D. A. 范·霍夫坦可将其插入位于圆柱体卫星长度方向上 4 个耳轴销中的两个，它将使卫星在入轨期间被固定。然后，他会抓住这根杆，以使卫星停止旋转，并手动将它移动到他的伙伴威廉·费希尔（William Fisher）那里，威廉·费希尔会把第二个工具"操纵杆"插入到鼓形卫星的底部，这样他就能把卫星固定在合适的位置了。然后，詹姆斯·D. A. 范·霍夫坦移动到顶部，安装第三个工具"抓取装置"，使机械臂能够抓住该卫星，让这两个太空行走人员可以做其他工作。乍一看，这似乎是一个相当复杂的计划，但必须记住的是，虽然 Syncom 卫星被设计为从航天飞机发射，但它并没有为可能的回收操作设置任何功能。因此这是一个高难度的"芭蕾舞"动作。

　　维修工作中棘手的部分是一项独特的电气手术。理查德·O. 科维说："基本上，他们想出的方案是花大约一百万美元开发一个盒子，上面有计时器，它上面的一组电缆连接到航天器一侧的一个测试端口，另一组电缆绕过航天器连接到另一侧的一组端口。"

　　在部署了 3 颗卫星后，发现号在第五个飞行日到达了 Syncom 附近。正如乔·恩格尔所说："我让迪克（Dick）负责与 Syncom 卫星交会，他就这么做了。他在模拟器中反复训练和练习，非常出色地完成了交会任务。理查德·O. 科维做得非常好。"乔·恩格尔继续道："当他完成了交会机动并稳定下来后，我想透过窗户看看它在视野中的什么位置，但他已经完成了交会，卫星被完美地盯住，就在瞄准器后面。我必须多看几次，事实上，是想看它在哪里，因为它就在瞄准器的正中心。"乔·恩格尔随后发出接近操作的指令，将轨道器机动至离卫星几英尺的距离。

　　尽管发现号已经为最后的交会调整好了姿态，乔·恩格尔仍感到有些措手不及。之前，卫星还在飞行甲板尾站舷窗的视野中。但是现在，为了接近飞行，指挥不得不从朝向有效载荷舱的窗户看它。在尾站上，有两个手动控制器来控制平移和旋转。然而，这种输入将导致不同轴和不同方向的平移和旋转，这取决于飞行软件中使用的参考系发生变化后，从哪个窗口观察目标。乔·恩格尔进一步解释说："当你认为可按照头顶窗口的参考系计算，它却进入到尾窗的视野中；你改变飞行器的方向，调整角度，从一个窗口调整到另一个窗口时，提升、推进、拉起的效果会在不同的轴上呈现。"这可能会让人失去方向感，即使他是一名前 X-15 的飞行员。"在那个转换过程中，我的第一个输入命令使用旧参考系，所以这是错误的输入，卫星开始向窗口漂移，而不是向下进入有效载荷舱内。"在这个危急时刻乔·恩格尔迅速反应，"我改变了控制方向，把它撤回，这样我们就不会撞上它了。然后我得重新开始并把它放入有效载荷舱内。"向窗外看，航天员们立即意识到营救任务将比预期的要复杂。计划、工具和训练都是基于卫星仍在缓慢地绕着它的纵轴旋转的假设进行的。事实上，无论是 NASA 还是休斯航空航天公司都没有人预测过，当雷亚·塞登试图用一个类似苍蝇拍的工具启动微小的开关时，卫星上的金属与地球磁场的相互作用会进一步减小旋转的动能。结果，卫星现在正在更慢地翻滚。

　　站在机械臂上的詹姆斯·D. A. 范·霍夫坦被移动到 Syncom 上方。他等待两个耳轴螺栓转到他面前，然后安装捕获杆并稳定住卫星。观看这次任务的录像片段时，就会了解这一刻是多么地富有戏剧性。当詹姆斯·D. A. 范·霍夫坦试图抵消 15 000 lb 重物的惯性引起的缓慢转动时，可以看到他的腿部、手臂和躯干的弯曲，以及机械臂的振荡。"我拿着这个东西，我不会放手。我不在乎发生了什么，但我不会放开它，它开始向下并朝航天飞机移动。如果我没有阻止它，它就会撞上航天飞机。我在尽我所能坚持。"

　　在当时，由于只有一颗 TDRS 卫星可用，地面的覆盖区域并不完全，也许这也促成了这次成功。理查德·O. 科维说："最后我们进入 LOS（信号丢失区），奥克斯说：'让我飞过去吧。'他过去抓住了它。如果地面一直在监控，我们就不会这么做了，我敢肯定。然后，当再次进入 AOS（信号获取区）时，我们宣布：'我们完成了，休斯敦中心。'他们没有问为什么，也没有问是如何进行的。"

　　回到地球后，詹姆斯·D. A. 范·霍夫坦想着自己的经历，找到了航天服制造商汉密尔顿标准（Hamilton Standard）公司，询问他们是否做过任何关于航天服靴子强度的测试。"他们从来没有做过。之后他们就这么做了，因为我说：'你知道，我差点把那东西扯裂，那样的话会要了我的命的。'"

　　由于一根松动的废金属线造成的肘关节短路，机械臂无法在自动模式下操作，这使操作变得更加困难。J. 迈克尔·朗奇不得不在单关节模式下进行操控，这样能提供给伙伴的帮助就受到了限制。

　　捕获操作的其余部分按照计划进行，操纵杆和抓取装置被安装在卫星上。由于捕获 Syncom 的时间较长，以及机械臂处于降级状态，最终决定实施两次太空行走来完成修复工作。

　　为了重新部署已固定的卫星，威廉·费希尔在有效载荷舱右侧纵梁上就位，并将鼓形卫星固定在适当的位置，詹姆斯·D. A. 范·霍夫坦则被移动到另一侧去拆卸抓取装置，并用一个起旋杆取代它。随后，威廉·费希尔放开卫星，发现号调整为正确的部署姿态。乔·恩格尔说："需要让奥克斯重新处于机械臂上，并让他在杆上推几下。卫星开始自旋，每次杆转过来的时候，他就推它。当然，这颗卫星不仅开始旋转，而且具有了动能，它开始飞离。问题的关键是，要让奥克斯靠近，这样当杆又来的时候，他可以再推一下，让它转得更快一点（见图 5-15）。在推了三四次后，卫星的转速达到了 2.7 圈/min，就好像它刚从有效载荷舱中进行了飞盘式部署一样。"

发现号飞离开了，以便修复后的 Syncom 卫星能够开始其迟到的地球同步轨道之旅。

图 5-15　詹姆斯·D. A. 范·霍夫坦推了 Syncom 卫星一下

5.6　"我要下楼去做准备了"

太空行走是航天员在任务中经历的最激动人心的活动之一。而更令人激动的，是在计划外的紧急条件下进行需要物理干预的太空行走。这是杰里·L. 罗斯和杰伊·阿普特在 STS37 任务第三天所面临的情况。

发射于 1991 年 4 月 5 日的亚特兰蒂斯号搭载了 5 名机组乘员，任务的主要目标是部署康普顿伽马射线观测站（CGRO）[①]。顾名思义，这枚航天器，作为大型观测站系列的第

---

①　这个航天器以华盛顿大学圣路易斯分校的亚瑟·霍利·康普顿（Arthur Holly Compton）的名字来命名，他在高能物理方面的研究使其在 1927 年获得了诺贝尔奖。

二台，携带了观测宇宙伽马射线辐射的多种仪器，这种辐射是宇宙中最奇异物体（比如超新星、中子星、黑洞和类星体）的强大信息来源。虽然这些物体在电磁频谱段中具有最高的能量，但它们不能被肉眼观察到。事实上，它们的辐射不能穿透地球的大气层。在20世纪初，人们用气球将仪器送上高空，才发现了宇宙射线。1961年，探索者11号卫星在太空中首次探测到伽马射线，后来轨道太阳观测站系列卫星对其进行了测量。在20世纪60年代末和70年代初，美国发射的Vela卫星探测到苏联核试验期间裂变反应发出的伽马射线，也偶然地探测到深空中天体发出的强烈而短暂的伽马射线爆这一宇宙中发生的最强烈的事件。

虽然CGRO是一架望远镜，但它看起来一点也不像望远镜。伽马射线只能通过监测闪烁来间接检测，当伽马射线击中由液体或晶体材料制成的探测器时，会呈现可见光的闪烁。由于伽马射线在与物质相互作用时才能显现出来，因此能够探测到的伽马射线的多少与探测器的质量直接相关。CGRO上装有4台仪器，每一台专门负责探测特定能量范围的伽马射线。这个航天器重达33 923 lb，是当时航天飞机运送过最重的科学卫星。它庞大的质量与其尺寸相称。杰里·L.罗斯记得，"当我看到CGRO时，我首先想到的是，这个东西看起来像一辆内燃机车。我的意思是，这个东西太大了。它上面所有东西都相当巨大，相当厚，相当重，并且卫星的坚固性令人印象深刻。大多数时候，你爬上一颗卫星，几乎不敢在上面呼吸，因为它可能会散架。很多巨大的梁组成了这个家伙整体结构的中心部分，还有一些试验需要大型的设备，它们都是相当重的设备，这就是为什么他们需要如此大型的结构的原因。"

部署工作顺利开展。在机械臂将卫星从有效载荷舱吊出后，卫星接收指令展开了两个长长的太阳电池板。作为任务指令长的史蒂文·R.内格尔（Steven R. Nagel）回忆说："一次展开一个，过程非常缓慢。随着它们的展开，卫星的翼展达到70 ft。轨道器从头到尾也只有78 ft。因此机械臂末端悬挂的是一个很大的东西。"接下来是展开10 ft长的高增益天线，观测站产生的大量数据需要由它进行快速传输。但指令发送和接收后，什么也没有发生。几次尝试之后，发现明显是天线被卡住了。由于天线位于卫星后部，航天员无法通过观察来评估故障。这是一个关键的时刻，因为太阳电池板展开后，卫星就不能再被放回有效载荷舱中了。虽然卫星仍能在没有高增益天线的情况下回传数据，但缓慢的传输速度会严重限制科学试验的进行。

在训练中，人们曾制定过应对各种突发情况的处置流程并进行过演练。例如，释放被卡住天线的可行方案是通过大幅移动机械臂或点燃轨道器的反作用控制系统的推进器来晃动卫星。两种方法都尝试了，但都没有成功。事实上，很容易理解为什么这些方法不起作用。由于机械臂是柔性附件，即使是大幅动作，振动也会被迅速减弱，连接的有效载荷根本不会受到大幅度运动影响。此外，机械臂在设计上不具备快速晃动有效载荷的速度。

正如杰里·L.罗斯所说："在按顺序进行第二次或第三次尝试后，我看了看史蒂文，摘下我的结婚戒指，说：'史蒂文，我要下楼去做准备了'……不到45 s后，地面就打电话给我们说：'为什么不把杰里和杰伊送下楼去呢？'"

杰里·L.罗斯和杰伊·阿普特为航天飞机第二次应急太空行走做了充分的准备，而这恰好是自挑战者号失事后航天员的首次出舱。幸亏他们在之前为准备第二天的太空行走花了 2 天的时间检查他们的航天服，并完成了预呼吸流程，将机舱压力降低到 10.2 psi 以防意外，因此他们很快就通过气闸舱出去了。

在有效载荷舱里，杰里·L.罗斯按自己的方式围绕卫星转了一圈，以便到达有问题的天线，并为自己找到一个良好的支撑，然后开始推。"我用力推了支臂好几次。前两次感觉非常牢固，但我知道它开始有点松动了。我可能用了大概 450～500 lbf 的力量，可以判断出开始奏效了。最后，天线被释放了，并且从收起的位置摆动了大约 30°或 40°。"检查得出的结论是，在发射过程中，一部分旁边的隔热毯已经脱落，并钩住了螺栓的顶部，而展开电动机的功率太低，无法克服这种阻力。释放了天线后，杰里·L.罗斯用特定的工具锁定了它。在不到 20 min 的时间里，工作完成了，天基伽马射线科学装置又回到了正轨上。杰里·L.罗斯兴奋地说："这感觉太棒了，它验证了人在回路时可以帮助机器人系统，然后放手，让它自己去完成一些真正伟大的科学试验，直到最终离轨之前它可以工作很多年。"

因为地面控制中心必须在释放卫星前对它进行检查，所以两名航天员留在舱外以防意外情况时需要人工干预。然而，在接下来的 4 h 里他们不只是在欣赏风景，而是开始了一系列计划在第二天的太空行走中实施的任务。[①] 当他们重新进入气闸舱后，CGRO 被释放，轨道器飞离了卫星。

5.7　三人太空行走

在挑战者号灾难发生后，人们认识到冒着失去一个机组的风险，去使用航天飞机部署商业卫星是不值得的。此后，这些卫星将被重新分配给消耗型运载器去部署，航天员只参与与科学和技术相关的任务。然而，STS-49——奋进号的第一次任务——就是一个例外。[②]

1990 年 3 月 14 日，新型商用"大力神-3 火箭[③]的第二次发射未能将 Intelsat 603 通信卫星送入地球同步轨道。一颗状态良好而昂贵的卫星又一次被困在低轨道上。受邀于卫星所有者，NASA 决定尝试进行一次营救任务，目标是在卫星上安装一个新的近地点点火发动机，使卫星向预定的轨道飞行。[④]

奋进号在 1992 年 5 月与 Intelsat 603 卫星交会，就像之前所有的救援和服务任务一样，事情并没有按预期发展。因为这颗卫星设计之初并没有考虑到被太空行走人员或机

---

① 有关这次太空行走的更多细节，请参阅第 4 章。

② 奋进号是为接替挑战者号建造的轨道器。

③ 这是著名的大力神-34D 运载火箭的一个型号，它吸收了挑战者号之后航天飞机退出通信卫星发射市场所带来的发射机会。

④ 有趣的是，这颗卫星原本计划由航天飞机发射。

械臂回收的情况，所以有必要设计一个捕获杆，让航天员将其固定在原本与上面级匹配的对接环上①。捕获杆共有 4 个主要部件：中心横梁、左右延长件和一个转向盘。这个捕获杆可以适配多种插销。救援计划要求太空行走人员驾乘在机械臂末端靠近 Intelsat 卫星，并在适当的时候，在锁紧环的正确位置处快速锁住捕获杆（见图 5‐16），以避免与其他阻隔操作的结构部分产生不必要的接触。短小的 V 形导轨分布在梁的两端，边上最活动锁扣，有助于手动对齐和安装。位于 V 形导轨下方的触发器将激活捕捉锁扣，在对接环的两侧以 500 lbf 的力夹住圆环。然后，航天员将使用大转向盘，通过短促且轻巧的转动来停止卫星的旋转。一旦卫星静止不动了，他就将使用电动工具实施与锁紧装置的硬对接。如果锁紧装置不奏效，航天员可以用两个杠杆重新扣上锁紧装置。

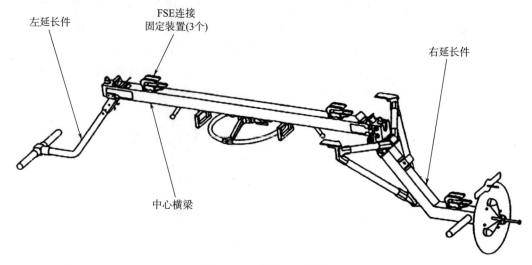

图 5‐16　捕获杆组装图

当 Intelsat 卫星被捕获并稳定下来后，太空行走人员将在捕获杆的一端安装一个抓手装置，这样机械臂就可以抓住卫星，而航天员仍然搭乘在机械臂上，将卫星直接放在有效载荷舱内的新上面级上。然后，航天员从机械臂上下来，与一直在有效载荷舱准备的同事合作进行后续工作。为了确保对准，左、右捕获杆延长件要滑入固定发动机的支架上的 V 形长导轨。一旦卫星连接到发动机上，捕获杆的延长件就会被移除，而中心横梁连接到上面级的适配器（见图 5‐17），以减少上面级对卫星质量特性和重燃推进剂的影响。

第一次抓捕行动彻底失败。之前大量的训练未能充分地反映卫星的惯性特性，特别是推进剂在内部的晃动特性。这次尝试被取消了。第二天奋进号回来进行第二次尝试，但由于捕获杆插销没能锁上而失败。奋进号撤退了，两天后再次回来，进行了第三次尝试。这将是最后一次机会，因为轨道器没有足够的推进剂进行第四次对接。在标准程序中，为了避免因失效的航天服而取消太空行走的情况发生，会有一套备用的航天服，正是这套备用

———————————

①　这是卫星结构与近地点点火发动机之间的接口。

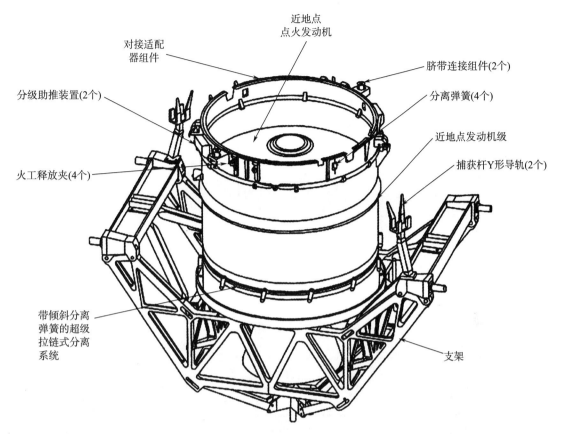

图 5-17　Intelsat 上面级和对接适配器组装组合

航天服促成了有史以来最大胆的一次太空行走。

　　在任务控制中心的许可下，3 名航天员通过气闸舱进入奋进号的有效载荷舱，当他们到达上面级的时候，手动抓住了 Intelsat 卫星，使它停止了旋转。然后他们安装了捕获杆，机械臂将卫星与其新的上面级进行了匹配（见图 5-18）。然后，它像一颗新卫星一样被重新部署，成功地到达了地球静止轨道，如图 5-19 所示。

　　到目前为止，STS-49 仍然是所有 EVA 太空任务中唯一一次进行了 3 人太空行走的任务。

5.8　为哈勃空间望远镜服务

　　哈勃空间望远镜和航天飞机总是被一种无形的纽带联系在一起。1993—2009 年期间，如果没有 5 个航天飞机乘组对这只卓越的天空之眼进行精心维护和在轨服务，多次将它从过早结束的命运中拯救的话，那么在持续四分之一世纪之后仍在产出的天文学和天体物理学发现也将是不可能的。

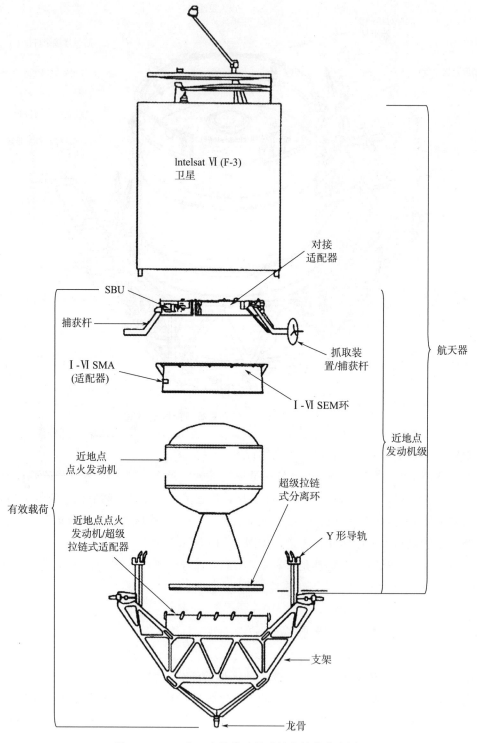

图 5 - 18　Intelsat 安装发动机后的有效载荷布局

图 5 - 19　Intelsat 603 被 3 人手动捕获。在卫星下方可见用于替换的近地点点火发动机
（漆成黑色）和支架（覆盖着金色的防热层）

　　故事真正开始于 1946 年，理论物理学家和天文学家莱曼·斯皮策（Lyman Spitzer）
发表了一篇引人入胜的文章，题为"外太空观测站的天文学优势"[①]。文章首先解释了大气
层如何阻碍了天文观测：X 射线、紫外线、红外线，以及电磁光谱中其他可见部分几乎完
全被大气层吸收，从而阻碍了人们发现广泛的天文和天体物理现象。此外，光线通过大气

---

　　① 事实上，这篇文章被喻为太空天文望远镜之父。

层的过程也不平顺，因为空气的光学性质以及对流层持续的湍流状况严重降低了天文学家期望的"观测"质量，观测遥远和微弱的光源尤其如此。[①] 莱曼·斯皮策提出了一个革命性的解决方案：将望远镜置于绕地球运行的轨道上。由于望远镜位于大气层之上，它可以观察到更大范围波长的光谱，从而打开观测宇宙的全新窗口。回想一下，这个想法比第一颗人造卫星 Sputnik 的诞生还早 10 年，莱曼·斯皮策当之无愧是一个真正有远见卓识的人。

　　30 年弹指一挥间，1977 年，美国国会批准了 NASA 一项关于资助开发在轨天文观测站的请求。1983 年，为了纪念天文学家埃德温·P. 哈勃（Edwin P. Hubble），"大型空间望远镜"被改名为哈勃空间望远镜（见图 5-20）。[②] 深谋远虑的 NASA 工程师们，考虑到开发和建造这样一个望远镜所花费的巨大成本，为了最大程度地开发其潜力，对其进行定期在轨维护和服务的设计思路很快得到了认可。这样，随着技术的进步，除了维护和改进原有系统之外，还可以使用最新、最好的仪器来升级望远镜。由于 NASA 也深入参与了航天飞机计划，所以望远镜的设计将与新型太空船（spaceship）在发射和在轨服务方面完全兼容。事实证明，这将是太空探索史上最好的联姻之一。

　　2009 年最后一次执行在轨服务任务的飞行乘组很有可能是最后接近哈勃的人。人们曾希望，哈勃空间望远镜能够在任务结束时返回地球，并在博物馆中被展出，但航天飞机的退役使这个想法化为了泡影。相反，最后为它服务的飞行乘组在它的上面安装了一个对接系统，使一个未确定的机器人飞行器能够与望远镜连接并使其脱离轨道。

　　如果参观华盛顿特区的国家航空航天博物馆，你会看到哈勃空间望远镜的复制品，在同一个大厅，展示了天空实验室空间站的备份。虽然这是用于静态和动态测试的望远镜结构件，但它的构型已经能够精确代表太空中的望远镜了，并且很清晰地展示了针对航天员维护的友好设计。主镜和副镜都安置在一个长长的圆柱体中，一个更大的圆柱体带有 4 个巨大舱门可以在内部放入各种仪器和机载系统，内部有足够的空间供太空行走人员进行操作。扶手和固定点被巧妙地布置在望远镜内，它们可以辅助穿着笨重航天服的航天员到达望远镜内的任何位置。其他附件包括系留紧固件，使用风翼或机架/面板的电连接器，以及足够的可达性，使身着航天服的航天员可以在能见度有限的情况下看到他们在做的事，以及操作工具。此外，还注意了 EVA 的安全需求。

　　哈勃空间望远镜最初计划于 1986 年秋天发射，但由于当年年初挑战者号的失利而被迫中止。当 1988 年 9 月航天飞机恢复运行时，由于发射了更高优先级的有效载荷，哈勃仍被留在机库中。哈勃空间望远镜最终于 1990 年 4 月 24 日在 STS-31 中被送入太空。

---

　　① 这就是为什么地面的天文台都建在海拔数千英尺的高山之上。通过这种方式，它们被置于大部分低层大气湍流的上空，光学畸变对星光的影响较小。红外线观测是不可能的，因为水蒸气是一种强大的海绵，它可以阻止任何有效的辐射到达地面。在没有进入太空的情况下，进行红外天文观测的唯一方法是将望远镜送入比一般商用飞机飞得更高的高空。这样，望远镜就远高于大气层内水汽最密集的区域，并且高质量观测才是切实可行的。在撰写这本书时，NASA 的平流层红外天文台（SOFIA）已经运行了多年，它是一架改装的波音 B747-SP 飞机，在机身后部装有口径为 98 in 的望远镜，前机身上装有一个成熟的控制中心。每个月都进行常规夜间飞行。

　　② 埃德温·P. 哈勃因发现了宇宙不断扩张，被称为星系的巨大星团不断相互远离而闻名。

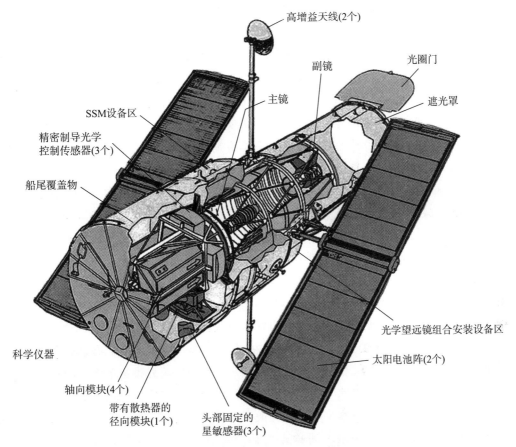

图 5-20　哈勃空间望远镜的一个横截面，展示了它的主要组成部分

对航天飞机来说，将卫星送入轨道是一项经过试验和考验的工作，但哈勃并不是一颗普通的卫星，以至于需要 NASA 再次提升航天飞机的性能。

空间望远镜的一个共同特点是，为了不污染光学设备和仪器，反作用控制系统不能使用推进器，而需要使用陀螺仪或磁力矩器。出于同样的原因，它们不能使用大型火箭发动机来调整轨道高度。这一条限制要求空间望远镜必须被送入足够高的轨道，以至于大气阻力可以忽略不计。尽管按照人类标准太空环境是一个真空，但对于以每小时数万英里速度运行的卫星来说，在其路径中的每一个分散的原子和分子都可能产生微弱但持续的制动阻力。如果不采取适当的措施，这种阻力会导致卫星坠入大气层并烧毁。[①] 航天器在飞行方向上的横截面越大，阻力越大，对其姿态和指向稳定性的影响也越大。陀螺仪和磁力矩器是一种有效的反作用控制系统，但在低轨道上，阻力较大时，它们可能不足以保证望远镜

---

① 值得一提的是，从空气动力学中阻力的数学表达式可看出，空气阻力取决于飞行器穿行的流体密度、飞行方向的横截面积以及速度的平方。很容易理解的是，如果空间密度极低，那么以每小时数千千米速度飞行的航天器确实会受到空气的制动阻力，这是不可忽视的。在为没有推进系统的空间望远镜决定合适轨道高度时，还需要考虑由于太阳活动的变化和行星沿其轨道位置的变化而导致的地球大气变化。例如，当靠近太阳或在特别强烈的太阳活动期间，地球的大气层变得更厚，这将对更高轨道上的航天器产生威胁。

的指向稳定性。因此，明智的做法是将望远镜置于大气阻力不会造成任何明显削弱作用的轨道高度上。

　　为了部署哈勃空间望远镜，发现号必须到达比通常情况下航天飞机飞行高度高得多的轨道。执行 STS-31 任务的凯瑟琳·D. 沙利文说："哈勃的部署高度对于航天飞机来说是相当高的，有 340 n mile。标准的设计轨道是 160 n mile，所以我们的高度是原来的 2 倍。"不难理解，轨道越高，所需的推进剂就越多。事实上，凯瑟琳·D. 沙利文解释道："当你把所有的数字放在一起，并将轨道器的性能和推进剂消耗进行对比，在到达轨道时，约一半的机载推进剂已经被消耗掉了。"[①] 因此，在计划持续 5 天的飞行中，一半的推进剂在几个小时内就会被消耗完！对于剩余的推进剂，发现号必须在哈勃被释放后保持在靠近哈勃空间望远镜的位置，直到任务控制中心确认卫星运行正常。如果发生故障，他们可以随时捕获卫星并设法修复故障。在最后撤离时，必须有足够的推进剂执行离轨并返回地球。推进剂管理错误或泄漏意味着航天员回不来了！凯瑟琳·D. 沙利文说："我们在如何应对推进剂泄漏警报上投入了大量的精力。如果有更大的燃料裕度，当你得到泄漏警报时，第一步是找到指示，确认是不是误报。如果不是误报，就会采取行动。对于 STS-31 来说，只要有泄漏的风险就必须开始行动，因为它可能耗尽我们离轨所需的推进剂，这个风险太大了。因此，对于任何泄漏的迹象，我们都需要并行启动行动方案。我们必须首先假设它是一个泄漏，并且我们需要很快把这该死的东西锁定。我宁愿消耗推进剂降低轨道也不愿把它喷出去。所以我想尽快做好离轨制动的准备。这可能是一次完全的离轨制动，也可能只会降低高度，但是我必须时刻准备好制动并改变轨道。可能马上就要回家了，所以我得开始按下飞行器上的按钮。最好有人来检查它是否真的泄漏，贮箱系统的哪个部分正在泄漏，以及我们制动需要多少推进剂。所有这些都必须同步进行。"从来没有一个航天飞机乘组训练过应对低推进剂裕度的情况，[②] 但凯瑟琳·D. 沙利文说："我们很擅长这个。"

　　如果发现号需要在哈勃空间望远镜被释放前返回地球，飞行计划就要求尽快将哈勃空间望远镜甩掉。凯瑟琳·D. 沙利文向那些想要按预定程序释放望远镜的科学家们解释说，不管发生什么紧急情况，"如果泄漏警报响起，一切都免谈……我们会尽快把你轰出去……我们要离开那里。尽管这难以接受。'不，不，不，你不能这样做，我们需要它。'他们将从排练所有的部署约束开始。在谈话中，你要反复强调。'是的，我们理解部署的约束。我们本想要那样做，但如果出现这种情况，就忘掉它吧。''不，不，你不明白。你必须——'这是无休止的争论。"

　　最终，一个涉及所有相关方的长时间模拟方案落地并实施。就在哈勃空间望远镜被机

　　① 在这里，凯瑟琳·D. 沙利文指的是每个轨道器分配给轨道机动系统（OMS）和反作用控制系统（RCS）的推进剂——前者用于变轨，也包括离轨制动，后者用于姿态控制。有关这些子系统的工作细节，请参阅拙作《入轨和返回：航天飞机如何在太空中飞行》的第 6 章。
　　② 其他航天飞机的乘组也曾遇到过推进剂不足的情况。在双子座 Ⅷ 期间，反作用控制系统中的一个故障阀迫使指挥尼尔·阿姆斯特朗（Neil Armstrong）和驾驶员戴维·斯科特（David Scott）耗费了大量的推进剂保持和稳定航天器。原定的 5 天飞行缩短了 8 h。在这种情况和类似的情况下，低推进剂裕度是紧急情况的结果。但对于 STS-31 来说，低推进剂裕度从一开始就作为正式任务本身的一部分去计划了。

械臂从有效载荷舱吊出来的时候，航天员们要应对一次突然泄漏。按照应急程序，航天员进入"按下按钮并下降"模式。对于航天员来说，当他们安全返回时，模拟就结束了。与此同时，控制中心的多个团队指出了如何让望远镜正常运行的方法，尽管它被部署得很匆忙。从这次模拟试验中获得了宝贵的经验，并提高了大家对飞行程序的信心。

凯瑟琳·D.沙利文苦笑着表示，"这种练习迫使我们所有人思考，提出新的见解，并深入挖掘我们所理解的东西，以及我们如何互相帮助；发掘所有你能想到的东西。这一过程产生了更好的想法，以及一些正常操作望远镜更好的方法。该计划有两个好处。望远镜的飞行控制团队从中学到了一些重要的经验，即使我们不得不把它扔下来，并"躲开它"，他们甚至还学到了一些有利于业务程序的改进措施。他们掌握了比以往更好的操作技能，如果发生意外，他们也能准备好应对策略。但当时的情况非常有趣。"

幸运的是，无论是STS-31还是随后的5次在轨服务任务，都不需要在望远镜的高轨道上应对推进剂的泄漏问题。

哈勃从有效载荷舱内被吊起后，接收指令展开了两个大型太阳电池板。第一个按计划展开了，但第二个没有展开。这表示需要一次应急EVA，通过太空行走人员尝试打开被卡住的太阳电池板。这并不是航天飞机乘组第一次面临计划外的EVA，但这一次有很大的时间限制。当哈勃从有效载荷舱内被吊出时，它与发现号的服务断开了连接，只能靠内部的电池来维持运行，直到它能够通过太阳电池板获取能量。航天员需要4 h时间为EVA做准备工作。哈勃上的电池可以支撑3 h。按照正常程序，在航天员出气闸舱前哈勃就已经不能运行了。在专门为STS-31编写的新程序中，发现号一进入太空，乘组就将舱内压力从14.7 psi降低到10.5 psi。这使两位太空行走的航天员的身体适应较低的气压，从而缩短准备EVA所需的时间。此外，第一天就检验了航天服，就好像一定会进行一次太空行走一样。这些预防措施使凯瑟琳·D.沙利文和航天员布鲁斯·麦坎德利斯二世可以在2 h内就从气闸舱中出去。最后，任务控制中心想出了一个解决方案，成功打开了被卡住的太阳电池板，从而取消了应急EVA。

释放哈勃之后，发现号仍停留在附近，以防出现故障时需要机组人员进行处置。但哈勃运行正常。5天后，此次任务在加利福尼亚州的爱德华兹空军基地结束。

接下来的事就世人皆知了。几周后，全世界都知道这台最昂贵、最精密的望远镜是近视眼。[①]众多天文学家企图用望远镜观察宇宙尚未被发现细节的雄心，消失在了模糊的图像中。

但是NASA人不会轻易放弃。哈勃空间望远镜的设计考虑了被航天员服务的功能，所以还有希望。最初的设想是每2年进行一次在轨维护，每5年将望远镜带回地球进行一次大修。但是，人们担心反复发射和再入过程中的负荷将造成望远镜结构的寿命折损，因此NASA不得不只采用在轨服务的方式。一种解决哈勃空间望远镜近视问题的方法很快出现了，这种方法是以一种精密的光学系统调节来自主镜的光线焦点，从而使"修正"后

①　为了确定这个令人尴尬的缺陷进行了一项调查，调查发现用来检查主镜形状的设备发生了校准错误。这面镜子做得很完美，只是形状不对。

的光线到达仪器。

STS-61完成了航天飞机计划中最重要和最具挑战性的任务之一。航天飞机的性能包络再一次被推到极限。例如，两组太空行走人员将进行前所未有的5次背靠背太空行走训练，以应对一系列复杂的维修任务。①

STS-61的太空行走人员及天文学家杰弗里·A.霍夫曼说："事实证明，这是相当复杂和耗时的，因为你不只是拿出航天服，穿一次，然后收起来。每次EVA后，必须清洗航天服，必须更换氢氧化锂二氧化碳涤气器，必须确保电池充满电，这意味着一些电池正在充电，而另一些电池必须放在航天服里。你必须要记录下所有的一切。"为了利用好EVA的每一分钟时间，乘员们向任务规划者提出了一个新命题，杰弗里·A.霍夫曼解释说："起初的维修计划是我们将所有工具放在有效载荷舱尾部的工具箱中，因此我们必须每天都要出去装载工具。这需要15~20 min的时间……我们想要省去所有用于处理与EVA不相关事务的时间，包括准备工具。我们建议，如果我们能把这些工具带进来，就可以在出舱前把它们都准备好，这样可以节省半个小时。离发射还有几个月，他们已经完成了所有的配重工作。但这是哈勃空间望远镜，工具是放在里面的。这也为我们每天节省了很多时间。"

在规划奋进号在太空行走过程中的最佳姿态时，遇到的一个问题是如何在打开望远镜检修门时防止阳光直接射入望远镜，以免强光将其中的有机污染物蒸发并污染紫外线光学系统。第一个提议是让轨道器的腹部朝向太阳成为一个保护罩。在这个惯性系内，望远镜将在阳照区朝向地球，地球辐射的热量为太空行走人员提供了热量，夜晚它将面对深空，他们将不会接收到热量辐射。就像杰弗里·A.霍夫曼说的，"我们知道我们会很冷，所以我们和任务规划人员谈了这个问题。他们让热控人员再想想办法，他们指出一些金属设备会降到-150 ℃左右。"这可不是什么好消息。首先，大家都知道航天服的手套容易变冷，给航天员带来不适。其次，还有一个问题，就是在这种情况下，维修工具是否能正常工作。由于从未在如此寒冷的条件下进行过太空行走，NASA安排在一个热真空实验室中进行了一系列太空行走的模拟试验。②

第一次进行模拟试验，杰弗里·A.霍夫曼很快发现大部分工具都无法使用，因为它们被冻结在工具箱中了。在真正的太空行走中，这将是一场灾难。他记得，"工程师们做了一些工作。他们除去了所有的残余油脂。我猜他们整理了工具箱，以增加一些间隙。"他的同事斯托里·马斯格雷夫进行了第二次尝试。他能使用所有的工具，但他说他的手很冷。医生询问他情况如何后，斯托里·马斯格雷夫说他感觉不到手上的疼痛，大概是因为它们暖和了。当他脱下航天服时，他发现由于严重的冻伤，他的手指变成了紫黑色。他被紧急送往阿拉斯加进行专家会诊，设法保住他的手指（从而保住他在任务中的位置）。很明显，如果NASA不想进一步对航天员造成损伤，就不得不开发一种新的轨道器姿态来

---

① NASA和航天员们对自己的能力有信心，他们很快就放弃了将这次飞行分成两个独立的任务来执行的想法。

② 这些大房间再现了太空的热环境和真空环境，以便测试太空行走的硬件和程序，或者在航天器被发射到太空以前测试它的设计。

为哈勃空间望远镜提供服务。

另一种选择是在阳照区使望远镜保持在阴影中，而在黑暗中也朝向地球获取热量。这需要奋进号在每圈轨道进行两次姿态机动。一次是在日出时将腹部朝向太阳，另一次是在日落时将腹部朝向深空，此时哈勃朝向地球。推进剂裕度是问题的焦点，杰弗里·A. 霍夫曼解释说："我们没有足够的推进剂来做到这一点，所以他们必须想出一种新的方法控制反作用控制系统的喷气，用更少的推进剂来完成机动。"

在安排航天员训练方面比平时花费了更多的精力。一共有 7 名航天员，他们中的 4 个人将进行 5 次太空行走。

在其他任务中，上升段和再入段会安排 4 名航天员坐在飞行甲板上。坐在指令长和飞行员后面的任务专家要练习在紧急情况下协助执行程序。在 STS-61 中，这意味着一名太空行走人员必须以牺牲太空行走训练时间为代价作为飞行甲板小组的一员接受训练。杰弗里·A. 霍夫曼解释说："由于 EVA 任务的关键性，以及它所要花费的大量训练时间，我们决定驾驶舱的乘员只有 3 个人——迪克·科维（Dick Covey），肯·鲍尔索克斯（Ken Bowersox）和克劳德·尼科利尔（Claude Nicollier）。"[1] 他们会为上升段和再入段做准备。我们没有接受那种训练，因此有了更多的时间进行 EVA 训练。

为了最大程度地增加训练机会，NASA 首选了一支经验丰富的飞行乘组，这样就减少了新手的基本训练，从而可以专注于特定任务的训练。杰弗里·A. 霍夫曼说："我们花了很多时间演练了第一天飞行，因为这是你进入太空的第一天。很多人都会迷失方向。有些人会感觉不舒服。这是一个全新的环境，因此一遍又一遍地经历计划要进行的所有活动真的是一件好事。我们通常要进行 3～4 次第一天的训练，如脱掉航天服，重新配置轨道器，以及为轨道操作做好准备。如果感觉不舒服，或者在进入太空时迷失方向，就可以像训练一样，看看程序然后说：'哦，好的，我知道我后续要做什么了。'你不需要想得太多。这可以带来很大的不同。我们不需要那样做，是因为我们知道自己要做什么。事实上我们都是经验丰富的航天员，经验让我们可以真正专注于哈勃空间望远镜的工作。"[2]

去掉了所有与哈勃无关的工作，航天员有了更多的时间用于太空行走训练。通常一项任务包括许多次要目标。[3] 尽管这些任务是次要的，每个乘组都希望能完成分配给他们的所有工作，包括这使得他们需要留出时间进行训练。STS-61 任务删除了次要目标，使飞行乘组能够集中精力在哈勃空间望远镜上。

1993 年 12 月 2 日，STS-61 升空，花费 11 天时间完成了航天飞机有史以来最复杂的任务之一后，成功地返航。接下来还有 4 次在轨服务任务，每次任务都是为望远镜提供在轨服务和设备更新。

---

① 他们分别是指令长、驾驶员和机械臂操作员。

② 这是 NASA 第一次，也是唯一一次要求只有有经验的航天员才能执行的航天飞机任务。通常情况下，只有指令长是唯一一个必须在太空飞行过的人。有趣的是，两名 STS-2 任务的机组人员都是新人，这是被允许的，因为任务指令长理查德·D. 特鲁利（Richard D. Truly）曾驾驶 X-15 火箭飞机飞到了太空边缘，并获得了美国空军的航天员之翼徽章。

③ 通常这些试验是在加压舱内部或外部进行的，或者用于测试新的程序。

　　亚特兰蒂斯号在 STS-125 中的最后一次在轨服务任务将航天飞机计划推进到新的极限，它要求制定一个可能的救援任务计划，代号为 STS-400，这是唯一一次希望永远不会被执行的任务。

　　在 2003 年哥伦比亚号事故后，NASA 颁布了一项规定：航天飞机只能进行国际空间站的组装任务，因为一架受损的轨道器能够在空间站上卸载飞行乘组。对于哈勃任务来说，这是不可能的，因为它的轨道是不兼容的，所以在任务清单上增加第五次在轨服务任务显得有些牵强。STS-400 被设计成一次待发营救任务，并由奋进号执行。① 因为通常需要 3 个月的时间去准备航天飞机的飞行任务，亚特兰蒂斯号和奋进号的准备流程是并行完成的。

　　当亚特兰蒂斯号于 2009 年 5 月 11 日从 39A 号塔架发射升空时，奋进号在 39B 号塔架上待发，若有必要，它将去拯救受困的亚特兰蒂斯号飞行乘组。这标志着两架航天飞机最后一次同时处在发射塔架。在标称任务中，救援轨道器将进行一系列的机动，以便从下方接近亚特兰蒂斯号。在奋进号进行最后一次对接点火之前，亚特兰蒂斯号将进行机动，以便将有效载荷舱朝向地球，鼻锥朝向轨道南向。救援轨道器通过机械臂抓住安装在亚特兰蒂斯号上的轨道器展开臂传感器系统来实施捕获。② 接下来，救援轨道器的机械臂将亚特兰蒂斯号对准自身，使两个轨道器头对头，形成最优姿态控制的配对构型。最后，奋进号将使推进器调整到重力梯度姿态以保证稳定性，也会制订应急救援计划，以防救援轨道器由于入轨时的速度损失或后续的推进剂故障而不能执行正常对接任务。③ 救援轨道器优先从下面和后面靠近亚特兰蒂斯号，也设计了从上面和前面靠近的预案。在这种情况下，亚特兰蒂斯号可能需要进行高度和相位调整，使救援轨道器能够完成对接。两个航天器上的推进剂余量都需要纳入考虑，以确保救援轨道器在完成救援任务后，仍有足够的推进剂进行安全离轨。

　　哈勃空间望远镜的在轨服务任务是 NASA 和航天飞机计划中最繁杂、最昂贵的任务之一。由于风险随着复杂性的增加而迅速提高，那么一定就有人质疑它是否值得。在轨服务的反对者经常举证说，本质上一颗可重复使用的卫星必须加上航天员在轨服务的相关成本，因此要花费更高的开发成本。他们的逻辑是，从经济角度考虑，更明智的做法是建造一颗新的卫星来代替太空中一颗使用寿命到达末期的卫星。但这是一种错误的看法。NASA 难道要建造 5 个哈勃空间望远镜来代替 5 次在轨服务任务吗？答案是：不，当然不会这样做。像哈勃空间望远镜这样的旗舰仅会被建造一次，当发生一次严重的故障时，就

---

　　① 由于技术延迟，经过几次对飞行计划的修订，奋进号最终被选为救援飞行器，由 STS-123 任务的 4 名飞行甲板乘员驾驶它。

　　② 轨道器展开臂传感器系统（OBSS）是一个 50 ft 长的机械臂，它包括一套用于检查轨道器热防护系统的传感器。展开臂在右侧有效载荷舱底框梁上。机械臂将利用展开臂前侧的抓取装置来取出展开臂，并操纵它使悬臂另一端的图像传感器能够监测感兴趣的区域。更多细节请参阅戴维德·西沃尔拉的《入轨和返回：航天飞机如何在太空中飞行》的第 8 章。

　　③ 这是轨道器以低于计划速度到达轨道的条件。换句话说，它意味着轨道器已经到达了主发动机运行情况下的较低轨道，因此轨道机动系统（OMS）中必须燃烧更多的推进剂才能到达预定轨道。推进故障意味着 OMS 推进剂泄漏，这显然需要更精细的推进剂管理才能抵达亚特兰蒂斯号并留有足够的推进剂用于离轨消耗。

像它多次发生过的那样，它将成为纳税人支付的最昂贵的太空垃圾之一。当然，重要的是，每一次在轨服务都使望远镜得到极大的改进，获得了最先进的仪器和系统。因此，今天在轨运行的哈勃空间望远镜与 20 世纪 70 年代设计和建造的哈勃空间望远镜是完全不同的。

5.9　小结

2009 年 5 月 24 日，当亚特兰蒂斯号的轮子停在爱德华兹空军基地 22 号跑道上时，不仅宣告了 STS-125 任务的完成，还宣告了在轨卫星服务时代的结束。在接下来的几年里，所有的航天飞机任务都是为了完成国际空间站的组装，并为后航天飞机时代的前哨基地做准备。

时至今日，尽管有传言称，在轨服务将成为未来私人和商业航天不断发展的一项营利性的活动，但还没有明确的计划来实现这一目标，而且卫星仍被建造为一次性的资产。当然，如果航天飞机实现了设计者和倡导者的希望和承诺，我们将看到更多的卫星救援和在轨服务任务。这种情况之所以没有发生，是因为低密度的发射清单使每年只有几架航天飞机升空，[①] 尤其是在挑战者号事故之后，人们对安全因素更为担忧。航天飞机在经历多年的准备和一再拖延之后，以高昂的成本零星地发射，对卫星运营商来说开展在轨服务显然在经济上是不合理的。如果一颗通信卫星出现故障，运营商希望尽快执行一项维修任务。但实际上却不得不等待数年，航天飞机机队内部的技术问题或发射清单的重新调整都可能使计划受到影响。放弃出现故障的卫星并发射替代品将更有意义。

然而，人们必须认识到，在轨服务基础设施的短缺状态已经或是正在被寻求基础设施服务的行业所认同。实际上，由弗兰克·切波利纳和他在戈达德团队建立的模块化原理只应用在了少数几个航天器上。[②]

卫星和空间望远镜大多仍是独一无二的，它们都是从零开始设计，没有可利用的现成硬件或配置。[③] 尽管这听起来很糟糕，但实际上这是航天器制造商提高经济收益的最佳方式，因为它们可以向用户收取更高的开发和建造费用，并保持其装配线的高产能运行。在轨服务和维修卫星显然避免了建造替换卫星的必要，减少了盈利机会。这种现状很难受到挑战，因为它要求全球航天工业在创造轨道资产的方式上发生 180°转变。

或许，对太空垃圾数量迅速增长的担忧、太空机器人技术的进步，以及可重复使用运载器的必然发展趋势，将会大幅削减发射成本并提高可靠性，从而可能会刺激在轨卫星服务的推进，并在航天飞机计划留下的遗产基础上再接再厉。

---

① 这与 20 世纪 70 年代中期 NASA 为避免计划被取消，向国会推销航天飞机时鼓吹的每周飞行一次的清单相去甚远。

② 除了太阳极大期，MMS 的概念还应用于陆地卫星 4 号和 5 号，以及高层大气研究卫星。

③ 商业通信卫星通常使用通用的星上系统，尤其是由同一家制造商制造的卫星。这有助于降低成本，但仍然没有一颗卫星被设计为可在轨服务和维修的形式。

第 6 章 科学实验室

6.1 从短程罐到短程实验室

太空中并不是由 NASA 运行其资产并开展研究的唯一领域。实际上，多年来该机构在地球大气层内享有好几种研究，研究工作是在一些装备了机载实验室的飞机上完成的。20 世纪 60～70 年代，埃姆斯研究中心使用一架康维尔 990 和一架李尔喷气式飞机开展了多次天文学和对地观测研究，这两种机型分别是客机和商务机。机载实验室平台的优势在于缩短了研制周期，实现了试验设备的快速转变，科学家可以直接参与多学科研究，实现了快速、高质量的数据反馈，最后但并非最不重要的一点是具有舒适的工作环境。埃姆斯研究中心的管理者和科学家们认为，这些优势可以很容易地扩展到有人照料的太空平台，与机载实验室相比，太空平台还具有失重、高真空，以及全面覆盖大气和地表的更高高度等多项额外优势。他们认为，航天飞机大容量的有效载荷舱将使人们能够在短程任务中安装独一无二的实验室。[①]

以上想法在 1971 年 9 月到 1972 年 1 月间成为主流，马歇尔航天中心初始设计办公室的一个小团队深入探讨了实现这种想法的可能性。在 5 个月内，他们设计了一个搭载在航天飞机有效载荷舱的"短程罐式实验室（sortie can laboratory）"。这项研究设计的装置由两部分组成：一个直径15 ft，长度 25 ft 的圆柱形加压模块，以及一个长度可变的开放式桁架，桁架上可安装需要直接暴露在空间真空环境中的试验设备。加压模块还包括内部用于安放试验装置的货架、工作台、观测和光学窗口、临时放置外部试验装置的小型气闸舱与展开臂、天文仪器的指向系统。

形容词"短程"表明了实验室即将进行的飞行时间相对较短（最多 30 天），也强调了其低廉的运行成本。而低成本也是短程罐式实验室概念的一大卖点，因为太空硬件的开发成本过高，这主要是由于消耗型运载器造价昂贵，[②] 并且在遇到故障、运行被提前终止或大幅缩短的情况下缺乏在轨服务的基础设施和维修手段。[③]

一种提高任务成功率和延缓灾难性故障发生的方法是，通过严格且高成本的地面测试来提高航天器及其有效载荷的可靠性。这种方法就是使航天器的硬件经历在轨可能遇到的最严苛的负载条件（如振动、磁场、极端温度变化等）的考验，以"确保"不会出现故

---

① 这些飞行任务的主要目标是相关的研究和试验，而不是从事卫星部署/回收和轨道基础设施建设活动。

② 想象一下你的车只做一次旅行，然后就扔了它，返程时再买另一辆，你会很容易意识到太空探索仍然在使用这种荒唐方式。

③ 再次想象一下你的汽车，每次发生机械故障后就不得不把它报废，这是因为根本没有汽车修理工和故障救援车。

障。此外，还可以对关键组件进行备份，以备故障发生时可以替换。众所周知，太空硬件是用高规格的材料制造的，其研发和验证增加了额外的成本。使用最优质的材料和测试机制来证明它能可靠地达到预定的使用寿命，这本质上没有错误，事实上，这也是一种很好的工程实践方法。然而，当设计中不考虑维护和维修的可能性时，成本就会因更严格的测试而上升。这种方法被称为故障安全设计，在关键组件的设计中，出于安全性考虑，这种设计方法往往是能采用的唯一方法。

例如，汽车发动机正时带的设计寿命就非常长，以至于整车报废前它都不会出现故障。对汽车也完全可以采用故障安全设计，这样它就不需要更换机油滤清器或制动片了，但是，研发成本和持续增长的零件价格将很快使装配生产线停产，使制造商破产。然而，这种方法似乎对航天器硬件有效，或者说，至少在目前被广泛接受。[①] 它能使航天器和有效载荷具有最高的成功率，但同时也带来的过高的成本和内在的不灵活性。

在设计中，实验室设备和仪器的标准做法是升级，因为研究结果总会促使研究人员扩大他们的研究目标。升级使新仪器能够拥有最新的技术，以最大程度地提高科学产量。对于地面上的实验室来说，升级是一个相对简单的过程，因为试验仪器或装置都可以被重新设计，重新建造，并立即投入使用。然而，对于太空中的实验室而言（如空间望远镜或地球遥感卫星），全面测试和故障安全设计的流程使新的或升级的设备在可以运行之前需要等待很长时间。另外，对于不具备在轨维修能力的现役航天器，为了一项新的研究或扩展性研究，还需要一个新的航天器和昂贵的运载火箭来完成升级。更糟糕的是，当一个"新的"试验装备准备好发射时，这个装备在技术上可能就已经过时了。这不是科学团队喜欢的工作状态，因为科学研究应该是利用最新技术的一个持续过程，而不是阵发性的，否则会导致长时间的停滞，并且还会对即将过时的技术形成依赖。

通过降低成本，提高灵活性，航天飞机的可重复利用性和每年计划的高飞行频度，将天基科学提高到了相应的地面标准。例如，高飞行频度允许研究人员有机会在短暂的研发之后或是根据他们的需要随时开展飞行实验。在发生机械故障的情况下，机组人员可以在飞行中进行一定程度的维修；否则，试验设备将被返回、维修，然后被分配至下一次航天飞机飞行任务。这意味着，试验的硬件设备不再需要进行全面的认证，也不必遵守严格的故障安全设计要求。事实上，现成的价格低廉的商用装备，只要满足放气和可燃性要求，就可在太空中应用。因此，一次短程罐任务就可以提供一次试验机会，并且可以为科学界提供前所未有的短试验周期的快速周转。这种试验方式可能的分析和技术应用领域包括物理、地球观测、通信、导航、材料科学和生命科学等。在空间站完成装配之前，这些飞行任务将使航天飞机由一辆单纯提供轨道运输的"货车"变为一个"小型空间站"。由于空间站项目的设计中屡次出现争议，短程罐任务所提供的科研机会将使 NASA 可以利用航天飞机来加强与科学界的联系。

基于对埃姆斯研究中心短程罐任务的积极响应，NASA 总部负责载人航天飞行的助理

---

① 这个设计目前正面临着 SpaceX 和蓝色起源两家公司的挑战，它们正在研发部分或全部可重复使用的运载器，其他公司也有类似的计划。

局长戴尔·迈尔斯（Dale Myers）授权马歇尔航天中心继续开展研究，进行短程罐项目阶段的定义。1972 年 3 月，开发项目时间表被列出，预期花费 1 年时间进行需求分析，然后用 5 年时间进行设计开发，最终在 1978 年完成首飞。在尽可能利用内部员工和资源的情况下，开发经费总额预计在 0.9 亿～1.15 亿美元之间。

　　尽管短程罐的概念正在形成，通用动力学公司的康维尔分部仍在研究另一种可行方案，目的是创建一系列用于航天飞机有效载荷舱的实验室和空间站的附件——研究和应用模块（RAM）。RAM 的基本原理是假设空间站包括一个核心舱和配套的研究设施。核心舱具备供电、姿态保持、航天员生活起居等功能；研究设施将提供类似实验室的环境，其设备将适应一系列研究的需求。每个 RAM 将通过航天飞机运送至空间站，并在一段时间后被带回地球进行维护。

　　虽然以上两个概念表面上看似相同，但它们在任务能力方面却大相径庭。埃姆斯研究中心提出的短程罐只能在航天飞机的有效载荷舱内运行，而通用动力学公司的 RAM 是一个实验室，可以被配置成一系列空间基础设施，如空间站、自主飞行器或有人照料的空间望远镜。例如，由于对瞄准精度要求非常高，而航天员产生的振动就会使精度指标受到影响，因此导致基于空间站的天文观测结果受到影响，由此，大型自主飞行望远镜的概念提上了研究日程，将由航天飞机上的航天员定期对望远镜进行维护。有人提出设想，在望远镜的一端安装一个 RAM，为维修人员、维修工具和库存备件提供一个舒适的加压工作环境。另外，RAM 可以在航天飞机到达和服务完成撤出后停靠在望远镜上。RAM 也可以作为自主飞行器的一部分开展研究，这需要一种没有振动和其他干扰的类空间站环境。如有必要，自主飞行 RAM 可由航天飞机维修或返回空间站。当然，RAM 还可以按照短程罐的模式来使用，航天飞机可将它作为一个小型空间站来携带。

　　RAM 是很灵活的，可以胜任多种任务。为了获得一定的效益，并获得最佳的科学回报，有人建议这些飞行任务至少应持续 30 天。NASA 资助了康维尔从 1971 年 5 月至 1972 年 7 月期间的 B 阶段研究，说明了 NASA 对此也很感兴趣。

　　短程罐和 RAM 的出现都是为了满足空间站建成以前启动科学和技术应用研究的需要。结果，在时任美国总统的理查德·尼克松（Richard M. Nixon）批准航天飞机计划时，为空间站和其他有人照料的前哨站制订的一系列雄心勃勃的计划都被封存了，这是因为短程罐和 RAM 为开启天基研究提供了可行且更有优势的方式。虽然两者目标相同，但最后短程罐项目赢得了竞争，这很大程度上是因为若没有有人照料的前哨站，RAM 运行灵活性的概念也就没有意义了。

　　1972 年 6 月 31 日至 8 月 4 日，在戈达德航天飞行中心举办的航天飞机短程飞行研讨会上，NASA 将建议书提交给科学界，目的是让 NASA 的科学家明确短程实验室①如何运行，并帮助机构内的科学团队思考在太空中进行试验的创新方法。负责空间科学的助理局长约翰·E. 诺格尔（John E. Naugle）博士主持的工作组撰写了 2 in 厚的报告，详细介绍

---

　　①　至此"罐"这个词已经被弃用了，而使用更专业的词"实验室"。

了短程飞行实验室的潜在用途，建议开展新的应用技术研究，并说明了搭乘航天员的优势。后来，戈达德会议设立的工作组扩大，加入了该机构以外的科学家，并于 1973 年 3 月发布了几项关于试验和硬件的推荐和建议。然而，总体上科学界对于短程飞行实验室的想法的反应有些冷淡。事实上，由于试验设备可以在探空火箭和无人卫星上飞行，人们认为引入"人在回路"的试验硬件会使设计复杂化，并增加成本。尽管在太空开展有人照料的试验的原理可行，但科学界并不急于放弃原有的进行空间探索的方式，特别是如果他们在研究中很少参与的话。

航天飞机的能力带来的新的、激动人心的可能性再一次挑战了传统思想。

6.2　与欧洲的合作

1972 年 1 月 5 日，NASA 获批创建一套空间运输系统。同年年末，项目明显将涉及 3 个主要因素：航天飞机、太空拖船、短程飞行实验室。

1973 年 9 月 24 日，NASA 和 ESRO[①] 签署了一项协议，欧洲航空航天业将率先研发和制造短程飞行实验室。事实上，几个月前在美国和欧洲举行的一系列会议就已经确定了这个协议的要点，探讨了欧洲参与航天飞机计划的多种可能方式。

根据这个协议，ESRO 将开发短程飞行实验室，完成一个全功能的工程模型和飞行单元。所有权将移交给 NASA。NASA 对飞行单元拥有完全控制权，包括具有指定如何使用该飞行单元以及进行修改的权利。然而，一个增加的条款规定了由欧洲提供组件和后续服务。协议进一步约定，ESRO 在 1978 年交付飞行单元，然后对前两次飞行任务提供技术支持。[②] 如果 NASA 需要额外的飞行单元，他们很有可能需要购买。协议中还有一个有关技术转让的重要条款也是相当微妙，它要求欧洲人只能进行短程飞行实验室的研究。

早在阿波罗 11 号进行历史性的月球着陆返回地球前，当时的美国总统理查德·M. 尼克松就已经表达了这样的想法：NASA 应该寻求"后阿波罗时代"的国际合作。空间任务小组在 1969 年 9 月发表的一篇名为《后阿波罗太空计划：未来发展方向》的报告，为 NASA 局长托马斯·O. 佩因博士寻求国际合作提供了更多的源动力。

加拿大提出的机械臂操纵系统（一个工程奇迹）就是对此事的回应。在欧洲旅行时，托马斯·O. 佩因博士很高兴地发现，欧洲航天业能够胜任为整个项目制造一些组件的挑战，如太空拖船。如果欧洲能够获得项目的一部分，它不仅能在一项重大载人计划中获得专业知识和技能，而且可以成为 NASA 成熟的服务提供商。然而，尽管广泛的欧洲合作可以降低美国的开发成本，但一些美国国会领导成员对于托马斯·O. 佩因博士正在寻求的合作并不热情。

美国国防部也同样表示了不满。航天飞机作为未来几十年内太空发射的唯一手段，涉

---

① 欧洲空间研究组织（ESRO）是欧空局（ESA）的两个前身之一，另一个前身是欧洲运载器发展组织（ELDO）。

② 当时，航天飞机定于 1979 年开始运行，此后不久开始实施短程飞行任务。

及国防部重要的机密项目。把航天飞机计划的关键部分交到欧洲人手中，将导致一种进入太空需要依赖国外的危险关系。例如，欧洲人可能会延迟供应备件，从而拖延国家安全任务。另一个令人担忧的问题是专业技术转让。航天飞机广泛用于发射商业卫星，NASA 以此作为一项收入来源。如果欧洲人参与了航天飞机的开发，他们可能会研制出一个极具竞争性的航天运载器，这将从 NASA 手里夺取一大块市场。实际情况也确实如此，欧洲运载器研发组织（ELDO）——也是欧洲空间局（简称欧空局）前身之一——正在计划开发一种名为"欧罗巴"的消耗型运载器。这成为不仅把欧洲从航天飞机计划中排除，而且还从太空拖船的所有工作中排除的主要原因，因为太空拖船是运送国家防御载荷至更高轨道的高级平台。再一次，美国国防部决意扫除阻碍其独立进入太空的任何威胁。

1972 年 6 月 12 日至 14 日，美国国务院国际科学事务司在和来自欧洲的代表团在华盛顿举行的会议上明确指出，欧洲仅被邀请参与短程飞行实验室的开发。尽管令人沮丧，欧洲人认识到这种合作虽然不那么吸引人，但仍能为它们在航天飞机计划中提供一个良好的立足点，因为这是 NASA 需要使用的一个元素。另外，开发的挑战性也没有那么高，而且成本更低，可以大量出售，同时还能为欧洲的空间试验或航天员提供飞行的机会。1973 年 8 月 15 日被美方指定为欧洲代表团接受这项工作的最后期限。而在欧洲航空航天界与 NASA 和美国政府举行的一系列会议之后，这项历史性协议于 1973 年 9 月 24 日获得通过。

尽管存在技术转让问题，最终双方同意将保留硬件转让权而非专有技术转让权，尽管一些特定的专有技术在个案中有助于欧洲更好地履行他们的职责。

此外，经过一系列关于翻译问题的讨论之后，该项目也获得了正式名称。英语单词"sortie"是为了表达这些任务持续时间短，但在法语中的意思是"出口"。因为这个词跟研究模块的项目没有任何关系，最后"空间实验室（Spacelab）"得到了采用。尽管 NASA 觉得这名字听起来太像"Skylab"了，但这个问题最终被解决，官方的协议规定该项目将被称为"空间实验室"。

6.3　空间实验室的发展

对于欧洲工业界而言，是时候将对空间实验室的研究转化为具有航天价值的硬件产品了。1974 年 6 月 5 日，德国制造商 ERNO 在 ESRO 主办的选拔中脱颖而出，负责研发和建造这个系统。ERNO 拿下了为期 6 年，价值 2 亿 2 600 万美元的合同。向 NASA 交付第一套产品的截止日期是 1979 年 4 月。另外，ERNO 为 ESRO 和 NASA 提供了一套工程模型，3 套地面支持系统及备件。ESRO 仍将负责模块的设计、开发和建造，并最终将其交付给 NASA。然而，到目前为止，原定的航天飞机首飞时间已经推迟到了 1980 年。

为了最大程度地开辟科学研究的范围，ERNO 在空间实验室的概念设计中充分考虑了它的灵活性，当航天员进行试验时，需要一个与轨道器的乘员舱相连的加压舱。在开展研究的过程中，航天员大部分时间都在这个加压舱中。同时，ERNO 决定开发一种被称为"托盘"的非加压平台，以便进行需要直接暴露于真空中或能够自主进行的试验。

　　两舱式的整体设计赋予了空间实验室（见图 6-1）额外的灵活性。例如，加压舱（见图 6-2）被设计为一对圆柱体，一个被称为核心舱，另一个被称为试验舱，都是 13.3 ft 宽，8.8 ft 长。[①] 核心舱将作为空间实验室所有子系统的控制中心，可以容纳一个试验设备的最小集。试验舱正如其名，将只装载试验设备。核心舱可以单独使用，但不能单独使用试验舱。在两舱连接的情况下，其前后端用截头圆锥体封闭并固定在外壳上。为了铺设进出轨道器的电缆和线路，两个圆锥体各有 3 个直径 1 ft 的切面，两个位于底部，另一个在顶部。这样一来，任务规划人员就可以选择相应的配置来匹配试验所需的类型和数量。例如，只有核心舱可以与托盘组合使用，核心舱和试验舱连接在一起时也可以使用。在没有加压舱的情况下也可以用托盘进行试验。

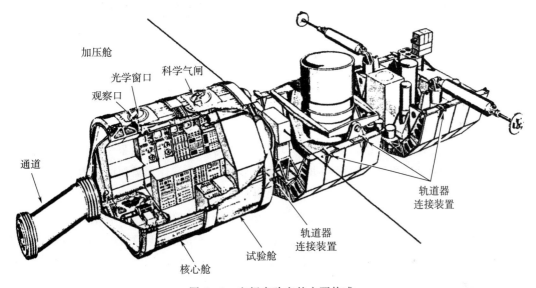

图 6-1　空间实验室的主要构成

　　位于意大利都灵的航空航天制造商意大利航空（Aeritalia）公司，承担设计加压舱的承重结构任务。尽管这是一个非常简单的结构，意大利航空公司仍面临一系列的挑战。例如，必须开发专门的地面支撑设备，来安全地处理不稳定且缺乏支撑的圆柱形外壳，以便在制造和装配过程中保持其圆形轮廓不受损伤，否则外壳将被设计得更厚，以保证刚性，这将造成不利重量。试验舱和核心舱顶端的大型开孔也使设计更为复杂。这些结构都需要用开放式的配套法兰来支撑。事实上，为了可以实现光学试验、摄影或普通的太空和地球观测，核心舱的内顶部被切割开以安装窗口适配器组件（见图 6-3），窗口适配器由一个圆形铝制加强框构成，上面带有一个 1.35 ft×1.80 ft 的矩形孔，在这个孔里安装有一块高质量、无变形、低反射的玻璃（观察口）。[②] 紧挨着它的是一个圆形的直径 1 ft 的光学窗口，这个光学窗口由普通玻璃构成，航天员可以通过它执行观测、摄影等不需要很高精度

---

①　选择这个直径是为了充分利用航天飞机的有效载荷舱空间。

②　有趣的是，这块高质量的窗口曾是天空实验室项目的备用件。

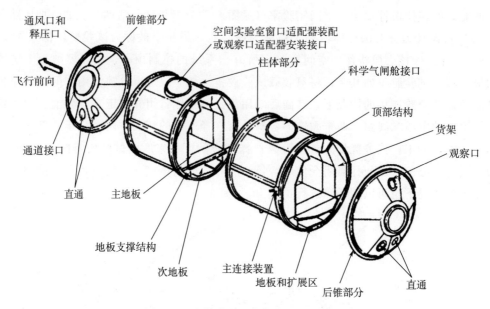

图 6-2　空间实验室加压舱的主要结构

的任务。在这样的观测任务中，顶部的窗口适配板作为试验或摄影仪器的安装底座。盖板安装在外面，平时保持关闭，以屏蔽微流星体的影响，在飞行计划需要时才开启。

对于需要暴露在真空中的试验，试验舱的顶部有一个圆形开孔，可以容纳一个小型科学气闸舱。这个小型舱被设计成一个独立的、可手动操作的单元，能够容纳 3 ft×3 ft，最大 218 lb 的试验装置。这个空间也可以用来储存高达 132 lb 的发射质量和 209 lb 的再入质量。气闸舱的结构是一个由两个铝辊环锻件成形并焊接在一起的圆柱形壳体。气闸舱的两端由蜂窝夹芯板封闭。内部端口嵌板可以被完全移开，它上面还有一个直径为 7 in的观察口（见图 6-4）。气闸舱（见图 6-5 和图 6-6）中的工作台可以手动延长至 2.2 ft 伸入加压舱，以简化设备的安装和拆卸。气闸舱通过向太空中排气约 16 min 进行减压，然后外舱门可以打开，工作台向外扩展。完成试验后，工作台会缩回到气闸舱，外舱门关闭，从局部环境控制系统释放出的氮气会充满气闸舱实现加压。虽然复压只需要 10 min 左右，但内舱口打开仍需要几个小时的时间，其目的是对暴露在太空中的气闸舱和试验装置重新进行热调节。[①]

意大利航空公司同样致力于实验室外部接头的设计，设计的接头将发挥地面支撑和与有效载荷舱连接的双重作用。它们必须能够承受高过载、发射过程中的振动以及极端的空间热应力。同时，其表面必须具有极低的摩擦系数，以减少空间实验室对轨道器结构的压力和热负载。设计人员考虑到 2219-T851 铝合金的疲劳以及应力开裂敏感性，选用这种材料作为外壳及端锥的材料。该结构的设计寿命大约为 50 次任务，因此它必须能够承受多次发射、再入、在轨飞行以及组装和拆卸等地面处理工作。

---

①　在外部寒冷的太空中暴露几天之后，气闸舱和试验装置需要回温至适合的温度才能够由航天员进行操作。

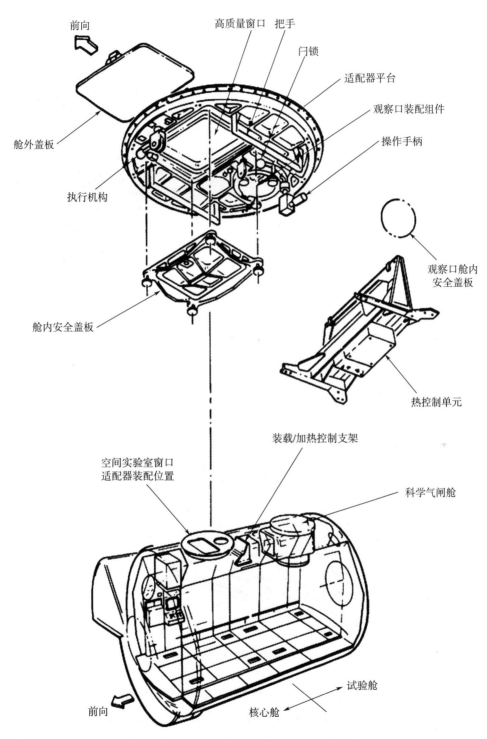

图 6-3　空间实验室窗口适配器组件

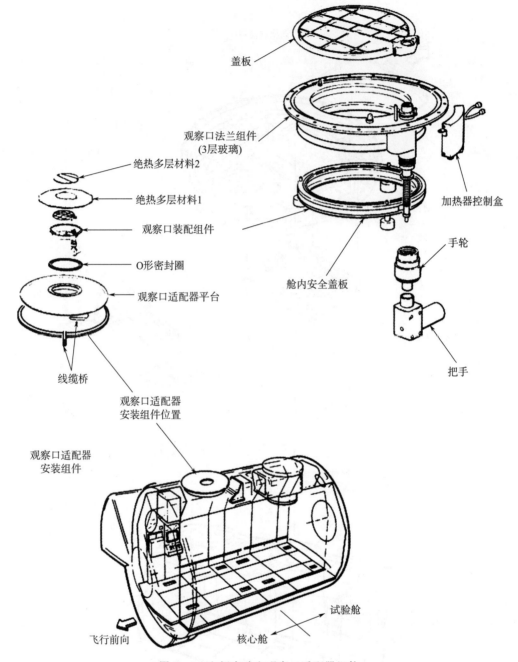

盖板

观察口法兰组件
(3层玻璃)

绝热多层材料2

绝热多层材料1

加热器控制盒

观察口装配组件

O形密封圈

手轮

观察口适配器平台

舱内安全盖板

线缆桥

把手

观察口适配器
安装组件位置

观察口适配器
安装组件

试验舱

飞行前向　　　核心舱

图 6-4　空间实验室观察口适配器组件

　　由于意大利航空公司缺乏进行复杂应力分析所需的专业知识和计算能力，马歇尔航天中心的技术专家和美国工业界的顾问向这家意大利制造商提供了大量的援助。以上问题中的一部分涉及外壳和端锥之间的密封件设计。这将是有史以来为空间应用建造的最大的，密封设计必须可反复装配和拆卸，不允许出现任何气密性和承压能力的退化。它的设计由一个双丁基密封模压的铝环底盘构成。环形法兰夹紧充满密封腔的变形弹性体，从而保证

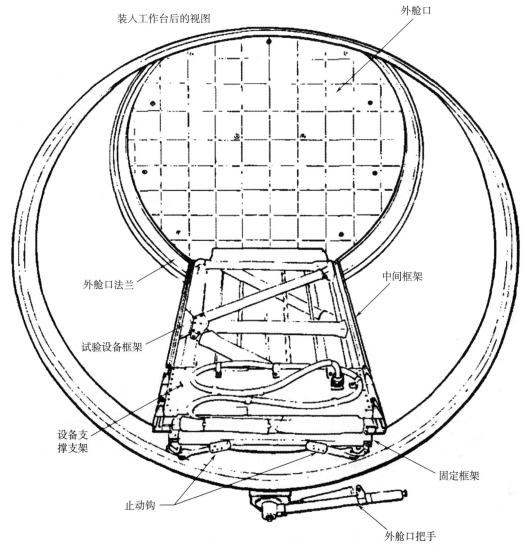

图 6 - 5 空间实验室气闸舱工作台组件

气密性。在外壳和端锥组装完成后，工作组将通过静态和动态试验验证结构设计的正确性，并确认该硬件的空间价值。[①]

在加压的空间实验室保护壳内部，子系统部件和试验设备都将放置在被称为机架的通用支撑结构上，每个 7075 - T73 铝合金桁架结构的前端和侧边都安装了嵌板框。机架有两种尺寸，分别被称为单机架和双机架。单机架宽度为 1.58 ft，有效容积为 31.8 ft³，可放置最多 951 lb 的设备；双机架（见图 6 - 7）的宽度是单机架的 2 倍。试验用的机架前面是开放的，两端由可拆卸背板和前面板附件封闭。它们上面也配有标准孔，以便将有效载荷

[①] 得益于意大利航空公司在空间实验室项目中获得的专业知识，若干年后他们将成为国际空间站居住段大部分舱室研发和制造的主力军。

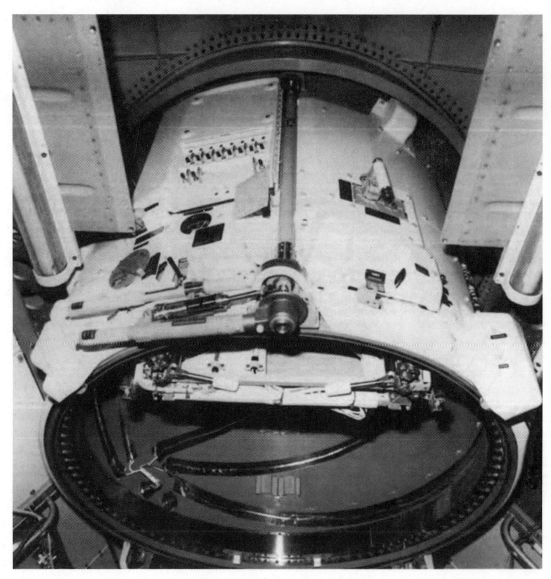

图 6-6　空间实验室的科学气闸舱

连接在各个角和侧壁上。核心舱内的双机架通常需要被改造以适应子系统的控制，即所谓的控制中心机架。它们承载着指令和数据管理子系统、环境控制子系统、警示告警/消防子系统和试验电源开关等部分（见图 6-8）。

　　核心舱主要包括两个控制中心机架，还可以携带两个单试验机架和两个双试验机架。试验舱完全可以容纳 4 个双机架和 2 个单机架的配置。两个舱段中，机架都是按照"双-双-单"的顺序安装，从舱段的前端沿着一边排布（见图 6-9）。每个机架都被栓接在主舱板层上，并由配件连接到上方的支撑结构（见图 6-10）上。主舱板层由铝蜂窝芯板和铝阳极氧化膜覆盖的铝框横梁组成。中心通道面板是固定的，但机架前端的面板通过铰链连接，以提供通往底层区域的通道。当未安装试验机架时，由侧舱板覆盖开口。主舱板覆盖

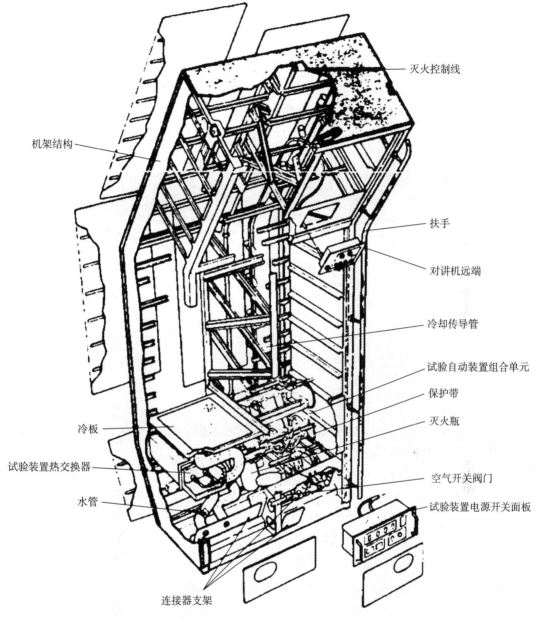

灭火控制线

机架结构

扶手

对讲机远端

冷却传导管

试验自动装置组合单元

保护带

灭火瓶

冷板

试验装置热交换器

水管

空气开关阀门

试验装置电源开关面板

连接器支架

图 6 - 7　试验用双机架结构图

了每个舱的宽度和长度，为那些不用安装在机架上的试验提供了平台，它也可以作为在轨活动中的一个平台或在地面处理过程（见图 6 - 11）中作为可以行走的地面。

　　底层地板由铝制的夹芯板构成，位于主舱板的下方，它为核心舱环境控制和电力系统组件以及试验舱附加试验硬件或备件提供了空间。上方的支撑结构和每个机架顶部的附件不仅提供了额外的存储空间，且能用于安装环境控制系统的风管、扶手以及照明灯。出于这种考虑，支撑结构被设计为两套支撑梁结构，中心线两侧各一套，每套支撑梁都由三角形和矩形的铝制板材铆接而成。

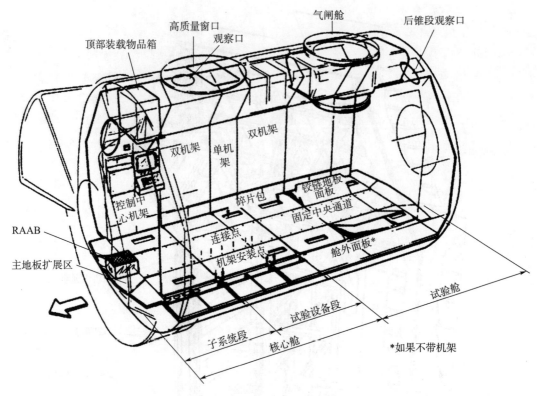

图 6-8　典型机架的内部布局

　　空间实验室只在轨道飞行期间开放，以满足科学计划的要求。航天员的睡觉和吃饭等日常活动都会在轨道器乘员舱内进行。

　　1977 年，NASA 聘请麦道公司研发和制造了一个长 18.86 ft，直径 3.34 ft 的圆柱形空间实验室转移通道，通道一端连接中甲板气闸舱的外舱口，另一端连接加压舱前端锥中心的开口。由于这两个开口不在一条直线上，NASA 在 1974 年决定在通道中增加一个垂直接合段，以补偿 3.51 ft 的垂直偏移。

　　对转移通道的需求源于轨道器早期设计的选择。从水星计划开始，NASA 的关键人物马克斯·费格特（Max Faget）认为："固体火箭助推器分离时的速度[1]为 4 000 ft/s，轨道器必须剩余大量的推进剂以保证入轨，[2] 这意味着必须有足够的推力来承载推进剂质量，因此就要增加轨道器发动机的大小，这导致轨道器质心后移量超出了我们的预期。因为轨道器的质心是在有效载荷舱体心的后方……因为那个该死的东西上没有尾翼，我们几乎没有余量在移动质心的同时保持稳定、可控的飞行。因此，有效载荷舱前端的很大一部分实际上是无用的。"换句话说，把空间实验室放置在有效载荷舱后端是非常必要的，其目的

---

　　①　这里马克斯·费格特指的是固体火箭助推器与外贮箱分离的时候，航天飞机任务进入上升段大约 2 分钟，这一事件被称为"级间分离"。

　　②　当外贮箱分离后，轨道器必须再进行 1～2 次点火才能够到达预期的轨道位置。详细内容请参阅戴维德·西沃尔拉的书《入轨和返回：航天飞机如何在太空中飞行》的第 11 章。

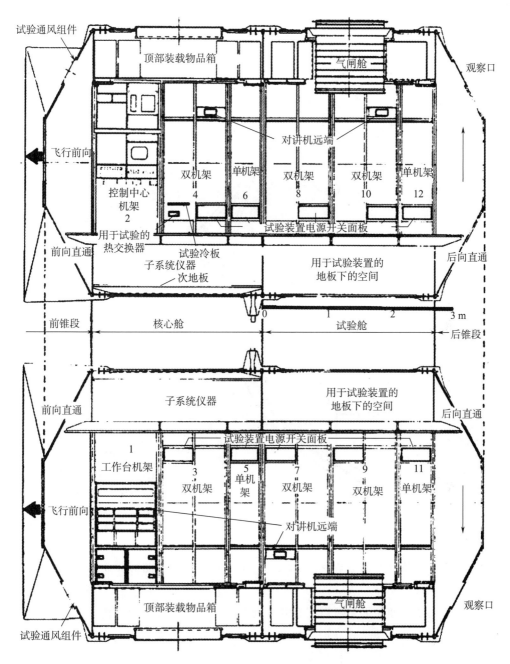

图 6 - 9　空间实验室加压舱的部分视图

是使有效载荷舱的质心更靠近轨道器的质心，以在再入时获得更好的气动稳定性。[①]

　　此外，NASA 规定，通道必须沿着有效载荷舱地板的方向设置，以满足两个基本需求：首先，它应允许安装一个外部气闸舱。中甲板气闸舱与通道相连，航天员可以在有效

---

　　① 通过互联网检索很容易发现，大多数有效载荷都安装在有效载荷舱的后方，前方一般空载或安装较轻的有效
载荷。

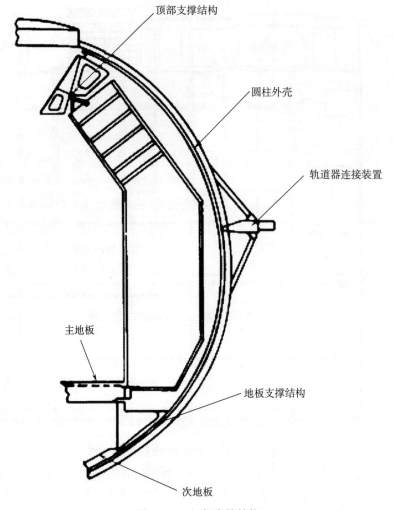

图 6-10　机架支撑结构

载荷舱出现问题的情况下出舱进行应急太空行走。其次，有可能需要在通道上方的空间安装较轻的有效载荷。

　　虽然外部气闸舱使航天员可以在有效载荷舱内参与试验设备的操作，无论是不加压的空间实验室托盘上的，还是独立携带的试验设备，但人们很快意识到，在空间实验室开展活动的同时进行太空行走对耗材的需求过大。因此，设计者放弃了外部气闸舱的概念。事实上，在密封加压的空间实验室飞行任务中，科研工作从来不需要航天员的舱外活动。然而，应急舱外活动能力的需求一直存在。为了达到这个目标，所谓的移动通道适配器（也被称为前向延伸段）被添加到有效载荷舱的前隔板附近。移动通道适配器两端各有一个舱口，顶部也有一个舱口。如果有需要进行舱外活动，太空行走的航天员将从中甲板气闸

图 6 - 11　在地面组装过程中，一套机架正由滑轨滑入加压舱。明显可以看到，舱内的布局很紧凑

舱[①]进入移动通道适配器，然后从顶部的舱口出舱。此时，作为太空行走准备工作的一部分，空间实验室的研究将被暂停，舱室将被腾空并封存。

　　转移通道的结构（见图 6 - 12）看似简单，实则不然。当它被加压后，会产生旋转或变直的趋势，就像是草坪洒水器一样，对圆柱形外壁和接合段都施加了很大的压力。因此而增加的椭圆加强环提供了额外的强度，那是为了减小轨道器和加压舱之间的负载传递，在通道两端增加的两个柔性的圆环（见图 6 - 13）。然而，其研发过程很艰难，麦道公司苦苦寻找解决办法，希望圆环能够承受纵向结构变形、扭转、剪切和对接偏差。最后，NASA 聘请固特异公司参与研发，采用在氟橡胶中嵌入两股 Nomex 的复合材料开发了单卷波纹管。

　　为了使加压的空间实验室成为一个舒适的工作环境，需要建造环境控制和生命保障系统（ECLSS，见图 6 - 14）。这个系统由气体贮存控制系统（ASCS）、空气再生系统

---

　　① 这意味着轨道器的气闸舱在乘员舱内。因此通道适配器成为气闸舱的一种简单延伸，顶部的舱口代替了气闸舱的外部舱口。

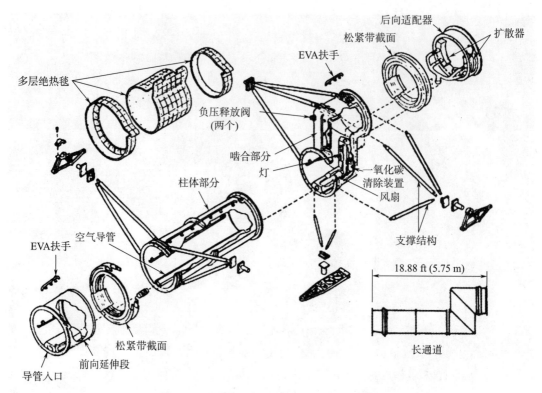

图 6-12　空间实验室转移通道的主要部件

（ARS）和主动热控制系统（ATCS）组成。气体贮存控制系统从轨道器的氧气储备①中提取气态氧，与来自实验室外部推进剂箱的气态氮混合，使空间实验室保持在合适的气压。空气再生系统确保氧气和氮气混合物在可居住空间内均匀分布，并提供循环空气，在空气流回空间实验室之前去除一定的热量、湿度、气味和二氧化碳。一氧化碳在转移通道中被滤除。在电子设备上利用双冗余风扇吹出的空气来驱散电子设备产生的热量。主动热控制系统的水循环在在轨情况下以满额模式工作，在再入时以降额模式工作②。根据不同的任务，航天飞机一旦入轨，可通过专用的流体循环除去特殊试验装置产生的热量，并在实验室的水循环系统中泄掉热负荷。水循环系统通过冷却剂——氟利昂释放热量。外部非压力舱中所有试验设备产生的热量也由氟利昂冷却剂回路泄放，而氟利昂冷却剂回路也同样依赖水循环系统。全托盘配置下，该系统回路直接接入氟利昂冷却剂回路③。

---

　　①　早期的研究中设想空间实验室携带自己的氧气瓶，因为航天飞机的空气再生系统不足以为两个加压环境提供空气。然而，经过航天飞机设计的进步，氧气量明显有了富余，可用于空间实验室。这种因地制宜的设计为增压模块的设计节省了宝贵的重量。

　　②　在上升和返回再入（尤其是后者）时，航天飞机和内部的载荷舱承受着强烈的热负荷，必须在空间实验室上采取一些手段，保持其内部温度在可接受的范围内，以免损坏航空电子设备或破坏试验装置。

　　③　早期构型设计是使加压舱和托盘可以转到有效载荷舱外围，以使表面安装的散热器有足够的面积和角度。其他构型还包括使加压舱固定在有效载荷舱内，并配备可展开式散热器。最终，轨道器散热系统的设计已经足够成熟，具备足够大的表面进行散热，并且有足够的能力处理加压舱产生的热负荷。

图 6-13　空间实验室加压舱和通道正在有效载荷平台上进行安装。垂直接合段、
通道适配器部分清晰可见，分别在通道前后两端

电力来源于空间实验室的主总线，而它又与轨道器有效载荷主总线之一相连。该系统通过一个专用配电网可为实验室子系统同时提供 30 V 直流电压和 112/120 V 400 Hz 三相交流电，以及 28 V 直流电压和 115 V 400 Hz 三相交流电。轨道器除了为空间实验室的关键环境控制系统的传感器和阀门提供应急直流电源外，还为火灾烟雾探测和消防装备、水管路、急救照明、内部通信系统、预警和告警系统供电。如果分配到试验装置的功率降低，试验装置可以从自身的基础总线中获取电力。①

为确保工作环境的安全，轨道器可以接收预警和告警系统的输入。该系统能够满足最大化的 36 条模块子系统安全指令和 22 条试验安全指令的要求。② 这包括了最严重的载人航天器紧急事件：烟/火报警和急速失压。在这些情况下，航天飞机的预警和告警系统会和空间实验室的预警和告警系统同时响起紧急报警声。

模块及试验的复杂逻辑主要由命令和数据管理系统（CDMS）管理。该系统包含 3 台相同的 IBM 计算机 AP-101-SL。第一台计算机主管空间实验室的试验，主要管理包括激活、控制和监测有效载荷的状态，对试验数据进行采集与处理等；第二台计算机控制管

① 在电气系统设计中，轨道器的子系统在在轨运行时用两块燃料电池就足够了，第三块电池为空间实验室供电。这对于缺乏燃料电池开发和设计经验的欧洲航空航天业是一个好消息。

② 安全指令允许发生故障的系统或设备可以通过关机、激活冗余系统或性能降级使用的方式确保安全。

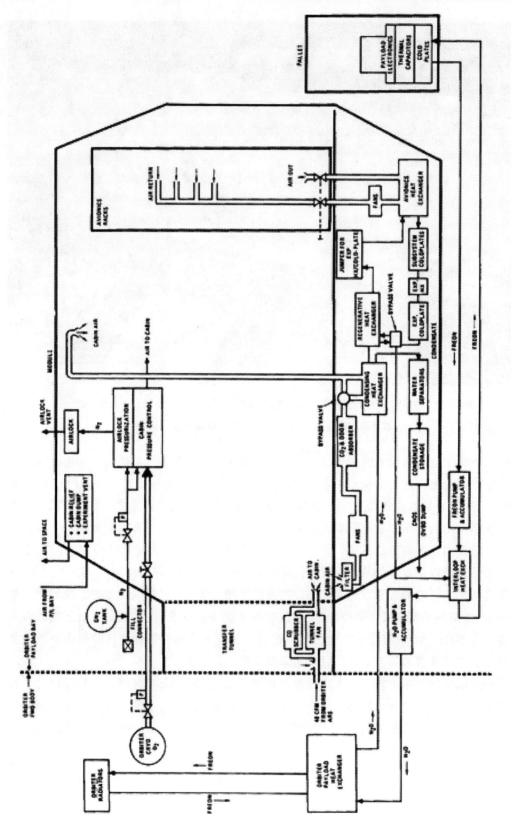

图 6 - 14　空间实验室环境控制和生命保障系统电路图

理空间实验室基本的试验支持服务数据，如电源分配和设备冷却等；第三台计算机是备份机。数据处理组件（DPA）包含一系列软件，处理遥测数据和指令数据，以及轨道器、空间实验室子系统和各试验装置间的时序信号。它集成了子系统和试验专用的软件，每一个系统都有其操作系统和应用程序。DPA 存储在一个大容量存储单元中。

加压舱在意大利研制，而非加压托盘系统由英国伦敦附近斯蒂夫尼奇镇上的霍克西德利公司负责研制。为了最大程度地提高轨道器有效载荷舱的可用容积，设计选用了 U 形铝框和面板结构，在有效载荷舱纵梁上安装 4 个配件，在龙骨处安装 1 个配件。基本结构由 5 个平行的 U 形架（4 主 1 副）通过 1 个龙骨构件、4 个纵梁和 2 个底框梁轴向连接而成（见图 6 - 15）。不同尺寸的铝制蜂窝板构成内、外承重蒙皮，用于承载较轻的空间实验室系统和试验装置，而较大的有效载荷将被安装在置于框架和大梁交叉点的标准硬点（hard point）组件上。

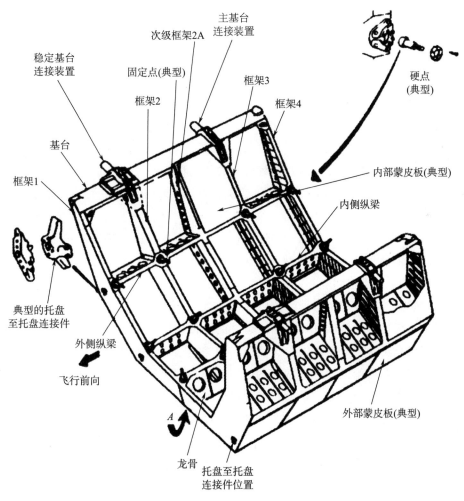

图 6 - 15　空间实验室的托盘结构

事实再一次证明这种构型看似简单，实则不然，因为设计者为减重想尽了办法。例如，夹心板[①]的表层做得非常薄。[②] 局部加强不适用于硬点，也不适用于需要重复安装的区域。结构设计使用通用的负载因子 1.4，[③] 但为了减小质量，设计者不使用任何加固结构，甚至在使用中需要提高耐久性的区域也没有采用。通过延长工具加固紧固件以达到最大扭矩，使其发挥最大作用，从而减少紧固件的数量。这些方法节省了相当多的质量，但在硬件的操作性和集成性方面都做出了让步。事实上，人们很快就意识到，每一次飞行后都需要更换紧固件，在地面上进行更换需要非常小心，以免损坏脆弱的托盘结构，而且每一次飞行后都要进行比最初设计时更复杂的结构分析。正因为如此，托盘才能在几次最激动人心的航天飞机任务中扮演重要的角色，携带多种多样的有效载荷。

空间实验室的加压舱和非加压托盘的存在，使航天飞机项目中的任务规划和配置具备了十足的灵活性，这可能是 NASA 在设计短程任务时都没有想到的。只使用加压舱（短或长构型）或托盘（最多 5 个，其中 3 个刚性连接），或是可混合使用的模块化设计使配置的灵活性足以满足任务的需求。在某种程度上，航天飞机有效载荷舱的大容积可以被充分利用，以最大程度地获取科学回报。

6.4　小型载荷载体

早在 20 世纪 70 年代中期，在开始为航天飞机确定首飞载荷清单时，NASA 就意识到，没有一种主载荷能够充分利用有效载荷舱的载重和容积。很明显，这一点能为科学界和高校提供一次开发小型载荷并参与飞行的机会，同时还能充分利用有效载荷舱剩余的潜力。

因此，1976 年 10 月，NASA 总部负责空间飞行办公室的助理局长约翰·亚德利（John Yardley）在加利福尼亚州阿纳海姆举行的国际宇航联大会上宣布了"小型自足型载荷项目"，其目的是鼓励空间利用，促进太空探索实践机会。经济型试验后续可能成为主流空间试验的思路，并且萌生出新的太空特色活动。关键的要求是试验装置必须自足，也就是说不依赖航天飞机进行供电和数据传输，机组的交互界面仅限于设备硬件的开机和关机，试验装置必须具备自身能源供给、热控、数据记录和主事件程序的能力。[④] 另外，它们也必须符合有效载荷舱内主有效载荷的轨道或指向的要求。然而，如果需要特殊条件，NASA 也会尽力调配飞行计划，最大程度满足试验者的需求。

尽管存在局限性，该项目仍然备受欢迎，空间飞行办公室开始接收订单。由于价格相当合理，一个试验可以立即开展，并且为了获得额外的数据或测试修改后的试验装置，可以进行再次飞行。显然，新技术可以在太空中迅速得到验证并被应用于恰当的领域。通过

---

① 夹芯板是放置在两张面板之间的蜂窝芯。这样的设计等价于采用结实的 I 形梁，但具备轻型结构的优势。
② 用层压复合板取代蜂窝夹芯板的想法很快被否定了，因为复合材料与底层托盘铝制结构的线胀系数不兼容。
③ 简单地说，这意味着结构的尺寸可以为托盘承受最大有效载荷量的额外 40%。
④ 事实上，遥测资源是不可用的。除了被飞行乘组打开和关闭外，试验装置是在完全没有监控的情况下运行的。

开发标准接口和通用技术文档，文档类工作被极大简化，这也减少了对用户的要求。用户需要提供对试验装置的详细描述，包括其目标和设计状态，并证明它将完全符合航天飞机、飞行乘组和其他有效载荷的安全要求。

1977 年初，马里兰州格林贝尔特的戈达德航天飞行中心探空火箭分部被授权负责研制技术规范和飞行硬件。这样的分配是合乎情理的，因为自足型载荷与探空火箭的载荷十分相似。基于他们 20 余年的经验，该分部生产了一套被称为附加航天飞机有效载荷（ASP）的支架。

6.5　分离专用装置

第一台 ASP 被称为分离专用装置（GAS，见图 6-16）。总体上说，GAS 是一个加压的铝制圆筒（称为罐体），可以容纳一个自足型试验装置。为适应不同质量和体积的仪器，GAS 提供两种罐体尺寸，较大的罐体有 5 ft³ 的可用容积，外包络直径为 19.75 in，高 28.25 in，可以容纳 200 lb 的设备；较小的罐体拥有相同的直径，但外包络高度和容积只

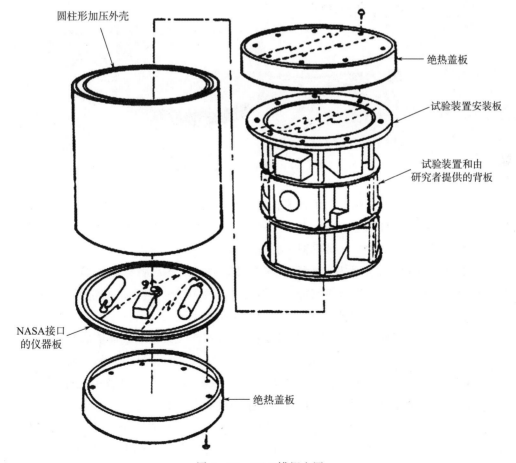

图 6-16　GAS罐概念图

有大罐的一半，如图 6-17 所示。试验装置安装在罐体顶板的内表面上，内表面上有线状图案的示意图，用来说明不同的硬件配置。然而，在多数实际情况下，仪器是安装在一个连接到顶板的机架上，以充分利用可用容积，使几个试验装置共用一个罐体（同时也分担费用）。为了提供横向稳定性，防止机架接触罐体的侧壁，罐体底端的可调缓冲器固定住了机架的自由端。

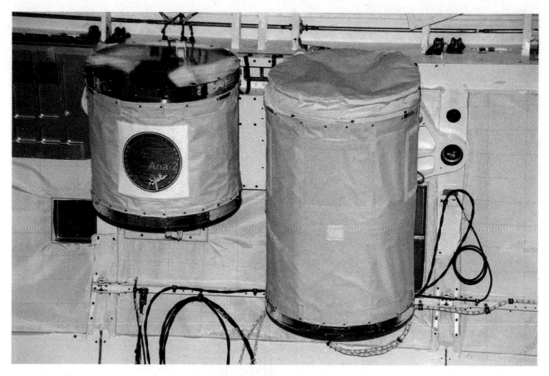

图 6-17　有效载荷舱的一对 GAS 罐

罐底端板是为电气连接端口和压力传感器预留的，这些设备是将罐与轨道器连接起来的必要设施，机组人员可以通过它们激活或停用内部设备。底端板和侧壁具有绝热和屏蔽辐射的功能。顶板上的保护措施可根据试验进行选择。

GAS 罐的设计目的是最大程度地发挥灵活性，并适应各种各样的试验。舱内部的容许压力范围可以覆盖真空至近地面压力，容器内可以用干燥的空气或氮气填充。如果试验需要直接接触真空环境或需要通过窗口对外观测，顶板上还设计有一个可以在轨开关的盖子。除此之外，设计者还研发了一种天线顶板，用于基于无线电业余通信的研究。

第一个罐体在 STS-4 任务时进行了飞行。由于等待飞行的试验数量与日俱增，因此设计者快速开发出了一个名为"GAS 桥"的设备，并在 STS-61C 任务中进行了首飞。这是一个横跨有效载荷舱全宽的桁架结构，两侧能够挂载 5～12 个罐体。

由于 2003 年 2 月哥伦比亚号航天飞机的不幸失事，GAS 项目戛然而止，此前有大约200 个罐体作过飞行，此后航天飞机将专门用于完成国际空间站的组装工作。

6.6　搭载项目

凭借 GAS 项目的成功，1984 年年初，空间飞行办公室开启了新一代附加航天飞机有效载荷载体的研究，该项目称为搭载项目。主要的目标是减少飞行前准备时间，增加再次飞行的机会，降低综合成本，并最大程度地提高轨道器的载荷比重。为了对试验进行监测和控制，在不干扰主载荷的前提下，搭载载荷可以使用航天飞机的资源，如电能、实时遥测和地面指令服务。为实现该项目的目标，研制了两种不同的平台，分别被称为搭载-G和搭载-M。搭载-G由戈达德航天飞行中心研制，可搭载多达 6 个有效载荷，总载质量高达 750 lb；搭载-M由马歇尔航天飞行中心研制，可搭载 3 个有效载荷，总载质量 1 150 lb。

搭载-G（HH-G）平台（见图 6-18）由铝制试验安装板构成，固定在一个或两个 GAS 适配器安装梁组件（ABA）上，该组件长度跨越两个相邻的有效载荷舱框架之间。大小或质量不适合 GAS 罐的试验装置可以装在此类板上，GAS 罐也可以安装于此。通常这些平台可以在 25 in×39 in 的平板上安装重达 150 lb 的试验装置。板上分布了网格状的孔洞，便于使用不锈钢螺栓进行硬件安装。

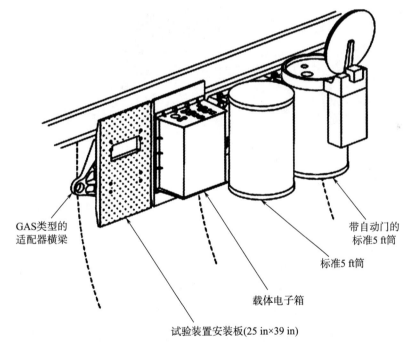

图 6-18　搭载-G（HHG）平台组成示意图

HH-G平台还可以容纳航天飞机有效载荷机会载体（SPOC）。SPOC 是一套用来支持非搭载试验设备的系统，这些试验设备更像是主载荷。SPOC 被设计为模块化且可扩展的形式，以适应有效载荷的需求，它可以最大限度地提高轨道器资源的使用效率。SPOC 是一个 50 in×60 in 的大型装配板，可搭载具有标准化电气和硬件接口的电子设备，支持轨道器与多达 6 台试验装置的连接（见图 6-19）。该单元还与飞行甲板上的开关面板相连，通过键盘和显示设备，乘组人员能够激活和停用有效载荷，发送控制命令。除试验硬件外，SPOC 还包括加热器和防热层等设施。SPOC 不能直接安装在 GAS ABA 上，它需要一个额外的适配器板。作为一个最大化有效载荷质量的设计方案，直接在 ABA 上安装试验装置是一个不错的选择，这样就不需要安装试验板了。这种方法可以装载高达 700 lb 的有效载荷，但需要详细的结构安全分析和审批手续。

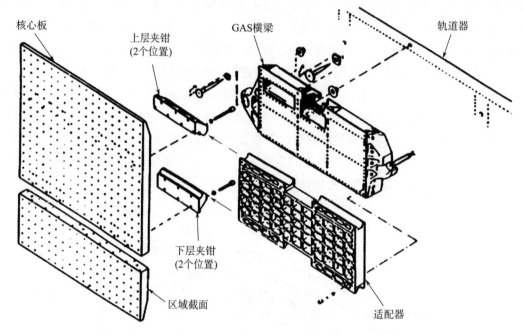

图 6-19　搭载-G SPOC 板结构组件

比上述平台更大的搭载-M（HH-M）平台（见图 6-20）是基于一种被称为搭载桥组件（HHBA）的桁架结构载体。它由上部和下部的支撑结构组成，横跨轨道器有效载荷舱全宽。上部支撑结构包括任务专用设备（MPE），MPE 由一系列为适应试验而设计的结构元素组成。当航天飞机处于发射平台时，MPE 被安装在下部支撑结构上。另外，试验装置和 GAS 罐被安装在上部支撑结构的顶部和两侧的铝板上。还可以根据需要增加一个 SPOC 航空电子设备单元。在板上安装试验装置需要使用专用支架，因为 HHBA 和 MPE 都是非绝热结构，在太空中需要经历大范围的温度变化。如果试验装置和安装板有温控措施，这些支架可以起到热隔离和热传导的作用。与 HH-G 一样，也可以直接在载体结构上安装试验装置，这样就不需要安装板了。但这样的试验装置必须可以承受设备和载体之间的巨大温差变化。

1986 年，第一个搭载载荷被分配至 STS-61C 任务中，它携带了 3 个 NASA 感兴趣的试验设备，它们是为了研究轨道器环境中粒子的分布情况，验证利用毛细管循环的新型传热系统的作用，以及确定污染和原子氧对紫外光学的影响。1991 年 4 月发射的 STS-39 上搭载了 HH-M。搭载载体的最后一次飞行是 2003 年哥伦比亚号不幸失事的 STS-107

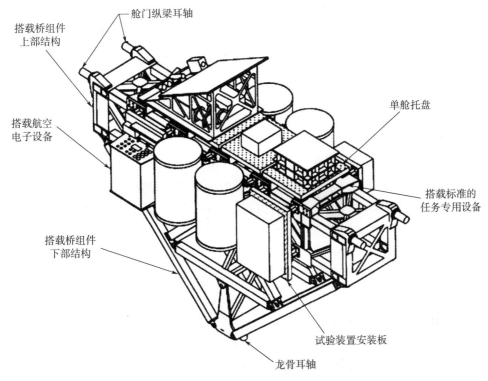

搭载桥组件
上部结构

舱门纵梁耳轴

搭载航空
电子设备

单舱托盘

搭载标准的
任务专用设备

搭载桥组件
下部结构

试验装置安装板

龙骨耳轴

图 6 - 20　搭载 - M（HH - M）平台组成示意图

任务。

　　虽然搭载项目和 GAS 项目可能有些类似，但它们实际上截然不同。GAS 项目相对简单，只允许在两种标准尺寸的罐体中进行飞行试验，除了激活和停止操作外，不需要乘组人员参与，不需要从轨道器上获取资源。相对的，搭载项目允许研究人员选用 GAS 罐，或者为 GAS 罐容纳不下的大型试验装置选择安装板。此外，无论试验装置的安装位置如何，在搭载项目中乘组人员或研究者的地面控制中心都可以利用机载资源对试验进行监视和控制。

　　显然，搭载项目在基于 GAS 的试验和基于空间实验室的更大更复杂的研究之间建立了一个桥梁。它们使航天飞机为科学技术研究提供了更多的飞行机会，同时使轨道器的能力得到了最大程度的开发。

第7章 空间实验室的故事

7.1 "无条件的成功"

若是简单总结航天飞机 30 年飞行中所进行的科学研究和数百项试验，可以写成数千页的文章，但这显然超出了本书的范畴。因此，在本章中，我们将以空间实验室任务中的一些科学试验作为范本，说明航天飞机是如何"变身"为一个在轨研究设施，并为在轨有人照料的科学研究做出贡献的。

空间实验室的首飞搭载于哥伦比亚号的 STS-9 任务中，它由一个长加压舱和一个非加压托盘（见图 7-1）组成，后者位于有效载荷舱的后方。但这不是空间实验室托盘在太空的第一次飞行，因为在 STS-2 和 STS-3 任务中托盘的简化版本曾携带了小型试验包进入太空。它们是用于验证托盘结构设计的工程测试件，能使 NASA 的工程师们熟悉地面操作方法以及与轨道器的集成。虽然这些测试件的设计没什么空间价值，但 ESA 接受了 NASA 的建议，对它们进行了调整，以便在轨道飞行试验中携带少量选定的试验设备和仪器。STS-9 任务是真正具有空间价值的空间实验室的首飞，所以应称它为空间实验室的第一次任务。

这次首飞任务中，73 个试验装置布满了空间实验室所有的舱段，这些试验装置经过精心挑选，来验证有效载荷舱实验室的性能并评估它的优缺点。同时，它们还涵盖了天文学、太阳物理、地球观测、科学技术、材料和生命科学等多领域的研究。但科学不是这次任务的首要目标。STS-9 实际是一次试验性飞行，目的是验证空间实验室成千上万的结构、机械和电子部件是否可靠，验证其系统、性能，以及与试验装置和轨道器的兼容性，并检测有效载荷舱的环境。除了轨道器标配的操作仪器，空间实验室和哥伦比亚号上还安装了大约 200 个传感器，作为验证性飞行仪表（VFI）的一部分来验证舱内的环境控制系统、结构、指令和数据管理、配电、可居住性以及与空间环境的兼容性，包括验证这种污染不会降低敏感的光学表面和其他试验装置的性能。

1983 年 11 月 28 日 STS-9 的发射开创了多项第一。这是第一次轨道倾角为 57°的飞行，第一次携带重达 33 070 lb 的有效载荷，计划 9 天的飞行也是截至当时历时最长的任务。

在 3.5 h 内，6 名乘员激活并进入了空间实验室，他们在接下来的 231 h 在其中连续工作。在开展试验和组件测试的同时，为了创造最严苛的热应力和结构应力条件，哥伦比亚号和空间实验室经历了超过 200 次的姿态变化。例如，从第二个飞行日至第四个飞行日，通过将有效载荷舱面向深空，进行了所谓的冷态测试。相反的热测试是在第八个飞行

图 7-1　在肯尼迪航天中心，空间实验室-1 的加压舱和托盘准备安装在哥伦比亚号的有效载荷舱内。
右侧是需要暴露在太空中的安装了试验装置的托盘

日进行的，空间实验室保持对太阳定向并沿一条持续处于阳照区且不会经历阴影区的轨道飞行。在这两次测试期间（以及两次测试之间），哥伦比亚号需要经常调整姿态，以满足外部托盘试验装置的观测需求，因为它们自身不具备调节机构。这为未来航天飞机作为天文学和地球观测平台的使用提供了测试机会。

随着时间的推移，航天员报告称，空间实验室的工作环境舒适且功能齐全，与地面实验室没什么不同。机载系统和试验装置运行得很好，因此在第四个飞行日，NASA 开始考虑延长一天飞行时间，并且在两天后这个提议就获得了批准。空间实验室的密封性能非常好，泄漏率比预期低很多，因此从航天飞机获取的氧气量大大降低。二氧化碳的去除效果也比原先预期的要好，事实上，这是由于轨道器座舱内的氢氧化锂罐能够在不依赖空间实验室设施的情况下吸收二氧化碳。此外，电力消耗也低于预期，额外的低温氢和氧可作为预防措施供燃料电池使用。以上所有因素都有助于延长任务时间。

　　空间实验室的热环境也在预测范围内，主动和被动控制系统都没有记录下任何异常问题。[①] 事实上，航天员报告说舱内空气清新，温度凉爽舒适，相对湿度始终保持在 40% 以下，没有冷凝现象。科学气闸舱工作正常。内部和外部的舱口经历了 22 次开关序列及 6 次减压和复压。两个试验和冷热测试中共操作试验台 23 次。飞行后的数据证实轨道器和试验舱之间的机械和热应力传递满足发射、着陆和飞行中各姿态工况下的设计值。

　　虽然这次任务中的科研工作是次要的，但是飞行后的科学报告总结得出了一系列令人印象深刻的成果。例如，在流体物理模块（FPM）机架上发现了新的一种自由运动流体的重组机制，而且意外地发现了微重力环境下油和水缓慢分离的现象。研究了密闭容器中的流体行为，有助于提高人们对携带大量推进剂或冷却剂的航天器内液体流动的认识。这个试验还首次证实了太空中马兰戈尼对流的存在。

　　这次飞行也是第一次有机会在广泛意义上开展生命科学的研究。例如，研究了眼睛在零重力环境下定向的重要性，以及眼睛和前庭系统之间的耦合性。事实证明，在失重状态下，眼睛在人体定向系统中起主要作用。人们观察了失重状态下人类脊髓反射和姿态行为的变化。在太空中进行质量测定的试验表明，航天员比预期的更容易适应环境。

　　多种光谱仪对地球大气微量成分的精确测量，在大气化学成分以及动力学的研究中无疑起到了至关重要的作用。取得的成就包括在大气中间层中发现了二氧化碳、水和甲烷，获得了精确的臭氧高度剖面，定量测量了大气中的氙等。遥感仪器以前所未有的精度在全球范围内测量了大气的成分构成，并获得了一套核心的大气测量参考值。

　　在天文学和太阳物理学方面，此次飞行实现了超过计划 90% 的观察任务和目标，包括高分辨率测量了恒星 X 射线、远紫外背景，以及太阳光谱和太阳常数（与其名称相反，它是变化的）。在空间等离子体物理方面，此次飞行实现了 88% 的目标，包括研究磁等离子体动力学与中性气体羽流如何中和飞行器上的电荷，观测了束流等离子体的放电现象，通过发射电波产生了高能返回电子，结合多种仪器进行组合试验，还对上层大气的气辉层进行了成像。

　　基于取得的这些成绩，1984 年 2 月 29 日，NASA 主管空间科学与应用的副助理局长塞缪尔·凯勒（Samuel Keller）称："空间实验室 1 号的任务非常成功。空间实验室是轨道实验室的一次圆满成功的演示。这次成功归功于细致的任务规划和机组尽心尽责的工作。"

　　事实上，人们早在硬件制造切割第一块金属之前就已经开始规划空间实验室的第一次飞行了。项目参与者——航天员乔·艾伦回忆说："对我们来说，也许应该模拟在与空间实验室相同尺寸的空间内开展研究，这与在航天飞机上不同……我们进行了一种被称为 ASSESS 的仿真……我们使用了 NASA 在埃姆斯研究中心的飞机进行研究，将参与研究的乘员限制在与航天飞机类似的房间内，开展真实的研究。虽然研究内容与零重力环境无关，但需要让研究相关的科学家封闭一周左右的时间，包括在工作的地方吃饭、睡觉。"

　　机载科学空间实验室设备系统仿真（ASSESS）是 NASA 和 ESA 的一个联合项目，

---

　　① 值得一提的是，主动控制系统使用的是水和氟利昂回路，而被动控制系统使用的是多层隔热毯，隔热毯涂装为白色，覆盖了整个试验舱和托盘的外表面。

旨在将康维尔 990 飞机客舱改装成与空间实验室接近的工作环境。空间实验室试验机架和真正的试验装置将安装在这种飞机上进行两次飞行。

　　ASSESS I 开始于 1975 年 6 月 2 日，5 天内进行了 5 次持续 6 h 的飞行。ASSESS II 在 1977 年 5 月 15 日至 25 日之间进行了 7 次飞行。为了使仿真环境与真实任务尽量接近，在没有飞行任务时，两名 NASA 和两名 ESA 的"航天员"在飞机上或与飞机直接相连的生活舱内度过了其余时间。ASSESS 项目[①]不考虑进行的科学试验，其真正目的是加深人们对空间实验室飞行计划和组织的理解。这些飞行也证实了由非主要研究员的航天员开展多种试验的可行性。事实上，这个项目让人们认识到航天员将如何在飞行试验中与地面的主要研究员进行沟通，同时也为试验装置开发、航天员训练和空间实验室操作等方面提供了帮助。对 ESA 来说，这个项目是为载人飞行计划锻炼管理能力、整合方案设计框架的真实练兵场。

　　令空间实验室 1 号获得巨大成功的第二个元素是 STS‐9 的 6 名航天员，这是当时最大的一个飞行乘组。团队的成立造就了另一个第一，指令长是具有传奇色彩的登月航天员约翰・W. 杨。究其详情，要追溯到第一批在太空飞行的喷气式飞机飞行员，在美国，他们都是飞行时间长达数千小时的试飞员。那时人们认为，只有那些训练有素、严格遵守纪律、能够挑战危险的高性能飞行器极限的人才能应对人类太空飞行试验领域出现的未知情况。1959 年 4 月、1962 年 9 月和 1963 年 10 月，NASA 招募了 3 批航天员。所有候选者都必须有大学或更高学位，但首要条件是有军用喷气式战斗机的试飞经历。在 1963 年 10 月的那批招募中，放宽了对军用喷气战斗机飞行经验这一要求，从而为普通飞行员开辟了通道。

　　1965 年 6 月，NASA 招募了一批全新的航天员。虽然 6 人中有 4 人仍在军队服役，但他们被选择仅仅是因为他们的学术背景和研究经验。事实上，他们都有博士学位。随后，他们毫无意外地被列为第一批科学家航天员。1967 年 10 月，NASA 在学位达标的人员中选择了第二组航天员，这一次有 11 人入选。尽管阿波罗计划离登陆月球还有几年，但后阿波罗计划已经着眼于建立能够开展空间科学研究的地球轨道的空间站了。这些任务将主要由科学家航天员完成，他们将运用研究技能和学术知识使地面主要研究员设计的试验装置性能最大化。

　　在 1975 年 7 月 24 日阿波罗返回舱最后一次在海上溅落之前，只有 4 名科学家航天员参与过太空飞行：他们是在最后一次阿波罗登月飞行中进行了月球行走的哈里森・H. 施米特（Harrison H. Schmitt），还有约瑟夫・P. 克尔温（Joseph P. Kerwin）、欧文・K. 加里奥特（Owen K. Garriott）和执行过天空实验室空间站任务的爱德华・G. 吉布森（Edward G. Gibson）。

　　航天飞机计划为其他科学家航天员最终成为任务专家带来了希望。这是从第一次操作任务 STS‐5 开始的。不同于只能携带 3 名航天员的阿波罗号飞船，[②] 航天飞机可以轻松容纳 7 名航天员。① 两名飞行员被指定为驾驶员，② 另有任务专家不仅将操作轨道器系统，还可以进行常规或应急太空行走、部署和回收卫星、操作机械臂、开展试验等。随着空间实验室和一系列需要使用航天飞机的科学任务的到来，NASA 决定让另一类航天员参与航天飞机飞行任务。

航天员保罗·韦茨（Paul Weitz）解释说："当时，就试验（我们称所有事件都是试验，无论是评估、数据采集、现场分析等）而言，人们觉得最划算的方式是让其达到理想状态——如果你将使用新型天文传感器来观测光谱或无线电辐射，有些人从读研究生到在大学的 10 年任期一直在研制这个探测器。最合理的事就是让那些研制它的人将它带入太空，然后让他们操作仪器。"因此载荷专家的概念出现了。虽然他们有太空飞行的特权，但他们在飞行任务中的作用纯粹是进行试验和研究。他们将操作自己设计的设备或代表一个项目，并接受主要研究员的培训。保罗·韦茨继续说："那些人不必是 NASA 的员工。我们不必聘用他们。我们所要做的就是训练他们不要碰轨道器的任何东西，任何开关或任何控制设备。"

在任何一次飞行任务中，任务专家将根据其学术知识以及受到的培训协助开展科学工作。而载荷专家必须进行大部分的试验和研究活动。"因此，这就是载荷专家的基本职责。"保罗·韦茨总结道："当我们要在飞行中进行试验或科研任务时，载荷专家也将参与飞行。"

鉴于责任有限，载荷专家将只需要经历几百小时的训练，就足够使他们学会如何在太空中生活并与专业人员合作。

然而，当 NASA 开始宣传载荷专家的优势以吸引工业界和科技界关注的时候，职业航天员却不赞同。主要的问题是，不知道只接受过基础训练的载荷专家在面对真实太空的时候会如何表现。亨利·W. 哈茨菲尔德（Henry W. Hartsfield）曾担任过两次飞行任务指令长，并且乘组均包括载荷专家，他说："你必须了解他们的个性。在短时间内很难做到这一点。他们会保持情绪稳定吗？如果在轨飞行时出现了问题，我是否需要照顾他，他们能应对紧急情况并像职业航天员一样照顾自己吗？因为他可能成为不利因素。如果遇到了一个大麻烦，那些不适应这种情况的人可能会危及其余乘员，因为你必须照顾他们……你要和你相处时间并不长的人一起工作。从乘员的角度来看，和你一起飞行的每个人都和你一起工作了好几年，彼此都了解对方的个性和癖好。在他们被选中之前，接受了全面的精神评估。因此我们才能把他们置于危险的境地。那些没有 T–38 飞行员经历（只是乘客）的人，你需要观察他们。如果飞行时间很长，就会遇到一些突发事件，你会看到他们如何反应。我的意思是，你正在建立一个印象库：这是一个优秀的、可靠的人，你可以信赖他们，因为你们必须互相依靠。每个人都有工作要做，特别是在紧急情况下。每个人都

---

① 事实上，航天飞机曾多次载有 8 名航天员飞行。为应对营救航天员这样的突发事件，航天飞机最多可载 11 人返回着陆。

② 有人称他们为"前排沉默者"，因为他们所要做的就是发射，保持轨道器在太空中正常飞行，然后安全返回地球，这与公交车司机没什么不同。正因为如此，考虑到预计的年度飞行率，航天飞机的驾驶员将会经常执行飞行任务。

有相应的职责，你必须有飞行成功的信心。"为了进一步强调这个问题的重要性，亨利·
W. 哈茨菲尔德说："早期载荷专家参与飞行的时候，就有一个对舱门着迷的人。'你的意
思是我可以转动把手，打开舱门，把所有的空气都放出去？'这有点吓人。他为什么老是
问这个问题？本来他没有恶意，但那时候你并不知道。我们讨论了一下，所以我们开始用
锁锁住舱门。一旦入轨，我们就将它锁住，因为你在轨时不需要打开它。"

　　另一个引起不满（尤其是任务专家）的原因，是他们等待任务多年，非常刻苦地训
练，然而载荷专家可以在短时间内被添加到飞行中，这减少了任务专家飞行的机会。杰
里·L. 罗斯回忆说："我们认为航天员经过训练后能够胜任载荷工作，而我们却要让出座
位给那些非专业的航天员。"而当 NASA 决定出售部分商业卫星发射服务时，问题变得更
为严重了，客户可以指定他们的一个员工执行飞行任务，这基本上就像一次太空旅游。亨
利·W. 哈茨菲尔德解释说："这是营销……有点像贿赂或是市场花招。人们能够乘坐航天
飞机，就因为他们的公司发射了一颗卫星……事实上，我们甚至可以同意，如果他们不能
跟随自己的有效载荷飞行，我们会让他们参加另一个任务。这像是一张随时可以使用的
'机票'。航天员办公室中不只我一个不喜欢这样的方式。"

　　除了空间实验室和其他几个任务，起初的几年，很多的所谓载荷专家搭乘轨道器进入
太空后，大部分时间都在观赏窗外的景色。他们的试验任务相当少，经常志愿（或者同意
提供服务）作为研究生命科学的豚鼠。在挑战者号失事后，NASA 虽仍采用不同的方法继
续让载荷专家参与飞行，但不再那么频繁了。

　　职业航天员的想法很容易理解，但应从另一种角度来分析载荷专家参与飞行这件事。
航天员约翰·M. 法比亚（John M. Fabian）这样反思道："我觉得航天飞机使我们有能力
将飞行环境扩展到那些非职业的人们，我们应该充分利用这个优势。"

　　航天飞机的精巧设计意味着它不能像水星号、双子星和阿波罗飞船那样在发射和再入
时承受巨大的加速度。事实上，发射时轨道器的最大加速度只有 $3g$，再入时仅为 $1.5g$。
相比而言，阿波罗号的航天员在发射和再入时都需要忍受 $8g$ 的过载。阿波罗的航天员必
须绝对健康，并通过严格的体能训练，而航天飞机的航天员们将不必具有运动员那样的健
康体魄，只要身体状况良好即可。因为普通的健康人就能够搭乘航天飞机飞行，这将开辟
载人航天探索的新纪元。至少计划是这样的。

　　STS-9 任务中的两名乘员是载荷专家，他们都是从开展试验的主要研究员中遴选产
生的。35 岁的拜伦·K. 利希滕贝格（Byron K. Lichtenberg）博士是乘组中最年轻的乘
员，他是麻省理工学院的生物医学研究员。他作为第一个在太空中开展试验的人而被载入
人类太空飞行的史册，试验由他协助设计，飞行后他还参与了试验结果分析。[①] 事实上，
在他被选中之前，他就在一个研究小组里设计了一项能够更好地了解内耳耳石、前庭器官
如何适应失重环境的空间实验室试验。在飞行期间，拜伦·K. 利希滕贝格对自己和其他
乘员进行了一些测试。第二位载荷专家是乌尔夫·默博尔德（Ulf Merbold），他代表了航

───────────────

　　①　STS-9 任务后，航天员接受训练就能进行试验，而不需要直接参与过研发过程。

天飞机计划的另一个第一。他是一名研究材料的物理学博士，也是第一个登上美国航天器的非美籍人员。[①] 他的入选是 NASA 与 ESA 就欧洲研究人员将参与空间实验室第一次飞行达成的协议。

为了执行这项复杂的任务，乘组分成了两班。每班轮流在轨道器和空间实验室执勤 12 h，这又是一个第一。一班在空间实验室忙碌，另一班可以在轨道器乘员舱内休息，这也是首次配备 3 个垂直堆叠的双层睡眠站。每一个铺位都配有单独的灯光、通信系统、风扇、隔音毯、带有微重力约束的枕头和床单。在执行任务过程中一些航天员在工作，另一些航天员在休息，床位为乘员提供了一个私人、独立的睡觉环境。在后续的任务中，特别是当乘组连续工作时，需要充分利用这些设施。如果因仪器占据舱内空间而不能使用这些设施，航天员还可以很方便地把睡袋挂在舱壁的任何地方。

7.2　"太空中最便宜的试验"

1973 年 9 月 24 日 ESA 和 NASA 签署的谅解备忘录中提出，空间实验室具备运行条件前，必须进行两次鉴定飞行。按照最初的飞行计划，空间实验室 1 号将测试加压舱和单托盘配置，而空间实验室 2 号将被配置为全托盘模式。然而，航天飞机梯队出现了一些问题，使有效载荷发生了变化，飞行计划被重新安排。由于空间实验室 2 号支撑硬件的问题，空间实验室 3 号被改期至全托盘模式测试之前飞行。

1985 年 4 月 29 日，STS-51B 任务进入了 215 mile×219 mile、倾角为 57°的轨道，开始了为期 7 天的空间实验室 3 号任务。由于是第一次执行空间实验室飞行任务，挑战者号的有效载荷舱携带了与 18 个月之前相同的加压舱。然而，这一次科学研究的关注点更为集中。加压舱装载了材料科学、生命科学、流体力学、天文学等 10 项研究的硬件设备。轨道器座舱内还载有其他用于 3 项生命科学扩展研究和一项天文学研究的设备。有效载荷舱 MPESS 平台上还安装了对大气层和天文学进行观测的两台仪器。

在地球上，材料加工和流体力学不可避免地受到重力的影响，通常这对纯材料的加工或流体现象的本质研究有负面的影响。例如，重力在工业晶体的制造过程中会引起对流和沉淀，而这种畸变和杂质限制了电子器件的质量和性能提升。太空失重环境避免了对流和浮力，有利于制造出具有真正商业应用价值的纯物质或新物质。材料加工过程中细微的扩散过程通常会在重力影响下会看起来非常复杂，而在太空中的观测结果可以应用于对地球上材料加工过程的改进。同样，对微重力环境下的流体力学的研究可以揭示水滴形成过程中的弱作用力，从而更好地了解地球和其他行星上的大气气候。为了维持必要的微重力环境，挑战者号的尾翼保持指向地球，并将右舷置于飞行的方向。这就形成了一个低阻力的

---

① 也许有人会说苏联航天员在阿波罗-联盟号测试项目中就登上了美国航天器，但乌尔夫·默博尔德是第一个从起飞到降落一直搭乘美国航天器的非美籍人员，而不是在轨临时被邀请登上美国航天器的。

重力梯度姿态。[①] 为了产生一个更纯净的微重力环境，最敏感的试验设备被集中在轨道器重心的位置，这是该飞行器最稳定的部位。

挑战者号上除了 7 名航天员外，还有 4 只松鼠猴和 24 只老鼠。在起飞前 18 h，老鼠被装进笼子。为了进入有效载荷舱深处安装老鼠笼，两名肯尼迪航天中心的技术人员第一次使用了模块垂直进入工具（MVAK，见图 7－2），这是一个由绳索、滑轮和平台构成的系统，它能把有效载荷从中层甲板传送至垂直矗立在发射台上的空间实验室舱内。[②]

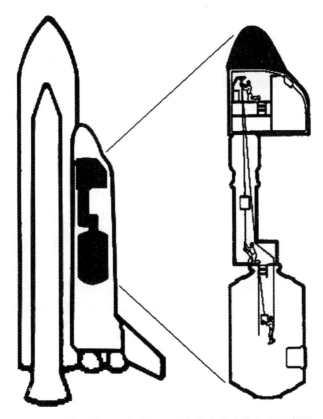

图 7－2　使用模块垂直进入工具安装有效载荷方法示意图

作为生命科学研究的一部分，研究哺乳动物是为了寻找人类在太空中的生理和行为的线索。在这种情况下，涉及猴子和老鼠的 4 个项目的主要目的是在一个专门设计的具有独立控制功能的设施内观察多个太空中的动物。科学家们有机会评估该设施的功能，并为后续飞行提出建议，以便对动物进行更广泛的研究。

---

①　按人类标准，轨道空间可视为纯真空。但它并不是空的，它充满着尘埃颗粒、漂浮的各种分子和原子。尽管密度非常低，却能使以轨道速度行驶的飞行器受到一个微小但恒定的阻力。随着时间的推移，它将使轨道发生变化。它扰乱了微重力环境，产生了一个很小但不可忽略的加速度，破坏了重力和离心力的完美平衡，这也是要在航天器上研究微重力的原因。保持右舷翼沿航行方向飞行，能够使挑战者号尽量减少暴露的锋面和阻力，从而尽可能地保持所需的微环境。本书将在第 10 章中详细解释重力梯度姿态。

②　通常情况下生命科学试验仪器、灵敏的研究装置，以及易损坏的有效载荷，都是在起飞前几小时才被放入待发状态的航天飞机。

对于唐·L. 林德（Don L. Lind）来说，自从 1966 年被选为航天员以来，他终于用 19 年时间等来了成为任务专家的机会，他的梦想成真了。在 STS-51B 任务中，他负责管理空间实验室及其试验系统的日常工作。"我是实验室主管……当任务正式确定时，我想，'我将负责的试验中有几个是自动运行的。我将每小时检查一次，试验将在自动模式下运行 2.5 h。所以我在太空中有一些自由的时间。'"唐·L. 林德知道他能够做些对科学界有益的事，而不单单是用这些自由的时间去享受外面的风景。很少从太空拍摄到极光的壮丽表演，而且照片的质量也不是很好。"在我们的任务之前，只通过一些慢扫描光度计拍摄过极光，结果照片很模糊。就像是拍到一张瀑布的照片，只看到一片模糊的白色。我想，欧文·K. 加里奥特已经在天空实验室中拍摄过 6 张或 9 张极光消失在地平线的图片了。"早先在阿拉斯加进行博士后研究期间，他和一位朋友就一起计划着拍摄高分辨率的极光。"我们想做的第一件事是用摄像机拍摄高时间分辨率的极光影像。于是我们开始四处寻找。我们去哪里能找到一台足够灵敏的摄像机以在暗光条件下拍摄呢？结果我们发现航天飞机上的摄像机已经足以媲美世界上能买到的任何一台摄像机。但我们不得不拆下彩色胶片，拍摄黑白影像。所以我们把一台摄像机进行了改造。因为我们只是现在要拍摄黑白影像，我们后续还想拍摄一些彩色照片，来记录极光的颜色，因为这样可以识别出是哪种粒子在发光。于是我们又开始四处寻找合适的相机和镜头。其实在航天飞机上已经有满足我们需求的相机和镜头了。NASA 只需要买 3 卷专用感光胶卷就可以了。所以这个试验只花费了 36 美元，这是太空中做过的最便宜的试验了。"试验取得了成功。"我们发现极光的生成机制中有一种不同的成分，含有以前未被发现的微波。因此，理论家们需要在极光的生成方程式中增添一种元素……可以说，我们在太空计划中每镑、每美元能做的科学研究比其他任何人都多。"

7.3　"最重要的科学任务"

随着空间实验室 1 号和 3 号的成功，欧洲制造的实验室几乎都开始了商业化运营；仅剩全托盘配置还有待验证。如果成功，空间实验室就将使 NASA 能够开展任何想要开展的科学试验项目了。[①]

挑战者号的 STS-51F 任务计划于美国东部时间 1985 年 7 月 12 日下午 4：30 发射空间实验室 2 号，轨道倾角为 49.5°，高度为 208 mile。起飞前 6 s，航天飞机的 3 个主发动机开始启动点火程序。3 s 后发射计时器启动了航天气飞机计划的第二次发射台中止，这是由于 3 台发动机的冷却阀关闭了。

7 月 29 日下午 5 点，挑战者号及其 7 名机组人员升空。但发射 5 min 43 s 后，完成任务的机会突然变得渺茫了。中间的发动机的两个传感器检测到燃油高压涡轮泵高于正常工

---

① NASA 局长弗莱彻（Fletcher）博士坚持认为，空间实验室至少一半的预定任务应该使用全托盘配置，以满足那些认为载人实验室不必要搭载于航天飞机的人。然而，必须指出的是，全托盘任务的想法从一开始就被提出了。但至少占空间实验室一半预定任务的"规则"显得相当武断。

作温度，在超出 950 ℃ 的极限时，发动机控制器自动启动了飞行中关机和中止入轨（ATO）程序。ATO 是 4 种完整发射中止模式之一，该模式下航天飞机可以安全地应对上升段中一台或多台发动机故障。[①] 要触发 ATO 模式，飞行器的高度和速度必须提供足够的能量，以达到 105 mile 的轨道。这个轨道低于设计轨道，但足以令轨道器在太空中飞行至少一天，从而使任务控制中心决定任务是否仍旧可行，虽然可能会有一定的局限性。

当挑战者号使用两台正常的发动机不断爬升时，航天飞机通过让轨道机动发动机点火来控制重心，并降低总重以提高性能。在 8 min 13 s 时，3 号主发动机[②]的一个温度传感器开始报告 3 min 前相同的问题，发动机控制器准备执行关机程序。这样一来，空间实验室 2 号能否入轨真成了问题。

只有最顶级的工程师才会被任命为任务控制中心的飞控人员，其中一个飞控人员认为这种情况很奇怪。一次发动机关机很可能发生，但因为同样的原因连续发生两个故障的概率是极低的。因此，机组人员被告知不要关闭发动机，并继续进行以 ATO 模式上升的程序。这种敏捷的思维挽救了这次任务。对遥测数据分析后发现，两个"故障"发动机的涡轮泵远低于温度报警的阈值。事实上，是材料再结晶导致了用于测量发动机温度的热电偶内部产生了搭接，温度测量功能发生故障并产生错误的数据。重新设计的热电偶避免了这类问题再次发生。

一旦证实了任务可以继续进行，挑战者号将 ATO 轨道提升至 170.7 mile×169.8 mile 的轨道。随着两个有效载荷舱门的开启，空间实验室 2 号终于与浩瀚的太空融为一体。有效载荷舱内的空间实验室由一个托盘和一个双托盘列车（train）组成，[③] 上面装有 11 台外形奇异的望远镜和探测器。事实上，ESA 和 NASA 就空间实验室 2 号的配置讨论了好几年。ESA 最初建议安装两个托盘列车，每个列车包含两个托盘。但 NASA 打算在有效载荷舱中进行一次大型试验，因此提出了包含 3 个托盘的列车配置。后来，根据研究任务清单预计质量为 13 098 lb，因此最终选择了一个托盘加一个双托盘列车的配置，因为三托盘列车只能运载 10 638 lb。

当空间实验室装有加压舱时，子系统设备安装在加压舱的核心段；在全托盘模式下，子系统设备位于比利时航空制造公司（SABCA）[④] 制造的圆顶舱（见图 7-3）里。这个紧凑的加压室提供了与地表一样的干燥空气和环境温度。主结构垂直安装[⑤]，它由铝锻环制成的圆柱壳组成，底端封闭，局部被加强。外部是将圆顶舱固定在托盘上的配件，用于热控和地面处理。两个穿通板容纳了公用管线和泄压阀，内部有子系统的安装配件。顶端装

---

①　经历了发射台中止和 ATO，STS-51F 创造了机组人员在同一任务先后经历两次中止的记录。

②　从前面看，这就是右侧发动机。

③　一个托盘列车由两个或多个托盘物理连接而成，以组成一个长托盘，安装单个托盘无法容纳的试验和设备。因此，在同一次飞行中，可以携带多个独立的托盘来承载独立的试验，也可以携带一个托盘列车来承载更大型的试验。

④　只有保证安装在托盘上的仪器正常运行所需的子系统才会被安置在圆顶舱内，如数据和指令的处理和计算机。而环境控制生命保障系统或消防系统等子系统显然不会在这样的任务中被携带。

⑤　最初圆顶舱是设计为水平安装的。

有法兰，用于通过铰链固定①二级结构，其他子系统可安装于二级结构上。一个铝合金圆柱壳像垃圾桶一样倒扣在二级结构上，连接于安装法兰，为设备提供了密封加压环境。在研发的早期阶段，密封性被密切关注，因为人们怀疑它是否能够在没有气体供应的情况下维持加压环境。实际上，这大大简化了圆顶舱的操作和设计。还有一种选择是使圆顶舱在过压状态下发射升空，虽然这可延长任务时间，但 NASA 出于安全原因放弃了这个方案。最终，事实证明底座和顶盖的密封足以使压力在 12 天里保持在令人满意的水平。SABCA 还开发了一种实用的支撑结构，用于容纳加压舱和托盘间的流体管路和电缆。根据间隙的大小，这些悬臂式支撑架的长度可在 6～30 in 之间调节。

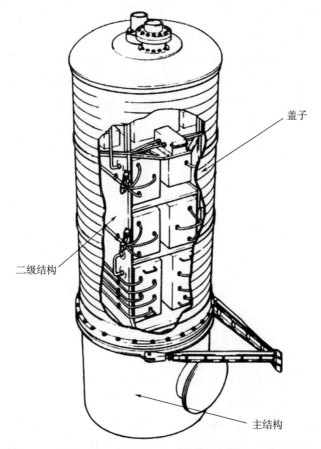

盖子

二级结构

主结构

图 7-3　空间实验室圆顶舱的主要结构

空间实验室 2 号任务携带的第一个托盘上装载了仪器指向系统（IPS，见图 7-4），这是一套为科学仪器提供更高指向精度和稳定性的通用系统，轨道器自身无法保证如此高的指向精度和稳定性。事实证明同时保持精度和稳定性是空间实验室开发过程中最困难的一步。事实上，这需要在保证指向精度达到 ±1″ 的同时，仍保持静态稳定性、干扰误差和视线及滚动轴的稳定速率。要实现这些需求，需要 3 个轴承/驱动单元（移动和停止三轴指

---

①　这种措施便于进入舱内，在二级结构底部和主结构内安装设备。

向系统），一个有效载荷/框架分离机构（在任务上升和再入阶段卸载有效载荷质量），一
个可更换的延伸杆（将指向系统垂直安装于有效载荷舱），一个支撑结构（把指向系统安
装在托盘上），一套光学传感器组件（提供已知恒星和太阳的指向基准），一套有效载荷夹
具组件（上升和再入过程中承载 IPS 有效载荷）和一套热控系统（用于温度控制）。必须
为驱动这些单元并通过万向节系统与 IPS 上的仪器进行数据交互提供电源和数据通道。

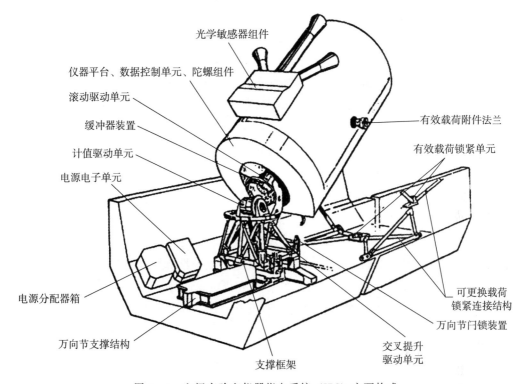

光学敏感器组件
仪器平台、数据控制单元、陀螺组件
滚动驱动单元
缓冲器装置
计值驱动单元
电源电子单元
有效载荷附件法兰
有效载荷锁紧单元
电源分配器箱
可更换载荷锁紧连接结构
万向节门锁装置
万向节支撑结构
交叉提升驱动单元
支撑框架

图 7 - 4　空间实验室仪器指向系统（IPS）主要构成

　　万向节驱动机构包含一些十分复杂的设备，包括直流转矩器、旋转变压器、主轴和辅
助轴、负载旁路机构、滚珠轴承，并承载大功率电力电缆和大量信号电缆。驱动系统需要
具备快速瞄准能力，并且具有精确制动性能，以保证所需的指向和稳定精度。

　　使用要求如此苛刻，使得由 ESA 指定提供 IPS 的德国道尼尔公司被迫在第一套设备
即将完工时更改设计。建立一套能够严格满足指标要求的机械系统和控制软件，意味着需
要重新构思整个项目。因此，决定将空间实验室 3 号的飞行提前至 2 号任务之前。

　　ESA 和道尼尔公司最终为 NASA 提供了一套框架支撑结构的三轴万向节系统，以及
一套基于三轴陀螺惯性基准的控制系统，这套系统由安装在万向节上的微型计算机操控。
万向节系统是基础结构件。它包含三个轴承和驱动单元，有效载荷/框架分离机构，可更
换的延伸柱、支撑结构、热控系统和一个紧急投弃装置。框架结构是一个内外环结构，有
效载荷通过载荷集成安装环连接于该结构上。

　　有趣的是，当时的指向系统都是将仪器安装于自身重心处。然而 IPS 这套三轴指向精
度为 1″的系统，需要将直径 6.56 ft、长 13.12 ft、重 4 273 lb 的仪器安装在系统末端，而

非重心处。一个圆形的安装框架为安装了仪器的集成环和万向节机构提供了物理连接。在发射和再入过程中，两个组件（万向节系统和仪器包）将彼此断开连接，固定在周围的托盘结构上，这样它们就不会对彼此施加负载。而在太空中，它们会被拉到一起，锁定，然后准备工作。这种方法使万向节的尺寸足以承受仪器的动量。虽然这种方法为地面测试和任务模拟带来了不少问题，但它提供了一套自重相对较轻的指向系统。

　　IPS 是通过空间实验室子系统计算机、数据显示单元和键盘来进行控制的。它可以通过地面指令自动运行，也可以由处于加压舱或轨道器飞行甲板尾部的飞行乘员操控。手动控制的灵活性、指向单个目标的时间扩展、慢扫描绘图等功能，满足了每一项研究的需求。通过一个瞄准镜和两个头部斜装的星敏感器组成的光学传感器实现了精确瞄准。每个星敏感器作为一个独立运行的单元，用于消除陀螺漂移和比例因子引起的 IPS 惯性平台姿态和速率误差。瞄准镜跟踪仪配备了一个四象限太阳光分束器，在对日观测中用于生成底片。

　　在空间实验室 2 号的外场试验中，IPS 被应用于一套由 4 台仪器组成的设备的操作，其中 3 台仪器是专门用于研究太阳大气的。太阳磁场和速度场测量系统/太阳光通用偏光仪（SOUP）观测到大气磁场的强度、结构和演化过程，这有助于确定磁场和太阳其他特性之间的关系。测量日冕氦丰度的空间实验室试验（CHASE）测定了氦元素的丰度。高分辨率望远镜和摄谱仪（HRTS）研究了色球层、日冕以及它们之间的过渡区。太阳紫外光谱辐照度监测仪（SUSIM）研究了太阳紫外线通量的长期和短期变化。

　　IPS 和它的 4 台仪器共用了挑战者号的有效载荷舱，此外，还有一些用来研究等离子体物理、高能天体物理学和红外天文学的仪器也置于其中（见图 7 - 5）。

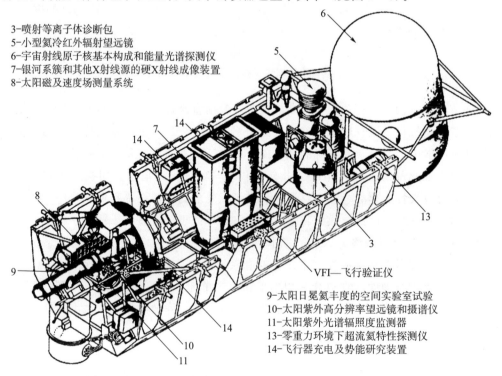

3-喷射等离子体诊断包
5-小型氦冷红外辐射望远镜
6-宇宙射线原子核基本构成和能量光谱探测仪
7-银河系簇和其他X射线源的硬X射线成像装置
8-太阳磁及速度场测量系统

VFI—飞行验证仪

9-太阳日冕氦丰度的空间实验室试验
10-太阳紫外高分辨率望远镜和摄谱仪
11-太阳紫外光谱辐照度监测器
13-零重力环境下超流氦特性探测仪
14-飞行器充电及势能研究装置

图 7 - 5　STS - 51F 有效载荷构成（原书序号不连续——译者注）

等离子体被称为物质的第四种状态，以电离的原子和分子为主。电离层是一个巨大的等离子体泡，它构成了大气的外缘。低轨卫星运行时需要穿过它。由于电离层与恒星和行星周围的等离子体环境相似，研究地球电离层得到的结果有助于解释宇宙中其他等离子体的形成过程。

空间实验室 2 号开展了 3 项研究地球的电离层及其内部演变过程的试验。第一项试验是 STS-3 中的等离子体诊断包（PDP）的再次飞行。在那次飞行中，该诊断包被安装在航天飞机有效载荷舱和机械臂上时进行了测量。它成功地测量了航天飞机产生的电磁噪声，并探测到航天飞机和电离层之间的电气效应。在这次飞行中，PDP 进一步完成了航天飞机附近的电离层测量。另外，PDP 也是历史上第一次作为一个自主飞行器被释放到太空中，监测挑战者号机动到几百码外时的等离子效应。在飞行器充电和电位试验中，通过发射电子束揭示了电离层的特征。对搭载了 PDP 的托盘进行了探测，观察在干扰前、干扰中和干扰后的等离子体环境的状态，从而研究破坏大气的条件。

等离子体损耗试验还在电离层和射电天文学方面完成了额外的研究。这项研究将航天飞机作为探针，通过在特定地点进行推进器点火，在电离层中人为制造"空洞"，释放 2 800 lb 气体，气体的主要成分是水。这些气体将引起等离子体出现特定的变化，在轨道器驶过上空并点火的瞬间，地面观测站使用雷达等仪器就能探测到等离子体的行为。

高能天体物理学是另一个非常适合使用星载仪器展开研究的领域，因为它们可以在不受地球大气层干扰的情况下进行观测。事实上，大气对 X 射线和宇宙射线的吸收，或引起的二次粒子阵雨，破坏了电磁辐射所携带的信息。该领域的试验通常都是在高空气球上进行的，目的是减少辐射在低层稠密大气中的损耗。但是高空气球只能在有限的时间和高度内升空，无论如何，它们都无法上升到足以接触"原始"宇宙射线的高度。空间实验室 2 号的全托盘模式为这类观测提供了良机。

在托盘列车的第一个托盘上，X 射线望远镜（XRT）对来自多个星系的 X 射线辐射进行了成像和检测，目的是研究引起高温辐射的机理，以及测量这些星系的质量。在有效载荷舱的尾部，托盘列车后面是鸡蛋形的宇宙射线原子核试验装置（CRNE），上面装有用来分析高能宇宙射线组成的探测器。ESA 将它独立安装在有效载荷舱中，看似是为了避免 NASA 试图开发一种托盘的替代品，事实却并非如此。在一个特制的支撑结构上安装 CRNE 的目的是想要最大程度地扩大该仪器的尺寸，以提高其检测能力。CRNE 是一个令人印象深刻的装置，它采用了轻质塑料，以尽可能减轻自重。在当时，CRNE 是在太空飞行的最大宇宙射线探测器。它的内部有两个探测器，每个探测器对不同能量范围内的粒子敏感。这个仪器对能量谱进行了前所未有的扩展探索。当粒子进入探测器时，会释放出电脉冲。脉冲的特性使物理学家可以发现比之前能量高近 100 倍的粒子。科学家们能够获得关于粒子源性质、粒子加速方法以及粒子传播的星际介质属性等有价值的数据。

尽管红外天文学研究在地表也是可以进行的，但存在很大的局限性，因此最好是在真空的太空中进行。大气像窗户一样，允许一定波长范围的红外辐射穿过，但大部分被水汽和对流层中的其他气体吸收（这就是为什么望远镜被置于山顶的原因）。而在大气层上方，整个红外光谱都是可见的。

　　到空间实验室 2 号的时候，天文学界已经对 1983 年为期 10 个月的红外天文卫星（IRAS）任务感到满意。那次任务对 95％的天空开展了 4 次勘测，对 25 万个来源进行了编目，并有了一些发现，例如太阳系的尘埃环、新彗星、新恒星形成区域，提高了我们对银河系的认知。第三个托盘上的红外望远镜（IRT）的作用是对 IRAS 光源进行二次观测，以弥补 IRAS 观测的漏洞，并将其添加到目录中，从而扩展了人类对更短波长红外线的认知。

　　对所有红外望远镜都必须进行热防护，否则热量将完全掩盖仪器所能探测到的微弱红外辐射。为了消除这种背景噪声，红外探测器及其周围的设备和结构都必须被冷却至仅高于绝对零度几度的温度。氦是这类望远镜的冷却剂，对 IRT 也是如此。空间实验室 2 号为研究太空中超流体氦的特性以及超流体氦的空间应用提供了一次理想的机会。事实上，尽管 IRAS 的超流体氦温度波动保持在几千分之一度，但天文学家预计未来仪器将要求温度波动稳定在几十亿分之一度。因此，准确地了解超流体氦在微重力环境中的行为，特别是它的运动模式和温度波动，对于下一代红外空间望远镜的研制至关重要。与 IRT 安装在同一个托盘上的零重力环境超流体氦特性试验装置是一个桶形容器，内部装有 100 L 超流体氦、两个流体试验装置以及用来监测超流体氦行为的传感器。

　　上述试验设备是一个充满超流体氦的开放式容器，内部带有 133 个液气相传感器和 12个半导体器件。液气相传感器的作用是测定氦的位置，半导体器件的作用是测量液体温度的变化和由航天飞机运动引起的温度变化。这些数据将表明流体运动是否会影响敏感的试验系统，以及温度变化是否会导致冷却剂的分布不均。第二种试验装置由 5 个环形轨道组成，轨道中含有充足的氦，可形成 $0.5\sim2\ \mu m$ 厚的薄膜。这个试验的目的是研究超流体氦薄膜表面毛细波（微弱的声波）的速度。鉴于这个试验对外界干扰极度敏感，试验期间挑战者号一直处于一个重力梯度的姿态，即尾部朝向地球，且在试验进行过程中，机组人员尽量减少活动。

　　不出意外的是，在飞行的前半程 IPS 遇到了一些问题，一系列软件故障使万向节平台瘫痪了。首先，仪器无法跟踪太阳，然后又受到了背景眩光的影响。第三天，光学传感器和空间实验室计算机之间发生了通信故障。第七天，又出现了一个故障，这个故障影响了IPS 滚动角指令和计算机大容量存储数据之间的交互，简而言之，IPS 在艰难地搜索太阳。当通过上传软件补丁来解决这个问题时，IPS 无法保持在"精细跟踪"模式，新的软件代码也修正了这个问题。然而，IPS 仍然不那么正常，需要较长的时间（$4\sim5$ min）才能捕获到目标。通过地面和在轨不懈的努力，所有操作性问题最终得到了妥善的处理，IPS 在飞行的后半程表现良好。

　　安装在 IPS 上的 4 台望远镜能够按照预期的指向精度和稳定性完成大部分观测任务，获取的数据和图像质量也非常好。另外，值得关注的是乘员舱内活动产生的干扰也比预期的要大。虽然人的质量相较于轨道器来说很小，但乘员的舱内活动仍然足以干扰 IPS 并导致指向偏差。不过，这些误差很快就被消除了。由于指向精度优于设计规范，所以这套系统有能力支持未来的一系列任务。

每个试验开始时都有明确的目标和指定的运行周期，但实际运行轨道比预定轨道高度低的事实迫使人们快速修改了飞行计划。而且，每天对数据的分析常常促使科学家们要求修改飞行计划。例如在观测太阳期间，需要根据前期轨道获取的数据和太阳变化的条件即时安排飞行计划。如果有异常现象发生，导致特定的试验不能如期完成，科学家们就会将重点转移到另一个主题上，为的是在有限时间内得到更有价值的数据。太空任务一直如此，因为时间是非常宝贵的资源。

计划更改的指令是靠机载电传打印机接收的，这次任务是航天飞机计划史上第一次用光了携带的所有打印纸，主要原因是飞行计划修改的版本过多和 IPS 的检修活动。乘组人员在跟踪动态计划方面做得非常好，他们在船尾飞行甲板上通过计算机键盘和屏幕操作安装在托盘上的仪器设备，并且保证可以实时看到收集的数据。为了确保获取最大的科学收获，机组人员分成两个班次，每个班次中至少有一名任务专家和一名载荷专家，以确保轨道器和有效载荷能够正常运行。用于测试空间实验室新型配置性能的硬件设备验证了空间实验室与轨道器和有效载荷的兼容性，确认了全托盘模式能够为科学家在有效载荷舱内进行复杂试验提供环境。正如我们即将看到的那样，后来大量的任务都采用了全托盘模式的空间实验室。

在空间实验室的第三次飞行中出现了很多运行和科学方面的亮点。约有 13 000 条指令被发送至轨道器，超过以往任何航天飞机指令数的 50%。大约 1.25 万亿比特数据被传输至地面，需要用长达 230 mile 的磁带来存储这些数据。尽管 IPS 系统出现了故障，同时 SOUP 试验也有些问题，但相较 20 世纪 70 年代中期天空实验室 3 名航天员进行的 171 天观测，本次任务在太空中获得了更多太阳的影像（具有更高的分辨率）。虽然 SOUP 直到飞行后期才开始正常工作，只记录了 16 h（计划 50 h）的数据，但还是拍摄了 12 800 张照片回来。它每 2 s 就能拍摄一幅高分辨率图像，持续拍摄时间长达 40 min。高分辨率望远镜获得了 4 150 幅图像，记录了 20 个轨道周期的数据，而在过去的 10 年中，使用这种仪器的探空火箭总观测时间仅为 16 min。航天员们还制定了精确的时间表来观测太阳耀斑活动，并进行了太阳冠状日冕的系统搜索。

氦试验获得了记录太阳氦元素丰度的 70% 的数据，但由于航天飞机低于预定轨道，数据质量不如在预定高度时那么好。另一点遗憾是，低温氦冷却的 IRT 由于轨道器的热辐射，其大部分波长吸收能力达到饱和。这引起了人们对航天飞机红外天文学研究可行性的担忧。尽管在入轨时 OMS 消耗了一些推进剂，但 8 个 OMS 发动机中的 4 个仍进行了等离子体损耗试验。正如预期的那样，发动机点火时在电离层产生了空洞，便于地面进行观测。PDP 试验非常成功，至少实现了 70% 的任务目标。超流体氦试验至少完成了 80% 的任务目标。CRNE 接收了约每秒 100 次频率的撞击，为飞行后对宇宙射线的分析提供了大量的在轨数据。

太平洋夏季时间 1985 年 8 月 6 日下午 12 点 45 分，当 STS-51F 降落在加利福尼亚州的爱德华兹空军基地时，NASA 主管空间运输部的助理局长杰西·穆尔（Jesse Moore）告诉记者："尽管存在一些问题，空间实验室 2 号任务仍带回了大量有价值的信息。实际上，这可能是航天飞机执行的最重要的科学任务。"

7.4 "全体乘组都经受了考验"

IPS 的第一次正式使用是在 5 年后的 STS - 35 任务，哥伦比亚号于 1990 年 12 月 2 日发射，开展了为期 9 天的任务，这是第一个专注于单一学科研究的空间实验室，名为 ASTRO - 1，表示天体物理学之意。

IPS 携带了包括三台的一套仪器，包括霍普金斯紫外线望远镜（HUT）、威斯康星紫外光偏振试验仪（WUPPE）、紫外线成像望远镜（UIT，见图 7 - 6）。第四台仪器是宽带 X 射线望远镜（BBXRT），它安装在一个单独的指向系统上，该系统固定在双托盘列车的一个支撑结构上。这些仪器都是用来检测类星体、活跃的银河星系核以及正常星系等紫外线和 X 射线处于不同波段的天体。虽然这些仪器都是为解决特定问题而单独设计的，但当它们被配合使用时，它们的性能和科学研究能力大大提高。实际上，BBXRT 可以通过与紫外线望远镜保持相同基准，实现与 IPS 的联合观测（见图 7 - 7）。

图 7 - 6　哥伦比亚号有效载荷舱内的 ASTRO - 1。注意托盘列车前面的空间实验室的圆顶舱，在圆顶舱的尾部，可以看到 IPS 的试验支撑平台。托盘列车后面是装在专门建造的托盘上的 BBXRT 望远镜

图 7 - 7　在轨机动的 IPS

　　但是，IPS 又一次出现了问题。正如任务指令长万斯·德沃·布兰德所说："全体乘员都经受了这次任务的考验。航天器本身没有太多的异常，但望远镜系统，特别是安装紫外线望远镜的底座，给我们带来了过多的考验。尽管在地面上已经进行了全面测试，但是设备在太空中的特性在地面上无法完全模拟。例如，底座本身在结构上相当脆弱，无法在地面上用它指向星星进行端到端的测试，因为它不够结实。但在失重状态下，它的结构已足以保证完成它的工作。在轨时，我们发现自动指向系统中的一部分不能正常工作。STS-35 乘组人员和约翰逊航天中心及马歇尔航天中心协同配合，通过手动操作使我们得到了大部分的数据。花了一天时间使一切保持正常运作。例如在一次常规的观测序列中，轨道器首先调整姿态使望远镜对准目标，然后由 4 名天文学家之一进行手动定位。这种精细的瞄准过程是天文学家与马歇尔的科学家们之间协同配合的成果。总之，高度配合的应急行动挽救了这次任务。"

由于两台 IPS 控制单元在飞行早期就发生了故障，情况进一步复杂化。STS-35 任务专家杰弗里·A. 霍夫曼说："空间实验室上有两台计算机是用来控制望远镜的，它们与控制航天飞机的计算机不同。运行了几个小时后，我们闻到了烧焦的气味，其中一台计算机过热烧坏了。又运行了几天后第二台计算机也烧坏了。于是我们已经没有空间实验室的计算机可用了。它实际上是控制单元（计算机本身就在外面的有效载荷舱内，是内部控制单元）。后来我们才发现烧坏的原因是没有进行清洁，由于在地面时存放时间太长而堆积了一堆灰尘绒毛。本应进行的清洁工作却没有做。绒毛阻碍了气流，使控制单元无法散热。可想而知，在太空中，早上醒来闻到烟味可不是什么好玩的事。然而，事情就这样发生了。然后我们面临的问题就是：是不是应该放弃任务然后回家？不，我们还有一定的控制能力，因为我们还有一个手动控制器。他们想出了一种办法，地面人员可以替我们发送大部分指令，然后我们会用手动控制器做最后的定位，这是天文学家的传统工作……我们需要做的远比正常情况下操作整个系统还少。问题解决了。"

尽管反复修改观测计划带来了一系列挑战，ASTRO-1 还是获取了重要的科学回报。在这次任务中，极短紫外波段的天体首次被探测到，首次对紫外偏振现象开展了广泛研究。观测目标包括太阳系天体、星际介质、恒星、星团、独立星云、星系和遥远的类星体。

1993 年，NASA 征集了天文学界参与的关于 ASTRO 的第二次飞行建议。广泛参与是这次任务的一个重要特点。虽然每台仪器都是由高校或政府机构的一组科学家或工程师开发的，但还需要邀请一些"特邀人员"使用望远镜进行观测。经过科学和技术同行审查，NASA 选出了 10 份建议书列入该任务。

ASTRO-2，是 IPS 证明它确实可以作为稳定和可靠的太空平台的最后一次机会。为了保证这次任务成功，马歇尔航天中心的任务管理部门组建了一个特别小组，对 IPS 软件进行了修改和测试，并进行了其他一些改进，以确保其能正常工作。例如，开发了图像运动补偿系统（IMC）用于检测仪器的非正常动作，调整望远镜的反射镜，以消除长期观测中乘员活动和推进器点火造成的抖振等。ASTRO-2 是 STS-67 任务的主载荷，这是一次为期 16 天的飞行任务，目的是最大程度地延长天文观测的时间。任务搭载了与之前配置相同的 3 台安装在 IPS 上的紫外线望远镜，但这次未搭载 BBXRT。

奋进号航天飞机定于 1995 年 3 月 2 日发射，为提高观测质量，尤其是提高对微弱目标的观测质量，选择在夜间发射。发射时间的选定颇有讲究，此时发射可以使弹道将在轨道上与所谓的"南大西洋异常区"在阳照区交叉。在这块天区，地球磁场较弱（这就是这块天区被称为"异常区"的原因)。范艾伦辐射带的辐射越接近表面，越会对 ASTRO 上的电子探测器造成更多背景噪声。此外，散射光和残余的紫外气辉会影响这些探测器的测量性能。这种光噪声在轨道的阳照区显然是最强的。夜晚发射可以使人们在轨道的阴影区观测到最微弱（往往具有最高优先级）的天文目标，并且可避开南大西洋异常区的干扰。而观测较亮的目标时，设备对干扰不那么敏感，因此选择在轨道的阳照区对其进行观测。

STS - 67 飞行计划要求入轨后先进行 20 h 的检查，之后立即开始观测并在整个任务期间持续运行，只有在排水①和航天飞机自检等活动时才会短暂停顿。任务报告中写道："ASTRO - 2 实验室及其系统，包括 IPS，从飞行第一天开机启动直到飞行第 15 天关机，表现都非常优异。"全部主要研究员称，获取到的科学价值远超出他们预期。UIT 团队表示，所有计划的目标都完成了；HUT 团队称，在任务中观测了超过 100 个目标；WUPPE 团队获得了超过 ASTRO - 1 三倍的数据量。其他已完成目标还包括首次成功观测到了月球的紫外现象，以及在星系际介质中探测到了氘。任务报告总结道："这项成功的科学研究获得了大量的数据，这些数据将使紫外天文学界在未来一段时间内有许多的事情要做。"

飞行任务快结束时，ASTRO - 2 的任务经理罗伯特·杰伊罗（Robert Jayroe）说："我估计 IMCS 和 IPS 团队除了让设备站进来跳舞，他们做了能做的一切。"对于 IPS 和 ASTRO 项目而言，这次任务的成功是最好的结果。

7.5　"我们称它为大气中间层"

全托盘配置也被应用于大气实验室应用和科学（ATLAS）项目，这个项目是 NASA 地球任务架构下的几项研究活动之一。

1989 年，白宫发起了一个全球变化研究项目（USGCRP），旨在更深入研究全球变暖、气候变化、臭氧层破坏等问题。1990 年，美国国会批准了《全球变化研究法案》，该法案倡导开展"一个全面综合的美国研究项目，帮助美国和全世界了解、评估、预测和应对人类诱发的及自然的全球变化过程"。

为了进行这项研究，NASA 设立了地球任务项目，对大气、海洋和陆地等大系统的相互作用进行长期的全球观测。天基观测将与飞机和地面观测站相结合，获得的数据将使科学家们能够区分自然环境过程和人类活动对自然的影响。

地球任务项目中，人们开展了几次航天飞机任务。做出的首要贡献是 1991 年 9 月 15 日，任务专家马克·N. 布朗在 STS - 48 中部署了上层大气研究卫星（UARS，见图 7 - 8）。这是一个轨道平台，由一个包含 10 台试验仪器的模块和一个多任务模块化航天器

---

①　排尿和 3 个燃料电池产生的水都需要排出舱外。在排水和航天飞机自检等活动中，3 台望远镜的镜头罩需要关闭，以防光学镜头被污染。

（MMS）平台组成。通过肼推进模块进行轨道调整，模块化姿态控制系统①为卫星能长时间监测大气提供了良好的姿态控制能力。采用了隔热漆、隔热毯、隔热涂层和电气散热这几种被动但有效的热控手段（原文如此——译者注）。

图 7-8　准备释放大型 UARS 载荷

　　任务指令长约翰·O.克赖顿说："这次任务关注了几种与以往不同的事物。其中一种就是环绕全球的高空风。此外还关注了大气层的化学成分以及能量平衡——有多少能量来自太阳，有多少能量被地球反射回太空。"为了更加详细地研究臭氧损耗和更好地了解地球脆弱的大气层，科研人员设计了一个由 9 种仪器组成的试验项目，来研究高层大气的化学成分、动态和能量。而第 10 台仪器用于测量太阳的能量输出，严格来说，它并不是 UARS 任务的一部分。

　　约翰·O.克赖顿说："他们通过风的流动模式判断得出，来自工业发达的北半球的氯氟烃正在向南极上空迁移，这直接关系到南极春季的臭氧层破坏现象。臭氧层一旦被破坏，就会释放所有困在低层大气中的成分，然后以环形风的形式螺旋上升，上升至臭氧层

---

①　这就是最初在太阳极大期任务中使用过的同一个模块化姿态控制系统模块。在 STS-41C（详见第 5 章）的在轨服务和维修任务后，返回地球返修，被重新应用于 UARS。

并产生臭氧空洞。因此可以肯定地说，人们长期以来对臭氧层破坏原因的怀疑被证实了，确实是上述原因导致的。"

在任务开始前不久，菲律宾的皮纳图博火山曾喷发出一个巨大的火山羽流。当 UARS 开始运行时，测量到了平流层的成分，结果很惊人。约翰・O. 克赖顿说："UARS 围绕着地球转，就在赤道附近，接近皮纳图博火山的纬度，而且由于火山爆发引起了赤道附近的臭氧层被破坏，没有人想到会这样，所以这有点让人吃惊。"[①]

总体来说，使用航天飞机进行的 ATLAS 项目为建立大气条件和太阳影响的基准提供了一套全面和系统的数据。具体目标是确定大气如何对自然和人为引起的大气变化做出反应，以便更好地区分人为因素和人类无法控制的因素。由于太阳的变化周期为 11 年，单次持续 7～10 天的任务所进行的大气和太阳测量都不足以描述不断变化的大气，因此，NASA 将 ATLAS 项目设计为一个包含了 10 次任务的系列任务，每 12～18 个月进行一次飞行，监测季节变化和长期的太阳效应。每次飞行任务将基于之前的成果进行筹划，UARS 只是任务的一部分。

航天飞机具备强大的携带有效载荷的能力，能够完成位置精度要求高的在轨试验，尤其适合在一天的不同时段收集数据。ATLAS 的仪器相较于当时的其他在轨卫星能够提供更高质量的测量数据，并为建立不同数据之间的关联提供了宝贵的机会。ATLAS 获取的数据还能够在一定程度上无视由于紫外线辐射和原子氧等污染物导致的卫星仪器校准值漂移的影响。[②]

STS-45 携带了 ATLAS-1 作为主载荷，搭乘 7 名机组乘员，于 1992 年 3 月 24 日发射升空。任务指令长查尔斯・F. 博尔登（Charles F. Bolden）解释说："这次飞行任务的重点主要是帮助我们了解地球大气的中间部分，也就是中间层，因为中间层混合了很多物质。我们对地球的了解相对较好，对太空的了解也相对较好，但当时我们根本不了解的是中间层。实际上，我们称它为'未知层'，它虽然是大气的一部分，但被大多数科学家所忽视，我们对它知之甚少。中间层是多种天气形成的地方，也是大量污染产生的地方，我们只是想知道中间层里发生了什么，即在我们所谓的'中间层'里，上帝做了些什么。"

亚特兰蒂斯号的有效载荷舱内携带了一个双托盘列车和一个圆顶舱，它们作为平台承载了 10 多个仪器。仪器中大多数已经参与过空间实验室 1 号和空间实验室 3 号的飞行了，这也表明了回收的精密仪器返回地球后经过翻新、升级可以重用，达到了节约成本的效果。搭载的仪器中，关于太阳如何与大气相互作用的问题一共有 14 项研究。科学家们尤其想通过测量太阳辐射的能量和大气中微量化学物质的分布来研究大气中上层的化学成分、物理现象及运动。此外，太阳和地球之间磁场和等离子体的关联也被纳入研究的范围，从而拓展了该项研究的领域。

---

①　这颗卫星计划运行 5 年。而实际上，由于财政削减，它在 2005 年退役，退役时 6 台仪器仍可全功能运行。2011 年 9 月 24 日，这颗卫星再入大气层，根据初步预测其中一部分可能会落入人口密集区，因此，这件事还引发了媒体好几天的持续关注。最终，15 432 lb 的卫星碎片坠入太平洋中距人口密集区很远的偏远区域。

②　如果卫星设备的校准发生漂移，数据的长期趋势可能会被曲解。对 ATLAS 仪器的频繁重新鉴定将为辨识卫星仪器能力的退化提供参考。

　　为了最大程度地提高 8 天飞行计划的科学回报，机组人员被分成两班。查尔斯·F. 博尔登说："昼夜轮班的好处是我们有机会看到南北半球、东西半球的白昼和黑夜。你所经历的白昼是在世界上任何地方都无法经历的，但当发射地还处在白昼时，也许就要上床睡觉了。"凯瑟琳·D. 沙利文解释了两班倒的另一个原因："如果让所有的航天员在同一时间睡觉，地面人员并没有足够的自动化接口去远程操作所有的试验。"

　　飞行选择高度 186 mile、倾角 57°的轨道，是为了获得最大的科学成果。这使亚特兰蒂斯号能够在日出和日落时收集到大量大气数据，纬度范围覆盖热带地区到极地，跨越雨林、沙漠、海洋和陆地。

　　大多数的试验和研究都是由空间实验室的计算机控制自动运行的，计算机把数据传送给阿拉巴马州亨茨维尔的马歇尔航天中心空间实验室任务运行控制中心的科学家。但机组乘员在确保仪器平稳运行方面起到了关键作用，此外他们还进行了一系列的人工观测。任务中有一个空间等离子体物理试验，被称为"粒子加速器空间试验（SEPAC）"。凯瑟琳·D. 沙利文回忆道："这次试验真的很酷。我们都非常兴奋。在某种意义上，它基本上算是一把电子枪，有效载荷舱中有一个大电容，当电荷累积到一定的水平，就会释放出电子束。其目的是通过轨道器定向，使仪器的'枪管'将电子大致沿磁场线射向极区附近的大气层。你可以认为它是一次剂量效应试验。就像在医学或其他领域的试验中，投入一定剂量，观察会发生什么反应，然后再增加或减少剂量，看看反应如何变化。在这种工况下，人们试图通过把已知剂量的电子射入高层大气，来更好地理解极光现象背后的物理本质。然后，通过有效载荷舱外和乘员舱内的照相机，测量这一剂量电子引起的极光型辉光的亮度。如果我知道释放了多少千伏特的能量，然后测量出对应产生的亮度，那么也许我可以更好地理解入射的太阳粒子能量是如何耦合到大气中并产生极光的。这真是太令人兴奋了。"

　　进行 SEPAC 观测是一项复杂的任务，凯瑟琳·D. 沙利文指出："座舱内工作的复杂之处在于我们要使用一种带有光电倍增管和多个不同滤镜的手持相机，对极光、地球边缘，以及那些电子束射向的区域拍照。这就需要构造一个阴暗环境，因此你需要遮挡舷窗，在没有任何眩光的环境下，让自己完全适应黑暗，堆叠所有的滤镜和衍射光栅，才能得到合适的照片。当时是摄影机，所以我们说的是胶片和胶片的变化……复杂的摄影组装和拆卸。"SEPAC 曾被列入空间实验室 1 号任务，但设备在飞行初期就发生了故障，所以这次重飞备受关注。"SEPAC 最后终于要发射入轨，飞行一天左右。SEPAC 看起来像是有效载荷舱外挂着的一个油漆罐。它的顶部有一点倾斜。我感觉我身处在一部科幻电影中……罐子里和罐子周围有一个振荡的蓝色斑点，好像一些发光的蓝色生物要从这个罐子中渗出来似的。然后斑点变得更亮、更大了。突然，蓝色的能量团从轨道器上飞出，就像从罐子里跳出来一样。接下来可以看到它开始弯曲，甚至可以看到磁力线的曲率。它开始沿着螺旋线前进。你脑海中大学物理的知识此刻正出现在眼前：磁力线和电子陀螺仪可用于解释这些现象。'哇，太棒了！'我们经常开玩笑说我们是唯一在太空中发射'光子鱼雷'的人，因为我们做的事情就像把'光子鱼雷'发射到大气层中一样。"

与电影《星际迷航》中的企业号或《星球大战》中的千年隼号有着看似无限的储备不同的是，亚特兰蒂斯号的电子供应能力是非常有限的。第三次发射电子时，一个用于保护轨道器和其他试验仪器免受 SEPAC 的电涌影响的保险丝熔断了，这也导致试验的时间再次被迫缩短。

1992 年 4 月 2 日，亚特兰蒂斯号降落在肯尼迪航天中心，航天飞机成功地完成了对地球大气的第一次深入研究。ATLAS-1 获得的数据建立了大量大气和太阳的数据基线，以此来衡量未来全球的变化。

此次任务之后，下一次亚特兰蒂斯号的任务将研究系列任务的首次飞行以来太阳活动和大气成分的细微变化，特别是要关注导致臭氧层破坏的机理，以确定如何减轻其对人类生活和粮食作物的危害。STS-56 任务的主载荷 ATLAS-2 由 7 台试验仪器组成，一个空间实验室托盘承载了 6 台重飞试验仪器，第七台安装在有效载荷舱舱壁上的两个圆罐内。

该任务由挑战者号执行，于 1993 年 4 月 8 日发射，为了连续操作有效载荷，5 名航天员进行 12 h 轮班，中途只暂停了两次工作。这是为了释放和后续回收 SPARTAN 201 自主飞行器，该飞行器的作用是探索太阳如何产生太阳风，并观察日冕。由于恶劣天气的影响，任务增加了一天的在轨活动时间，开启了 7 个试验中的 5 个，进行进一步观测。9 天任务的结束宣告了 ATLAS-2 飞行成功。

虽然 NASA 曾希望 ATLAS 项目进行 10 次飞行，但由于资金限制、飞行频次的降低以及日益增长的其他载荷需求，大气研究的计划被提前终止了。最后一次任务是 STS-66，于 1994 年 11 月 3 日发射，这次任务携带了与之前任务相同的仪器，为期 11 天的任务继续研究了臭氧层受影响的过程。

飞行任务的第二天，ESA 航天员让·弗朗索瓦·克莱瓦（Jean-François Clervoy）使用机械臂从亚特兰蒂斯号的有效载荷舱中吊起了航天飞机托盘卫星（SPAS），并成功将其部署。这个自由飞行器携带了德国伍珀塔尔大学研制的大气低温红外光谱望远镜（CRISTA）和位于华盛顿的海军研究实验室的中层大气高分辨率光谱仪（MAHRSI）。

STS-66 是 ATLAS 项目的另一次巨大的成功。例如，获得的数据表明南极臭氧空洞是一个独立的区域，并且平流层的氟利昂-22 和平流层的氯元素已经大幅增加。另一个重要发现是南极臭氧空洞和中纬度地区臭氧消耗之间缺乏直接的联系，这意味着人们对大气变化过程仍知之甚少。CRISTA 在南极涡旋①内部和外部进行了红外测量，观测到了南极臭氧空洞的边缘。从高空大气到几近地面的范围，共进行了 51 000 次纵向扫描，得出了与臭氧化学成分有关的 10 种微量气体分布和运动的三维包络。CRISTA 同时还绘制了第一幅全球原子氧地图，相信这将有助于降低全球温度。MAHRSI 的仪器对破坏臭氧的羟基分子进行了详细探测。

亚特兰蒂斯号于 11 月 22 日在爱德华兹空军基地着陆，结束了 ATLAS 项目。一位项

---

① 一般说来，极地涡旋是靠近地球两极的大型低压区。它位于对流层中部和上部，延伸到同温层。在极地涡旋中发生了臭氧损耗，在南极尤其严重。

目组代表说："我们为保护环境所做的决定，必须以准确的科学数据为依据，这就是ATLAS 的使命所在……世界各地研究太阳和地球大气的科学家，将共同分享这些成果。"

ATLAS-1 的成就之一就是获取了工业含氯氟烃（CFC）引起的化学浓聚物纵向剖面数据。这是氟氯化碳导致大气中氯元素含量增加的最直接证明。ATLAS-2 通过测量北方高纬度地区日照条件下中层大气的成分，帮助科学家们了解冬季过后臭氧处于极低水平下的大气行为。测量数据表明，在 ATLAS-1 和 ATLAS-2 任务之间，北半球中纬度地区的臭氧总量减少了 10%。此后，ATLAS-3 在深秋时对北半球的大气进行了详细测量，这使科学家们能够研究大气从相对平静的夏季到活跃的冬季变化的过程（但了解不多）。研究人员还研究了南极臭氧空洞内及其附近的化学成分变化过程。变化峰值通常出现在 10 月初，在一年中的这个时期对这两个区域的观测，为前两次飞行获得的春季数据提供了宝贵的对比数据。

7.6　"有点忙，但很舒服"

1985 年 10 月 30 日中午，挑战者号从 39B 发射平台点火升空，开始了它的第 9 次太空航行。这次的 STS-61A 任务已经创造了载人航天飞行的历史。飞行计划要求 NASA 指派 8 名机组乘员参与飞行，这是迄今为止规模最大的一次任务，[①] 任务指令长是亨利•W. 哈茨菲尔德，驾驶员由史蒂文•R. 内格尔和任务专家邦尼•J. 邓巴（Bonnie J. Dunbar）、雅姆•F. 比什兰（James F. Buchli）、盖恩•S. 布卢福德（Guion S. Bluford）共同担任。这些来自 NASA 的机组人员负责操控轨道器和空间实验室，载荷专家雷纳尔•菲雷（Reinard Furrer）、恩斯特•梅塞施米德（Ernst Messerschmid）和维博•奥凯尔斯（Wubbo Ockels）承担大部分的科学研究任务。在人员安排上，上升段和返回段分别需要 4 个人在飞行甲板和中层甲板搭乘。进入太空后，他们执行两班倒模式，也就是当下空间实验室飞行普遍使用的模式。邦尼•J. 邓巴回忆说："有点忙，但很舒服。"中层甲板装有睡眠站，可以在通常的热铺（几个人共用一个床铺——译者注）方式下使用。这次飞行就像一艘远航船，指令长有自己的床铺。亨利•W. 哈茨菲尔德说："我们总共有 8 个人，有 4 个床位。我自己有一个。他们的决定是与其轮换，不如让指令长独自拥有一个床铺，因为如果我们遇到紧急情况，他需要在不同的时间休息。剩余 7 名机组乘员共享其他 3 个床位。"

这一次的空间实验室飞行主要是为了德国的一些项目，所以它被称为空间实验室 D1 号。这是另一个具有历史意义的第一次，德国研究和技术部将花费 1.5 亿美元租用航天飞机和空间实验室进行约 70 项试验，这一系列试验仪器由 8 个欧洲国家和美国提供。载荷专家雷纳尔•菲雷和恩斯特•梅塞施米德来自于德国，维博•奥凯尔斯来自于荷兰。邦尼•J. 邓巴回忆说，这对于德国来说是一项重要的任务，"他们也试图激励他们的年轻人、

---

① 一次发射载有 8 名机组乘员的纪录至今仍然被保持着，而且很可能还会保持很长一段时间。

他们的人民，展望未来——他们仍然因第二次世界大战承受着沉重的心理负担，他们应该乐观地克服这一点。所以这也是一次具有象征意义的飞行，而不仅仅是一次科学飞行。很多年轻人对此很感兴趣。他们的国会——联邦议院对此也很感兴趣。"

任务控制职能在这次任务中将第一次与国际合作方共享。邦尼·J. 邓巴回忆说："休斯敦的任务控制中心负责管理整个任务，以及航天飞机和空间实验室的所有系统。位于奥伯法芬霍芬的德国航天操作中心（GSOC）负责有效载荷的操作。负责有效载荷的乘组人员与 GSOC 的主要研究员和机组接口协调员（CIC）[①] 协同工作，飞行乘组人员与在休斯敦的航天通信员相互配合。飞行过程中我们与两个控制中心同时通话。回到实验室，我们不会说：'休斯敦，我是挑战者号'，我们会说'慕尼黑'，或有时用德语说'München'。我们在操作有效载荷时会和他们的工程师通话，或者在设备启用时和他们的研究人员通话。如果我们想说空间实验室系统或航天飞机系统的事情，我们就会呼叫休斯敦。"

这次飞行中有多个国家的人员，因此出现了一些文化问题。最重要一件事就是该说哪种语言。由于任务是由德国出资，大多数试验设备也是德国的科学机构研制的，亨利·W. 哈茨菲尔德回忆说："他们想跟德国的地勤人员用德语通话。出于安全考虑，我表示反对。我不能让部分乘员无法理解其他人准备做什么。因此需要明确的是，工作语言必须是英语。"邦尼·J. 邓巴说："我们不想在某些试验仪器和系统接口的讨论中出现歧义，或是在我们不知道的情况下开关被拨动。因为我需要负责空间实验室系统，我需要知道大家正在讨论什么……所以这不是技术问题，这是个安全问题。我们需要确保所有人随时能够明白其他人的意思。"然而，亨利·W. 哈茨菲尔德最终同意在特定的时间非英语系的乘组人员可以使用他们的母语。"最终我们达成协议，在特殊紧急情况下，可以使用非英语的另一种语言，但在采取行动之前，必须翻译成英文，以便指令长或其他轮班操作员和载荷专家能够理解。我们达成了一致，但这花费了一些时间。"

试验涉及了 8 台设备，其中 6 台是德国研制的，2 台是 ESA 研制的。试验的目的是研究微重力[②]。在 NASA 机组乘员的协助下，3 名载荷专家进行了空间实验室单双机架上的材料和生命科学试验。

材料方面的研究在材料科学双机架（MSDR）上进行，这些研究包含了流体物理、金属熔化、凝固及单晶体生长试验。另一台设备的处理室中有流体物理试验和透明熔体凝固试验的光学诊断仪器。MEDEA[③] 机架是第二代 MSDR，它具有非常精确的恒温器，可以用于熔化或凝固金属和半导体材料。

生物机架主要用于细胞功能和发育过程的生命科学研究。前庭仪器与一系列装置共同产生线性加速度，来研究人类的前庭（平衡）器官。这些货架都是由 ESA 开发的，系统货架也是如此，它的恒温器既可以用于自身的植物学试验，又可以用来为其他机架的反应

---

① 机组接口协调员相当于 GSOC 的任务控制中心航天通信员（联络地面和在轨机组人员的航天员）。

② 无论航天器装载的是生物还是设备，在重力与离心力平衡的情况下都应处于失重状态。但实际上，由于航天员的动作和设备的运行，破坏了这种平衡。出于这个原因，空间飞行一般被认为是"微重力"，而不是失重。

③ "独立试验和专用仪器的材料科学双机架"的德语缩写。

炉降温。

空间实验室加压舱后部的一个横跨有效载荷舱的桁架上，安装着材料试验组件（MEA），其中包含了使用多个反应炉和声学定位仪的 5 项 NASA 试验，同时也包含纳维克斯公司的试验。这是唯一一项与微重力无关的研究项目，它的目的是观测铯原子钟在太空中的表现，包括相对论中时间膨胀测量，监测在轨时钟和地面时钟的双路同步精度是否优于10 ns。同时还进行了单程距离测量和精度优于 42.3 ft 的定位试验，并研究了电离层对这些测量的影响。纳维克斯公司的研究结果将应用于导航卫星[①]原子钟的设计，实现地球导航定位的目的。

为了尽量减小空间实验室 2 号微重力环境的干扰，挑战者号采用低阻力重力梯度的姿态飞行。史蒂文·R. 内格尔说："在空间实验室任务中，要想获得最理想的微重力环境，他们认为需要把所有的反作用控制发动机关闭，但你还要把轨道器稳定在某个姿态上……我们保持着这样的姿态，机头朝向地球，右翼向前飞行……这时我们要做的就是保持稳定、关闭发动机，轨道器就会保持这样的姿态。"这种姿态下，挑战者号也会受到尽可能小的气动阻力。它每天保持这个姿态飞行 8～10 h，而在其他时间有效载荷舱朝下飞行，这种姿态被称为负 ZLV。

尽管这是空间实验室的第四次飞行，且第三次使用加压舱，在试验设计和人为因素方面 STS-61A 仍然取得了一些教训。邦尼·J. 邓巴说道："你应该像实际飞行一样训练，像训练一样实际飞行。在一些试验中他们没有准备好训练的硬件设施，所以当我们在实验室里训练时，就有些不知所措了。程序会说：'按这个开关'，我们就假装按下开关。但当我们进入太空后，看到了我们从未见过的硬件。有一次，我们按下一个开关，并认为某个设备应该启动了，但事实上这是一个有二级止动装置的双掷开关，我们没有把开关掷到位，因此试验并没有被激活，同时也没有指示灯反馈。这是另一条规则：必须要有某种反馈系统，让乘组人员知道设备被启动了，就像当你打开电灯开关时，灯就亮了。当试验加电时，某处应该有绿色的指示灯。所以这是一个疑点。令人失望的是，回来后我们发现试验没有被激活。"

这并不是唯一一个缺乏人性化设计的试验。邦尼·J. 邓巴说，"我们飞行时面板和开关并没有被集成，因为试验机架由不同的供应商提供，甚至是来自不同的国家。我的意思是，流体物理学装置来自意大利，ESTEC（欧洲航天技术中心）的手套箱来自于荷兰。因此，机架的照明灯和故障灯没有被集成。当你向实验室看时，你会看到一大片不同颜色的灯光，绿色的、琥珀色的（他们称之为黄色的）和红色的。但它们可能具有不同的状态显示功能。在一个专用机架上，一个红灯表示正常，两个红灯表示告警，三个红灯表示停止。当进行乘员舱检查时，看到一个红灯（意味着"正常"）。我希望最好是当所有系统正常工作时显示绿灯，如果红灯都亮了，那么你就知道某些设备停止运行了。信号不一致对我来说一直是个挑战，特别是在零重力环境下你并不总是保持直立向上的姿势，你必须

---

① 特别是全球定位系统（GPS）的卫星星座。

先看一下灯和开关的名称，以确保所有的东西都处于适当的位置。因此，信号一致性的缺失增加了一点时间开销。"

挑战者号在轨运行 7 天后着陆，这样的快节奏使机组人员忙得几乎没有时间去欣赏窗外的景色或享受在太空中的时光。邦尼·J. 邓巴指出："这 7 天都是连轴转，我们通常会在睡觉前才完成工作。也许真的不应该这样紧张，但时间就是金钱。我个人还不想回到家里然后想到：'好吧，哎呀，我用了一个小时看窗外的景色，但我得回来告诉某位工程师或科学家，我没有时间去做他们想要做的事了。'所以我们完成了所有的预定任务，这一点是值得骄傲的。"

除了科学成果外，STS－61A 任务也成功证明了这是一次出色的国际合作。NASA 从中学到了许多重要的经验，这些经验若干年后在国际空间站的开发和运行中得到了应用。特别是 STS－61A 任务中文化差异的消除为 NASA 在未来与别国的控制中心共担职责方面提供了有益的帮助。

第 8 章　太空工业

8.1　"我们的愿景是做一些对人类有用的事"

在求职面试中，一般会问未来的雇员，如果被录用，他们的期望是什么。事实上，在密苏里州圣路易斯市麦道航天公司的面试中，29 岁的航天工程师查尔斯·D. 沃克 (Charles D. Walker) 对他寻求的职业有着清晰的认识。他的回答很简单："从事技术工作，先在设计开发岗位工作几年再寻求进入管理层的机会，哦，顺便说一句，如果我做的东西有机会进入太空，我希望有机会进入 NASA 和它一起飞行。"

查尔斯·D. 沃克于 1971 年毕业于印第安纳州的普渡大学，获得航空航天工程学位，此后他投身航天，尤其是在那些具有商业前景的项目上颇有建树。20 世纪 70 年代初，当阿波罗 17 号的航天员收集了最后一批月球样本时，NASA 和航天业已经开始研制航天飞机了。阿波罗号的任务只是对月球表面进行短期访问，与之不同的是，航天飞机注定要成为功能更加丰富的航天器，其功能之一就是作为在轨特有环境的商业开发平台。例如，在轨环境最明显的特征就是没有重力。事实上，有人认为，由于重力作用，在地球上无法被开发（甚至复制）的新材料和物质可以在太空中被制造。此外，在航天飞机时代，太空将不再是专业航天员的专有领域，它也将为科学家和工程师们提供进行试验和研究的机会。

麦道是愿意研究如何将航天业从专门致力于探索研究转变为创新型商业投资，从而产生利润的公司之一。查尔斯·D. 沃克说："他们知道利用太空的前景和太空环境的独特性，公司希望找到一种方法……找到有趣且富有成效的方法，通过私人资本投资，为股东创造利润……他们认为可以在航天飞机的短期飞行和运行中在轨道空间微重力环境下做些什么来达到这个目的。"他深远的事业抱负并没有引起太多关注，因为这些抱负也符合公司的愿景。目前，公司的主要任务是为北美洛克韦尔公司提供轨道器的零部件。

查尔斯·D. 沃克开始时是一名研制轨道器的轨道机动系统的测试工程师。"这听起来很有趣，"查尔斯·D. 沃克说，"我的意思是这可是太空系统和工程！"不到一年后，他加入了材料加工组的一个工程小组，他们有一部分预算是用来开发一种失重状态下制药的方法。对这个特殊市场的兴趣源于 1975 年麦道航天和 NASA 马歇尔航天中心的一次合作。这次合作旨在确定在太空中可用于制造商业产品的工业过程或材料的类型，以便最终销往全球。人们很快就意识到，药品提纯作为地球上最赚钱、最富有的产业之一将产生巨大的经济回报。查尔斯·D. 沃克说："如果你能提纯治疗多种疾病药物的基本组成部分，如激素和酶，你就可以提纯治疗疾病的药物，而且你能够做到一种在地球上无法达到的纯度。"

药物成分纯度越高，药效越好，从而所需的剂量也越少，这能使制药公司从每批次一定的药物中赚取更多的钱。在地球上，重力会干扰化学分离过程，这实际上限制了可能达到的纯度。失重环境消除了这一障碍，能使化学分离过程达到更高的纯度水平。在这项研究中，麦道公司已经断定能很容易将纯度提高 4～5 倍。人们还认识到，在太空中运行设备的产出率更高，是地球上同一时间内产量的 500 倍。地球低轨的商业化为航天飞机带来了大量的工作。

在评估了制备药物成分的各种化学分离过程后，麦道公司确定了电泳的电动现象最适合在太空中的设备进行。电泳指的是在空间均匀分布的电场作用下流体中分散的粒子相对于流体本身的运动。莫斯科大学的费迪南德·弗雷德里克·罗伊斯（Ferdinand Frederic Reuss）在 1807 年首次观察到这一现象，当时他发现分散在水中的黏土颗粒在恒定电场的影响下会发生迁移。这种现象的起因与粒子和周围流体之间存在带电界面有关。这种生物化学的应用是值得关注的。

例如，查尔斯·D. 沃克说："血液是蛋白质和细胞的复杂混合物，每一种特殊的蛋白质分子都有一个固定的电荷，尽管非常小，但每种类型的蛋白质或细胞体所携带的电荷各不相同。在施加一个电场后，它们会成群地朝吸引的电极移动，并且移动速率不同，所以如果将样本置于电场一段时间后关闭电场时，就能得到彼此分离的各类化合物。因此，如果有这一种混合物，在这个过程之后能提纯出初始混合物中的每种成分。这就是电泳的本质。"

麦道公司着手寻找一个合作伙伴来建立一个盈利性的合资企业。经过市场调研后，这个航天巨头与强生集团旗下的奥索制药公司签署了协议。查尔斯·D. 沃克指出："强生集团同意投资，开发一种或两种特殊激素，他们认为这具备商业性，并能从太空加工中受益。"该协议签署于 1977 年，麦道公司研制了地面原理样机，以完善他们对电泳流体力学方程的认识和理解，作为迈向适用于太空药物提纯的连续流动电泳处理系统的一步。奥索制药公司将为研发工作提供资金支持。

几年后，奥索制药公司开始了高纯度红细胞生成素的太空生产。这种激素是由肾上腺产生的，其作用是刺激骨髓产生红细胞。红细胞生成素缺乏（或不足）会引起贫血，即产生的红细胞不足以维持人体组织中含氧量处于健康水平。贫血也被认为是某些血癌的征兆。当时已经有了红细胞生成素的生产方法，只是数量有限，而且仅有中等纯度，这限制了药效。美国人中有相当大的一部分受到各种贫血的影响，很明显，大量生产高纯度的红细胞生成素将为奥索制药公司带来巨大利润。

早期，关于引进欧洲一台试验性连续流动电泳装置的提议被否决了，因为它太小而且价格太高。因此，查尔斯·D. 沃克和他的团队着手设计自己的试验装置。为了迎接这项更加复杂且具有挑战性的任务，这些航天工程师步入了新兴的生物技术领域。查尔斯·D. 沃克说："'生物技术'这个词实际上在当时并没有被普遍使用，它在 20 世纪 70 年代末或 80 年代初的技术界才开始被使用。因此，在材料、电化学物质，以及细胞保活方面，存在着许多挑战。当我们使用活细胞作为生物化学物质的组织培养源时，或当需要实验室培养活细胞产生酶和激素时，我们必须使细胞存活下来……时间长达 6 天或 7 天。"查尔斯·D. 沃克指出："生物物质在它们所浸的液体中需要非常微妙的化学平衡……它们需要在一个孤立和资源受限的环境中（航天飞机座舱内）保持非常平衡的温度和 pH 值。"虽然空间实验室试验的开发人员也面临同样的问题，遗憾的是缺乏信息交流。每个团队都要独自面对自己的挑战。

尽管是在有限的预算下进行着一个精心策划的开发项目，材料加工组还是有必胜的信心，并且工作人员经常每周工作 60 h，这是以牺牲他们的社交生活为代价的。

20 世纪 70 年代末，麦道公司宇航部与 NASA 马歇尔航天中心进行了关于利用航天飞机为私营公司提供商业服务的非正式讨论。约翰逊航天中心航天员办公室指派航天员唐·L. 林德作为查尔斯·D. 沃克的团队顾问，并由他协助开发一个适合航天员操作的太空装置。查尔斯·D. 沃克说："他很快就来到了圣路易斯市，加入了我们团队，开始和我们一起工作。我们会交换信息，通报情况。我们向他展示了设备的设计和原理样机，他帮助我们了解了一些基本知识，例如航天员希望看到训练和飞行的过程。参考航天员办公室规定的开关类型、仪器类型、程序和流程，我们从唐·L. 林德那里直接学到了设备的控制、仪器的设计以及操作设备的流程。

1980 年 1 月，非正式讨论达成一个协议，授权麦道可以在 6 次航天飞机任务中进行原理验证试验。按照 NASA 的首字母缩写惯例，设备被命名为连续流动电泳系统（CFES，见图 8 - 1）。查尔斯·D. 沃克解释说："律师们常说，这是一种交换条件……一方提供了这些资源，另一方提供了其他资源，以便在没有资金交换的情况下实现总体目标。"NASA 将无偿提供运输服务。相应地，麦道公司会用自己的资金开发和制造 CFES。但该协议允许 NASA 利用该设备进行自己的研究。

查尔斯·D. 沃克解释道："我们已经和马歇尔材料加工实验室的人合作了很多年。他们有兴趣继续开展研究，尤其是电泳分离方面的研究。从学术的角度来讲，他们的兴趣在于在太空中开展这项研究。因此，他们希望利用电泳仪在微重力环境中开展研究，并且协议也是这样规定的。在 6 次飞行中，电泳装置在轨大约有 1/3 的时间用于进行测试和开发验证，我们将 NASA 的样品注射到装置中进行分离和收集。因为这个装置有一个透明的亚克力前盖，所以当带有颜色的特定样品流被分离时，你实际可以看到分离过程，我们也会拍照。因此，NASA 能够以马歇尔航天中心材料实验室人员的名义，使用私营部门为开展研究而自己出资生产的设备，这个设备 1/3 的在轨时间被用来开展 NASA 的研究，这就是换取搭乘航天飞机飞行的代价。而 NASA 唯一的支出在于样品的准备、收集以及在他们自己的实验室进行飞行后分析。

由于 CFES 巨大的尺寸，协议要求其安装在空间实验室加压舱内。查尔斯·D. 沃克说："我们的设备尺寸相当大。我的意思是，这个设备大概会有几百磅重。它至少有一个四或五抽屉的文件柜大小，可能还有另外一两个模块用于电子控制和存储生物材料。所以我们知道它会很大，对于空间实验室而言，可以安装这些设备的地方就是机架。"

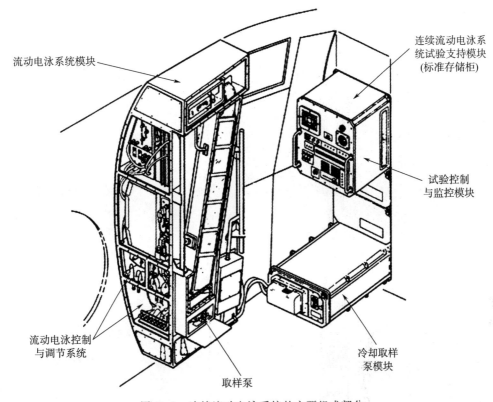

图 8-1　连续流动电泳系统的主要组成部分

　　早在协议达成之前，就确定了第三次空间实验室飞行将是一次适合 CFES 的飞行机会。这项任务定于 1982 年年底或次年年初进行。但是空间实验室及其后续计划持续推迟迫使麦道公司向 NASA 提出将 CFES 首次测试提前。总的来说，尽管公司不必为试验支付费用，但它也要向股东们负责，他们渴望从这次太空试飞看到效益。制药行业则更是等不及了。因此，第一次试飞必须尽快进行。

　　约翰逊航天中心空间运输系统组的格林·伦尼（昵称格林，Glynn Lunney）提出了在中层甲板安装设备的想法。查尔斯·D. 沃克回忆说："他很清楚航天飞机轨道器内的系统和布局设计，中层舱门边上的厨房与将要参加飞行的电泳装置尺寸一样。我们为什么不在一些任务中将吧台替换为电泳材料加工设备呢？"这种转变的可行性一经证实，查尔斯·D. 沃克和他的团队就开始计算空间，并做了一些必要的修改，以确保 CFES 能安全、正确地安装在中层甲板内（见图 8-2）。

　　1980 年年末，哥伦比亚号航天飞机首航在即，CFES 被安排在 STS-4 任务。它将成为首次由航天员在中层甲板开展大量试验的飞行任务，一直到 30 年后的最后一次飞行。

　　随着 CFES 正式公布，唐·L. 林德将工作移交至地面支持团队和 STS-4 乘组人员。任务指挥托马斯·K. 马丁利二世让驾驶员亨利·W. 哈茨菲尔德负责操作设备。这次任务的主要目标是继续测试轨道器的系统和运行能力，CFES 不是乘组人员优先培训的内容。从发射前两年至发射前的几天，查尔斯·D. 沃克只去了几次约翰逊航天中心，简短

图 8-2　CFES 被放置在轨道器中层甲板上的场景

地用一个专用试验装置及其电子设备模拟器培训了亨利·W. 哈茨菲尔德如何操作 CFES。

　　1982 年 6 月 28 日，CFES 开始了在失重太空中的旅程。为了节省开发费用和时间，它无法向地球发送任何遥测数据。这意味着，在任务控制中心支持室内的查尔斯·D. 沃克和他的同事只能根据机组人员汇报给他们陌生但有意义的控制装置读数，以及对设备工作状态的观测进行判读。在当时的航天飞机计划中，只有在地面站的视线范围内，飞行器才能与地面进行通信，在短暂的通信过程中，支持室里有 3 人仔细地听航天员说话，记录下每一段试验的相关信息。查尔斯·D. 沃克解释说：“有时通信时间非常短暂，乘员们有很多有关飞行器或其他主载荷的工作要开展，只能迅速地口头传达一些信息。”为了确保没有遗漏任何信息，他们需要保留一份录音，每次飞行通过后重听录音，搜索可能没有在第一时间抓住的细节。基于这种反馈，查尔斯·D. 沃克和他的团队可以通过改变设置和配置来生成一组新的指令让机组乘员来执行。“可以进行物理调整，如调节阀门和流量，更改泵的速度和电场等。”对于麦道公司工程师来说，将更改传达给乘组人员是一个间接的过程。“我们不能直接从后面的房间与乘组人员通话。我们必须将需求传递给前面房间的有效载荷官员，他将“我们的需求”传递给飞行主管，他将批准航天通信员向机组反映这些问题。”然而，这种远非理想的方式却是该局在航天飞机计划早期所能提供的最好的方式了。

在飞行第四天 CFES 试验被停止了，查尔斯·D. 沃克和他的团队已经从中吸取了很多经验教训。其中最重要的就是，他们已经确认试验装置确实按照他们的数学模型在太空中运行了。这是一个实实在在的成就。查尔斯·D. 沃克满腔热情地说：“这是一个用泵挤压数加仑的液体通过细小腔室的过程——它是一个厚为 3 mm、宽为 16 cm、长为 120 cm 的空间——过程中不能产生气泡，它必须是无气泡的，因为气泡会阻碍这一过程。由于它的生物特质，过程必须是超净的。”事实上，该装置在任务全程都没有产生气泡，温度和电场也完全受控。同时，地面处理程序也验证了设备，当被安装在处于发射台的航天飞机上时，可以用电化学导电缓冲化合物进行消毒和维护，并在发射前几天内保持生物学意义上的清洁和无气泡。不要低估这种准备工作，对于任何火箭来说，发射前的最后几天总是紧张地进行着许多最后的检查和相关工作。试验准备就绪，NASA 和航天员们就少了一件值得关心的事，这无疑增强了他们对麦道公司工程师专业性的信心。

虽然 CFES 被设计用于生物材料的处理，但首次试飞中仅使用模拟物来验证装置的处理流程和总体工作情况。查尔斯·D. 沃克解释说：“事实上，我们使用了小颗的苯乙烯珠作为实际的材料，这是马歇尔材料加工实验室人员提出的一种模拟物。这些微小的苯乙烯珠被染成不同颜色。它们混合在一起，在腔室里将会被分成不同颜色的流体。在 STS - 4 中，亨利·W. 哈茨菲尔德可以很容易地看到分离结果并拍照，然后收集样本返回地面。”模拟试验不仅证实了该装置能够按预期运行，还证实了它可以将所需化合物与不需要的化合物分离。“我们想知道，实际要收集的具有 Z 伏特电荷的纯酶 X 从哪个管流出——我们所说的是 198 个出口管阵列中的小出口管。每个管子直径只有 0.5 mm——预测纯酶 X 会从哪一个管子出来，这样就可以收集纯酶 X 了，而不是对制药公司毫无用处的其他化合物和液体。所以你想预测它会从哪里出来……我们的目标非常明确……我们已经证明了，我们可以充分预测想要知道的生产流程。”

飞行后不久，查尔斯·D. 沃克和他的经理吉姆·罗斯（昵称吉姆，Jim Rose）拜访了格林·S. 伦尼，向他简要介绍了 CFES 的试飞结果，并讨论了联合协议的进一步发展。查尔斯·D. 沃克并不知道，他即将看到他毕生的梦想变成现实。查尔斯·D. 沃克说："吉姆告诉我，'我只是想告诉你，我们去参加这次会议，如果我从格林那里得知他对结果感到满意，NASA 也满意，那么我将申请一个载荷专家的机会。你可以胜任吧？'"这对于查尔斯·D. 沃克来说真是太棒了，因为他坚持不懈地打造的一条能让他飞到卡门线①以上的职业路线，即将要成功了。

格林·S. 伦尼的确对第一次试飞很满意，尤其是麦道公司完全遵照联合协议开展工作。吉姆·罗斯找到机会，开始向格林·S. 伦尼解释，尽管亨利·W. 哈茨菲尔德能很好地操作设备，但是作为一个航天员仅能花少量的时间操作它，因为他还有更重要的职责。但是这个装置需要持续关注才能得到最好的结果。麦道公司需要一个人关注这个设备。换句话说，需要一名载荷专家。查尔斯·D. 沃克继续说："我记得，格林深吸了一口雪茄……然后这样说：'好吧，我们曾经想过引入载荷专家的事，所以如果你有合适人选，能够满足航天员的选拔标准，可以提交申请。来吧……你有合适人选吗？'这时吉姆·罗斯指着我并说：'你看他行吗？'"

显然格林·S. 伦尼并不像想象的那样感到惊讶，因为查尔斯·D. 沃克在 NASA 招募航天飞机航天员时已提出了申请。材料已被送往 NASA 总部复审并且通过了。查尔斯·D. 沃克因此成为了第一位私人航天飞机载荷专家。当时，所有载荷专家都出自学术和研究领域，并且所选人员都能够参与诸如空间实验室之类的飞行任务。查尔斯·D. 沃克并不是一个学者，也不属于工业界研究团体，更不是一个对太空研究感兴趣的科学家，他只是一个为太空商业制造而努力的私人公司的工程师。他有希望成为使用航天飞机进行商业活动的新一代航天员中的第一人。

被指定执行发现号的首飞任务 STS-41D 后，查尔斯·D. 沃克开始全力投入复杂的航天飞机训练。由于培训过 STS-4 机组人员操作 CFES 仪器，查尔斯·D. 沃克对这些训练已经非常熟悉了。虽然查尔斯·D. 沃克作为私人载荷专家只需接受轨道器系统的一些基础训练，但他仍和机组队员参与了大量的模拟试验。如他所说，省略的是"大开销项目"，如应急训练。我没有在水中进行应急事件训练，我没有在沙漠或丛林中进行生存训练。

然而，任务指令长是亨利·W. 哈茨菲尔德，之前查尔斯·D. 沃克与他一起工作过。他通过让沃克学习简单的任务，比如倒水或打开/关闭一个系统，以及更复杂的任务，比如操作机械臂，将沃克的训练推进到比 NASA 想象得更远一点。亨利·W. 哈茨菲尔德认为这将有助于查尔斯·D. 沃克更好、更快地融入机组，并有助于他执行一些常规任务，以便让专业的航天员们花更多的时间完成他们的任务。出于成本考虑，NASA 拒绝了对一个只飞一次的人进行额外训练的要求，查尔斯·D. 沃克重新又回到基础训练。他记得，"我仍被乘组邀请去看他们的个人训练，诸如航天飞机机械臂或机载系统，以便我至少熟悉这些系统的实际操作，而不仅仅是从教科书上去了解。这方面的训练目的是让我能熟悉

---

① 卡门线位于海拔 62 英里，代表着大气和太空的边界。简单地说，穿越这条线的人，就能获得航天员的称号。

这些操作。"当然，随着航天飞机训练的进行，查尔斯·D. 沃克也要兼顾自己在圣路易斯的训练。好像这还不是全部，当他为自己的飞行进行训练时，他还要支持其他运行 CFES 的飞行任务，如 STS - 6、STS - 7 和 STS - 8。

1984 年 8 月 30 日，查尔斯·D. 沃克的太空飞行梦想终于实现了。当轨道器的发动机关闭时，他立刻感到重力不再对他产生作用。作为一名载荷专家，或者换句话说，作为一个乘客，他的飞行计划要求他继续绑在座位上直到专业航天员〔这次任务的专业航天员是朱迪·雷斯尼克（Judy Resnik）〕来帮助他。这被证明是一个合理的过程，因为他很快就出现了太空适应综合征（SAS）的症状，这种症状是由 NASA 命名的。在接下来的 3 天里，查尔斯·D. 沃克感到恶心、呕吐、手心出汗等。即使今天这种症状的产生还没有被完全理解，SAS 影响了至少 50％的太空飞行者，它是一种身体试图应付失重状态下各种生理变化的方式。

尽管 SAS 带来了身体不适，但是在接下来的日子里，查尔斯·D. 沃克仍开始运行了 CFES。他一直运行设备，直到倒数第二个飞行日才停止。在监测试验期间，他晚上睡在设备旁边，就像他所说的，"在飞行后的 3~4 天内它每天运行 24 h，电子设备有个蜂鸣器。蜂鸣器在晚上是关闭的，所以我要带上耳机来提醒我。我只有离得很近，才能听到提醒，并且当我拿着小手电筒试图解决产生的问题时，我必须起床，希望不会打扰到其他人。"白天，他总是在机器旁边工作，以确保它运行平稳，在出现故障的情况下，他会自己解决问题，或者与任务控制中心的支持团队协商解决。这次任务仅有一颗中继卫星，通信仍相当受限，每当他想与地面人员交谈时，他必须征得机组乘员同意。

9 月 5 日，当发现号降落在加利福尼亚州爱德华兹空军基地时，查尔斯·D. 沃克有理由对他自己和 CFES 感到满意。但不到 24 h 后，当发现纯化的生物样本已经被细菌污染时，他的热情稍微受到了些打击，细菌在飞行前的准备过程中污染了原材料。当然从技术的角度来看，试验是成功的，因为它进一步验证了 CFES 的程序和运转。但从回收有用产品的角度来看，这是完全失败的。事实上，这些样本甚至不能用于动物试验，这是验证太空生产的药物能在人类身上发挥作用的一个重要步骤，也是奥索制药公司证明其工业价值的必经之路。查尔斯·D. 沃克说："我们的合作伙伴是强生旗下的奥索制药部门，他们希望它很快能成为一个商业项目，他们打算用一些（高纯度）样品进行一级动物试验。经过几十个月的更多测试后，他们首先得到了食品和药品管理局的批准，将这种材料用于制药。"

另一个重要的经验教训是，这个仪器需要大量的维护和密切监控，以控制它能在设计条件下对样品进行提纯。令人欣慰的是，麦道公司为 CFES 下一次飞行申请了载荷专家的机会。查尔斯·D. 沃克回忆说："我们向 NASA 管理层表达过这种意愿，管理层表面上说：'好吧，如果我们要这样做，会训练另一个你们的工程师……完成这个流程。或者，查尔斯·D. 沃克似乎恢复得不错，没有一个乘组人员在这次飞行中对他不满意，所以如果你想这样做，也许他可以再飞一次。'"这是一个出乎意料但很棒的提议。事实上，载荷专家以前意味着只能飞行一次，从未有过雇用职业载荷专家的计划。查尔斯·D. 沃克非常清楚这一点。事实上，他飞行的主要目的是更好地了解设备的运行，尽可能多地了解它的工作方式，进行必要的改进，最终让 CFES 在常规情况下处于半自动模式，航天员只需要负责开关。

就在 STS-41D 之后的 6 个月，1985 年 4 月 12 日，查尔斯·D. 沃克被固定在发现号座舱中，带着改进后的 CFES 第二次飞向太空。"我要操作一些相对较新的设备……更改一些电泳设备内部的机电子系统和处理流程。我们调整许多流程来改善生物无菌状态，以避免产生我们之前遇到的问题，以及我们在过去几个月试验中和在地面运行中发现的一些其他可能出现的问题。"在查尔斯·D. 沃克所暗示的问题中，缓冲液①产生气泡是一种讨厌的趋势，因为这影响了纯化过程。

谈到自己在 STS-51D 任务中的第二次太空经历，查尔斯·D. 沃克说："进展非常顺利，尽管遇到了一些常规的小障碍和一些软件故障。当我监测进程时，我重编了控制软件，并调节了温度、流量或电源设置。我采用手动或半手动方式运行它，简单说，这个过程就是微调它的过程。唯一重要的问题是气泡的形成。这归因于子系统，而不是电泳过程本身。杰弗里·A. 霍夫曼和戴夫·格里格斯（Dave Griggs）②的应急太空行走也引起了一些 CFES 的问题。该装置的设计参考压力是 14.7 psi，这是轨道器在轨的标称值。在航天员舱外活动的前一天，为帮助航天员准备他们的低压航天服，舱内压力降到 10.2 psi。查尔斯·D. 沃克说："这真的会影响我的电泳过程。所以在乘员舱减压前我不得不关闭我的程序和安全装置，然后在舱外活动完成后升高压力，重新配置设备后将它打开。当我帮助他们做舱外活动准备的时候，我有一些额外的程序和工作要做。"

自从 STS-4 任务以来，通信问题一直困扰着 CFES 项目。这一问题通过星载记录仪记录语音数据被部分解决。在轮休之前，查尔斯·D. 沃克得到任务指令长的许可，花了几分钟时间把当天准备好的摘要进行录音，扼要重述了他的研究结果、遇到的问题，以及需要的帮助和指导。录音将作为遥测的一部分进行下传，查尔斯·D. 沃克在第二天早上收到在任务控制中心的同事们连夜准备好的新指令。尽管这个过程很慢，但"效果却很好"。

在 STS-51D 任务后，麦道公司和 NASA 之间的协议允许为 CFES 再进行一次飞行。但公司希望签署扩展协议，以便进行更多次飞行，从而推进项目。在第二阶段，6 次 CFES 中层甲板飞行的经验将被应用于创建一套自动化系统，它将被安装在有效载荷舱内至少进行两次飞行。航天员唯一要做的就是开关设备。成功完成这些测试将为麦道公司生产可供出售的药用级原料扫清道路，NASA 将获得部分运营利润。

太空电泳作业（EOS）设备的设计在 1985 年完成，麦道公司开始着手建造这个新设备。查尔斯·D. 沃克说这是一个"跨舱系统"，重达 5 000 lb。"相当于 24 个电泳室，我想一共有 6 个电泳室。这套系统是中层甲板单个电泳室能力的 24 倍，它具备先进的电子技术和先进的监测和控制系统以及所有必要的支撑结构、绝缘材料和液体的测量容器。因此它能够在开放的货舱中运行，并连续运行 7 天，源源不断地生产大量纯化药用级材料。"

EOS-1 并不意味着中层甲板活动的结束，因为麦道公司急于将电泳工艺应用于其他

---

① 缓冲液是通过电泳分离的物质载体。
② 请参阅第 5 章航天飞机项目的首次应急太空行走的细节。

材料，以扩展客源获取独立材料的收入。这一战略的睿智之处在 1985 年 9 月得以体现，当时的奥索制药公司撤回了其财政和商业的支持。因为遗传学领域的发展使另一种大规模生产药物和药物成分的方法成为可能。虽然这些产品的纯度不如在太空中的高，但产量很高，这是一个不容忽视的营销机会。

麦道公司也有其他发展。它获得了奥索制药的竞争对手 3M 瑞克公司的合同，并开始与欧洲和日本的其他竞争对手接触。制药行业并不是唯一的目标。查尔斯·D. 沃克解释道："在电泳过程中，你可以在溶液中分离出成千上万种激素或酶——各种蛋白质，你也可以从设备中的悬浮液分离几十种不同类型的活细胞体。事实上，当时我们甚至在麦道公司里进行了我们自己的内部研究，并与一些公司协商做一些更广泛的事情，例如利用这个设备分离类似矿石的固体悬浮物，由于沉降作用，在地球上是无法完成这个过程的。但是在没有重力的情况下就不会有沉降作用，那么就可以利用悬浮在液体中小型的、微小的，甚至是细微的颗粒的电荷特性把它从其他材料中分离出来，因此你可以分离出任何一种东西。所以我们正在考虑其他更广泛的项目。"然而，他指出，这些项目没有一个进入了"地球上的实验室测试阶段"。

根据该公司理想的近期计划，NASA 最初协议中 CFES 的最后一次飞行被安排在 STS‑61B 中，CFES 被升级为试制实验水平，它将用于验证 EOS‑1 的生产流程、设置及软件的合格性。查尔斯·D. 沃克将再一次负责这个设备。在 18 个月内，查尔斯·D. 沃克将飞行 3 次，这比专业的航天员更频繁。实际上，他已经成为了一名职业载荷专家，而麦道公司则希望有更多的员工参加飞行任务。事实上 STS‑61B 的机组人员不仅需要了解查尔斯·D. 沃克，还有他的替补——罗伯特·伍德（Robert Wood）。他是这个项目的计算机专家之一。随着大量飞行任务的来临以及在未来空间站上安装类似 EOS‑1 设备的愿景，麦道公司和查尔斯·D. 沃克本人梦想着建立一支商业航天员队伍，定期在太空中开展公司业务。罗伯特·伍德的首次飞行被安排在 1986 年的夏天，他将带着 EOS‑1 执行 STS‑61M 任务。但在当时，他不得不跟随查尔斯·D. 沃克，如果查尔斯·D. 沃克因为一些原因不能飞了，他将接替他。[①]

STS‑61B 任务开始于 1985 年 11 月 27 日。作为主要任务，查尔斯·D. 沃克花了 175 h 来提纯含有 1.1 L 激素的大型单一样本，这是 EOS‑1 要处理的具有代表性的材料。结果有助于验证仪器的功能。然后他用剩余的时间调整设备来探索它的操作极限。特别是，他使用不同的样品和缓冲液浓度的组合来测试它，以确定该过程可以处理的最大水平。

由于该设备的机械结构复杂，一旦发生机械故障，查尔斯·D. 沃克可以用备用泵和其他部件替代。特别是，他可以用脱泡泵来处理气泡复现问题。果然，在测试开始不久，气泡就开始形成了。对于短途飞行而言，这不会威胁到任务目标，但 CFES 即将开始投入生产，查尔斯·D. 沃克认为："从长期来看，连续工作几十小时后，气泡可能成为一个主

---

① 从最初的美国载人太空飞行到航天飞机计划早期，每次任务都有一个后备机组来保证任务能够在一个主机组乘员无法参加任务的情况下按时飞行。考虑到这一点，NASA 说服麦道公司，他们也应该有一个替补，因为如果查尔斯·D. 沃克不能参加，很难找到一个任务专家来完成 CFES 的工作。

要问题。当你需要一个稳定的电泳过程，气泡会导致不稳定。"他决定安装这个泵。这不是一件容易的事，因为这需要直接进入设备内部。"我按照说明把侧面板从流动室装置上取了下来。它大概有 4 ft 高，1.5 ft 宽，并用 20 个或 30 个快速释放螺栓固定在流动装置的一侧。还有一个密封装置可以防止液体从里面泄漏到乘员舱内，但我需要进到里面连接脱泡装置。"随着泵的成功安装，设备在后续飞行中没有出现气泡。最后，查尔斯·D. 沃克进行了逆向操作，拆除了脱泡泵，安装了拆下的侧板。

根据 CFES 在生产模式下的运行需要，查尔斯·D. 沃克每天至少对产品取样两次，不仅要测定产品的浓度，还要确定它们的洁净度。考虑到第一次飞行造成的污染，他在一个细小的测试套件中注入了少量的液体。细菌菌落的生长是细菌污染的直观证据。"在飞行中，如果我污染了材料或者处理流程被污染了，我就能直接看到。我没看见这种现象，所以我确认……没有发生在 STS-41D 中存在的问题。"

STS-61B 毫无疑问是 CFES 最成功的飞行，考虑到所有的开发工作和在飞行前进行的测试，的确应该如此。回到圣路易斯市，实验室测试证实了仪器已经按照要求分离和提纯了材料。第二阶段进展顺利。

不幸的是，1986 年 1 月 26 日挑战者号及其乘组不幸失事，对商用航天飞机的未来产生了深远的负面影响。幸存的轨道器机队被停飞了近 3 年，而后多个问题得到了解决。在 1988 年 9 月 29 日，STS-26 复飞任务恢复运行。然而，不仅航天飞机的硬件和程序被修订，其任务也被修改。从现在起，它将仅限于进行科学研究、空间站的组装，以及大型望远镜和深空探测器的部署。它将不再携带商业卫星进入太空，也不再进行诸如麦道公司电泳项目之类的活动。由于没有其他交通工具，该项目无法进行，不得不被放弃。

回顾他和同事们开发 CFES 以及在太空中飞行的那些不可思议的日子，查尔斯·D. 沃克沉思道："为了国家、政府、人民、商业的利益，我们热衷于太空探索。我们都相信这一前景将是巨大的。因此，在一段时间里，人们热衷于开发和应用技术，通过航天飞机在地球低轨上获得商机。至少，我们所有人都有希望在医疗领域为国家和全人类做些有益的事情。我们所有人的目标都是为医学研究和治疗疾病提供有用的产品。"

麦道公司是一家富有远见的公司，它明白太空不仅仅是一个科学的游乐场，通过直接在太空中创造产品，可以使它成为一片新经济的沃土。麦道公司远远领先于它的时代，因为工业界大多还没有认识到空间环境是经济增长的源泉。随着 21 世纪的第二个 10 年即将结束，我们开始看到一个行业的出现，它将太空视为新企业和经济机遇的蓝海。

8.2 "我想成为行动的一部分"

在航天飞机轨道器的开发过程中，中层甲板只是设计用来支持机组人员日常活动的，如准备膳食、休息、个人卫生、日常事务、锻炼等。

大部分机组人员的装备以及他们的供给品装在中层甲板的轻质储物柜（见图 8-3）中，轻质储物柜由涂有环氧树脂或聚酰亚胺的凯芙拉蜂窝板制成，并在边缘拐角采用铝管固定，以提供足以承受发射和再入过载的结构强度。储物柜尺寸一般为 11 in×18 in×21 in，大约 2 ft³ 的空间可以容纳多达 66 lb 的物品。由于采用了模块化设计，储物柜是可以互换的（见图 8-4），可以用弹簧螺栓作为连接紧固件将它们固定在飞行器结构上。这样，它们就可以被安装在任何有空间的地方，也方便乘员拆卸和在其他地方安装。在飞行甲板上也有一些储物柜用来存放飞行手册或废弃物，但 95% 的存储空间都在中层甲板。通常在中层甲板前壁有 33 个储物柜。在气闸舱右舷边的后壁上有可以放置另外 9 个柜子的空间。有时，储物柜会被替换为试验装置。

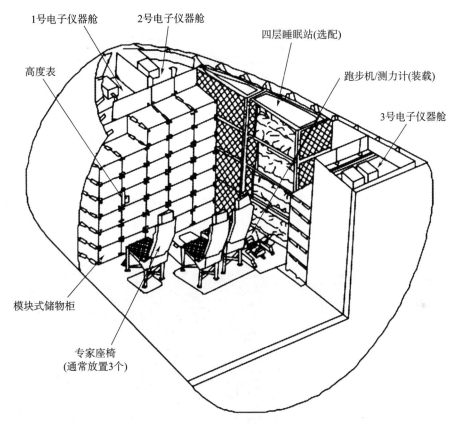

图 8-3　中层甲板前模块式储物柜

储物柜长边上铰接着一扇柜门，航天员可以直接打开。这样，柜门可以防止里面的物品不经意地飞离储物柜。一旦入轨，通过旋转内侧两个 1/4 圈自对准球锁，门被完全释放并呈 180°完全打开，在发射和再入过程中，该球锁保证柜门与储物柜结构封闭。在太空中，柜门通过两个磁性碰锁关闭，磁性碰锁可以使柜门方便、快速地开关。储物柜中的物品常常被搁置在可插入的储物盘上。这些储物盘适合放置一些柔软的货物、零散的设备和食物。它们有 4 种不同的尺寸：单储物盘（两个这样的储物盘正好可以装在储物柜内）、双储物盘、半长度单储物盘（4 个这样的托盘正好可以装在储物柜内）和半长度双储物盘。在失重状态下，泡沫材料的填充物将储物盘固定在储物柜内。有些储物盘用绷带、搭扣和网罩来固定承载的物品。

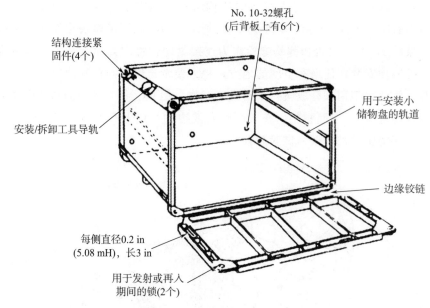

图 8-4　模块式储物柜示意图

　　前隔板上有一些孔洞，用于连接绳索，以及通过尖头销固定附加设备或在轨安装试验设备（见图 8-5 和图 8-6）。如果柜门由于未对准的问题而无法被关闭或锁上，那它就将被拆下，并用螺丝扣替代以保持再入期间结构的完整性。

图 8-5　在轨时储物柜经常被用作试验的安装平台

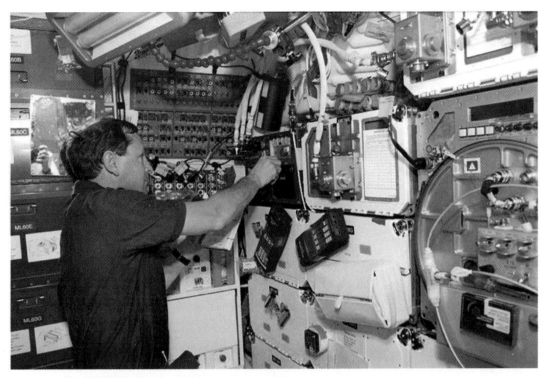

图 8-6 储物柜可以很方便地被试验装置替换。一些试验设备可以安装在储物柜中，在柜门的位置定制操作界面，以便航天员开展研究

后来，增加了中层甲板设备架（MAR，见图 8-7）来容纳小型载荷和试验设备。它被放置在侧舱口的前部，厨房的后部。一个中层甲板设备架可以提供约 15 ft³ 的空间，最大负荷约为 340 lb，它可以接通电源来运行需要加电的试验设备。主动热控系统通过水-空气热交换器或冷板的水循环可以耗散高达 1 000 W 的热负荷。轻质中层甲板设备架（LWMAR）被应用于无源载荷。它提供了大致相同的存储容量，但更轻的碳纤维复合材料结构使它能够承载约 390 lb 的有效载荷。

起初，很少有人想到使用中层甲板作为科技研究的基础实验室。但是，NASA 很快就意识到了这种潜力，早期的飞行表明航天员在这里能很轻松地进行一些简单的试验。此外，中层甲板也被公认为是完成"有人参与"的科学和商业微重力研究的一种性价比最高的地方，这样能最有效利用乘员的时间。这些早期飞行的成功很快导致了大批在中层甲板开展科研工作需求的积压，这种情况迫使 NASA 将越来越多的试验设备加入到后续的飞行中，以满足科学界的需求。事实上，尽管有大量的储物柜，但它们中的大多数都装满了照相机、衣物、食物、工具和乘员执行任务所需的各种其他物品。只有少数储物柜装有用于试验的装置。这种情况急需加以解决。

在过去 10 年中，我们已经习惯于私人和商业的非政府企业在载人航天飞行领域中提出各种各样的需求。到 2018 年年底，航天员很有可能将乘坐美国私人开发的太空舱前往国际空间站，而不是古老的俄罗斯联盟号太空舱。关于商业空间站、富有梦想的亿万富翁

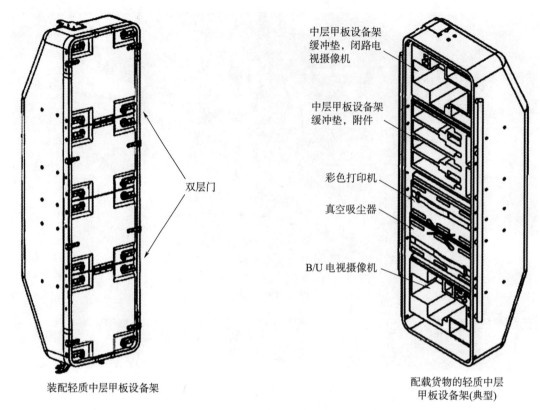

中层甲板设备架
缓冲垫，闭路电
视摄像机

中层甲板设备架
缓冲垫，附件

彩色打印机

真空吸尘器

B/U 电视摄像机

双层门

装配轻质中层甲板设备架

配载货物的轻质中层
甲板设备架(典型)

图 8-7　轻质中层甲板设备架示意图

飞往月球甚至火星的私人飞行计划和合同已经在起草中。

　　20 世纪 80 年代初，提倡用私人资金而不是纳税人的资金来实现人类太空飞行的想法看似是荒谬的，但这并没有阻止航天工程师和企业家罗伯特·A. 西特伦（Robert A. Citron）在华盛顿州的西雅图创办空间发展公司（SDC）。用他自己的话说，目标是"成为世界上第一个支持人类太空飞行的私人融资公司"。事实上，SDC 计划成为 7 个太空投资项目的控股公司，这 7 个项目涵盖太空制造和太空旅游等不同的商业空间市场。"每当航天飞机机队进行飞行时我都会感到很兴奋，我想参与其中。"

　　幸运的是，正是这个时候，NASA 正在寻求一种缓解中层甲板试验积压的方法。罗伯特·A. 西特伦很快意识到 NASA 需要的是一种增加轨道器可用宜居空间的方法。他的解决方案是将一种尺寸适中的加压舱安装在有效载荷舱的前端，并使用空间实验室中的通道将加压舱连接到中层甲板。在加压舱内，可以安装大量的中层甲板储物柜，以便大大增加航天员参加试验的数量。该舱还可以容纳为空间站设计的机架，以测试即将在空间站上安装的技术和试验。1985 年 5 月，罗伯特·A. 西特伦已经为这一概念向美国专利局申请了专利，该专利于 1989 年 9 月获得批准。

　　同时，SDC 建立的 SPACEHAB 公司成为了 SDC 投资的第一家公司。公司的研究重点在于开发航天飞机的科研保障舱。① 罗伯特·A. 西特伦和他在 SPACEHAB 公司的员工开始进行广告宣传活动，旨在提升商用空间载荷开发者的意识和提高私营部门的融资。1985—1986 年间，他们从私人投资中筹集了数百万美元。有了这些资金，他们授权位于意大利都灵的阿莱尼亚航天公司开始进行加压装置 A 阶段的工程研究。这家意大利公司已经在载人太空飞行的加压舱设计和制造方面取得了重要的经验，这些经验已经应用于空间实验室的建造。此外，洛克韦尔国际公司②证明了该舱可以装载在有效载荷舱，罗伯特·A. 西特伦因此得到了鼓励。

NASA 也热衷于这个概念，因为它符合他们发展商业空间活动的初衷。事实上，在 1985 年该机构已经支持了遍布美国的 17 家商业空间开发中心（CCDS），每家中心都致力于发展天基高技术下的 8 个产业中的一个或多个，这 8 个产业分别为材料加工、生物技术、遥感、通信、自动化和机器人技术、推进、空间结构和空间能源。每个中心每年收到的资金高达 100 万美元，作为回报，NASA 通过与私人或工业界的伙伴合作，为这些活动提供科技支持。这些中心的一个重要特点是会从工业附属机构、国家和其他政府机构得到额外的资金和实物捐助，这部分资金通常超过了 NASA 的资助水平。所以，为促进新型商业空间投资成果的研究和开发，从一开始 CCDS 就发挥着产业孵化器的作用，承诺给相关方带来巨大的社会效益和经济效益。罗伯特·A. 西特伦提出的这种加压舱为这些 NASA 赞助的商业空间活动带来了令人欣喜的机遇。

1985 年 12 月，NASA 与罗伯特·A. 西特伦的公司签署了关于合作开发该项目的谅解备忘录。1986 年春，关于空间系统开发协议（SSDA）的协商确定了允许 SPACEHAB 加压舱搭乘航天飞机飞行的条件。1986 年秋，阿拉巴马州亨茨维尔市的主承包商麦道宇航公司与第二承包商阿莱尼亚公司共同开启了 B 阶段的工程研究。同时，罗伯特·A. 西特伦的公司就加压舱在国内和国际现有及未来的需求继续进行市场研究。

1988 年，为确保从 1991 年开始 SPACEHAB 加压舱能至少飞行 6 次，签署了一项新的空间系统开发协议。该协议还允诺了与麦道公司和阿莱尼亚公司签订建造合同。私人投资者、投资集团和由大通曼哈顿银行牵头的银行财团，共获得 1 亿美元的股本和债务融资，用于建造和测试加压舱。伦敦劳埃德银行提供了风险和项目终止保险。

1986 年 1 月，挑战者号的不幸失事使 SPACEHAB 的研制工作放缓，它几乎成了航天飞机不再搭载商业有效载荷新政策的牺牲品。然而，近 3 年的停飞大大增加了中层甲板试验的积压，而新的加压舱是唯一满足空间环境试验要求的现实方法。

1989 年 2 月，遵循时任美国总统的罗纳德·W. 里根的国家空间政策，NASA 发布了一个面向全行业的，关于建造商用中层甲板增强舱的需求。增强舱将适用于由 NASA 赞助的商业空间开发中心（CCDS）研发的微重力试验，也适用于先进系统开发的"乘员参与"试验，特别是用于空间站的研发试验。NASA 很清楚，罗伯特·A. 西特伦公司提供的正是他们所需要的，但联邦法规要求他们进行一次招标，美国的任何公司都可以竞标合同。

---

① 虽然 SPACEHAB 的名字是大写字母，但它不是首字母缩写词。

② 由于洛克韦尔国际公司负责建造所有航天飞机轨道器，他们非常认真地评估了罗伯特·A. 西特伦的建议。

　　不出所料，只有一个竞标者，1990 年 12 月 SPACEHAB 公司获得了一份 1.84 亿美元的合同，NASA 将在 8 项太空任务中租赁至少 2/3 的载荷空间。SPACEHAB 公司成为一个"主要租户"，从而解决了积压的商业试验问题。SPACEHAB 公司可以把剩余的载荷空间出租给希望在航天飞机上进行试验的其他各方。[①] 当然，所有试验都要符合 NASA 的标准。

　　到 1992 年年底，阿莱尼亚公司交付了两个 SPACEHAB 加压舱，以及一个用于地面试验的试验舱。与此同时，在佛罗里达州肯尼迪航天中心附近建造了一个有效载荷处理设施，以便在飞行间隙存放这些舱体，这里还可以进行试验的集成和分解，并为试验人员和载荷专家提供培训。

8.3　SPACEHAB 与空间实验室

　　若粗略观察，SPACEHAB（见图 8-8）和空间实验室加压舱可能看起来很相似，但它们在细节处非常不同。SPACEHAB 舱体为容积 1 000 ft^3，长 10 ft，直径 13.5 ft 的圆柱体，舱体顶部被截断用来为舱外试验提供安装平台（见图 8-9），通过两个引线板为舱外试验提供电源和数据。如果不需要，它们还可以被更换为玻璃，以便需要通过观察口进行地球或深空观测的研究。进入轨道器的增压通道由连接到过渡段的通道适配器提供。空间实验室是被用来在大型机架上开展复杂试验的，但 SPACEHAB 是被用来承载多种类型航天飞机中层甲板储物柜和空间站机架的（见图 8-10）。换句话说，SPACEHAB 只能开展一些小型试验，而非大型试验，它带来了灵活性。在其原有的配置下，舱体可以容纳 79 个中层甲板中使用的储物柜，或一个空间实验室使用的双机架和 57 个储物柜，或 2 个双机架和 45 个储物柜。不适合放在储物柜或机架上的试验可以安装在侧壁和天花板上的安装板上。

　　与空间实验室相比，SPACEHAB 只占据了有效载荷舱 1/4 的空间，这使任务中能够携带其他大型物品，以最大化任务目标。[②] 空间实验室是由欧洲政府资助的，而 SPACEHAB 是一个私人投资的商业项目，这为航天飞机开发一个有效载荷的载体提供了可能，它能够容纳试验设备，具备简单的接口，同时比空间实验室周转时间更短，飞行架次更频繁。

　　在飞行中，轨道器为试验和舱体环境控制子系统提供能源。由于是一体化设计，两个子系统和试验的隔热是与轨道器的热控系统相连的。灭火子系统由手持灭火器、烟雾传感器、灭火瓶等设备组成。轨道器的警示和告警系统对危险状态进行检测和告警，该系统与加压舱联动，共同为机组人员告警子系统故障。当检测到告警状态时，轨道器和加压舱中的主告警灯告警。飞行甲板层的显示面板可以使乘员控制和监视子系统运行状况，同时它还包括一块与加压舱软件交互的专用显示器。

---

　　① SSDA 与 NASA 在 1989 年和 1990 年签订合同的区别在于前者允许 SPACEHAB 舱段在航天飞机上飞行，具有商业和私人有效载荷，以及 NASA 自己的试验。后者正式指定 NASA 作为该舱段的用户以满足自己的需求，并成为前 8 次飞行的租户。

　　② 空间实验室的尺寸意味着它需要单独飞行，没有与其他有效载荷共享的机会。

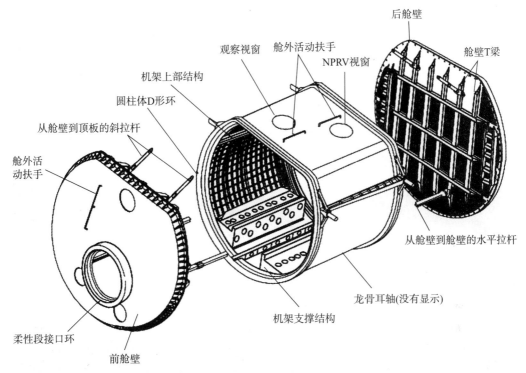

图 8 - 8　SPACEHAB 舱体的主要结构部件

图 8 - 9　一个 SPACEHAB 舱（右侧远端）被载入到有效载荷舱，还有一个完整的附加有效载荷。
舱体平顶的特点清晰可见

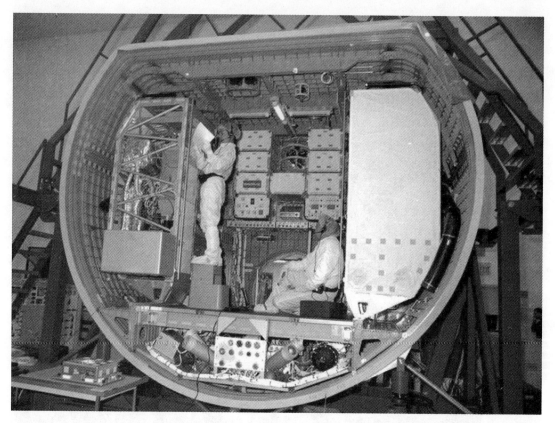

图 8-10　SPACEHAB 舱体正在为即将到来的任务进行地面处理。内部安装的
中层甲板使用的储物柜和空间站使用的机架清晰可见

8.4　SPACEHAB 任务

　　SPACEHAB 首航于 1993 年 6 月 21 日，它是奋进号 STS-57 任务的主载荷之一。所携带的 21 个试验涉及的研究范围包括从药物改进到植物培养，从细胞分裂到星系际粒子，从美国航天员在太空中的第一次焊接实验到金属的高温熔化。本着促进商业空间有效载荷发展的目标，12 项试验由 NASA 商业空间开发中心和在维吉尼亚的兰利研究中心赞助开展。此外，环境控制和生命保障系统（ECSS）飞行试验（EFE）测试了即将用于空间站的水循环系统部件。

　　任务飞行后报告写道，SPACEHAB 的首航圆满成功，因为它达到了 90% 以上的计划目标。结构在发射中没有受到破坏，当舱体与轨道器隔离以使航天员能够进行太空行走时，没有压力损失。航天电子子系统（火情检测及灭火，指令和数据，乘组通信，以及显示和控制）运行正常，电气子系统消耗的电量比预计的少。有趣的是，这影响了环境控制子系统，在开始时，舱体比预期的温度更冷。出于这个原因，通过手动调节冷水旁通阀，执行了两次非计划内的飞行维护程序。这种调节成功地提高了内部温度。一旦达到了最佳设置，子系统在剩余的任务中运行良好。SPACEHAB 成功的首航也明确地说明了这一概念的有效性，商业空间有效载荷可以相对容易且迅速地加入航天飞机完成飞行。最终，中层甲板实验的积压问题得到解决。

　　SPACEHAB 舱共有 4 种不同配置，已经在 18 次航天飞机任务中完成了飞行。最初飞行任务使用的舱体被称为研究型单舱（RSM）。顾名思义，它专门用于科学和技术研究的试验。航天飞机-和平号项目大量使用了 SPACEHAB 舱，这次不是为了研究，而是作为运送俄罗斯空间站设备的后勤运输工具。保障型单舱（LSM）在 STS - 76 任务中首飞。SPACEHAB 舱的第三种配置首飞于 STS - 79，这次任务的目标是前往俄罗斯和平号空间站。为了增加容量，采用的保障型双舱（LDM）通过适配器将两个保障型单舱（LSM）连接在一起。第四种配置是一种用于科学研究的双舱体配置，因此被称为研究型双舱（RDM，见图 8 - 11），这种配置首飞于 STS - 107，也是哥伦比亚号的最后一个任务。此后，SPACEHAB 舱又进行了两次飞行，分别在 STS - 116 和 STS - 118 中使用保障型单舱配置，为国际空间站提供补给。

　　国际空间站后续的保障性飞行都采用了意大利制造的多用途保障舱，其不仅具有更大的容量，而且可以临时停靠于空间站，以便于运输大件货物。

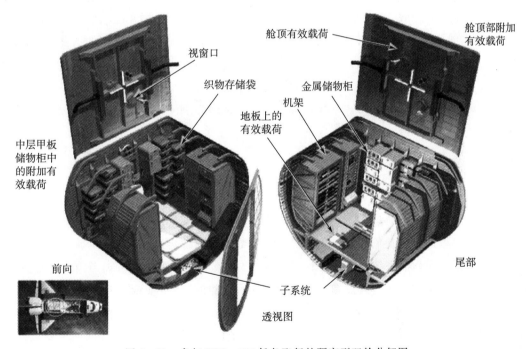

图 8 - 11　参与 STS - 107 任务飞行的研究型双舱分解图

8.5　一项开拓性的举措：工业航天设施

　　马克西姆·阿朗·法热（昵称马克斯，Maxime Allen Faget）是 NASA 历史上的一位杰出人物。他于 1943 年在路易斯安那州立大学获得机械工程学位，在美国海军服役 3 年后将自己的非凡才华转向天空。他一开始致力于研究 X - 15 型高超声速火箭发动机飞机，然后加入羽翼未丰的 NASA，作为太空任务组中 35 名工程师的一员，在水星号飞船的设计工作中起了主导作用。之后，他在双子星号、阿波罗号以及后来的航天飞机计划中做出了重大的贡献。

　　作为早期美国太空计划的主要设计师之一，没有人会料到马克西姆·阿朗·法热会对 NASA 构成可怕的威胁，他曾为该机构赢得太空竞赛做出过巨大贡献。他的新角色开始于 1981 年，当时休斯敦大学的 3 位学者在当地的一家饭店一边吃饭，一边讨论着商业空间活动。

　　这 3 位学者是从英国牛津大学毕业后回到休斯敦的空间建造学教授吉耶尔莫·特罗蒂（Guillermo Trotti）、拉里·贝尔（Larry Bell）和詹姆斯·卡拉维（James Calaway），他们设想用一个商业空间站生产高等级产品带回地球销售。空间环境的失重状态可以消除重力对精密工业过程的影响，如制药和计算机芯片的制造。NASA 已经研究过太空制造和月球及小行星资源开发的潜在价值，但这些也仅仅停留在概念阶段。唯一真正实施的是 1973 年在天空实验室中进行的材料科学试验。

　　如今，我们越来越习惯于由私人公司提出的空间运营概念，这些公司通常属于远见卓识的富豪企业家，但在 20 世纪 80 年代，情况却大不相同。休斯敦的学者们很快发现，此类提案面临的主要障碍是难以获得财政支持。就在此时，马克西姆·阿朗·法热从 NASA 退休了。拉里·贝尔决定联系他，并希望得到他的支持。如果像马克西姆·阿朗·法热这样受人尊敬的人支持这项计划，肯定会表明它的发起者已经做足了功课，并且他们的项目是建立在健全的工程基础上的。马克西姆·阿朗·法热立刻上钩，并随即着手将概念转化为工程。

　　经过一番头脑风暴后，马克西姆·阿朗·法热灵光一现，有了好主意。他回忆道："基本想法就是我们要制造一个具有大量空间且能在航天飞机上发射的东西。不需要其他东西，我们把它送入轨道并释放，它可以工作 30～90 天，或者 120 天。然后去改造它，再给它补给，把它留在轨道上，它就可以工作。这是一个有人照料的设施，内部空间保有压力，人类可以进入。他们通过航天飞机上的生命保障系统传送空气进去，所以不必在那里安装大量的生命保障系统。当你想让它扩容的时候，你只需要再增加一个单元。我们认为，如果你想进入太空，它有点像一个阵地。你不是建造高的多层或一流建筑，只是去建造一个足以落脚的地方，一个阵地，或一个开始建造的地方。这就是我们拓展领域的方式。我们发射一些小型舱体，并从那里开始建造。两次或三次发射之后，你就可以进入小型舱体了。舱体之间相互独立，这样的效果相当好。如果其中一个失效了，你可以转移到另一个。它们是独立且自足的，但你可以装备一套生命保障系统，为其他舱体清洁空气。将 6～8 个这样的舱体连在一起，就相当于一个空间站。

　　这项提议的好处在于在轨设施的扩建可以由其生产价值驱动，即使是第一套也能产生效益。所提议的设施被命名为工业空间设施（ISF）。为了让它进入轨道，一家名为空间工业的公司成立了。不久，私人资金开始涌入。这要感谢石油商及后来的美国驻奥地利大使罗伊・M. 赫芬顿（Roy M. Huffington），以及包括文森埃尔金律师事务所的联合创始人詹姆斯・埃尔金（James Elking）和开发商沃尔特・米舍（Walter Mischer）在内的早期投资人。后来，NASA 航天员乔・艾伦和西屋电气公司也加入了这个投资项目。

凭借马克西姆・阿朗・法热在 NASA 极好的口碑，他与 NASA 达成一项协议，NASA 将免费提供 3 次搭乘航天飞机的机会，总价值 7.5 亿美元。这笔交易将使公司能够发射和运行两个 ISF。然后，空间工业公司一旦开始通过销售产品赚取利润，他们就能够支付 NASA 为在轨设施服务的费用了。这对双方都大有益处。尤其是，节省下来的三次发射费用可以用于 ISF 的研发。此外，该公司将有额外时间来建立和发展商业关系，以获得收入。NASA 的收入也将得以保证。

因为 ISF 必须安装在轨道器的有效载荷舱内，所以它采用的是 35 ft 长、14.5 ft 宽的空间实验室型的圆柱形结构，这就是所谓的"设施舱"。在舱内将进行微重力材料加工、研究和各种其他项目，其灵活性至关重要。

事实上，马克西姆・阿朗・法热和他的团队意识到麦道公司在电泳处理方面有很多经验。乔・沃克已经试验过了，并证明 CFES 可以在微重力下生产出预期的产品。但是，当开始全面生产时，由于生物工程的技术进步破坏了空间生产的根基，主要的支持者（仅在那时）退却了。当时麦道公司并没有引起人们对将这种仪器应用于其他应用的兴趣。马克西姆・阿朗・法热知道 ISF 必须能够为许多用户提供便利。出于这个原因，至少需要 7 个相同的空间站式试验机架，还有容纳 6 个模块化货柜的空间，每个货柜中装有 4 个航天飞机中层甲板上用的储物柜机架。在航天飞机乘组访问期间，在狭长的空间中加入了环境生命保障系统装置，舱体外壳能起到热防护和屏蔽微流星的作用。一对长度为 105 ft、面积为 3 000 ft² 的太阳电池阵将提供 28 kW 的总能量，其中约 20 kW 将用于生产硬件。洛克希德・马丁公司将负责能源装置的开发，该公司曾开发过 OAST - 1 太阳电池阵展开机构，并在 STS - 41D 任务中得到测试。[①]

为了避免类似于 CFES 的命运，ISF 的开发着眼于未来。它具有 4 个对接口，两端各一个对接口，两侧的对接口提供了可扩展性，允许其他舱体连接。端部对接口中的一个将用于连接长为 5.9 ft、直径为 14 ft 的辅助或支持舱，基本上，这是一个包含了生产活动附加试验及供给的系统级舱体。ISF 可以利用这套系统在航天飞机访问后自主进入更高的轨道，或是返回到较低轨道等待下一个造访者。虽然水不是最强力的火箭推进剂，但在这种情况下，却是一个聪明的选择，因为可以利用轨道器燃料电池产生的剩余水。舱体上还具有一个 100 ft 长的可收缩悬臂，其末端 193 lb 的配重可以使其保持重力梯度姿态，从而消除了对主动控制系统的需求。主动控制系统往往会干扰对于生产过程至关重要的微重力。如果必要，可以在航天飞机访问期间更换新的舱体。除了专门用来部署 ISF 的飞行外，服务性的飞行可以作为其他任务的一部分来安排，例如，为了最小化空间工业公司的成本，可以在运载商业卫星时对 ISF 进行服务。

---

① 参考第 4 章 OAST - 1 试验的细节。

　　尽管媒体和工业界热情高涨，但对于一个私营商业空间制造设施来说，时机还不成熟，到了 20 世纪 80 年代中期，仍没有足够多的私人参与者愿意为 ISF 上的载荷空间预付经费，所以空间工业公司改变了战略。当时，考特尼·A. 斯塔德（Courtney A. Stadd）是美国运输部（DOT）商务空间运输办公室主任。他看到了这种情况，并回忆说，马克西姆·阿朗·法热建议"由政府充当承租方，由 NASA 首先租用一部分空间。这种方式就如同当一个房地产公司正在建造一个购物中心，他们寻找一个知名的商户成为第一个租户，我们希望他们能吸引其他租户加入。"

　　NASA 一直都愿意让 ISF 免费搭载，但真正将钱投资给一个利润不确定的企业则完全不同。事实上，NASA 担心的是可能没有足够的资金来支持 ISF 和建造自己的空间站。实际上，ISF 对 NASA 产生了威胁。考特尼·A. 斯塔德指出："在里根时代，由于 ISF 具备市场导向和商业化导向，这一倡议深受白宫的欢迎，深受美国商务部和运输部那些致力于商业空间政策领域的人的欢迎。这一概念得到了管理和预算办公室的支持，尤其是因为它承诺在轨开发一种研究设施将为纳税人省钱。我们（运输部），我们的商业盟友，白宫内部的人，以及管理和预算办公室的人，成功地让总统在政策上支持了 ISF，你可以想象，对于一位总统来说，特别关注到一项如此详细的倡议是相当不寻常的。"

　　因此，NASA 奉命立即做出承诺，以年投资 1.4 亿美元的方式承租 ISF 70% 的空间，为期 5 年。ISF 无疑是一种威胁。当然，ISF 的设计与空间站类似，都采用了可扩展的方式。这正是空间站的批评者们热切注意到的。马克西姆·阿朗·法热说："如果这就开始做，并扩展它，人们会说'为什么我们还需要空间站？为什么不继续采用这种方式？'"

　　对于 NASA 来说更糟糕的是，ISF 的简单性展示了其硬件将比空间站的硬件更快被发射的可能性，当时国会才刚刚批准空间站的 A 阶段研究。NASA 还清楚地意识到，华盛顿的几位高层人士对空间站是否能在预定时间和预算内完成交付持怀疑态度。考虑到 NASA 交付航天飞机所用的时间，这些疑虑就很容易理解了。考特尼·A. 斯塔德说："NASA 可能感觉到了危机感，实际上对空间站的坚定支持态度正暴露了这种危机感。"像是一只受惊吓的动物在求生，NASA 向掠食者发起了一场战争。考特尼·A. 斯塔德继续说："NASA 竭尽全力反对 ISF，他们甚至去科学院提交了一份报告，说 ISF 的结构不像马克西姆·阿朗·法热先生和其他人所说的那样可行。NASA 及其盟友——承包商充分发挥了众议院科学委员会的作用，他们很担心 ISF 更多的是被意识形态所驱动，更多的是被由里根共和党自由市场的意识形态所驱动，而不是被实用性所驱动，并且他们还担心这可能是在滥用纳税人的钱，同时分散了对 NASA 空间站的支持。

　　与 NASA 相比，空间工业公司只是一条小鱼。到 1989 年年底，NASA 违背了马克西姆·阿朗·法热的最初设想。考特尼·A. 斯塔德总结道："我强烈认为，如果 ISF 得到了支持，我们早在几年前就有了这种设施，坦率地说，我认为肯定会有一个强大的研究团体，渴望我们目前在轨的国际空间站拥有更大的能力。所以我认为这是一次非常不幸的转折。"

8.6　超真空：尾迹屏蔽装置

尽管 ISF 的不幸夭折，仍有其他同行为了建立太空制造业的目标，正在试图利用轨道环境开展试验工作。除了微重力外，低轨道提供了另一种不可能在地面复制的环境，即极低的大气压力或真空。在地球上，一些工业生产过程需要在尽可能理想的真空中进行，以生产出最高质量等级的产品。

其中最主要的是硅晶片、微芯片和微机电系统（MEMS）的制造。微芯片和微机电系统器件是微米级或纳米级[①]的，在硅衬底（晶片）上沉积材料需要复杂的技术，以制造一种精密的硬件，如计算机芯片或智能手机集成的加速度计和陀螺仪，有了这些你才能用手机玩电子游戏。

1990 年，全世界在制造微电子设备方面花费了 568 亿美元，其中 40％用于计算机应用，18％用于通信，15％用于军事。到 1994 年，半导体器件的市场估值将达到 1 090 亿美元。虽然硅是微电子产业最广泛采用的半导体材料，[②] 但其他材料在功耗和运行速度方面具有更好表现。用砷化镓（GaAs）制造的器件就是一个很好的例子。在 1990 年，这些器件还只占整个半导体市场微不足道的 0.5％。然而，据当时预测，到 1995 年，所占份额将至少增长到 2％，如果高品质的砷化镓供应量增加，所占份额也许会更多。事实上，最大的阻碍就是只有使用所谓的分子束外延技术（MBE）或外延薄膜生长沉积技术，才能人工制造出所需品质的砷化镓。总的来说，这是合成具有规定特性的新材料并制造新型微电子器件的一种有力工具。

简单地说，分子束外延技术需要将砷和镓这类元素的一个或多个原子或分子束照射到预热的基片上，形成一个原子模板或图案，原子或分子沉积在其上形成一个薄膜或表层，就会形成基片晶体的图案。一次加工可以产生多个薄层，每个薄层与相邻层完美结合。这是一个非常精细的过程，只能在超真空条件下进行，在超真空环境下能够破坏薄膜的污染物可以被减少到几乎可以忽略的程度。显然，在地面上能达到的真空程度有限，真空度越高，达到和保持真空就越困难，成本也越高。

分子束外延技术所需要的理想真空条件要比地球低轨环境更严格。事实上，到了 20世纪 70 年代，NASA 已经设想出了一种"超真空"的概念，这种"超真空"存在于以轨道速度飞行的物体"尾迹"中。特定形状的物体在飞行过程中会把轨道高度的原子和分子推向两侧，在它的尾迹中只留下很少的粒子（如果有）。据估计，这种真空比地面真空室所能达到的真空好 1 000～10 000 倍。理论模型预测一个凹面圆盘在低轨运行时产生的真空度约可达 10^{-14} Torr。但直到 1987 年，空间真空外延中心（SVEC）[③] 的出现这一概念才转化为实际应用，这个中心是一个工业、学术和政府实验室的联合体，致力于在地球低

---

① 微米是米的百万分之一，而纳米是米的十亿分之一。

② 在细致操控并利用其原子特性时，半导体既可表现出导体的性质，也可表现出绝缘体的性质。

③ SVEC 是 NASA 另一个空间商业发展中心，总部设在休斯敦。

轨建立和分析超真空，并将其用于外延薄膜的制造。它的主要任务之一是砷化镓晶片的制造。大约 2 年后，该团体指定空间工业公司研制一种搭载于航天飞机的自主飞行器，并由航天飞机部署入轨执行工作，然后被航天飞机回收并带回地球。

　　这个项目被命名为尾迹屏蔽装置（WSF，见图 8 - 12）。它由航天飞机跨舱载体（SCBC）和自主飞行器构成，每部分硬件质量大概为 4 500 lb。[①] 由于圆盘状平台被运载时呈水平构型，因此占据了有效载荷舱容积的 25%。航天飞机跨舱载体在上升段、再入段和在轨期间支撑着自主飞行器，因此平台不独立飞行。两套独立的通信系统扮演了轨道器和平台之间无线电桥梁的角色，尽管两者相隔几十英里。在 GAS 型罐体的支撑结构上有一些空间，这有利于接收航天飞机跨舱载体所提供的数据和电源。

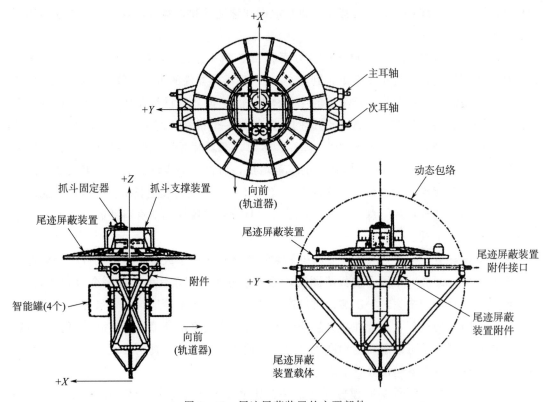

图 8 - 12　尾迹屏蔽装置的主要部件

　　自主飞行器（见图 8 - 13）是一个直径为 12 ft，由不锈钢焊接而成的卫星，它可以作为一种功能独立的航天器。驶离航天飞机的推进力是以低温氮气为推进剂的推进器所提供的，它通过动量偏置姿态控制系统、水平扫描仪、两轴磁力计和三轴磁力矩器来感知并保持方向。功率为 45 kW 的银锌电池足以为薄膜生成、过程控制器、复杂的传感器阵列和各种其他机载试验提供能源。

　　尾迹屏蔽装置的飞行姿态是其圆盘垂直，面向飞行方向。它会排开在这一高度下为数

不多的粒子，并在其尾迹中产生超真空环境。尾迹侧的原点处是转盘，它是一个绕着平行于平台平面的轴线旋转的圆筒。转盘装有 7 个砷化镓基片，每一个都有自己的加热器。一次只能将一个基片置于真空下，用分子束外延技术（见图 8 - 14）进行加工。通过旋转转盘，直到指定基片暴露于太空，薄膜生成过程才开始运行。在这个位置上，基片直接对着材料单元组件。8 个倾斜的分子束材料单元由 8 根杆状支撑结构固定在适当位置，以保持组件的中心线能穿过被锁定在转盘活动槽中的样品中心。在处理过程中，通过加热一个材料单元产生分子束。分子束沉积在暴露的基片上，生成一层一层的薄膜。

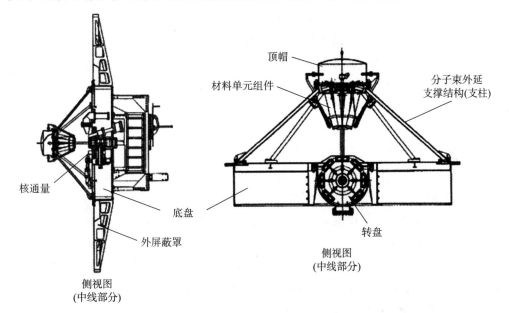

图 8 - 13　尾迹屏蔽装置自主飞行器的主要组成部分

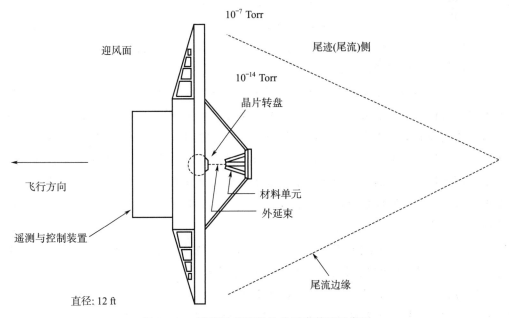

图 8 - 14　尾迹屏蔽装置的分子束外延示意图

　　转盘和单元组件使基片和材料可以进行许多不同组合的试验。例如，含有镓、砷、硅和三乙基镓的单元被用来生成砷化镓和硅掺杂的砷化镓膜。通过监测质谱仪和总压力计的数据来控制流量水平和生长速率。同时，利用高能电子衍射系统可以对薄膜的质量和均匀性进行监测。

　　位于转盘和单元组件支柱之间的结构叫作底盘。底盘与平台外缘之间是外屏蔽罩。在迎风面，外屏蔽罩提供的大约 65 ft² 的"优质空间"内有 4 个连接点，每个连接点可承受重达 200 lb 的附加试验设备。底盘迎风面装有电子设备和支持设备。

　　尾迹屏蔽装置使在轨生产下一代半导体材料及器件变为了现实，这也标志着第一次利用太空真空环境以更加先进的形式复制工业生产过程。

　　尾迹屏蔽装置在 STS-60 中的首飞可谓喜忧参半。发现号于 1994 年 2 月 3 日发射升空，开展了为期 8 天的 SPACEHAB 任务。在第三个飞行日，尾迹屏蔽装置从有效载荷舱尾部被释放，故障就随之发生了。

　　任务指令长查尔斯·F. 博尔登（Charles F. Bolden）清楚地回忆道："在'更快，更好，更便宜'的理念下，他们设计和建造了尾迹屏蔽装置……他们省钱的方式之一就是减少他们飞行前的测试量。他们有一个关键试验没做，就是 EMI 测试，即电磁干扰测试，在这项测试中按照飞行配置将卫星组装，然后加电，查看不同部件之间是否存在电磁干扰。如果在飞行前进行了这项测试，在这个海角的总装室加过电并且一切正常，我们就可以使用它。测试结果确实如此。它在肯尼迪航天中心的试验场中运行良好。我们在飞行后分析这个问题时想到，当所有电缆被捆扎在一起时，电缆中存在电流，并产生磁场，如果它与另一根电缆接触，就会在另一根电缆内产生电流。在轨飞行时，当我们给尾迹屏蔽装置加电并试图开启姿态控制系统时，出现一个 5 Hz 的信号，这个信号是由关闭姿态控制系统装置内部的电子元件产生的。所以每次我们试图给它加电，它开始导通，然后会自动断电。我们不知道发生了什么，我们只知道无法可靠地释放它。我们不知道它怎么样了。如果它失控了，我们可能就没有办法再控制它了。所以唯一的选择就是把它放在机械臂的末端，尽可能多地获取数据。我们得到了一些很好的数据。"

　　其中一些数据涉及空军关于装料危害和尾迹研究（CHAWS）的试验。机械臂将尾迹屏蔽装置保持在轨道器乘员舱外，试验测量了尾迹屏蔽装置周围的等离子体流。其目的是描述轨道器周围的电场积聚特性，以避免空间环境与空间系统的相互作用，以及这些相互作用对卫星产生的危害。尽管无法释放这个自主飞行器，但很显然，为尾迹屏蔽装置开发的技术发挥了作用。然而，由于这个平台是在机械臂上（见图 8-15），尾迹中的真空环境被发现号污染了。尾迹屏蔽装置返回地球后，专家委员会对异常情况进行了审查并批准了必要的整改措施。

　　1995 年 9 月 7 日，尾迹屏蔽装置再次开始了太空之旅，这次搭乘的是 STS-69 中的奋进号。计划的部署时间是第五个飞行日。该过程始于机械臂将该平台从支撑结构上吊起，然后将其放置在有效载荷舱的左舷，让低轨道上的原子氧充分净化平台指向飞行方向的一侧。这次飞行检验了曾在 STS-60 中出现严重故障的姿态确定和控制系统（ADCS），

图 8-15　尾迹屏蔽装置自主飞行平台由机械臂操纵，航天飞机跨舱载体在下方清晰可见

结果表明这一次情况良好，已为释放准备就绪。当发现这个自主飞行器和轨道器之间通信不畅时，奋进号以及地面所有人员都屏住了呼吸。这一通信链路是这个自主飞行器和轨道器之间唯一的用于数据、遥测和电视信号传输的无线电链路。经过 2 个小时的故障排查，

地面测控人员宣布尾迹屏蔽装置可以被释放。

　　美国中部时间 6 点 25 分，航天员吉姆·纽曼将试验装置释放于西非约 250 mile 的高空。最后，尾迹屏蔽装置独自在太空飞行。几秒钟后，它开启了小型低温氮气推进器，驶离了奋进号。这标志着航天飞机计划历史上第一次有一颗被部署的卫星自主飞离轨道器，而不像以往一样原地等待轨道器主动驶离。下午 3 点 33 分，该装置开始进行了第一次薄膜加工。次日上午 7 点左右，当它准备开始第四次运行时，温度突然上升导致自动关机，以消除多余的热量并使其降温。此时，尾迹屏蔽装置向前倾斜进入安全模式。

　　在地面，有效载荷控制人员迅速进入排故状态，开始评估这件事对后续操作的影响。当问题被查清后，航天飞机管理人员同意将试验时间延长 24 h，因为有希望恢复原有工作并完成所有预期的薄膜加工。标称的 8～10 h 冷却时间也被延长了，以防第二次进入安全模式。尽管 12 h 的时间足以使姿态控制系统恢复标称温度，还是等待了 20 h 后分子束外延才被再次激活，这时已经是第七个飞行日的凌晨 3 点了。不幸的是，有效载荷控制人员无法启动砷元素流射向基片，这导致了第二次关机和适当的冷却。又花了一上午进行排故，最后终于在下午 3 点恢复了处理流程。然而，当天晚些时候检测到为尾迹屏蔽装置供电的四个电池之一电量低后，放弃了第五片也是最后一片的薄膜生长。

　　第二天，任务指令长戴夫·沃克（Dave Walker）和驾驶员肯·科克雷尔（Ken Cockrell）控制奋进号在这个自主飞行器旁边伴飞。在捕获它之前，为了测试推进器羽流对在轨太空结构的影响，在相距 290 ft 和 200 ft 的距离上，两位驾驶员共计开启了 14 次反作用控制系统的喷气推进器。这项测试原本要在 STS-60 中进行，但由于无法释放尾迹屏蔽装置而未能被实施。肯·科克雷尔解释说：“当航天飞机飞向或飞离一些物体时，每次一个小型喷管点火都会产生波动。每次点火，推进器都会喷气，这会对附近的物体产生推力。我们关注的是航天飞机推进器产生的推力，如果推力足够强大，可能会对太阳电池板或空间站的其他部件造成损害。我们建立的模型能够推算出推力是否合适，但我们没有任何飞行数据，所以我们就要利用这个尾迹屏蔽装置，在它上面安装非常灵敏的加速度计。当我们接近尾迹屏蔽装置时，将航天飞机调整到不同姿态并开启不同的推进器，加速度计便可以测量航天飞机作用在尾迹屏蔽装置上的力，这些数据对国际空间站的设计师们十分有用。

　　正如预期的那样，尾迹屏蔽装置的姿态控制系统运行良好并收集了作用其上的压力数据。测试完成后，任务专家吉姆·纽曼使用机械臂捕获了尾迹屏蔽装置并将其放回有效载荷舱的支撑结构。

　　事实上，尾迹屏蔽装置还有一些工作要做。在第九个飞行日的凌晨 2 点左右，尾迹屏蔽装置再次被解锁，机械臂将它举到有效载荷舱上方，以便再次进行 CHAWS 试验。5 h后，它被放回载体并被锁紧，从而结束这次重要的测试。

　　尾迹屏蔽装置的第三次试验是哥伦比亚号 STS-80 任务的主载荷之一。第四个飞行日是它的出场时间。虽然在前两次飞行中发生了一些故障，但研制人员相信，经过了一系列的改进和飞行前的严格测试，装置这一次将完美运行。

　　汤姆·琼斯（Tom Jones）于美国中部时间下午 2 点 56 分将尾迹屏蔽装置解锁，并将它举到有效载荷舱的边缘，使其工作的一侧朝着飞行方向，利用原子氧进行吹除净化。2 h 后，它被移动到有效载荷舱的一侧，以便地面控制人员对姿态控制系统进行验证和校准。傍晚 7 点 38 分，在飞行任务的第 51 圈，它在西太平洋上空约 200 mile 处被释放。依据上一次飞行任务的推演，被释放后不久，地面控制人员将发出小型氮气推进器开机 19 min 的指令，该平台将被推离航天飞机 20～30 mile。

接下来的 3 天，尾迹屏蔽装置表现完美。又过了一天后，计划运行 7 次的半导体薄膜外延生成流程已经完成了 5 次。姿态控制系统将自主飞行器稳定地保持在所需方向上。新安装的扫描滤波器消除了以前存在的无线电干扰。升级后的通信系统为尾迹屏蔽装置与其载体（即轨道器）提供了可靠的通信链路，性能超出了预期。在第七个飞行日，进一步进行了真空测量，然后装置被机械臂抓取并放回载体。次日，它又被重新启动，机械臂使其与飞行方向保持 45°夹角，以便收集 3.5 h 的试验数据，用来评估地球低轨原子氧制造氧化铝薄膜的能力。

这实际是尾迹屏蔽装置的最后一次飞行。尽管尾迹屏蔽装置说明了自身在空间制造中的作用，但它仍只是工业和商业空间应用的一块敲门砖。事实上，它的支持者考虑过每年进行 4 次试飞，来说明其在具有商业价值的产品方面的制造能力。在实验项目的结果刺激下，人们希望工业界能开拓这项技术。

到 1995 年，预期升级后的尾迹屏蔽装置 2 号能够处理更多数量和种类的薄膜。它将直接由专用商业有效载荷控制中心控制。次年，功能更加强大的尾迹屏蔽装置 3 号将配备可供更长时间运行的太阳电池板，额外的中央处理电源，甚至还有操作基片样品的机器臂。最终，预计在 1997 年尾迹屏蔽装置 4 号能够生产 300 片薄膜晶片，达到具有代表性和利润空间的工业规模的生产能力。这将意味着进入了期待已久的商业阶段。在这种情况下，航天飞机将定期访问这个自主飞行平台，以回收成品（约 300 个晶片）和补充下一批原料。预计每一套 Ⅱ 型尾迹屏蔽装置将有 5 年的使用寿命。

遗憾的是，上述情况都没有发生。尾迹屏蔽装置三次进入太空，独自飞行过两次，一次遇到了一些问题，最后一次测试完美无瑕。与 CFE/EOS 一样，它被证明是可行的，而 ISF 则在设计阶段就被扼杀了，NASA 和美国工业界普遍缺乏对应用前景的想象力，当下，太空不仅是一块需要探索的区域，更是一片有待对其资源和环境进行商业开发的领域。

第9章　身着制服的航天飞机

9.1　军用航天飞机

据报道，STS-51C任务中的发现号在1985年1月24日下午较早的时间发射，纽约时报称："天空是如此清澈，观众在起飞5 min后仍然可以看见光点。"① 但是，此项任务的透明度却与笼罩地球的大气层透明度成反比。事实上，几乎没有人知道其有效载荷或任务目标，因为NASA第一次打破了向媒体和公众发布飞行情况概要资料的惯例。NASA甚至没有透露发射时间，仅仅在起飞前5 min才激活了位于肯尼迪航天中心新闻站草坪上的大型倒计时。这次发射仅仅被大约两百人所见证，而非成千上万渴望被航天飞机发射的威力震动、震撼和征服的观众。

STS-51C与其他任务不同。实际上，它是国防部第一次机密的载人飞行任务。尽管任务目标是官方保密的，透漏的情报和合理的推测都说明了有效载荷是电子监听大酒瓶/猎户座卫星，该卫星是为美国中央情报局研发的，由国家侦察办公室负责操控。

这次发射任务正处于NASA和美国空军的尴尬时期。为了获得美国国会对航天飞机的支持，NASA接受了军方强加的设计要求已不是什么秘密。然而，在20世纪70年代即将结束且NASA正在打造符合美国空军要求的空天飞机时，有迹象表明两个机构间存在分歧。这始于一种经济分析，它表明相比于相同运载能力的消耗型火箭，要兑现至少降低发射成本2/3的承诺，航天飞机将不得不成为向太空发射的唯一手段。这对于NASA来说像是美妙的音乐，但这着实让美国空军担忧。发射火箭是一件冒险的事情，并且失败总会发生。如果航天飞机机队被停飞以排查一般性故障呢？如果航天飞机是发射卫星的唯一手段，那么这将使国家丧失发射用于情报和军事通信的"国家安全"资产的能力。与此同时，美国空军越来越担心航天飞机不断增加的开发经费和可能的运营成本。第一次飞行的发射日期反复推迟加剧了美国空军的沮丧情绪，他们变得越来越怀疑NASA所宣称的航天飞机是一种廉价、可靠且短时间可实现的进入低轨道的方法。事实上，对美国空军来说，航天飞机已经从具有重要战略意义的设施转变为了战略上的薄弱点。

作为回应，到20世纪70年代末，美国空军发起了一场激烈的运动，从保障国家安全的角度强调了保留运载火箭以备不时之需的必要性。美国空军开始说服NASA和国会，至少在航天飞机证明其价值之前，保留另一种进入太空的方式是明智的。1984年9月国家研究委员会发布了一份研究报告，表达了对航天飞机的类似担忧，之后，美国空军请求工

---

① 光点指的是地面观察者注视到的从发现号3台主发动机喷射的炽热尾气，尽管它已经上升到超过一半的高度。

业界提出一种新型的消耗型运载器。为了避免美国空军陷入困境，NASA 提出了两个增加现有航天飞机硬件可靠性的概念，以提高美国空军对航天飞机作为进入太空的唯一途径的信心。实际上，为了阻止这场运动，NASA 甚至威胁不和直接与美国空军合作的公司续签合同。然而，NASA 的这两个概念被认为是对任何一个配得上其学位的火箭工程师的侮辱。NASA 甚至试图向国会施压，要么停止为美国空军消耗型运载器计划提供资金，要么至少推迟一年决定谁是美国空军竞赛的获胜者，因为需要更多时间才能确定"正确"的解决方案。但是这些计谋都失败了，美国空军选择了马丁·玛丽埃塔公司开发的大力神 34D7 消耗型运载器。

STS-51C 任务的成功完成证明了 NASA 仍然可以与美国空军合作的事实。两个政府机构之间的冰冷关系仍有融解的空间。事实上，早在 1985 年 2 月 14 日，美国空军重新承诺未来 10 年航天飞机 1/3 的飞行任务将涉及与防御相关的有效载荷，因此，国家发射战略协议获得批准。与此同时，NASA 和国防部将共同努力，确保航天飞机成为平均每两周发射一次的可靠服务。该协议还允许美国空军运营大力神 34D7 作为航天飞机的备份，而非与其竞争。看来持续 10 年的争议会有一个快乐的结局。但是 1986 年 1 月挑战者号的失利暴露了 NASA 与美国空军之间永远无法修复的关系。

9.2　"任务相当平淡无奇"

如果你喜欢关于太空任务的知识竞赛，你会了解到卡罗尔·J. 博布科是唯一参加过两个不同轨道器首航的航天员。他作为 STS-6 的飞行员，让挑战者号保持在自己的步调上；作为 STS-51J 的指令长，现在正在帮助亚特兰蒂斯号展翅高飞。

尽管国家安全任务覆盖着神秘的面纱，但这一次的有效载荷并不那么神秘。1981 年，空军宣布将于 1985 年中期发射两颗 DSCS-Ⅲ通信卫星。考虑到唯一有能力运载这种有效载荷的运载器是航天飞机，毫无疑问这两颗卫星将被分配给航天飞机。事实上，空军 1998 年发布的照片正面证实了带有 IUS 的亚特兰蒂斯号有效载荷舱搭载了两颗 DSCS-Ⅲ卫星。

卡罗尔·J. 博布科总结这次秘密任务说道："这次任务相当平淡无奇……我们准时出发并按计划降落。"

9.3　失去的极地任务

早在 1971 年，就决定将佛罗里达州肯尼迪航天中心和加利福尼亚州范登堡空军基地作为太空运输系统的发射场。后者非常适用于气象卫星或者像锁眼（Key Hole）和六边形（HEXAGON）系列这样的侦察卫星，因为经过两极环绕地球飞行的轨道每天要飞越地球整个表面几次，这是由轨道配置决定的。

　　从佛罗里达州①发射极地轨道是可行的，但是并没有这样做的原因是上升过程中会穿越人口稠密的地区，并且有爆炸火箭落下有毒推进剂和热残骸的风险。即使按照计划上升，也需要确保耗尽的火箭芯级下落在远离人烟的区域。对飞越地区的天气条件提出要求是必要的，因为高速风可能很容易将下落的耗尽芯级推离预定坠落地点。因此，只有在所有上升段地面轨道的天气条件最佳时才会发射，这是不太可能的情况。这就是为什么肯尼迪航天中心可实现的最高轨道倾角是57°。只有这样，上升的火箭才能够在大西洋上空飞行，同时与美国东海岸②平行。对于航天飞机来说，还必须考虑上升段中止的情况。事实上，在从佛罗里达州向北飞行时如果需要中止任务，轨道器很有可能不得不紧急降落在苏联或中国领土上。显然，美国国防部不希望携带秘密间谍硬件的轨道器着陆在它本打算监视的敌方领土上！当然，极地任务可以向南飞行，但必须采取措施保护古巴和南美大陆的人口。

　　唯一的选择是位于洛杉矶西北约150 mile海岸的范登堡空军基地。在第二次世界大战之前，它最初是一个被称为库克营的美国陆军装甲师训练场。1955年，空军宣称它是用于测试以太平洋中部为目标的远程弹道导弹的安全发射场。1958年10月4日，它被命名为范登堡空军基地（AFB），以纪念已故的霍伊特·范登堡（Hoyt S. Vandenberg）将军。它位于一个被高山和峡谷环绕的平坦高原上，距离人群相当遥远，是执行军事太空任务的理想场地。向南发射火箭可以飞越太平洋上空进入极地轨道，无须飞越人口稠密地区，飞行轨迹上既没有敌方，也没有非盟国。这次发射不是第一个被分配到范登堡的载人太空计划。1966年3月，6号航天发射综合体（SLC-6）开始建造，这是一系列为MOL任务准备硬件和机组的基础设施③。成本超支、延迟以及新成像技术的出现导致该计划被取消和SLC-6被放弃。当航天飞机出现时，美国空军密切关注预算，提议让SLC-6与航天飞机相匹配。该提议在1975年获批，并在4年后开始对该发射工位进行重新鉴定。虽然已经为MOL建造了移动服务塔、导流槽④和发射控制中心，但航天飞机更加复杂，因此更多的设施也开始建造了。实际上，范登堡将复制肯尼迪航天中心的设施。

　　20世纪80年代早期，就任约翰逊航天中心的飞行机组运行助理的理查德·W. 尼格伦（Richard W. Nygren）说："我们意识到我们将在范登堡拥有和肯尼迪同样的业务，所以我们需要一个让机组人员在发射前能够停留的基础设施，相当于肯尼迪航天中心机组宿舍的设施。我们需要一个可以安置机组人员的设施……我们将参与很多发射前测试，并

---

　　①　根据航天力学的规律，火箭能达到的最低轨道倾角等于发射场的纬度。就肯尼迪航天中心而言，这意味着有效载荷可以部署在从28.5°（肯尼迪航天中心的纬度）到90°（极轨道）的任何轨道上。如有必要，有效载荷可以随后机动到较低的倾角，但推进的高成本使得从较低纬度的发射场发射更好。这样一来，发射场越靠近赤道，对于任意给定载荷的轨道倾角范围就越宽。

　　②　这并不意味着不能在内陆发射。事实上，由于俄罗斯和中国没有靠近海洋的发射设施，因此他们在人口稀疏的地带发射火箭。

　　③　载人轨道实验室（MOL）是20世纪60年代的空军计划，其目的是让军事人员在轨进行科学试验，以确定飞行人员在太空中的"军事实用性"，这就需要相关的技术和流程。

　　④　导流槽在火箭发射台下方，以便将发射时的废气从发射台排出，使其不会反弹到上升的火箭上，涌入发动机（这有可能导致火箭在几秒钟内坠毁）。

进行最终倒计时的演练。他们最终会进行一次准备就绪的飞行。我们将会参与他们很多的地面流程。我们需要为海角十字军①准备一个地方。我们需要办公空间。当轨道器到达并开始测试时，我们将开展后勤保障工作，所以我们要让所有的基础设施到位来整合任务。"

尽管范登堡因为要尽可能考虑操作运行方面的问题，从而不得不模仿肯尼迪航天中心，但当地的地理条件和空军基地布局还是会影响那些行动。那里有 3 个互相独立的站点。为了让航天飞机在结束其任务时进行滑行，范登堡空军基地的北部设置了一个 200 ft×15 000 ft 的跑道。该跑道也将用于改装后背负轨道器的波音 B747 飞机。航天员理查德·O. 科维回忆起他的宇航飞行员同伴对此的怀疑。"我们对航天飞机接近范登堡进行了测试。跑道是倾斜的，每个人都担心大幅度的滑翔下降是否会导致飞行问题。1.5°的坡度并不严重，但航天飞机最后接近时只有 2.5°的下滑航迹，因此相对于 2.5°来说，1.5°可能导致很大差异……所以我们试图弄清楚这是否有影响。我们在那里进行了测试，那很有趣。我们带去了航天飞机训练机并让它绕着跑道飞。"在轮子停下的位置，着陆后地面设备被安置在飞行器周围，准备将它拖到附近的轨道器维修检测设施（OMCF）处，在那里进行处理，以备下一次任务。自燃维修检测设施（HMCF）和飞行机组系统设施（FCSF）构成了范登堡空军基地北站。一旦宣布准备进行另一次飞行，轨道器将被运往范登堡空军基地南站的 SLC - 6。

在肯尼迪航天中心，航天飞机被一辆巨大的履带车从飞行器装配大楼移动到 5 mile 外 LC - 39 的两个发射台中的一个。范登堡当地的地理环境使航天飞机从北站到南站的行程相当曲折（见图 9 - 1）。正如理查德·O. 科维回忆的，"整个操作在那里会变得非常怪异。由于加利福尼亚州的地形，从跑道到发射台不断地上下山丘并穿越山谷。为了能够将它从跑道上一直拖到发射台，他们已经做好了能够沿着跑道拖拽轨道器的准备。这很有趣。"毕竟，范登堡不是为了航天飞机建造的，这一点可以从需要穿过 16 mile 的公共道路和空军基地道路上得到证明。

范登堡空军基地南站（见图 9 - 2）的操作从通过铁路交付犹他州制造工厂的固体火箭发动机开始。2 mile 外的一个改装港口将接收由驳船通过巴拿马运河运送的路易斯安那州工厂制造的巨大外部贮箱。在转运到 SLC - 6 之前，它们被放在专用的存储和检测设施内。前 MOL 移动服务塔被降低约 40 ft 高，并从原始位置移回 150 ft 以适应航天飞机。此外，为了太空运输系统的超大型和重型构件，40 t 起重机被 200 t 起重机所取代。

众所周知，航天飞机极易受天气影响，范登堡的情况会比佛罗里达州更糟。事实上，在冬季，周围山丘的风力很容易达到 47 mile/h，这将危及轨道器外部的数千块防热瓦。为了确保全年运行，增加了一个被称为航天飞机装配大楼或挡风屏的大型垂直避难所，以装配航天飞机并防止航天飞机在等待发射时受环境影响。该站像一个巨大的蚌，移动服务塔和航天飞机装配大楼紧紧包裹住航天飞机及其组件。

---

① 在每个航天飞机机组人员的背后，有一个由 5～8 名航天员组成的团队，他们是连接 NASA - JSC 和 NASA - 肯尼迪航天中心之间的纽带。他们是航天飞机的眼睛和耳朵。官方的航天员支援人员（ASP）的绰号是海角十字军。

图9-1　航天飞机轨道器企业号正在被运输到范登堡空军基地南站，
在现有道路上移动的难度是显而易见的

　　航天飞机装配大楼耗资8 000万美元，是对SLC-6原始设计的最大单次修改。必须承认这是一个聪明的设计，但很遗憾它从未被肯尼迪航天中心的发射工位所采用。事实上，在很多情形下，佛罗里达州变化无常的天气在发射台或返回航天飞机装配大楼时会对轨道器及其外部贮箱造成严重损坏，而损坏的维修代价非常高。一个很好的例子就是在2007年STS-117发生的3个月延误，冰雹风暴造成了外部贮箱保护泡沫2 000多处损坏和亚特兰蒂斯号的轻微损伤。鉴于航天飞机在恶劣天气下非常脆弱，建造诸如SLC-6之类的设施是有道理的，而不是重新利用从阿波罗继承下来的露天发射台①。但是，通常情况下资金不足使NASA不得不继续使用现有的硬件，尽管这会严重影响项目运作并对项目造成严重打击。

　　在SLC-6挡风屏和移动服务塔的保护范围内，航天飞机塔架将被直接安装在发射台上。这种安排不仅提供了急需的天气庇护所，而且可以为准备就绪的保密任务提供屏障。装配将以常规方式进行，首先组装固体火箭助推器，随后将外部贮箱装在助推器之间。当将轨道器与外部贮箱连接时，合成体就完成了。与此同时，有效载荷将被送到相邻的载荷准备间进行最终检查，然后由起重机将其转移到载荷转载间，这是另一个移动结构，将在航天飞机装配大楼内转动，以便将有效载荷安装到轨道器上。

---

　　①　航天飞机发射台由一个固定的服务结构和一个旋转的服务结构组成，它们将发射台上的塔架四面封闭起来。然而，旋转结构的主要目的是将有效载荷装载到垂直的有效载荷舱中，所以它仅能提供有限的天气庇护。

图 9 - 2　范登堡空军基地南站主要基础设施的鸟瞰图，轨道器企业号被用于测试处理程序，
以备范登堡的第一次航天飞机任务

　　在发射前不久，移动服务塔和航天飞机装配大楼将被推到分别距离 375 ft 和 285 ft 的
"发射停放"位置。液压千斤顶可以将这些结构从系杆上抬起，行进驱动系统可以以
40 ft/min 的速度进行运输。前后总共需要 40~50 min，包括解锁系杆、行进和重新锁定。

　　毫无疑问，SLC‑6 对航天飞机来说是合适的发射平台；尽管构造复杂，但有效地确
保了在发射前几小时内航天飞机不受外部环境影响。只是它的造价十分高昂，1978 年的
预算评估为 2.518 亿美元，到了 1986 年 5 月，由于各种不可预知的原因，造价已经翻了
一番。

　　例如，当 STS‑1 在肯尼迪航天中心起飞时才意识到，为了抑制声响需要更多的水。
在 SLC‑6，一个价值 4 500 万美元的设施建成，用于处理和安全处置 4 000 t 被固体火箭
助推器的排气所污染的水。邻近的发射控制中心也需要考虑爆炸防护问题。在肯尼迪航天
中心，当外部贮箱加注程序开始时，由于充满高活性氢和氧的贮箱十分危险，除必要人员
外，发射台 5 mile 内的其他所有人员都要撤离。另外，发射时的噪声级别和振动非常强
烈，对于发射台 2 mile 内的任何人都是致命的。由于 SLC‑6 的发射控制中心距发射台综
合体仅 1 200 ft，因此需要进一步加固。另一个问题是，由于在高度潮湿的低温环境，从

而造成发射台基础设施积冰。在范登堡，当地的天气进一步加剧了这个问题，结果导致需要用两台喷气发动机组成的价值 1 280 万美元的防冰系统将热空气吹到建筑物上，但是人们怀疑这是否真的有效。因此，到了 20 世纪 80 年代中期，SLC - 6 为航天飞机采用的新设施和改进措施所花费用大大超出了预算。

但是，该设施的作用正在减弱。在航天飞机发展的早期，当美国空军对其完全支持时，设想在范登堡每年发射 20 次。两个轨道器将专门用于执行军事任务，并且将有两套发射台设施。到了 1981 年，这些设想减半，每年只有 10 次飞行和 1 个发射台。4 年后，随着支持的减弱，预计从 1988 年开始，每年只会有 2 次发射。但是，希望经过几年的运营后，发射率增加到每年 4~5 次。

原定在 1985 年 10 月的发射被推迟到 1986 年 1 月之后，范登堡的首航被命名为 STS - 62A，时间定于同年 3 月。

NASA 于 1985 年 2 月 15 日发布的新闻称："资深航天飞机指令长罗伯特·L. 克里平将领导 62A 任务……其他机组乘员包括飞行员盖伊·S. 加德纳（Guy S. Gardner）和任务专家戴尔·A. 加德纳（Dale A. Gardner），杰里·L. 罗斯以及理查德·迈克尔·马兰（Richard Michael Mullane）。"另外，还有两名载荷专家。杰里·L. 罗斯回忆道："约翰·布雷特·沃特森（John Brett Watterson）将成为载荷专家之一，另一位本来是一名空军军官兰迪·T. 奥德尔（Randy T. Odle），但他的位置被空军的副部长爱德华·克利夫兰·奥尔德里奇（Edward Cleveland Aldrige，昵称皮特）挤掉了，所以那次飞行中会有一些很有权势的人跟我们一起。"

由于 1986 年 1 月挑战者号失利，范登堡计划中的航天飞机飞行都被暂停了。1986 年年中，提交给参议院的一份报告中提出，SLC - 6 尚未准备好进行这类发射。未解决的问题之一是如何处理发射台地下室的液氢。据估计，可行的解决方案至少需要 800 万美元，并且在 1989 年 7 月之前不可能进行发射。随着时间的推移，第一次飞行被进一步推迟了。最终，空军决定封存 SLC - 6，基本上是注销了对它的巨额投资。因此范登堡空军基地再次错过了成为发射载人航天器基地的机会。

如果 STS - 62A 没有被取消，那么会怎么样呢？杰里·L. 罗斯说："这将是一次迷人的旅程。我们将以 72.5° 的倾角入轨。远地点将会为 380 n mile 左右，近地点为 240 n mile 左右。它将包含两次变轨……我们有两个主要的有效载荷：一颗是蓝宝石（Teal Ruby）试验卫星……它是一颗凝望式红外成像卫星，它的作用是探测低空飞行的吸气式飞行器，如巡航导弹，这是一种监测敌方接近美国领土的手段。另一颗卫星上有一系列不同类型的紫外和红外望远镜，基本上是用来获取太空环境的背景信息，以便他们以后可以使用这些信息来设计拦截导弹、搜索器等。"从航天员的角度来看，STS - 62A 将是一次独特的体验，正如理查德·迈克尔·马兰所说："在极地轨道飞行，哦，天哪，我很期待。你基本上可以看到整个世界。在低倾角的轨道上，你没办法看到世界的很多部分。我非常期待。"

然而，对永远取消这样一项任务的失望之情是可以理解的，但好的一面也不容忽视。几个世纪前，人们可能因为认为地球每天绕着地轴旋转而被烧死，但现在这是常识。如果我们将 15（°）/h 的角速度乘以行星的半径，[①] 那么我们就会看到赤道地表上物体的切向速度超过 1 000 mile/h！对于火箭工程师来说，这意味着在赤道起飞的火箭将在与行星旋转方向平行的方向上以 1 000 mile/h 的水平速度离开发射台。实际的结果是火箭性能被加强了，这可以转化为推进剂的减少、有效载荷的增加或轨道高度的升高。但从地球自转获得的有利之处随着纬度的增加而减少，因此极点根本没有任何地球自转带来的优势。两极之所以是实现极地轨道的首选发射场地，是因为在那里火箭在上升过程中不会受到任何向东的推力。然而，运营极地发射场是不切实际的，这意味着在其他地方发射火箭必须抵消地球自转引起的东向推力。这就导致了推进剂的增加、有效载荷的减少或者轨道高度的降低。因此，距离赤道越远，对极地任务来说就越好。在北纬 51° 的范登堡比在 28.5° 的肯尼迪航天中心更好，因为东向推力会大大减少。[②]

根据国防部的要求，为了恢复运载能力并使航天飞机至少携带 32 000 lb 有效载荷进入极地轨道，决定改进固体火箭助推器。事实上，这些是唯一可以被完全重新设计和制造得更轻的组件。早在哥伦比亚号首航之前，1981 年 2 月到 10 月就进行了初步研究，以确定是否可以用与大型有效载荷舱门相同的复合材料（环氧树脂浸渍的碳纤维）制造助推器。这些研究证实了这样做的可行性。因此纤维缠绕壳体（FWC）助推器诞生了。这些研究还强调了建立复合材料精确力学性能数据库的重要性。事实上，尽管碳纤维/环氧树脂复合材料的性能是众所周知的，但对于 FWC 来说，它们的力学性能还需被进一步发掘。实际上，现代飞机如波音 787 和空中客车 A350 的主结构几乎完全由复合材料制成，但在 20 世纪 80 年代早期，在航空应用中，飞机的主结构没有广泛使用此类复合材料，更不用说在航天飞机上了。[③] FWC 助推器将第一次在航空航天领域应用。

考虑到高压燃烧推进剂会对助推器的结构产生巨大的压力，有必要设计一种与传统固体火箭助推器的钢质发动机壳体强度相当的发动机壳体。这需要在设计助推器外壳之前通过一系列额外的测试来更好地预测复合材料的力学性能。复合材料的美妙之处在于它们可以根据所在结构的每个特定点必须承受的应力来成形。这是通过添加不同数量和方向的碳纤维层来实现的。换句话说，由复合材料制成的一块结构可以适应特定应力的分布。与基于压力设计的金属材质结构相比，复合材料不仅可以更好和更精确地剪裁，还可以大大减小质量。

FWC 助推器有一个复合材料制成的外壳，该外壳由环氧树脂浸渍的碳纤维在铝心轴上分层缠绕制成。每层厚度和纤维方向可根据膜刚度[④]和接缝完整性的要求进行选择。每

---

① 这是从地球旋转轴测量的半径，而不是从地球中心测量的。

② 另一方面，发射场离赤道越近，对进入地球静止轨道就越好。发射深空任务进入黄道平面的最佳纬度是 23.5°，以抵消地球轴线相对于该平面的倾斜。

③ 轨道器有效载荷舱门不是设计用来承受机身飞行负载的主结构的一部分，它们只是一个空气动力学整流罩。SRB 外壳是助推器本身的主结构。

④ 膜刚度可以被理解为是在复合材料压制成的薄片的两边施加压力，使之弯曲的困难程度。举个例子，用你的双手拿一张纸，并把两边靠近。试试用同样的方法将一张纸板的两边靠近。尽管弯曲纸张很容易，但弯曲纸板需要施加更大的力。纸的薄膜刚度几乎不存在，而纸板的刚度相当大。通过改变层数及其厚度和方向可以彻底改变膜刚度。

段末端将通过固定柄和 U 形夹连接到钢环。构成单个助推器的 4 个纤维缠绕的圆柱段将通过钢-钢接头进行现场拼接，这与金属材料外壳基本类似。复合材料的助推器与轨道器、外部贮箱和发射设施具有相同的接口。

至少有一对 FWC 助推器已经被制造并准备用于 STS - 62A，但挑战者号的失利使该项目迅速终止了，以确保航天员的安全。正如杰里·L. 罗斯所说：“他们的连接设计与钢结构相同，由于石墨结构更脆弱、更灵活，考虑到挑战者号事故中热气正是从这些关节的密封处渗出，我们不禁在想，如果我们试图用它们来进行发射会发生什么事。”理查德·O. 科维赞同地说道：“这些助推器令人恐慌，因为它们的弹性更大。挑战者号事故发生后，我们没有人为这些项目的终止而感到遗憾。后来，国防部任务没有了，我们决定不在加利福尼亚州发射航天飞机了。”

虽然 STS - 62A 的机组人员已经失去了他们的任务，但没有失去执行保密任务的机会。直到 STS - 26，航天飞机计划回归运营服务时，国防部已经明确表示不再需要它的服务。每个军事载荷将由消耗型运载器发射，主要是大力神家族的成员。航天飞机上只会出现一些重要的国家安全卫星，这些卫星对于现有的消耗型火箭来说过于庞大且沉重。前 STS - 62A 机组人员被重新分配到 STS - 27，罗伯特·吉布森（昵称霍特，Robert “Hooy” Bibson）代替罗伯特·L. 克里平担任指令长，威廉·M. 谢泼德（William M. Shepherd）代替戴尔·A. 加德纳担任任务专家。

1988 年 12 月 8 日下午早些时候，STS - 27 开始了它期待已久的秘密航行。即使在今天，亚特兰蒂斯号的这次飞行也是神秘的。已知的是，理查德·迈克尔·马兰使用机械臂部署了国家侦察办公室和 CIA 的侧视全天候雷达监视卫星长曲棍球-1（Lacrosse I）。这种卫星将为巡航导弹地形匹配导航系统的程序提供地形轮廓。看起来是一次故障促使亚特兰蒂斯号将卫星带回地球，但具体细节是保密的。据一些消息称，为了释放被卡住的附属物，还进行了一次太空行走。

9.4　“我不是自认为的那样熟练的飞行员”

1989 年 8 月 8 日，STS - 28 又发射了另一个秘密有效载荷。虽然早期猜测这次任务是让哥伦比亚号运载一颗先进的成像卫星，但后来的报告和业余卫星观测表明，这是一个配置与先前该项目部署的 Syncom / Leasats 类似的卫星数据系统（SDS）。机组乘员戴维·C. 利斯特马（David C. Leestma）对为期 5 天的任务含糊其辞地说道：“我们携带了国防部的有效载荷，然后我们在乘员舱内做了很多事。因为这是国防部的任务，所以只要去那里做该做的事，然后回来……他们只希望我们去 4 天，但是我们说服了他们，既然送我们到那了，就多给我们一天时间，做更多的事情。”

任务指令长布鲁斯特·H. 肖当然是三缄其口，只是说了一段在爱德华兹着陆时发生的趣事：“当我们下降时我展开了轨道器，我把它展开了，我不知道我们在多高的高度上……从照片上看，我们所处的高度并不是很高，但我基本上把飞行器放平了，然后它漂呀，漂呀，一点一点地漂落。因此，我们以 155 节的速度降落而不是原计划的 195 节。因此，我们在跑道上的主起落架以 155 节的速度快速减速，我必须让机头紧贴地面……机头在地面上发出了'砰'的一声。我觉得这很糟糕，因为我让这个东西以 40 节的速度减速滑落。"他半开玩笑地承认："此时我认识到我并不是自认为的那样熟练的飞行员。"尽管他个人有些失望，但收集了大量轨道器低速飞行的性能数据，这有助于提高着陆安全性。

9.5　"我们非常棒"

STS - 33 的指令长弗雷德里克•D. 格雷戈里（Frederick D. Gregory）与在他之前执行国防部任务的所有航天员一样，对 1989 年 11 月 23 日至 28 日期间他和他的 4 名机组人员在发现号上发生的事情保持完全沉默。然而，他曾说过："我们有一个机组——我认为这是有史以来最好的机组。每次集合时，人们都会关注它，因为它就像一场芭蕾舞剧，我们玩得很开心……我们非常棒。"

据专家介绍，发现号释放了一颗大酒瓶（Magnum）电子情报收集卫星（ELINT），与 STS - 51C 部署的类似，该卫星目前为了保持其位于印度洋上空的站位已耗尽了推进剂。有趣的是，国防部飞行任务中仅有两名普通民众，他们是斯托里•马斯格雷夫和凯茜•桑顿（Kathy Thornton）。后者也是唯一执行过国防部任务的女性航天员。

9.6　一次神秘的任务

1990 年 2 月 28 日，由于任务指令长约翰•O. 克赖顿[①]的病情和恶劣的天气，STS - 36 在经历了数次取消之后发射。我们唯一知道的是它有 5 名机组人员，持续了 4.5 天，并以 62° 的倾角飞行。后者是一个重要的数字，因为正如约翰•O. 克赖顿所说："通常情况下，你所能获得的最高倾角是 57°，这样的话，你刚好远离美国东海岸，即使发生什么不好的事情，比如说爆炸或者别的什么，碎片也不会落在美国的主要城市。"但是为了适应国家安全载荷，放宽了这次飞行的规则。这次任务创下了航天飞机计划（实际上也是整个载人航天探索历史）的另一个第一，亚特兰蒂斯号是朝着 57° 的倾角开始上升的，然后穿越大西洋上空并分离固体火箭助推器，轨道器的 3 个主发动机将轨道向北旋转推进进入 62° 的轨道。这种"折线"机动大量消耗了推进剂并使其运载能力受损[②]，但它将经过人口稠密地区的风险限制在美国和加拿大东北部海岸的一小部分地区。

即使在今天，这也是所有参与这项任务的人都会谈到的，但从业余观察和解密文件中可以推断出一些令人着迷的见解。在发射前的几天，据《航空周刊》推测，代号为 USA - 53 的有效载荷是一种大型数字成像侦察卫星。对于业余卫星侦探来说，猎取一个秘密卫星并了解其目的是一项难以抗拒的挑战。

---

①　这是自阿波罗 13 号以来美国载人航天飞行任务首次受到乘员疾病的影响。

②　对于航天飞机来说，倾角每增加 1°，就要损失有效载荷 625 lb。

一位加拿大卫星侦探叫泰德·摩尔克赞（Ted Molczan），他是一位教育领域的技术专家和一位业余的顶级卫星追踪者。正如他所说："我组织的一个观测网络团队在 3 月 2 日和 4 日之间观测到这颗卫星。它被部署在 62°、254 km 高度的轨道上。3 月 3 日早些时候，它机动到 271 km 的高度。"真正引起他注意的是，"观测者注意到，目标极其明亮，在有利条件下达到了 −1 的目视星等。"这暗示着该有效载荷可能不是《航空周刊》所推测的那种卫星。

3 月 7 日，亚特兰蒂斯号在爱德华兹空军基地着陆 3 天后，苏联媒体机构报道说那颗卫星爆炸了。五角大楼承认了这一说法，并补充说，在航天器所在的位置上追踪到五六块碎片，并且将在 6 周内再入大气层。神秘有效载荷的任务似乎过早且不完美地结束了。

然后，泰德·摩尔克赞继续说道："1990 年 10 月 19 日，我收到了罗素·埃伯斯特（Russell Eberst）的消息，声称他与皮埃尔·内里克（Pierre Neirinck）和丹尼尔·卡彻（Daniel Karcher）① 一起在 65°、811 km 高度的轨道上发现了一个物体，该物体与任何已知有效载荷、火箭残骸或碎片都不匹配。他怀疑这个物体可能是美国的一个秘密有效载荷，并让我尝试确认。"根据一项联合国条约，美国会公布它射入太空轨道的物体，通过排除法，泰德·摩尔克赞得到了惊人的结论。"据我分析，这个神秘物体的轨道面与 1990 年 3 月 7 日发射的 USA‑53 几乎完全共面，同一天苏联在轨道上发现了 USA‑53 的碎片！"

虽然人们普遍认为 USA‑53 失败了，其碎片落回了大气层，但事实上，STS‑36 的秘密有效载荷已经进行了机动并正在收集情报。这颗神秘的卫星也于 1990 年 11 月被发现，业余爱好者在 1996 年和 1997 年再次在 66.2° 的轨道上发现了它。有趣的是，2000 年，一个研究 NORAD② 轨道数据的观察员发现，1995 年 5 月该卫星在 451~461 mile 的轨道上。

2001 年出版的一本书揭示了美国情报世界的黑暗面。在《兰利的巫师——揭秘 CIA 科学技术局》中，杰弗里·里切尔森（Jeffrey Richelson）③ 解释说："有效载荷是一颗代号为 MISTY④ 的秘密成像卫星……苏联反卫星计划在 20 世纪 80 年代早期受到强烈关注，为了减少苏联对美国卫星的威胁，1983 年里根政府决定建立一个秘密的卫星项目。"

因此，STS‑36 的神秘有效载荷无非是冷战的众多产物之一，在这种情况下，保密程度达到了新的高度。事实上，宇宙是透明的，由于间谍卫星相对较大，从而反射更多阳光，所以很容易被光学手段识别。此外，它们很容易被雷达和激光跟踪。如果敌人知道一颗间谍卫星何时会飞过，他们可以隐藏军事设施或停止可疑活动，直到不受欢迎的观测者离开。

95 亿美元的投资加上 10 年的研发，MISTY（见图 9‑3）被构思出来。第二颗卫星于

---

① 罗素·埃伯斯特，皮埃尔·内里克和丹尼尔·卡彻是其他卫星的观测者。

② 北美防空司令部（NORAD）的总部设在科罗拉多斯普林斯附近的彼得森空军基地。

③ 在本书出版时，杰弗里·里切尔森是华盛顿特区乔治·华盛顿大学国家安全档案馆的高级研究员。该馆的目标是收集根据"信息自由法"获得解密的美国文件，以揭示美国一些最吸引人和神秘的间谍活动。

④ 尽管用大写字母书写，但这不是缩写。它是一个代码名称，可能不是卫星的真名。

1997 年发射，第三颗卫星也可能已经发射了。这类卫星重 37 000 lb，其隐身能力采用了与洛克希德公司的 F - 117 "夜鹰" 和诺斯罗普·格鲁门公司的 B - 2 "幽灵" 飞机相同的 "多面体" 技术。雷达波束或激光束将被折射到不同的方向，明显减弱了跟踪系统的回波信号。有趣的是，自 20 世纪 60 年代以来，已发明了多项用于降低卫星可探测性的专利。1994 年 9 月，美国专利 5 345 238 "卫星信号抑制屏蔽" 为隐身技术如何应用于 MISTY 提供了合理的解释。它可能是一个安装在旋转臂上的涂有辐射反射材料的大型充气锥体。当绕行星转动时，锥体将旋转到卫星下方，以避开地面检测；当移动到目标上时，传感器能够侦察下方的全景图。到目前为止，人们还不知道 MISTY 卫星提供的是什么样的情报，以及它在美国过去 20 年的重大冲突中起到多重要的作用。

美国专利　1994年9月6日　第5页(共6页)　5 345 238

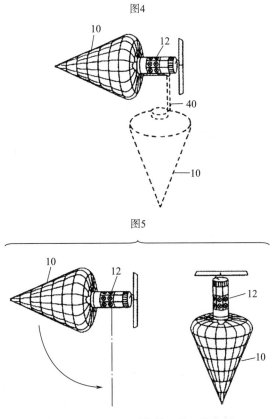

图 9 - 3　MISTY 可能的一种工作方式

9.7　间谍任务

STS - 38 是一次教科书式的间谍任务，它于 1990 年 11 月 15 日夜间发射升空，是国防部另一个高度机密任务，指令长是理查德·O. 科维。

理查德·O. 科维回忆："在黑暗中去发射台……是一个有趣的经历，因为你能看到白天不一定看得到的东西，比如氢燃烧并消失，还有灯光，巨大的氙气灯照亮了发射台附近所有的事物，燃烧的嘶嘶声，气体和所有事物都在周围移动，这是非常有趣和离奇的。这相当完美。"然而，关于任务本身，理查德·O. 科维描述得相当模糊和普通，所以可以试图解读它的隐含意思，"我们并没有飞得非常高，你从中可以读出很多内容。我们并没有达到很高的高度，因为我们不能，这说明我们的有效载荷可能很重……在部署有效载荷的第一天，我们必须做最关键和最重要的工作。"

有效载荷很可能是类似于 STS - 28 释放的一颗秘密的 SDS - 2 军用通信卫星。事实上，尽管《航空周刊》在任务之前声明，有效载荷是像 STS - 51C 和 STS - 33 发射的大酒瓶卫星，公开的图片显示亚特兰蒂斯号的有效载荷舱尾部没有大酒瓶卫星所需的平台。它的缺失支持了 SDS - 2 是理查德·O. 科维所说的那种卫星的猜测。但这不是亚特兰蒂斯号唯一的乘客。里克斯（Leaks）表明还有第二颗名为 Prowler 的卫星。作为一颗隐形卫星，其任务本来可能就是通过机动靠近其他国家的通信卫星，以窥视他们的设计，并可能阻碍其运行。

通过泰德·摩尔克赞和他的业余侦探网络对亚特兰蒂斯号在轨的观测，这种猜测得到了支持。事实上，这可能是太空中最具有欺骗性的故事之一。根据已设置的程序，在飞行 7 h 后 SDS - 2 转出亚特兰蒂斯号的有效载荷舱被部署入轨。部署商业卫星时，轨道器下一步将转移到更高的轨道上，以便在卫星点燃近地点点火发动机之前减速并撤退到安全距离。在这次任务中，亚特兰蒂斯号只是以小于标准任务 1/10 的速度增量，稍微提升了一下轨道。此外，卫星侦探发现 SDS - 2 并没有点燃发动机，仍然在低轨道上徘徊。任务开始后大约 22 h，亚特兰蒂斯号降低其高度，并逐渐追赶上 SDS - 2。从地面看，似乎亚特兰蒂斯号正在与卫星一起进行位置保持机动。泰德·摩尔克赞和他的同事们相信，在部署 SDS - 2 和亚特兰蒂斯号降低轨道之间的某个时刻，肯定部署了 Prowler 卫星。位置保持的假象是一个迷惑俄罗斯的诡计，就像一个幻术师愚弄观众，通过分散注意力而使他们看不到这种伎俩的实施。给俄罗斯地面站观看一些有趣的东西后，有可能在 12 h 后偷偷部署了 Prowler 并点燃其火箭发动机。位于古巴的监测站观测到了亚特兰蒂斯号接近 SDS - 2，这无疑加强了剧本的真实性。这个把戏（让你想到亚特兰蒂斯号正在等待解决新部署的通信卫星故障）很有可能成功地掩饰了一个更高密级有效载荷的部署。

原计划是让亚特兰蒂斯号在加利福尼亚的爱德华兹降落，但当地持续的不利天气使原计划无法实施。理查德·O. 科维回忆说："每个人都开始着眼于在佛罗里达州着陆。一想到佛罗里达州将成为替补着陆点而不是主着陆场就觉得奇怪。"

11 月 20 日下午，亚特兰蒂斯号在 33 号跑道上平稳地降落，这不仅是自挑战者号事故后轨道器第一次在肯尼迪航天中心着陆，也是亚特兰蒂斯号首次降落在那里。航天飞机着陆从来都不容易，尤其是当跑道的一半被烟雾覆盖时更是不易。正如理查德·O. 科维所说："在佛罗里达州降落过程中他们用非常受控的方式燃烧了松树林中的灌木丛，就为了让一切顺利。"当亚特兰蒂斯号执行完离轨机动并确认返回佛罗里达州时，肯尼迪航天中心附近的风向转移并向跑道南端吹来一层厚厚的烟雾。理查德·O. 科维回想起接近跑道的方式："太阳开始下沉，烟雾开始变得更厚，很快，由于烟雾折射出的光线使视野无法穿透烟雾。所以我们绕圈飞行，当我们最后一次转向时，已看不到跑道。我无法看到目标点。透过烟雾我所能看到的是 PAPI 灯。"很好，即使他看不到跑道，PAPI 灯[①]有助于在看见跑道前将轨道器控制在正确的着陆路径上。"我们一路飞下去，进入烟雾，在拉起高度降落。当进入烟雾中时，我依旧可以看到这些灯光，但看不到下面跑道上任何东西。穿过烟雾，看到跑道就在眼前。"过了一会儿，他在一种独一无二的条件下进行了一次完美的降落。理查德·O. 科维开玩笑地说："从技术层面看，我会将这次着陆载入记录。"

9.8　太空中的奶昔

STS-39 是第一个非保密的国防部航天飞机任务。其中一些主要目标包括大气、气体释放、航天飞机发动机点火、子卫星气体释放以及轨道器轨道环境的全天候观测，波长范围从红外线到远紫外线。这些观测结果有助于战略防御倡议组织（SDIO）[②] 开发能够探测向美国领土发射的弹道导弹太空平台。发现号有效载荷舱被用于空军计划 675（AFP-675）和红外背景特征探测（IBSS）两个主要试验的硬件所占满。

正如任务专家盖恩·S. 布卢福德所解释的那样："AFP-675 是一组测量背景红外线和紫外线辐射，识别轨道环境污染物，并演示 X 射线成像的试验集合。"虽然这 5 个试验在整个任务中都在有效载荷舱中完成，但 IBSS 会独自在太空漫游。"IBSS 安装在可部署的航天飞机托盘卫星（SPAS-Ⅱ）[③] 平台上。"盖恩·S. 布卢福德说："该试验是为了收集用于开发弹道导弹防御传感器系统的红外线、紫外线和可见光数据。需要观察的现象包括 OMS 和 RCS 发动机喷射的羽流，轨道环境、地球及其背景，化学物质和气体释放以及天体校准源。"虽然 IBSS 的主要部件将在 SPAS-Ⅱ 上飞行，"但 IBSS 的两个主要元素——临界电离速度（CIV）试验和化学释放观察（CRO）子试验被安排在货舱内……CIV 由含有不同气体的 4 个罐子组成，这些气体将被释放到有效载荷舱中，并被部署的 IBSS 所观测。CRO 是带有不同化学物质的 3 颗子卫星。CRO 被部署后，这些化学品将通过地面指令进行释放并由 IBSS 观测。"

有效载荷的多样性和研究本身对飞行提出了很高的要求，正如盖恩·S. 布卢福德所说："我们必须进行交会，多次转移机动，长时间位置保持以及用 RMS 部署和回收 SPAS。这需要在紧凑的时间序列中完成精确的轨道器机动，IBSS/SPAS 调度，观测序列和多体管理。驾驶舱内需要进行大量的协调工作，同时保持轨道器同步和 SPAS-Ⅱ 机动

---

①　PAPI 指代精确进场路径指示器。这是跑道左侧的一套灯光系统，使飞行员能够确定他是否沿着正确的路线进场。

②　SDIO 由国防部于 1984 年创建，负责监督战略防御倡议（SDI）的发展，该计划是一种保护美国免受弹道导弹核攻击的导弹防御系统。该系统的一部分包括用在轨平台探测和打击以美国为目标的导弹。SDI 于 1983 年 3 月 23 日由时任美国总统的罗纳德·W. 里根公开宣布，很快被称为"星球大战计划"。

③　SPAS-Ⅱ 是在 STS-7 和 STS-41B 中飞行的 SPAS-Ⅰ 的改进型。

并记录关键事件。计划在约 36 h 的时间内进行交会和接近操作。"正如盖恩·S. 布卢福德所说:"这是一个相当具有挑战性且训练密集的飞行计划。"STS－39 是航天飞机计划中最复杂的部署和回收任务之一。为完成所有任务目标并执行严苛的飞行计划,6 名机组乘员分成两组进行 12 h 轮班。指令长迈克尔·L. 科茨(Michael L. Coats)可根据需要自由调整其工作时间,并加入任何一个班次。

1991 年 4 月 28 日,发现号发射升空,其机组人员制订了紧凑的飞行计划。正如盖恩·S. 布卢福德回忆:"我们在清晨平稳发射,红队在任务之初初始化并检查了 AFP－675 和 IBSS……在飞行的第二天,我们完成了 AFP－675 操作,并将 IBSS/SPAS 连接到 RMS 后将它们卸载。接下来的两天,我们部署了 IBSS,并对 OMS 和 RCS 羽流以及 CRO 和 CIV 气体释放情况进行了大量观测。"

在 STS－39 的时期,航天飞机计划已经熟练掌握了自主飞行平台以及搁浅卫星的部署和处理。这些任务不仅完成了其主要目标,还帮助了航天飞机为有史以来最大、最复杂的部署和回收任务做了准备。在释放了 SPAS－Ⅱ/IBSS 后,发现号以相同的速度矢量撤回到这个自主飞行器后约 5.4 mile 的位置,该位置被称为远场点。之后,机组人员将轨道器机头和有效载荷舱调整到飞行方向上,从而朝向 SPAS－Ⅱ/IBSS。在确认 SPAS－Ⅱ/IBSS 的成像系统受轨道器控制后,机组人员使用其中一个 OMS 发动机进行了 20 s 的点火,以便 SPAS－Ⅱ/IBSS 的成像系统获取到地球大气层背景下的火箭喷气数据。这是未来用于探测洲际弹道导弹的星载传感器的重要信息。除了将发现号推到轨道轨迹北边进行平面外机动外,这是第一次仅使用两个发动机中的一个来完成 OMS 喷气。为了进行下一次观测,同时确保与前方的自由飞行平台对准,发现号通过控制 RCS 喷气推进器进行了一个快速翻转的偏航机动,使机头转向 180°,这次朝向南方。由于执行速度很快,这次机动被称为"马拉基奶昔",以纪念制定这种快速翻转的奶昔式机动的 STS－39 计划交会制导小组组长约翰·马拉基(John Malarkey)。第一次 OMS 点火使轨道器向北滑行,但在移动了仅 1 mile 之后,第二次点火将其推回南方。又一次的奶昔式机动让 OMS 第三次点火使发现号的机头向北,以防轨道器超越自主飞行器的轨道。这些操作让发现号保持在 SPAS－Ⅱ/IBSS 之后。后续实施了另外的两次平面外转移序列,然后由 RCS 主推进器进行了一系列喷射,同时自主飞行器仔细监测着羽流。

后来,发现号释放了三颗 CRO 子卫星中的第一颗,以获取航天器释放的具有遮挡目的的化学物质的红外、紫外及可见光数据。这些数据可能有助于推断出从损坏的助推器溢出的推进剂特征。释放这种类型的每颗子卫星,都将被 SPAS－Ⅱ/IBSS 载荷和控制微小卫星运行的范登堡空军基地同时观测,从而最大化数据的采集量。

随着第一次 CRO 试验的进行,发现号变换到所谓的近点,以重复点火羽流观测,但这次距离自主飞行器仅 1.2 mile。两个完整的平面外转移序列伴随着几次马拉基奶昔机动完成了该任务的 OMS/RCS 羽流观测目标。

在发现号追随 SPAS－Ⅱ/IBSS 的过程中,轨道器释放了第二颗 CRO。第三颗也是最后一颗 CRO 是在机械臂抓住自主飞行器之后被部署的。

在这次任务的机动操作中，OMS 和 RCS 的点火次数创下的纪录可能永远不会被打破。除了入轨和离轨 OMS 点火以及用于正常姿态控制活动的多次 RCS 点火之外，为期 2 天的奶昔机动操作增加了 14 次 OMS 和 41 次 RCS 点火①。最后几天致力于 AFP－675 试验的后续工作。5 月 6 日晚上，发现号上精疲力尽但心满意足的机组人员出现在肯尼迪航天中心，结束了一次为期 8 天紧凑而富有成效的任务。

STS－39 是航天飞机展现其优秀机动能力的最好实例之一，也是 NASA 在设计和执行具有挑战性的飞行计划方面的独创之一。

这也是"更智能的"轨道器的首次亮相。从升空前的 30 s 到轮子停到跑道上，轨道器由一组 5 台计算机管理。它们被称为通用计算机，可以执行任务特定阶段所需的不同软件。例如，在上升和再入期间，4 台计算机将运行制导、导航和控制软件，进行 400 次/s 的相互检查，以验证它们全部运行在软件脚本中的同一点并提供相同的结果。在轨道上，两台计算机将运行制导、导航和控制软件，而第三台用来运行软件操控机载系统，必要时操控各种有效载荷。作为一项预防措施，第四台将载有再入软件，以免发生紧急情况时需要尽快结束航程。无论在什么任务阶段，一台计算机总是装载所谓的备份飞行软件，这是一种更简单的替代软件，可以安全地将轨道器送回地球。所有的计算机都是相同的并且相互连接，以提供硬件层面的双重冗余，但是主要电子设备软件和备份软件在软件层面提供了保护，以防止主要软件发生一些未被发现的问题，尤其是在上升和再入阶段。

每台计算机由一个中央处理单元（CPU），一个输入/输出处理器（IOP），1 MB 的内存和各种其他部件组成，这些部件安装在一个防电磁干扰的"硬质"壳体内。当 CPU 执行控制机载系统和操作数据的指令时，IOP 格式化并将命令传输到系统，接收并验证来自系统的响应数据，并保持 CPU 与其他计算机之间的接口状态。这样一来 CPU 是"数字计算器"，而 IOP 完成了与其他计算机和机器系统的交互。计算机能够通过嵌入软件和微程序硬件组合的控制逻辑来执行其功能。

在 1972 年 1 月为 GPC 启动 IBM AP－101B 设计的几年内，显然需要改进 GPC。有关升级现有 AP－101B 的研究始于 1984 年 1 月，并于 20 世纪 90 年代中期在 STS－39 上引入 AP－101S 服务时达到顶峰。从配置角度来看，最大的区别在于新型计算机将 CPU 和 IOP 集成到单个电子设备箱中，从而将尺寸和质量减半，并且降低了功耗。从性能角度来看，在对飞行软件影响最小的情况下，升级提供了 2.5 倍的内存容量和高达 3 倍的处理器速度，将传统计算机 400 000 次/s 操作增加到 1 000 000 次/s 操作。②

9.9　太空中的军人

尽管亚特兰蒂斯的第 10 次任务是为国防部执行的，但国家侦察办公室并未参与，意味着它不需要保密，并且在发射前任务目标和有效载荷已经完全公开。

---

① 关于轨道器 RCS 和 OMS 的详细描述，请参阅拙作《入轨和返回：航天飞机如何在太空中飞行》的第 6 章。

② 关于轨道器的机载电子系统的详细描述，请参阅拙作《入轨和返回：航天飞机如何在太空中飞行》的第 1 章。

STS－44 任务于 1991 年 11 月 24 日下午开始。第一个飞行日完美地部署了主载荷，即一颗国防支持计划（DSP）卫星。一旦 IUS 将卫星运送到地球静止轨道，它将通过红外探测器来监测火箭羽流在地球背景下发射的热量，从而实时监测和报告导弹发射、空间发射和核爆炸。这是现有预警卫星群的新成员。这些数据用于 NORAD[①] 的战术预警和攻击评估系统，从而为北美提供空天预警和控制功能。

在他们的有效载荷舱卸载了 37 000 lb 质量的情况下，亚特兰蒂斯号的机组人员进行了设备断电（称为 B 组断电），以便为剩余的任务保留足够计划为期 10 天的机载致冷剂，飞行规则所要求的可延长 2 天的常规选项不包含在 10 天内。作为断电程序的一部分，飞行甲板上的 4 台 CRT 监视器被停用，3 台通用计算机和 1 台惯性测量装置被切换到待机状态，3 台多路复用器被关闭。

机组人员专注于太空测试项目的 9 个试验，这是国防部在 1965 年开始的一个项目。STP 的目标是为先进的国防部研究和研发性试验提供空间飞行的机会，这些研究和试验没有获批进行独立的飞行，计划将它们的有效载荷在 STP、NASA 或国防部其他项目中进行搭载飞行。它确实是定义人类在太空中军事角色的先驱者。

例如，太空军人（M88－1）试验是为了评估观察员使用特殊光学和通信设备增强空军、海军和地面部队的作战能力，从太空对固定或移动的军事基地和设施进行视觉观察，并将观察结果传达给地面人员。为了充分评估太空观测的优势，该试验与国防部正在进行的演习协同进行。

M88－1 被分为 3 项研究：空间海洋观测试验（MOSES）观测诸如船舶、港口等海上目标以及使用小孔径长焦距光学系统观测船舶尾迹，航天员将在观测前后通报观察地点信息；战场视野试验观测美国装甲机械编队、地面军事基地和飞行中的飞机，在这种情况下，航天员也要实时传达他们的观察结果；最后，夜雾试验使用加密的 UHF 通信系统使太空中的人员与地面人员进行通信。

这些工作和其他一些操作从最好的唤醒服务开始。依照惯例，在每个飞行日开始的时候，通过给某位航天员或整个团队献歌一曲的方式来唤醒机组乘员。第二个飞行日，是电视连续剧《星际迷航——下一代》的主题曲，由琼·吕克·皮卡德（Jean－Luc Picard）舰长［演员帕特里克·斯图耳特（Patrick Stewart）］宣布："太空，最后的边疆，这是航天飞机亚特兰蒂斯号的航程。为期 10 天的任务是为了探索遥感和观测地球的新方法，为了寻求空间辐射新数据和微重力对人体影响的新认识，大胆地去 254 个男人和女人去过的地方。"

除了 5 名职业航天员之外，第 6 个座位已经预留给一位客人了。正如任务指令长弗雷德里克·D. 格雷戈里所回忆的那样："我们还要带上汤姆·J. 亨嫩（Tom J. Hennen），一名陆军准尉。"这是第一次，弗雷德里克·D. 格雷戈里指出："我们以前从来没有搭载过非军官的军人，这是非常独特且令人兴奋的，因为他来自照片解译领域。"他除了对地

---

① 通过与其他机构合作，NORAD 通过对试图接近或操控空域的那些未知的、多余的和未经授权的空中活动做出回应，来保护美国和加拿大的主权空域。

形和空中观测有所了解之外，还接受过正式的地质学训练。这个背景正是他能进入太空并作为 STS-44 中特拉·斯考特（Terra Scout）试验载荷专家的入场券。其目标是评估经过专门训练的人员使用地球观测设备在预先确定的目标处发现地面物体的能力。该结果将与在相同地点使用传统方法得到的观测结果进行比较。该试验旨在评估太空观察员是否能为战场带来优势。

由于 STS-44 中途 3 个惯性测量单元中的 1 个发生故障，计划的 10 天任务是不可能完成的，航天飞机被要求将航程减少到 7 天内。

9.10　光荣退役

1992 年 12 月 9 日，发现号在爱德华兹空军基地降落，完成了为期 10 天的 STS-53 任务。尽管主载荷是保密的，但人们认为它是另一颗用于军事通信的卫星，本质上与 STS-28 和 STS-38 中释放的卫星相同。然而，飞行的其他部分则被一系列非保密的试验所占用，这些试验在乘员舱和有效载荷舱中进行，包括生命科学、气象学、通信和流体力学等学科。这是为国防部携带主载荷的最后一次任务，标志着航天飞机为国防提供的服务结束了。

事实上，在 1986 年 1 月挑战者号失利以及近 3 年的运行中断后，美国空军对航天飞机以及时和性价比高的方式充分满足其需求丧失了所有信心。由于有几个有效载荷需要航天飞机运载，国防部的任务一直持续到 STS-53，积压的任务才算结束。那时，美国空军已经完成了消耗型火箭的回归，不再需要 NASA。

作为一个以开放性闻名的民用机构，NASA 也不适应具有保密色彩的国家安全任务。正如 STS-51C 指挥托马斯·K. 马丁利所反映的那样："约翰逊航天中心和整个 NASA 团队都在努力地构建一个目标明确、沟通及时的系统。业务本身非常复杂，以至于无法承担更多秘密了……让我们换位思考，保密模式限制了人数且不允许谈论这些事情。当身边的所有人都在说他们想要的东西且要求我们在某种程度上保密时，我有些担心我们能否在这个群体内及时和清晰地交流。"马丁利的飞行员洛伦·J. 施赖弗（Loren J. Shriver）也有上述考虑："以航天飞机为例，NASA 项目中强大的技术部分是非常开放的，每个人都将数据和信息保存在其他人那里，这样整个过程中能很好地确保每个人都能知道他们所需要的信息。反之，对于保密任务来说，我们担心，由于每个人都要对其他人保密，从而可能导致一些重要产品或信息无法传播开来。"尽管如此，NASA 以最好的方式处理了这种情况。

国防部的每次任务都有自己小型封闭式的航天员、训练员和辅助人员团队。他们用民航飞行的奉献精神和效率，规划和管理着飞行任务。

正如 STS-36 指挥约翰·O. 克赖顿所回忆的那样："NASA 中可能不到 25 个人知道我们做了什么。NASA 局长和飞行主管知道，但任务控制中心中的大多数人并不知道我们做了什么。显然，训练团队中的几个人和机组人员知道。"STS-27 的任务专家理查德·

迈克尔·马兰说："所有软件都是加密的。MCC（休斯敦）的软件使用人员、每个技术支持人员都必须获得批准。但是这对我们来说是非常透明的。我们可以用模拟器，可以看软件。我们做我们要做的事情并执行发射任务或发射载荷。"STS-38 指令长理查德·O.科维补充道："除了航天员办公室内执行任务的人或任领导职位且得到许可的核心小组成员之外，很少有人知道这些国防部任务都干了什么。对于要做什么以及有效载荷的设计功能是什么等深层次的信息，机组人员都知之甚少。因此，作为任务指令长，我能够知道其他机组人员不知道的事情，有些事是机组人员知道的，有些事是部分负责有效载荷相关工作的人所知道的，而其他负责有效载荷相关工作的人不知道。因此，即使在 MCC，他们对涉及有效载荷实际操作的了解也是有限的，因此那是一个不同的环境。"

为了确保重要的信息得以传播，设立了国防部飞行协调员的职位并委任于理查德·O.科维。正如他所说："你知道，所有任务都是高度机密的，每个机组人员在被选中时就被告知他们参与的是特殊项目，是国防部项目。但需要有人知道所有这些任务将要做什么，并与国防部内相关机构建立联系，以确保所有这些任务可能涉及的机组人员问题得到了解决。因此，我们的工作人员非常少，主要集中在管理航天员办公室中这些任务的机密材料。"这些人需要接受国防部高于常规绝密级的安全审查。理查德·O.科维继续说道："他们协助管理所有活动……参加所有会议，包括在任务准备阶段可能由航天飞机运载的任何有效载荷的标准类型会议，但因为它们是保密的，会议将在特殊环境或不同地方举行。我们派人去参加所有这些活动，而不仅仅是执行特定任务的机组人员。"

由于只有属于军队的航天员或曾在部队服役的航天员才能被分配到国防部任务中，因此他们已经熟悉了保密任务的管理方式。STS-27 的任务专家杰里·L.罗斯回忆说："进行保密项目的问题是，对于与谁分享信息以及如何分享信息必须非常谨慎。你必须在安全设施内工作，这样你才不会在不经意间泄露电子信号或者声音。这极大地限制了你如何以及在哪里开展工作。当我们出差时，要执行基本的保密要求。不能告诉别人我们要去哪里，或者为什么去。"STS-28 任务专家戴维·C.利斯特马（David C. Leestma）补充道："有时候你必须掩饰你要去的地方。你可能提交一个去某个地方的 T-38 飞行计划，然后为了隐瞒你去过的地方、在做什么、有效载荷的赞助商、有效载荷的能力或有效载荷的目的等情况，你可能需要去其他地方。你要一直都谨言慎行，所有的事情都要在保密的模式下进行，比如说飞行数据文件是保密的，那么就不可以带回家。"

额外的保密要求增加了航天员在个人和私人层面的负担。正如洛伦·J.施赖弗回忆的那样："我无法回家告诉我的妻子我们正在做什么，甚至是关于任务的任何事情。对普通任务而言，世界上的每个人都清楚地知道发生了什么。NASA 的系统非常开放，他们可以告诉妻子、他们的家人及世界上其他人这些任务是什么。而我们却无法谈论任何事情，无法说出我们在做什么，有什么或者我们不去做什么，所有这些都有可能暗示发射日期、发射时间、轨迹、倾角、高度，以及我们在训练中所做的任何事情，这些都是保密的。我们无法谈论任何事情，空军甚至不想公开机组人员的名字。我们不能在发射时邀请客人参加发布会。这是你一生的梦想和抱负，你终于成为一名航天员，要登上航天飞机，但却不能邀请任何人来观看……这是一个有趣的过程，我们最终说服他们允许我们邀请客人观看——我想我们每个人都可以邀请 30 个人，然后也许还有其他一些可以在这条堤道上开车的有汽车通行证的客人。但是，让你和你妻子的哪些亲属成为 30 个人中的一员来观看发射呢？如果做出了错误的决定将影响职业前途！"

尽管如此，国防部的保密任务也有其自身的优势。正如托马斯・K. 马丁利充满激情地讲道："为了对发射时间进行保密，他们希望我们在白天和晚上都尽可能多地进行训练，从而使观察我们的人无法弄清楚这一点……他们确实说服了我，如果你看这些标志就可以弄清楚，这是秘密，只是因为我们说是……所以他们让我们白天晚上一样训练。我不介意，因为这意味着我飞得更多。时间没有被分隔而是加倍了！"

除了因为保密所有的事情都要关起门来做和说之外，训练基本保持不变。正如飞行控制教练刘易斯・J. 斯温（Lewis J. Swain）所回忆的那样："从飞行器和训练的角度来看，它是以同样的方式完成的。国防部使其复杂化的唯一一件事是环境。我作为控制指导员第一次参与国防部飞行任务——STS - 51C。当时我也是其他任务的控制教练。从所要做的事和训练航天员的角度来看，除了有效载荷不同外，其他几乎是相同的。飞行器和这类事物都是标准的。系统以同样的方式工作，飞行器以同样的方式运行等。作为控制教练，一次常规飞行任务与国防部飞行并没有多大区别。你仍然以同样的方式进行指导，系统基本上仍然以同样的方式运行。"

有效载荷的规划受保密状态的影响也很显著。拉里・D. 戴维斯（Larry D. Davis）在任务规划中扮演了很多角色，他回忆说："在两扇锁着的门后有一个特殊的设施，我们必须进入里面召开会议或进行计算机仿真。那里有我们的文件，我们不能从那里带走任何信息。它有自己的存储空间，必须在该设施内的办公区域开展工作。通话必须在应急电话 STU（安全电话单元）上进行。与用户面对面开会的机会比见到有效载荷的机会多得多，因为那不涉密。有很多文书工作，如果您想将结果发送给国防部用户，绝不是通过邮件将它寄给用户这么简单。这是一个漫长的过程，这就是有更多的面对面会议的原因。要么你去他们那里，要么他们来你这里。你使用秘密载体把数据带进来，他们会看好它并在会上拿到它。或者他们会把自己的数据带到会上，并让你在会上看，然后不带任何文件各自回家。这非常独特。"

任务控制中心本身不得不适应这种情况。在航天飞机计划期间曾在那里工作的詹姆斯・勃兰登堡（James Brandenburg）解释说："它确实影响了该部门，因为我们必须进行数据修改以保护其安全。控制中心的三楼为国防部飞行专用，我们必须让保密信息与常规非保密信息隔离。例如，我们在地板下有电缆，保密专用的与非保密专用的是分开的。这涉及部门的全体人员，每一件事，甚至关键设备上的语音回路，承载保密信息的设备要与承载非保密信息的设备隔离。因此，我们的设施为国防部的飞行任务做准备会受到很大的影响。"

然而，NASA 必须面对的最困难的障碍不是保密和安全问题，而是实现美国空军的期望和要求。美国空军已经被迫使用航天飞机了，他们总是让 NASA 能感觉到他们的反感。

正如格林·S. 伦尼回忆的那样："空军的人带着以下要求来找我们：一，他们最初不想来这里；二，他们想表明，民用设施无法满足他们的安全需求。所以他们只是习惯于用一个、一个又一个的要求将我们拖入我们能否在这之外的地方执行任务的循环中。他们会对我们提要求，而我们则试图找出解决途径并告诉他们成本。这让他们疯狂，他们想花 1 美元达到 10 美元的效果。虽然有些夸大其辞，但就是这个意思。"

NASA 的安保费用是一个永远存在的问题，在美国空军对 NASA 表现得十分无礼时达到顶峰。格林·S. 伦尼回忆起他与当时负责美国空军航天司令部的迪克·亨利（Dick Henry）将军的一段谈话。他曾告诉迪克·亨利，实现所有安全要求的费用可达到 3 500 万美元。"事实证明，这是一个令人吃惊的消息，因为与我们接触过的上校告诉他，我们说要花费 1 亿美元，即 3 500 万美元的 3 倍。"相较于 NASA 诚实的成本估计，这名美国空军上校把这个数字夸大了。正如格林·S. 伦尼所说的那样："空军想要为这个项目和其他项目做很多事情，IUS 和其他一些事物都包括在内，"他补充道："甚至包括厨房水槽、浴缸和楼上的坐便器"，从而使约翰逊航天中心的安全预算增加了。在与将军会面后，格林·S. 伦尼苦笑着说道，上校再也没有露过面，实际上他已从空军辞职。

对格林·S. 伦尼和 NASA 来说，这是危险道路上的一次小小胜利："我不知道这一切的动机是什么，但是军事联络员倾向于将我们正在做的事情描绘成最坏的情况，并且人们在不满整合过程或任何其他方面时，比如安全，倾向于给华盛顿总部打电话。"然而，具有讽刺意味的是，NASA 需要美国空军的有效载荷来产生交通量，以保证航天飞机的飞行，而美国空军需要 NASA 运送其有效载荷。正如格林·S. 伦尼所说，国防部很难处理这种关系。"他们对指挥和控制以及指挥链非常敏感。我的意思是，我们在 NASA 通过执行程序来处理它，但他们在控制他们认为应由他们指挥的事情方面更为敏感。我认为他们只是难以接受对他们如此重要的事情由另一个政府机构 NASA 来执行，而没有真正掌握控制权。国防部不控制 NASA，失去控制或减弱控制与其理念是格格不入的。这与他们被教导思考和做事的方式背道而驰。这给他们带来了很大的困难，他们的表现方式就是不满，这种一成不变的定位让我们看起来很糟。但这来源于他们对控制权的缺失……缺乏控制，缺乏可能比失去还要糟，这并不是失去控制，只是他们没有了曾经拥有过的控制权，因此这让他们感到不安。"

尽管 NASA 和美国空军之间发生了冲突，但随着 STS‐53 完成，航天飞机光荣地退出了军事服务。我们可以信任托马斯·K. 马丁利，他说："这些项目的内容是惊人的。它们值得保密，但是当这些项目被写成书，或者最终有人出来讲述时，每个人都会感到自豪……这些任务真的值得去做。你要知道有机会参加一些伟大的活动真的很有意思。"

在该项目的其余部分中，航天飞机还不时地进行了一些保密的二类试验，但军用航天飞机时代已经过去了。NASA 和国防部最终分道扬镳，毫无遗憾地结束了这段麻烦的关系。

第 10 章　一些从未有人做过的事

10.1　绳系卫星的起源

1961 年 5 月 25 日，在美国国会联席会议上，时任美国总统的约翰·F.肯尼迪进行了一次著名的"登月演讲"。在演讲中，这位年轻的总统向强盛的美国航天工业提出了挑战，他要求在 10 年内实现人类登上月球并安全返回的目标。

事实上 NASA 当时只有 15 min 的太空飞行经验，这足以说明任务的冒险性。实际上在 5 月 5 日的水星任务中，艾伦·B. 谢泼德（Alan B. Shepard）搭乘的自由 7 号飞船只在抛物线弹道顶峰时经历了约 5 min 的失重状态。其余时间里，美国第一位航天员都是处于上升段和再入段的高加速度中。相对于 4 月 12 日尤里·A. 加加林（Yuri A. Gagarin）代表苏联在完全的地球轨道上的飞行，谢泼德的飞行并没有给人留下太深的印象，但 NASA 正在寻求能够与苏联相媲美的成就。

虽然当时太空被称为"高边疆"，但月球比 NASA 设想的目标还要更遥远。为了获得在太空工作和利用天体力学到达月球并安全返回的重要经验，NASA 启动了双子星计划。除了前两次试飞任务，剩下的 10 次任务都是由两名航天员组成乘组完成的，目的是测试他们在太空生存两周的能力，因为两周是一次完整的登月任务所需的时间；交会和对接过程对于登月任务而言至关重要；太空行走技术是对接失败情况下的一种救援方法。这是一个快节奏的计划，因为许多技术必须被快速突破，以确保满足 10 年内登月的要求。

尽管时间紧张，NASA 仍然认真思考了人类太空探索的未来。它设想通过行星际宇宙飞船及大型科研前哨站，在整个太阳系进行开采，制造多种商品销往地球，实现人类在太阳系的扩张。虽然失重可能有利于分析并利用那些被地球重力掩盖的物理和化学现象，但人们认识到，从长远来看，失重将使人类的生理机能变得迟钝。这就是为什么在早期空间站的概念设想中，至少有一部分结构会旋转，通过产生的向心力模拟重力来减轻航天员的反应。

一种简单的旋转式空间站设计方法就是用长电缆或绳索将两个部分连接起来，然后绕它们共同的质心旋转。使用绳索的优点是不需要建造大型桁架结构，从而减轻质量并简化了总体设计。当认识到这样的构型需要在真实太空环境中得到进一步验证时，NASA 在双子星 11 号任务中安排了一次试验。

双子星 11 号于 1966 年 9 月 12 日发射，入轨第一圈结束前，任务指令长查尔斯·皮特·康拉德和飞行员理查德·F. 戈登（Richard F. Gordon）在第一圈轨道完成了与阿金纳火箭上面级的交会对接。第二天，理查德·F. 戈登用 118 ft 长的涤纶绳将两个飞行器连接在一起。双子星飞船解锁对接机构并从阿纳金上面级处撤回，然后释放绳索并拉紧，以便执行后续的两项任务。

第一项任务要采用所谓的重力梯度姿态，此时不同的重力和离心力作用在两个飞行器上，但两个飞行器被连接在一起，使它们沿垂直方向排成一列同时绕地球旋转。这是一种简便易行的姿态，因为它很稳定且抗扰动，不需要或只需要很少的推进剂来保持这种姿态。这种姿态被认为是静态保持状态，因为它大大减少了主动机动的推进剂消耗。第二项任务是，一旦实现了稳定的重力梯度，双子星号推进器点火，使二体系统围绕质心进行旋转，从而建立一个小而明显的人造重力。

第一项任务被证明是一个挑战，因为绳索的拉力阻碍了稳定的重力梯度姿态的建立。为了使系统旋转起来，他们花费了很多精力，这比预期的要难得多。但花费了一番精力后，查尔斯·皮特·康拉德实现了 55（°）/min 的稳定旋转速度。当未固定的物体慢慢地向座舱后方直线移动时，航天员们探测到了这种人造重力。

出于对绳索行为的好奇，NASA 决定在下一次双子星任务中再一次进行重力梯度任务，这将是该计划的最后一个任务。太空行走人员再一次把绳索拴在阿纳金火箭上面级上，和上次一样，拉紧绳索是很困难的。经过不懈的努力，乘员詹姆斯·A. 洛弗尔（James A. Lovell）和埃德温·E. 奥尔德林（Edwin E. Aldrin）实现了预期的姿态，尽管受到了扰动，还是确认了绳系系统的特性。双子星 11 号和 12 号验证了绳系系统可以在太空中发挥作用，但也强调了需要对它们的行为有更深入的了解。

在阿波罗计划期间没有进行绳系卫星试验，计划的重点在于约翰·F. 肯尼迪的登月挑战。这一挑战于 1969 年 7 月 20 日完成了，当时阿波罗 11 号着陆在宁静海上，任务指令长尼尔·A. 阿姆斯特朗（Neil A. Armstrong）成为第一个在布满尘土的月球表面留下足迹的人。随后又进行了几次登月，但一系列的预算削减以及公众兴趣的迅速衰减，影响了该计划的命运，也影响了空间站和行星际任务的梦想。然而，绳系系统的研究仍以较低的预算进行着。例如，这类系统有利于拯救搁浅在轨道上的航天员。还有一个计划是将天空实验室的主体——在轨工作室与阿波罗望远镜连接在一起，这是一套安装在由阿波罗登月舱的下降级衍生出来的框架上用于观察太阳的望远镜，但是这个想法不久就被物理连接这两个元素的概念所取代了。

绳系卫星被降格到了人类太空探索计划的次要地位，直到 20 世纪 70 年代中期，人们对绳系卫星的兴趣恢复到了顶点，并由此牵引了两次有史以来最辉煌和复杂的航天飞机任务的计划和实施。

这一切都始于 1974 年 9 月，当时史密森天体物理天文台学会发表了一篇题为《航天飞机机载天钩：一种用于低轨研究的新工具》的文章，这篇文章是由意大利帕多瓦大学应用力学教授朱塞佩·科隆博（Giuseppe Colombo，昵称贝皮）撰写的。由于他是一位出色的数学家、物理学家和工程师，NASA 在 1961 年聘用了他。随着航天飞机计划成型，朱塞佩·科隆博有机会开发了一套仪器，这些仪器由轨道器通过绳索释放至 100 km 的高空并被拖曳穿过大气层上层，这个高度是卫星无法到达的。

在海拔 30 km 以上，分子扩散取代了风和气流成为了混合气体的手段。由于氧气、氢气和氮气等气体的存在，在太阳光的作用下发生着复杂而多样的光化学反应，不同成分的物质由于分子或原子质量的不同而相互分离。大型高空气球通常被用来研究平流层，但它们能达到的高度很少能超过 50 km。卫星也被广泛应用于大气研究，但它们的轨道不能低于 180 km，因为微弱的大气阻力也足以在几天内导致卫星重返大气层。在这个高度以下，虽然可以通过探空火箭来探测大气特性和行为，但是观测窗口在地理上受限，并且观测时间往往只有几分钟。

但是从处于安全高度运行的航天飞机有效载荷舱中释放的绳索包裹可以深入大气层，所携带的仪器可以直接观察这个难以进入的区域。航天飞机的惯性将能够克服小型绳系卫星的阻力，使其能够在广阔的地理区域观测数天。这将有助于对大气化学成分、小尺度和大尺度运动之间的耦合机制、低空大气的全球风场、电流循环模式、能量通量等问题进行深入了解。

虽然天钩的概念不是航天飞机的传统用途，但它对科学界的确极具吸引力。朱塞佩·科隆博的声望加强了提案的合理性，NASA 决定是时候恢复绳系卫星系统的空间应用研究了。在随后的几年里，NASA 发表了一些论文，并举办了一些研讨会；前者是为了应用数学和物理学来解释这种系统的复杂动力学特性，而后者是为了探索一系列创新性应用。

例如，关于大气组成的研究也可以用来绘制更高分辨率的地球磁场和重力场的分布图，以补充卫星测量的结果。或者用装有仪器的空气动力学模型代替子卫星，工程师们将获得最大型的开放式、连续性的风洞，用于高超声速空气动力学、航天器再入优化、空气制动技术和航天器及高超声速飞行器材料特性的长期研究。此外，能够传导电流的绳索可以模拟和激发电离层中等离子体的电动力现象，这样的实验规模是不可能在地面实验室实现的。因为等离子体遍布宇宙，所以导电绳索可以用来模拟太阳系内外发生的一些重要过程，例如，等离子体与天体表层、大气和固有磁场之间的相互作用，这些都会产生冲击波、鞘层和电流。

朱塞佩·科隆博和他在意大利的合作者在意大利国家研究科学中心和位于都灵的意大利航空公司空间系统组开展了密集游说活动，这些游说促使时任美国总统罗纳德·W. 里根和时任意大利总统阿明托雷·范范尼（Amintore Fanfani）在 1983 年达成了一项关于开发、建造和实施一项绳系系统的双边协议，并于 1987 年用航天飞机执行绳系系统任务。1986 年 1 月挑战者号的失利使这个项目被搁置，但最终在 1992 年 7 月 31 日，亚特兰蒂斯号在其有效载荷舱内搭载了绳系系统发射升空。7 名机组乘员中包括佛朗哥·马莱尔巴（Franco Malerba）博士，他是第一个在太空飞行的意大利人，作为载荷专家，他要监视所有关于这项创新性试验的操作。遗憾的是，朱塞佩·科隆博没有活着看到这一天。1984 年 2 月 20 日，他死于癌症，享年 63 岁。

10.2　卫星绳系系统 101

按照 NASA 的惯例，绳系系统搭载于航天飞机的首飞被称为绳系卫星系统 1 号，或者简称为 TSS-1。它被装载在亚特兰蒂斯号的有效载荷舱前半部，由安装在 U 形空间实验室型托盘和 MPESS 平台之间的 3 个基本元件组成：绳系部署系统、卫星本体和科学试验补充品，如图 10-1 所示。

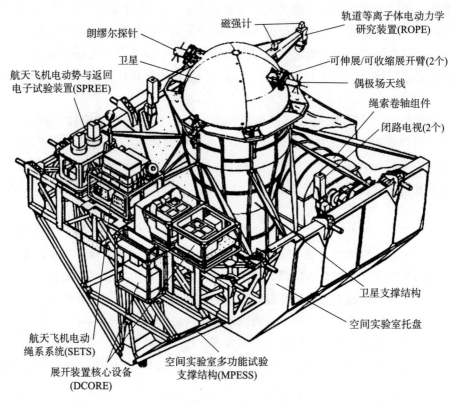

图 10-1　TSS 的主要硬件组件，以及在 MPESS 平台上的科学试验装置

展开系统是由马丁·玛丽埃塔公司为 NASA 的马歇尔航天中心研制的，它是 TSS-1 的主体和灵魂，因为它包含了用于检测、展开和运行控制绳系卫星的结构机构、电力能源分配、通信、数据处理、热控子系统。绳索被缠绕在直径 4.44 in、长 3.7 in 的轴上，轴的两端是直径 3.17 ft 的法兰。尽管 TSS-1 使用的绳索长度只有 13.8 mile，但卷筒的尺寸可以缠绕 68.4 mile 长、最大直径为 1 in 的电缆。卷筒电动机和制动组件连接于轴端的右舷法兰。电动机在展开绳系卫星期间将产生制动力矩，在回收操作期间用于牵引卫星。[①]当乘组人员发送指令、转速超过预设限制、制动组件或速率传感器掉电时，制动器将停止

---

① 这类似于使电梯升降的电动机。在第一种情况下，电动机起制动作用，控制下降速率并抵消重力的向下拉力。当上升时，电动机产生的拉力克服重力向上拉动电梯。

展开活动。制动组件的锁紧机构可以在发射入轨期间防止卷轴转动，并且在开始展开操作之前使绳索保持预设的张力。若没有这种设置，绳索可能会松弛，并缠绕住展开机构，这不但会阻碍展开过程，而且会对绳索和展开设备造成损害。在完成卫星回收操作时，不需要使绳索保持预设张力，因此不必使用锁紧装置。

卷筒组件轴的一端缠绕着绳索，另一端连接在卫星上，卫星位于 40 ft 长的展开臂顶部的圆筒里，展开臂被收拢在卫星支撑结构（SSS，见图 10 - 2）内的展开臂圆筒内。卫星支撑结构是一种圆柱形结构，其顶端开口变大，以容纳卫星圆筒，6 个约束闩锁和 3 个剪切楔在非展开期间将卫星固定在适当位置。[①]

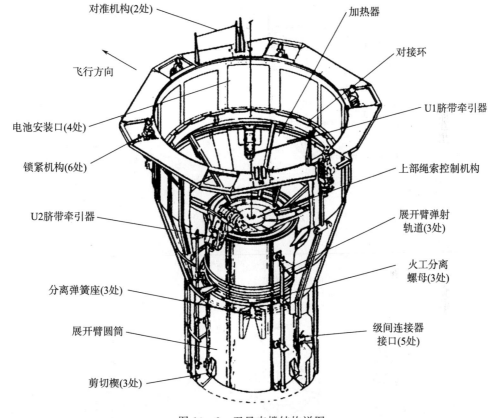

图 10 - 2　卫星支撑结构详图

展开臂（见图 10 - 3 和图 10 - 4）是一个截面为正方形的开放式结构，它由 12 个单独的立方体隔段组成。精巧的机构设计使展开臂可以被伸展和收缩（见图 10 - 5）。每个隔段都是桁架型结构，包含 4 根可折叠式的垂直纵梁，上、下端面的刚性框架由 4 根水平板条组成。在一个隔段的两个基底之间，有 4 根柔性板条。当隔段展开时，柔性板条将隔段撑开，斜拉电缆的张力将负载从柔性板条传递到刚性基底，从而使隔段完全展开成为立方

---

① 这些闩锁和剪切楔能够防止卫星沿支撑结构的径向或垂直方向移动。它们的设计可以允许卫星在轨发生径向尺寸变化，防止被约束的卫星受到无法承受的高应力。

体。在展开臂伸长期间，刚性水平端面框架的每个角上的滚轮将与展开臂套筒内的大型旋转螺母的内螺纹啮合。当螺母旋转时，它将处于展开状态下隔段的刚性框架向上推动。与此同时，柔性板条框架每个角上的滑块处于圆筒展开臂的 S 形轨道内，它们既可以受力向内弯曲，也可以伸展向上推动纵梁。当上层隔段的底端框架升起螺母时，下层隔段的顶端框架与螺母啮合。展开过程不断重复，直到展开臂完全伸展。收缩过程与伸展过程相反，在旋转螺母底部有弹簧应力结构，这个结构在折叠过程的最后与螺母啮合，以确保每个收拢的隔段都处于压紧状态。

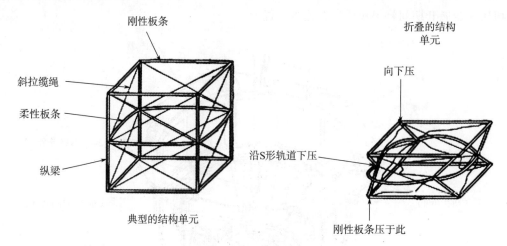

图 10 - 3　展开臂的结构单元

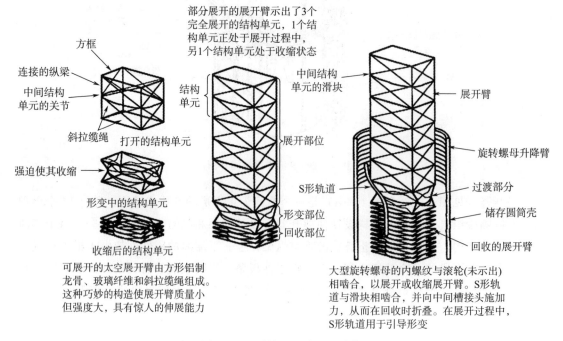

图 10 - 4　圆筒展开臂展开顺序

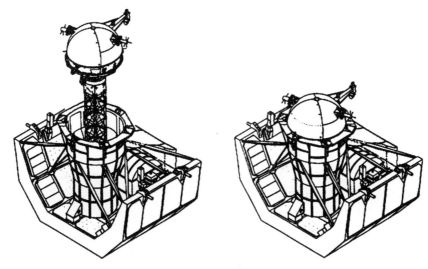

图 10-5　展开臂伸展（左）和收缩（右）的构型

当绳索从卷筒轴上松开时，将被下部绳索控制机构（LTCM，见图 10-6 和图 10-7）所引导，LTCM 上的张力计可以测量绳索张力，绳索测量轮持续测量展开和回收绳索的长度以及绳索通过装置的速度。绳索通过展开臂进入上部绳索控制机构（UTCM，见图 10-6 和图 10-8），UTCM 位于卫星下方的展开臂套筒内。它的功能是引导绳索从展开臂连接到卫星，并提供恒定张力以进行卷绕操作。两个控制机构都包括刀具组件，以便在必要的情况下切断绳索。同样，展开臂和圆筒都有一个使自身弹出有效载荷舱的机构，不管卫星是否处于对接状态。

复杂的伸展和收缩操作是在数据采集和控制组件（DACA）的监测和控制下进行的，它就像是部署装置的大脑。闭环控制原则将预先选定的任务剖面与绳索张力、绳索长度、绳索伸展和收缩速率以及电动机电压等参数进行比较，实现控制功能。LTCM 中的光学轴编码器输出的数字量被 DACA 转换成实际绳索长度和绳索速度等参数。通过向卷轴电机发送指令来校正实际值与预期值之间的偏差。

TSS 中最明显的部分是直径为 5 ft 的白色球形卫星，这颗卫星是在意大利航天局的管理和监督下，由都灵的意大利航空公司制造的。它由赤道平面分割的两个半球组成，其表面被涂有导电涂层的铝合金板覆盖。

上半球（与绳索连接点相对）被称为载荷舱。它是一个可以方便进入的空间，里面可以安装一些任务指定的试验组件。它还包含两根 7.67 ft 长的可伸展杆和一根 39 in 长的固定杆，以安装额外的试验和传感器组件。与固定杆相对的是一根较短的杆，它用于安装与航天飞机通信的 S 波段天线。

下半球被称为服务舱，舱中配备了配电、数据处理、遥测、导航和姿态控制的支持系统。它还包括一个辅助推进舱，该舱由气态氮气加压贮箱和管路（阀门、压力调节器、过滤器、加热器等）组成，其功能是为 3 组姿态控制推进器提供冷气补给，以及在轨道器近距离部署和回收卫星时保持适当的绳索张力。

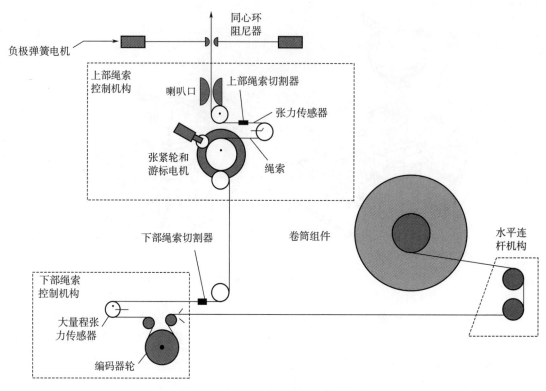

图 10 - 6　两个绳索控制机构的示意图

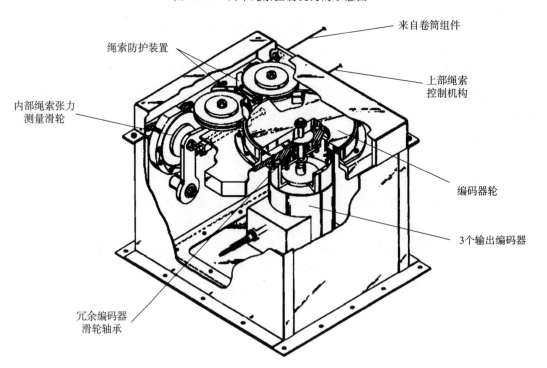

图 10 - 7　下部绳索控制机构的内部详细视图

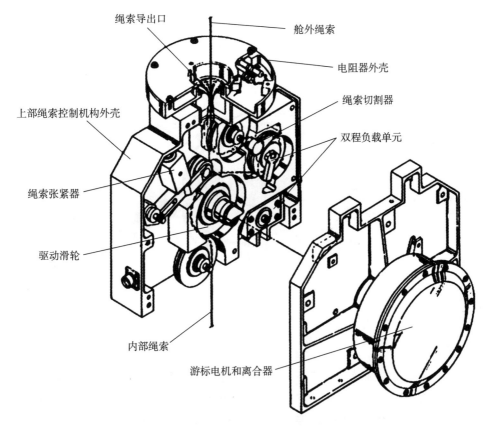

图 10 - 8　上部绳索控制机构的内部详细视图

两个半球内的硬件设备被固定在卫星外壳内壁和内部隔板的不同连接点上，这样的设计使整星装配和测试方便进行。整星主要采用被动式热控，除了服务舱底部用于将卫星热量排放入太空的散热器部分，两舱内外壁的其余部分由多层隔热（MLI）层覆盖。硬件设备内部或周围关键点上安装的电加热器提供了主动热控手段。

一对脐带机构在卫星被部署前为供电传输（脐带 U1）和数据指令遥测（脐带 U2）提供通路。与展开臂分离之后，在服务舱内的一组 4 个银锌电池将为卫星的电气系统供电，安装在固定杆尖端的 S 波段天线建立了卫星和轨道器之间的通信通道。

10.3　TSS - 1 试验及科学目标

朱塞佩·科隆博设想他的天钩吊着绳系卫星，探测低层大气中最难以接近的部分，而 TSS - 1（见图 10 - 9 和图 10 - 10）任务中的子卫星却是远离地球，在电离层内开展大规模等离子体电动力学的研究，重现太阳系中发生的相关现象。

等离子体被称为物质的第四态，当气体原子被剧烈加热时，环绕在原子核周围的电子

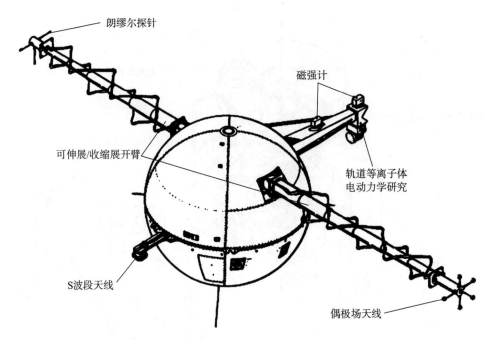

图 10 - 9　TSS 卫星概览

因获得了足够的能量而逃逸，留下了正离子。[1] 这个过程称为电离作用。换句话说，在等离子体中，大多数原子处于电离状态，被带有负电荷的电子云包围，这些电子的动能使它们能够自由漂移。值得注意的是，等离子体可能包括一部分中性原子，它们保留了全部的电子。尽管存在正电荷（电离原子）和负电荷（电子），宏观上，等离子体是电中性的。这并不意味着等离子体容易被人忽略。相反，在等离子体环境中，电荷会受到外部电场和磁场的作用，而这些反过来又产生了等离子体的电流和磁场。复杂而难以模拟的相互作用使等离子体成为一种神秘而复杂的物质状态，自 20 世纪 20 年代以来，这种物质的大量应用已被发现。霓虹灯和等离子电视屏就是消费者层面最受欢迎的案例。

　　虽然等离子体在地球上不会自然出现，但它是宇宙中物质的主要状态。事实上，基于对宇宙等离子体的观测，我们可以观察到很多不可见的结构，并可以研究从恒星形成到星系演化的过程。

　　在地球上，太阳紫外线辐射是大气气体电离作用的主因，这意味着等离子体主要分布在海拔 53 mile 到几万英里的高度，这个区域被称为电离层，它主要由电子和原子氧组成。电离层的存在使地表的无线电通信成为了可能，因为无线电波的能量会在电离层发生反弹并被反射回遥远的地面。

　　电离层一直延续深入到磁层顶，这个区域是地球磁场与星际空间磁场的交界区域。在地球的阴影区，这个区域受到太阳辐射产生扭曲，形成类似彗星尾部的形状，延伸至月球

---

　　[1]　如果一个中性原子失去一个电子，它就变成一个带正电荷的离子。如果离子仍具有电子并被进一步加热，则它可以继续释放电子，进一步被电离，直到极端情况下，它完全被电离。如果最简单的氢原子被电离，那么损失了唯一的电子后留下的就是质子。

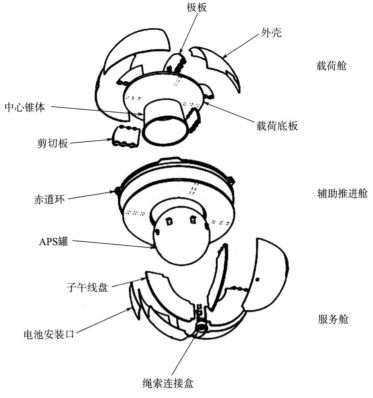

图 10 - 10　TSS 卫星分解视图

的轨道。电离层和磁层顶之间的重叠区域被称为磁气圈（尽管它不是球形）。等离子体内外电场与磁场的相互作用形成了一种磁流体动力（MHD）发生器，它是由电离层与泄漏到磁气圈的一部分太阳风相互作用产生的强大电流所驱动的。[①] 这些电磁场反过来又导致了等离子体的循环（相当于一个电流系统），这就是大自然用令人震撼的极光描绘极地夜空的方式。然而，当由这些电磁场产生的电流超过等离子体携带电荷的能力时，就形成了双层等离子体，这是一种含有过量电荷的两层结构，一层带正电荷，另一层带负电荷，两个层非常接近。两层之间产生的电场可以将一些电子和离子加速至更高的能量。

使 TSS - 1 的绳索具有导电能力的主要目的之一是想在足够大的尺度上再现 MHD 现象，以研究电离层内发生的电动力学相互作用。测量将在很宽泛的条件下进行，这取决于电离层的密度，它不仅随轨道昼夜变化，而且与地球磁场相关。在一个轨道周期内，绳索上的电流和电压预计至少会改变两倍。等离子体双层结构薄而脆弱，很难直接被观察到。然而，由于存在跟踪它们粒子分布的可能，人们希望子卫星能够穿过并干扰等离子体双层结构来探测它们的存在，卫星上积累的电子所发生的变化就是两层结构在卫星附近坍塌的证明。

---

① 太阳风主要被这颗行星的磁场偏转到远离地球的地方。然而在两极地区，这个磁场允许一些等离子体与低层大气相互作用。

为了理解电流是如何流过绳索的，我们只需要把它想象成一个由磁铁和导线组成的直流发电机。当导线和磁场发生相对运动时，电动势被施加到导线内的电荷上，从而引起电流流动。[①] 星载绳系系统就是基于这个原理工作的。绳索是穿过静止的地球磁场的导线，从而产生了从正极到负极的电动势并以此驱动电流。在导电涂层的作用下，子卫星将成为正极，收集周围等离子体中的自由电子，并通过绳索将它们传导至航天飞机有效载荷舱中的负极。因为电路必须闭合才能产生电流，所以用两个电子炮将收集的电子发射回太空。这些电子预计将沿着地球磁场线返回卫星并形成完整的回路。显然，对于空间站这样的轨道航天器来说，这是一种高效发电的好方法。然而，正如我们所看到的，存在不利因素。

预计在子卫星附近会形成鞘层和尾流，因为它扰乱了周围等离子体的密度、温度和电性能。等离子体鞘层类似于包围在子卫星周围的电场云，等离子体尾流的形状与船在水中的尾迹相同。这两种现象预计都会改变子卫星表面及附近的电场、电子和离子分布，也会影响通过绳索的电流或电压。根据预测，鞘层和尾流会相互影响和相互作用，产生进一步的变化，并且通过主动改变子卫星的电荷来触发新的现象。

TSS－1 要研究的另一个现象是电离层内等离子体波的产生和传播。一般来说，波是介质中一种经过调和的扰动。虽然波传播的介质不一定会整体沿波的方向移动，但是波对介质成分产生扰动的方向取决于介质本身和波的原点。在大气层中，等离子体波是在电离层与大气其他区域之间产生能量和粒子交换的原因之一。

由于等离子体的电特性，它很容易与电磁波发生相互作用，如无线电波。因此，将已知的无线电能量注入空间等离子体，并测量其传播受到的影响，从而得到等离子体组成、分布和运动的信息。一旦 TSS－1 被完全展开，绳索将成为有史以来在轨最长的天线。通过对绳索中的电流进行整流，低频和超低频无线电波将被发送到电离层中，这些无线电波可以被地面站接收，从而开展等离子体物理学的进一步研究。

几个相关的试验在子卫星和亚特兰蒂斯号有效载荷舱内的工具箱之间展开，以实现TSS－1 所设定的科学目标。TSS－1 载荷舱内的 MPESS 平台上安装了展开核心设备（DCORE）、航天飞机电动绳系系统（SETS）和航天飞机电动势与返回电子试验装备（SPREE）。DCORE 包含两个上述的电子炮，通过接收电子炮发射的电子控制流过绳索的电流，来改变卫星的电动势。SETS 决定了绳索收集电子的能力，以及它如何受轨道器产生的等离子体内射出电子的影响。SPREE 是通过观测完整的离子和电子能量分布，来研究电流是如何产生的，以及它是如何受到返回轨道器电流影响的。SETS 和 SPREE 也能表征航天飞机引发的环境效应。事实上，航天飞机经常被比作一个彗星核，它被水汽和其他离子包围，这些水汽和离子主要是由排水、推进器点火以及硬件设备在真空放气产生的。它们不可避免地会与周围等离子体相互作用。分析航天飞机在部署子卫星之前、期间和之后的影响将使研究人员能够调整所收集的数据，并将自然变化与航天飞机引起的扰动区分开来。

---

① 导线和磁场发生相对运动。无论导线是在静态磁场中（通常是通过旋转）移动还是磁场围绕固定导线移动（通常也是旋转），结果是相同的，都会有电流的产生。

　　TSS-1 的载荷舱要做 4 项研究：卫星核心设备（SCORE）将与载荷舱的 DCORE 共同控制流经子卫星和航天飞机之间绳索的电流；轨道等离子体电动力学研究（ROPE）是为了研究大型导体在超声速下穿越无碰撞空间等离子体时所发生的相互作用，它还检测了电离层中带电粒子和卫星周围电离中性粒子的行为；电动力学绳索效应研究（RTEE）将研究发生在子卫星周围带电区域的物理过程；最后，TSS 任务的磁场试验（TEMAG）是为了研究绳索电流的磁信号，以及子卫星周围磁力线与鞘套结构的闭合曲线。此外，还有两项理论科学研究不依赖太空中的硬件设备，而是通过地面探测绳索发出的无线电波进一步研究电离层的等离子体。

　　除了要表征天基绳系系统的电动力学特性，TSS-1 还对多种等离子体现象进行了模拟和试验，这些现象通常发生在天体周围，并且不可能在地面实验室中复现，因为地面实验室的规模限制了这种大尺度过程的建模。例如，它采用了缩比模式模拟木星与其卫星木卫一（Io）之间的相互作用。与月球不同，木卫一在木星的磁层里绕着木星运行，它以高超声速穿过磁场和等离子体环境。木卫的表面被火山覆盖，火山喷发出大量的气体，形成了稀薄的离子化的大气。当木卫一扫过木星磁场时，在其导电的大气中产生了约 400 000 V 的电动势，这也导致了约 500 万 A 的大电流在这两个星体之间流动，并深入至较低的木星电离层。由于产生该电流的过程与子卫星上的试验过程相同，因此通过该试验能够对行星尺度的动力学过程进行深入研究。

10.4　太空绳系系统动力学基础

　　在轨飞行的航天飞机有效载荷舱中释放了一颗绳系子卫星，乍一看就像一个奔跑的孩子在风中放风筝，但是这两个系统其实差别很大。风筝能飞是因为气流作用在其表面产生了升力和阻力，而绳系子卫星则完全依赖于重力梯度姿态。让我们想象一下，两个航天器在不同高度环绕地球飞行。高度较低的航天器受到的重力比离心力更大，[①] 高度较高的情况则相反。如果将这两个航天器用柔性绳索或刚性结构连接在一起，那么它们将被迫像一个航天器一样共同飞行，而两端航天器受到的重力和离心力的合力将指向地球质心。事实上，高度较低的航天器由于受到的重力变大而更靠近地球，而高度较高的航天器将被更大的离心力拉离地球。两个航天器采用了重力梯度（见图 10-11）姿态。[②] 同时，这两种力形成了张力，张力使两个航天器的质心处于两者的连线上。另一种想象张力的方法是，如果没有连接结构或绳索，每个航天器将在自己的轨道上飞行，轨道较低的比轨道较高的行进更快。如果将它们连接在一起，两者将以二体系统质心的轨道速度移动。[③] 其结果是，

---

　　① 引力遵循平方反比规律，所以轨道越低，航天器受到的引力越大，但因为离心力遵循线性正比规律，轨道离地球中心越远，作用在航天器上的离心力越大。

　　② 请注意，尽管被称为重力梯度，但是离心力在合力中同样起着至关重要的作用。事实上，作用在系统上合力的 1/3 是由离心力引起的。

　　③ 这与重力和离心力的平衡点相同。然而，必须注意的是，对于非常长的绳索（如比 TSS 任务使用的绳索长得多），由于绳索的质量很大，这不再成立。

较低的航天器低于二体质心，被迫以比它自由飞行更慢的速度移动。对于较高的航天器来说，情况是相反的。实际上，在二体系统的质心之上部分被迫移动的速度比它自由飞行时更快。与悬挂在重力条件下的物体不同，它们的质量是被缆绳上的张力抵消的，一条天基绳索在连接两个飞行器时，会因为两个飞行器的自由轨道和实际轨道之间有差异而产生张力。

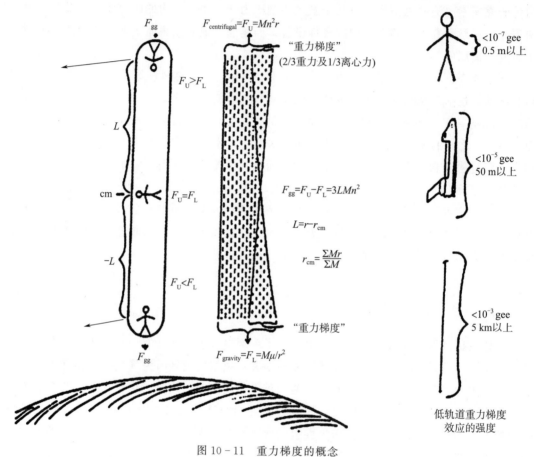

图 10 - 11　重力梯度的概念

L— 位置；M— 质量；n— 角速度；r— 轨道半径；μ— 引力系数

　　重力梯度也有助于绳索的展开。一旦子卫星得到了远离轨道器[①]的初始脉冲，在一定距离内，重力和离心力的合力可以克服展开装置和绳索卷筒的摩擦力，而不需要推进器。[②]绳锁上的张力对轨道器产生了悬置角（见图 10 - 12）。当绳索的张力施加到端点时，除非轨道器的质心和绳索连接点的连线与张力矢量重合，否则张力将产生使轨道器旋转的力矩，直到连接点和轨道器质心的连线和张力矢量共线。由于绳索展开臂的理论连接点在轨

　　[①]　为此，卫星配备了 4 个同轴推力器。

　　[②]　值得注意的是，重力是一种向下的拉力，它负责把卫星向外拉。这怎么可能呢？请记住，因为轨道器和卫星的位置发生了改变，系统的质心保持在同一个轨道上。当轨道器被向下牵引时，为了使系统的质心保持在同一轨道上，卫星必须向上移动。因此，在离心力的帮助下，卫星被作用在轨道器上的重力向上拉。

道器质心的前方，轨道器将保持稳定的头部向前、正俯仰姿态。当地地垂线与轨道器体轴 X 方向之间的角度称为悬置角。为了使长度为 12.4 mile 的绳索保持稳定，轨道器预计保持 +25° 的俯仰姿态。采用不同的连接点和绳索长度时，这个角度也会不同。

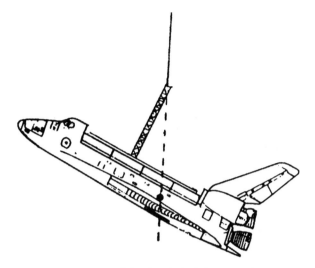

图 10 – 12　使轨道器姿态稳定的悬置角

　　如果系统在轨道平面内与当地地垂线方向发生偏移（平面内的位移），绳索张力将降低前方航天器的速度，并增加后方航天器的速度。然而，由于重力和离心力主要分别在上方、下方航天器上产生效果，因此系统迅速恢复到原来的径向姿态（见图 10 – 13）。如果系统在垂直于轨道的平面内发生位移（平面外位移），系统则是不稳定的。[①] 在这里，系统将围绕其质心振荡，直到它恢复垂直方向。在低振幅下，这种频率固定的摆动运动（或者称为天平动），与绳索长度无关。最终的结果是，绳索并不比末端航天器摆动得快（如儿童秋千的链条），它们像刚体一样一起移动（像哑铃）。因此，天平动被形象地定义为系统绕其质心的刚性摆动运动。它在绳系卫星的部署和回收中发挥着重要作用。

　　现在让我们想象一下 TSS 和航天飞机在同一轨道上运行。系统的质心在轨道器内，因此可以准确地用这点来描述系统的轨迹。如果现在开始向上方部署子卫星，轨道器将向下移动，因为系统的质心必须保持在部署开始之前的位置。[②] 由于现在轨道器处于较低的轨道，它行进得更快，并开始牵引子卫星。与此相反，子卫星现在处于更高的轨道，因此有减速趋势。绳索上的张力产生的重力梯度将使系统通过天平动对准当地地垂线（见图 10 – 14）。

─────────────

　　① 重力梯度不仅限于绳系系统。事实上，如果大型航天器内部组件质量分布不均匀，就会产生与两个质量体处于稍有差异的轨道上一样的效果，那么它就会受到重力梯度的作用。如果需要保持非对地定向姿态，航天器姿态控制系统就必须与重力梯度抗衡。

　　② 在部署卫星之前，我们没有对航天飞机卫星系统施加任何外力，因此质心的轨道高度不会发生改变。部署卫星引起了质量分布的变化，但不改变质心位置。这就是航天飞机必须向下移动的原因。显然，由于航天飞机和卫星的质量不在同一量级，因此前者的位移远小于后者。事实上，在完全展开 12.4 mile 的绳索之后，航天飞机预计比系统重心位置降低 328 ft。

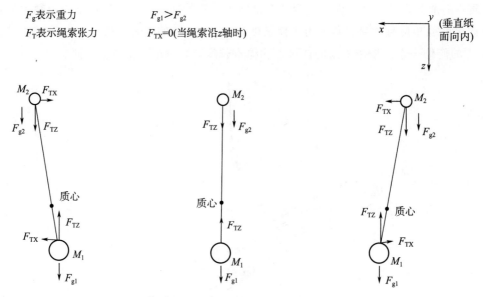

图 10 - 13   通过绳索的重力梯度稳定

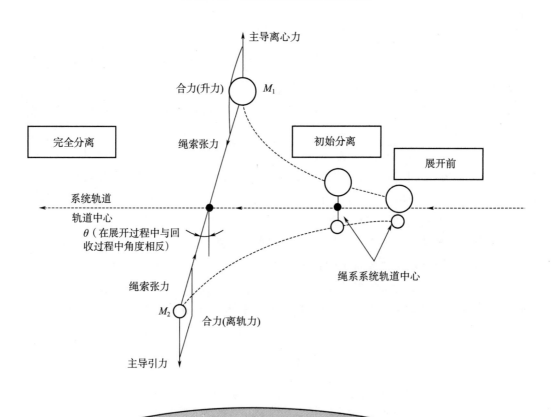

图 10 - 14   绳索展开过程中的动力学。尽管此时子卫星（M_2）被假定为
向地球释放而不是深空，但这个概念仍然是相同的

随着展开过程继续进行，两个部分以天平动振荡的方式远离系统质心。回收的情况则相反，子卫星将拖着落后的轨道器前行。然而，两部分之间的动量传递使情况变得更加复杂。在展开过程中，重力梯度使系统对准当地地垂线。当地地垂线沿轨道方向变化时，重力梯度使系统绕着质心旋转，其旋转周期与轨道周期相同。这种旋转使系统具有了角动量。[1]在回收过程中当绳索被卷绕时，角动量守恒使两个部分围绕质心的旋转速率增加，[2]从而引起了天平动。由于系统的固有阻尼非常小，这种振荡一旦发生，就将持续下去，并且随着绳索缩短，振幅将增加。因此，必须非常小心地控制回收过程。可以通过缓慢降低卷筒速率，让重力梯度能够缓缓地使系统回归原样。如果运动被恰当地减缓，绳索将在垂直位置停止，不再产生天平动。[3]在一些情况下，轨道器能够通过同步转移来控制天平动。

TSS 试验还必须考虑绳索的其他振荡模式（见图 10 - 15）。例如，绳索由于其固有的弹性可以拉伸和收缩，这使连接在绳索上的两个质量体会沿着连线方向来回反弹，这就是所谓的"振荡"模式。轨道器和子卫星也可以围绕它们各自的质心旋转，产生悬垂振荡，[4]即质量体绕着连接点前后摆动。在绳上张力的作用下，也可能产生一个弦振荡，它会沿着绳索的轴线移动，或者使绳索像是跳绳运动。然后，系统进入偏航姿态和自旋模式。绳索的长度和张力决定了这种模式的频率。如果对于给定长度的绳索存在两个或多个共振频率，那么绳索可能会变得不可控。为了确定控制振荡的最佳方法，在全程运动包络内对 TSS 建模投入了大量的精力。

尤其令人担心的是跳绳运动，这被认为是绳索与地球磁场相互作用产生电磁阻力的结果。如上所述，绳索穿越地球磁力线时产生了从子卫星流向轨道器的电流。根据热力学定律可知，绳索的动能转化为电能，这导致沿绳索产生了使系统减速的电动力（阻力），如图 10 - 16 所示。[5]

这种减速阻力与地球的磁力线是正交的，但是由于磁场是倾斜的，磁力线很少能垂直于轨道器的速度矢量，并且相当大一部分的电动阻力在平面外起作用，它与气动阻力共同作用，将触发跳绳运动。也有人认为地球磁场和绳索附近的电场相互作用会激发跳绳运动。在天平动的情况下，绳索固有阻尼小的特性使跳绳振荡一直持续，并且由于角动量守恒，在回收期间绳索的振幅将越来越大。

---

[1]　物体的角动量是它的惯性矩（质量沿特定轴的分布）及其角速度的乘积。除非旋转系统受到扰动，否则它的角动量保持不变。

[2]　这类似于一个两臂伸展的滑冰运动员在旋转。一旦收回手臂，滑冰运动员的惯性矩就减小了。为了保持恒定的角动量，角速度必须增加，因此滑冰运动员旋转就更快了。

[3]　值得注意的是，轨道偏心率也是天平动的来源。实际上，当系统的质心沿椭圆轨道运动时，绳系航天器将经历轨道速度和高度的连续变化。因此，重力和离心力的连续不平衡像是重力梯度平衡的恒定扰动，从而导致了天平动。

[4]　不要混淆这种模式与天平动，天平动是两个质量体绕绳系和质量体系统的重心旋转。在悬垂模式中，每个质量围绕其自身的重心旋转，绳索中的张力是恢复力。相反，在天平动中，恢复力是重力和离心力的合力。

[5]　如果电流从轨道器流向卫星，那么电动力实际上会增加系统的速度。这显然是一种使航天器不使用推进剂就能改变轨道的好方法。当卫星失效时，绳索被认为是一种使卫星离轨的手段。

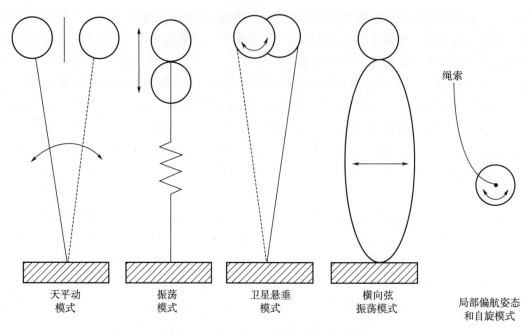

图 10-15　绳系系统典型振荡模式示意图

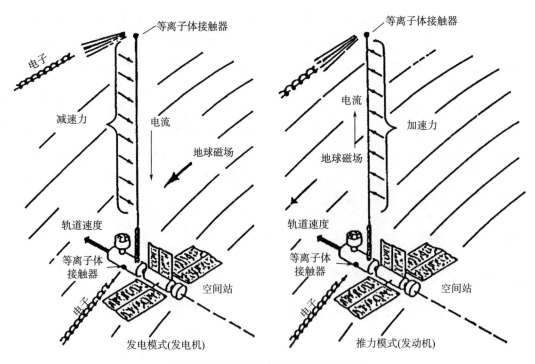

图 10-16　导电绳索电动力的产生原理

　　分析表明，这将导致两个潜在问题。首先，当子卫星悬垂模式与第一种横向跳绳模式在 0.25 mile 长的绳索上耦合时，跳绳运动能够使子卫星产生大角度，从而干扰 TSS 的停靠。其次，跳绳运动的大振幅可能使绳索与轨道器纠缠，尤其是如果子卫星无法停靠，并且需要放弃停靠时更容易发生。必须设计一种控制子卫星和减弱跳绳振荡的基线化方法，以确保任务成功。考虑多方面的解决方案要求：当绳索到达 0.25 mile 的临界长度时，要求轨道器启动偏航机动（见图 10 - 17），减缓绳索的回收，在共振期间控制子卫星的姿态，并随着子卫星靠近，使用被动阻尼器来抑制跳绳运动。轨道器偏航机动将在 1.5 mile 处开始，这能使跳绳运动的振幅减小至 65.6 ft 以内；这种运动将在最终回收和停靠操作中实施。通过接收到的遥测数据和机组人员的观测，地面将确定机动时机、轨道器偏航角速度和转动次数。[①]

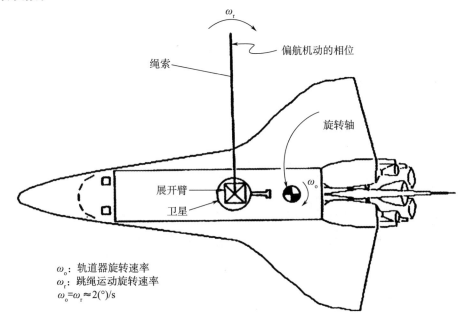

图 10 - 17　轨道器的偏航机动

　　除了在轨道器附近部署和回收子卫星期间，用于增大绳索张力的轴向推进器之外，子卫星姿态控制系统还具有俯仰（平面内）、滚动（平面外）和偏航的推进器。最初的推进器是单纯为天平动（平面内和平面外）和偏航控制设计的，但是，当人们意识到跳绳运动发生在大约 0.27 mile 处，并且子卫星姿态频率（悬垂）发生会伴随明显的能量转移时，对姿态控制系统有了进一步的需求。在这个相位上，每 3.3 ft 的跳绳运动振幅将使子卫星产生约 6° 的姿态角，在没有姿态控制的情况下，超过 23 ft 的跳绳运动幅度将使子卫星的姿态超出恢复极限。为了实现这种控制而避免重新设计推进系统，平面外和平面内的推进器分别倾斜了 20° 和 30°（见图 10 - 18）。成对开启安装在子卫星两侧的推进器可以避免产生不需要的平移运动。

---

　　①　这类似于玩跳绳，为了减弱绳子的振动，在不同的相位摇绳。

在绳系系统运行期间，轨道器上控制有效载荷的软件将根据子卫星上的遥测数据，发出推进器命令。作为备份方案，机组人员将基于在专用显示器上的遥测数据，控制推进器点火。仿真结果表明，这两种方法都能很好地处理幅度高达 65.6 ft 的跳绳运动。[①]

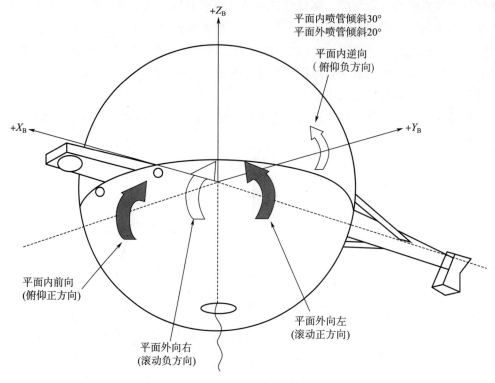

图 10-18　平面内和平面外 TSS 的推进器

被动跳绳阻尼器的需求源于，即使子卫星姿态可以被控制，角动量守恒意味着跳绳运动将持续下去，并且随着子卫星接近展开臂上的对接环而加强。

人们很快意识到被动阻尼绳索并不容易，因为如果引入过多的阻尼，将产生一个新的端点（不动点或节点），这将破坏阻尼的有益效果。短小的绳索阻尼器（见图 10-19 和图 10-20）的设计和验证工作是一项重大的挑战。解决方案是采用一套三角形轭架和套圈，轭架和套圈连接到对接环上 3 个独立的反相电机。反相器是一个弹簧负载恒定的系统，当绳索使轭架移动时，弹簧负载系统内外卷动。因为反相器必须在真空低温下起到阻尼系统的作用，所以有必要充分了解它们的特性，以便分析预测它们在子卫星回收时如何有效地抑制跳绳运动。因此，开展了大量的工程试验，以证明这一概念，并建立相关的数据特征。测试结果与仿真也存在一定的相关性，建立了反映这种相关性的模型，用于跳绳运动仿真。此外，在热真空条件下对硬件进行标准的鉴定/验收试验。最后一件事就是等待这个系统的在轨行为为人们带来惊喜。

---

①　这就是为什么在卫星达到 0.25 mile 的长度时，轨道器的偏航机动被设计成可以抑制的跳绳运动最大幅值为 65.5 ft。

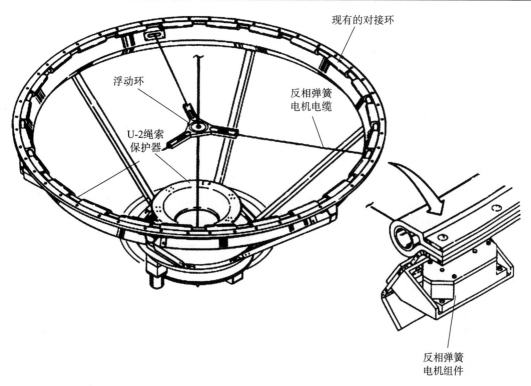

图 10-19　对接环跳绳阻尼器

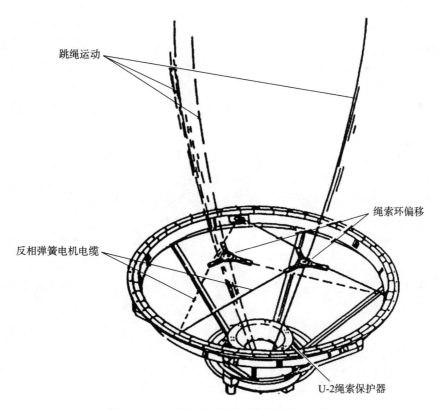

图 10-20　对接环跳绳阻尼器的作用示意图

10.5　多事的 STS - 46/TSS - 1 飞行任务

在部署尤里卡自主飞行器后，ESA 的这个试验平台将在后续任务中回收，亚特兰蒂斯号的机组已准备好了 TSS 操作。一旦部署装置检查完毕，子卫星就被加电了，U1 脐带断开。为了不浪费卫星的电源，展开臂迅速展开至最长，这一操作过程用时 11 min。U2 脐带被命令与卫星断开，但回收机构不起作用。这将是机组在接下来的几小时内必须克服的众多问题中的第一个。人们推测这可能是一个热控问题，亚特兰蒂斯号通过姿态机动将连接器暴露在阳光下以使其升温。几小时后，第二次尝试断开，这一次还配合了轨道器的平移脉冲，令大家欣慰的是脐带终于被释放了（见图 10 - 21）。

图 10 - 21　TSS - 1 在路上

由于上部绳索控制机构在展开 5.1 in 绳索后发生阻塞（飞行后分析得出的结论），展开停止了。绳索随后被收回，并通过使用不同时序和总推力为 4 N 的两组推进器开始了第二次尝试。这一次卫星从有效载荷舱出来了。随着绳索继续展开，任务专家杰弗里·A. 霍夫曼惊叹道："这是一个壮观的景象，当太阳落山时，卫星和把它连接到航天飞机的绳索，都变红了，太美了。"

当绳索达到 558 ft 时，展开速度和展开装置卷筒电机的电流有所减小，很明显是哪里出现了异常。又展开了 29 ft 后，部署停住了。杰弗里·A. 霍夫曼回忆道："突然之间，它整个扭动了起来。扭动意味着绳索不再有张力，因为某种原因它已经松弛了……我们可以看到绳索没有断。事实上，绳索已经卡住了。卫星试图通过喷射氮气拉动绳索，使它继续展开。但卫星被反弹了回来，并且开始倾斜了。喷气并没有把它从我们身边推离，而是把它推到了一边。"

杰弗里·A. 霍夫曼和他的同事克劳德·尼科利耶（Claude Nicollier）设法停止卫星的运动，并使卫星恢复稳定的姿态。这是他们训练过的一个典型的应急情况，然而更令人担心的是松弛的绳子可能会与轨道器纠缠（被称为意大利面效应），从而破坏轨道器结构，影响任务的安全性。

尽管设计者对潜在绳索动力学有了进一步的认知，并将一套更复杂的姿态控制系统应用到了卫星上，但在发射之前没有时间来开发和实现一种能够操纵它的自动驾驶仪。正如杰弗里·A. 霍夫曼所说："我们基本上只能通过观察卫星来控制姿态，我们在模拟器中练习了很多次。卫星进行俯仰和滚动运动时，你要观察并尽量准确地确定卫星俯仰结束的时间。然后你要说：'现在开始滚转。'其他人将在计算机上输入指令。我们配合得很好。这是一种试图控制卫星的原始方式。基本上，我们处于本应是自动姿态控制回路的状态，但是他们没有时间来实现它，所以我们只能手动完成。"

同时，在前飞行甲板上，任务指令长洛伦·J. 施赖弗正在操纵亚特兰蒂斯号，使其保持在卫星的下方，并不惜一切代价避免绳索与轨道器纵向平面的夹角达到 45°的极限。正如他所说："那是我们的红线。如果那样，我们就不得不切断绳索，我们不想那样做，所以我疯狂地尝试着让航天飞机飞回它的下面……试图控制住它。这无疑是我在太空中度过的最疯狂的时刻。我们真的很紧张。我们离红线很近……但是我们设法控制住了它，最终使一切停了下来。"

随着卫星再次达到稳定姿态，我们决定回收 33 ft 的绳索，以便在重新开始展开之前评估展开系统。由于上、下绳索控制机构的参数正常，因此展开过程中的异常一定发生在卷筒组件。回收 33 ft 绳索所获得的动量也许可以用来解决这一故障。展开过程被恢复，这一次采用手动模式并以更快的速度运行。杰弗里·A. 霍夫曼说："当然，快速启动绳索意味着整个系统再次变得不稳定，所以我们再次努力控制卫星的姿态，使它恢复正常。"同时，绳索展开速度从最初的 7.8 in/s 持续下降，直到绳索长度为 840 ft 时系统停止。在整个展开过程中，人们发现了摩擦力远高于预期。这一点以及上下控制机构正常的数据进一步加深了我们对卷筒组件存在问题的怀疑。由于这次展开是在手动控制下进行的，所以我们尝试在自动模式下重新启动它，但是失败了。在保证至少有一名航天员密切监视卫星和绳索情况的前提下，我们决定让系统保持现状大约 10 h，让工程师们弄清楚如何继续进行。

　　开始时这令人不安，因为正如洛伦·J. 施赖弗回忆的，840 ft 长的绳子在外面，"这正处于所谓的不稳定地带的中间，所以我们坐在那里很担心，'嗯，事情是这样的，我们将不得不切断它。我们没有办法坚持下去了。'"令人感到欣慰的是，不稳定的区域像预期那样发散。"嗯，我们注意到，一旦我们停止晃动它并试图解开绳索，它就会移动到某个地方并停留在那里。它是完全稳定的。"事实上，只有当绳索中有一处明显的扭转时，才需要周期性地开启卫星偏航推进器以保持固定的姿态。然而，这并不会降低轨道器-卫星绳系系统的整体稳定性。

　　工程师们再次提出回收卫星，以便能够通过获得动量解决这个新的异常问题。然而，回收操作突然停止在 735 ft，尝试继续回收或继续展开全都失败了。卫星被卡住了！航天员和工程师现在面临着要么切断绳索，要么让杰弗里·A. 霍夫曼和张富林（Franklin Chang - Diaz）尝试进行应急舱外活动。杰弗里·A. 霍夫曼将爬上展开臂用手拉绳索，而张富林卷起它。在准备过程中，他们开始了常规的预呼吸流程。当空气被排到舱外，舱内压力降低到 10.2 psi（1 psi＝6.895kPa）时，一种意想不到的现象发生了。杰弗里·A. 霍夫曼说："没有人想到从舱内排出的空气都是从一个方向出去的，所以它实际上产生了推进的效果。在大多数情况下，你永远不会知道这种效果，但我们外面挂了一根绳索。当舱内排气 20 min 后，我们向外望去，绳索已经偏向了一侧，因为航天飞机被推到另一侧，它被推出大约 10 yd 或 20 yd（1 yd＝0.914 m）的距离。若没有绳索，就看不出有什么不同。但绳索再一次不稳定了，我们知道如何修正它。当绳索向后摆动时，我们获得了速度，但有趣的是，当他们告诉我们开始座舱减压时，没有人想到会这样。"

　　在杰弗里·A. 霍夫曼和张富林完成舱外活动准备之前，任务控制中心提出了一种新的解决策略，就是将展开臂逐个隔段缩回，然后用卷筒制动器主动将其再次展开。这被展开装置工程师认为是安全的，因为展开臂具有很高的结构安全系数，其在伸展过程中的正常运行模式包括通过制动器将绳索从卷筒上拉开。由于电机比卷筒制动器伸展展开臂更加有力，所以这样做能够使绳索放松并最终收回卫星。

　　但最终没有进行更多的尝试，因为系统明显存在一个故障，并且无法在轨解决。这是一种操作绳索的手动备份模式，能够使系统恢复，而不必被抛弃。杰弗里·A. 霍夫曼回忆起最初的设计，"这将是全自动运行的。你只要按下按钮它就升上去了；然后你按下按钮，它就回来了，不需要任何手动控制。它具备一套姿态控制系统，可以进行偏航控制，但它在俯仰和滚动方向没有控制能力，这只是首次完成时的典型设计理念。他们的设计从来没有考虑过应急情况，所以我们说：'假设有什么地方出了问题，我们需要在展开过程中停下来。'他们说：'你们唯一能做的就是制动。'问题是，当展开真的开始时，它会以每秒几米的速度进行，这相当快。如果你突然制动，它会变得非常不稳定。他们的设计基本上没有考虑所有这些应急情况。随着我们做的仿真越来越多，我们也越来越了解系统，我们提出了越来越多的工况，这其中就需要这些手动功能。最后，随着问题的出现，我们最终用上了这些我们最后让他们加入的手动功能。"

亚特兰蒂斯返航 4 天后，NASA 成立了 TSS-1 应急调查委员会来审查所发生的异常情况，确定可能的原因，并提出预防再次出现故障的措施。调查进展迅速。实际上，在十月初，委员会就提交了最终的调查结果。调查结果揭示了一系列在设计和工程上的严重错误。

最初部署卫星时仅展开 5.1 in 时发生的故障以及随后在 735 ft 处无法向任何方向移动的故障都是绳索在上部绳索控制机构（UTCM）中卡住所导致的。如前所述，上部绳索控制机构的作用是将绳索从展开臂引导到卫星，同时在展开臂和卷筒之间保持恒定张力，以便进行卷绕操作以及张力测量。机构的主要部件之一是游标电机，它的作用是克服内部系统的摩擦，并通过离合器驱动夹持滑轮，从而在展开过程中拉动卷筒上的绳索。在最初的"飞离"过程中，绳索在上部绳索控制机构内变得松弛，因为游标电机转速比绳索释放速度更快，导致绳索重叠并缠绕在游标滑轮上，将其卡住。研究人员使用的上部绳索控制机构模型和实际飞行硬件进行的地面测试表明，加速中绳索的惯性足以导致缠绕故障，卡住长达 5 ft 的绳索（见图 10-22）。

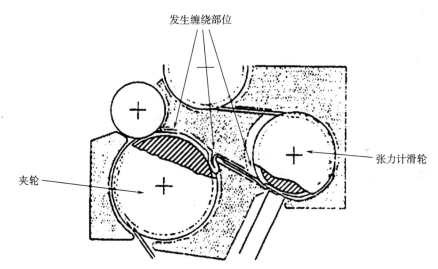

图 10-22　绳索在上部绳索控制机构中卡住了

第二个原因涉及在打开游标电机之前绳索控制律的激活。在控制律作用下系统将绳索实际卷绕（或释放）的长度与绳索长度的预设值进行比较。在第一次飞离尝试中，被展开绳索的长度比控制律的预测值要小，这是由于绳索存在惯性以及卫星推进器不能产生足够的张力。也就是说，绳索被拉出的速度不够快。当控制律敏感到这一情况时，内部张力迅速减小，因为系统没有检测到被展开绳索长度的变化，这种情况大大增加了在 UTCM 内绳索松弛的概率。

第三个原因是将绳索固定在卫星接口上的索端（见图 10-23）远比预期僵硬。在开始的飞离尝试中，这段僵硬的绳索延伸到了上部绳索控制机构中，成了一根"柱状物"，增加了卡住的可能性。

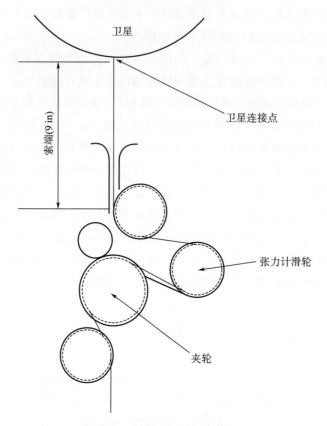

图 10 - 23　绳索的索端构造

最终研究人员发现，飞行前地面测试没有准确地模拟卫星在零重力环境中的加速度。事实上，只有实际飞行中使用的硬件可用于测试，所以很容易理解为什么工程师们不愿意研究非标称的工况。当卫星被收回时，上部绳索控制机构中卡住的地方被解开了。随后在初始的展开过程中发送了被修订的指令序列。首先，开启了两组推进器，产生了 4 N 推力，这个推力足以在绳索上产生足够大的张力，然后在控制律作用之前，游标电机加电，从而进一步增大了张力。

第二次卡顿发生在展开 735 ft 绳索，这次是因为卫星在这个位置上停留了很长一段时间。展开臂的热膨胀和收缩引起了上部绳索控制机构内的绳索再次松弛，当游标电机起动时又发生了卡顿。收拢展开臂上的一个隔段，然后再将其恢复，卡顿消除了，绳索和卫星得以安全回收。

在 587 ft 和 840 ft 处的卡顿是由最后时刻对卷筒组件支撑结构的更改导致的。当飞行硬件被整合集成到亚特兰蒂斯号的有效载荷舱时，进行了的一项新的耦合负载分析，以识别作用在配置更改后的有效载荷上的应力和应变。分析表明，一种常用于展开卷筒机构和支撑结构的螺栓将导致着陆段的安全裕度为负值，[①]　这个问题在被纠正之前都不能得到飞行认证。这种问题通常是通过进行某种形式的加固来解决的，但是这样做就必须对已经与其余载荷有效整合并安装在轨道器中的展开装置结构进行拆卸。另一种选择是使用相同尺寸但强度更高的螺栓（见图 10 - 24），但是 NASA 库存中没有这种零件，这意味着采购时间会很长。这两个选择都意味着任务将被大大推迟，考虑到发射时间的压力，这些做法不能接受。第三种，也是更简单的一种节省时间的方法，是用剪切楔代替现行紧固件。剪切楔能起到 C 字形夹具的作用，减轻螺栓的一些负载，确保任何条件下都具有一些安全裕度。紧固件插入的孔是通孔，可以为更长的螺栓提供一些安装空间。

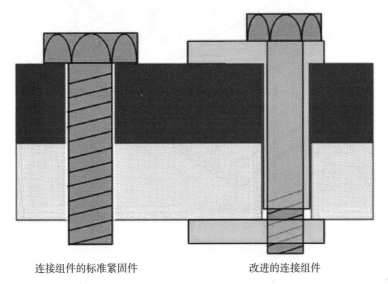

连接组件的标准紧固件　　　　　　　改进的连接组件

图 10 - 24　TSS - 1 的紧固件构型

正如前面所说的，12.4 mile 的绳索绕着一根轴卷起来，杰弗里·A. 霍夫曼把它比作一个渔线轮，"它像一个大的纺纱卷轴，或一个用于钓鱼的绕线轮。当绳索不断缠绕时，你需要一个能使它前后往复运动的机构，这个机构称为水平卷绕装置（见图 10 - 25 和图 10 - 26）。在渔线轮上，有一个小锁扣，能卡住线；它首先向左移动，一直向左，然后移回右侧，再向左移动。随着卷轴转动，小型的水平卷绕装置来回移动。绳系卫星的大型卷筒上也有类似的机构。水平卷绕装置与大型转鼓啮合，来回移动。"

在轨道上，当水平卷绕装置从一侧移动到另一侧时，由于安装了比原来更长的螺栓，导致展开的绳索第一次停在了 587 ft 处。在安装剪切楔时，没有人注意到它是否有阻碍水平卷绕装置的可能。在改造设计中使用了不能反映实际硬件配置的旧图纸，这些图纸并没有反映出改进的设计超出了水平卷绕装置的动态包络。事实上，现有的装配图纸可能已经显示了这种干涉，只是没有以图片形式更新（项目要求和承包商政策规定只能在三次更改后才能更新顶层装配图），而且并没有包含显示干涉的视图。安装后，应该进行一次新型

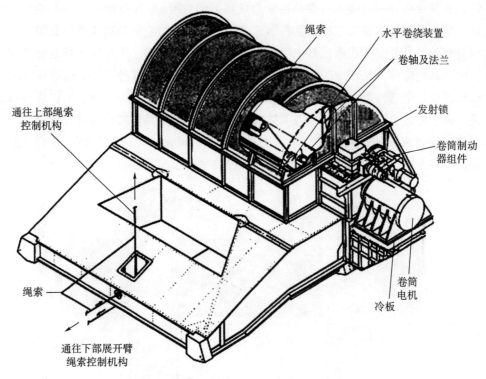

图 10 - 25 卷筒支撑结构内的水平连杆装置的位置

有效载荷系统集成验证测试，以确认更改项不会对展开装置的正常工作产生任何影响。但是这次更改被认为是一处很小的更改，为了不推迟发射时间，就没有进行验证测试。另一个原因也是因为发现安全负裕度的时间比较晚。如果早点识别风险，就会选择使用更坚固的紧固件，或者即使采用了剪切楔，亚特兰蒂斯号总装之前的系统测试也会发现干涉的情况。

最终，该系统移动超过了 587 ft 的标记。杰弗里·A. 霍夫曼说："因为地面人员认为绳索扭结，我们将绳索回卷，然后我们说，'现在在我们快点开始吧。'我们听到'啪'的一声……当他们把整个装置拆开的时候，发现这个螺栓弯曲了。"系统中的滑动使展开过程持续到 840 ft，此时它已到达了前行的终点，不可能再进行进一步的展开了。

在他们的报告中，研究人员承认了 TSS 的复杂性和各种设计问题，他们也承认系统在飞行之前无法被完全验证，因为绳索的长度、真空、热、重力梯度、零重力和其他环境因素等无法大规模在地球上模拟。老实说，最重要的建议之一就是，"即使在计划后期，特别是在发射现场，硬件上任何很小的改动都必须要经过验证。"事实上，我们可以肯定地说，任务就是因为一个螺栓而失败了！他们还强调了地面测试需要对预期飞行环境进行充分模拟，特别是那些非正常情况。

螺栓所构成的大错突显了无论何时发生更改都需要全盘考虑，这也验证了这样一句格言：最好第一次就把工作做好，以防最后不得不进行更改。

TSS - 1 不是一次彻底的失败。它证明了绳索确实可以传导电流，从而产生电动力。

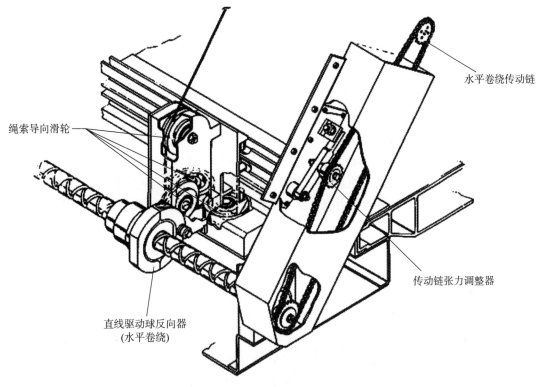

绳索导向滑轮

水平卷绕传动链

直线驱动球反向器
(水平卷绕)

传动链张力调整器

图 10-26　水平卷绕装置的详细视图

虽然它的强度不足以触发明显的绳索动力学效应，但观察到由其他激发源引发的跳绳运动的振幅接近 3.3 ft。TSS-1 还经历了天平动模式、卫星悬垂振荡以及纵向松弛/拉紧的绳索动力学效应。它还证明了，为应急情况加入的手动程序足以使乘组人员能够控制系统并使其保持稳定和安全，尤其在轨道器附近的展开和回收过程中更为有效。

10.6　"后无来者"的 STS-75/TSS-1R 任务

1996 年 2 月 25 日，杰弗里·A. 霍夫曼在哥伦比亚号的后部飞行甲板上眺望窗外。在他眼前，白色的球形 TSS 卫星栖息在展开臂的顶部。它在黑暗中闪烁，表明其状态正常，它准备一扫 4 年前任务失败的阴霾，证明自身的价值。"马歇尔项目办公室开始制订复飞计划。NASA 是否想这么做还是个问题，但我认为部分原因是意大利的参与使他们觉得我们有责任继续……我们也听取了非专业人员的意见，很多人谈到了可以利用它完成有趣的科学和工程，所以 NASA 决定继续进行复飞。绳系系统的再次飞行是一次重要的科研机会。这是一项令人着迷的任务，不仅可以研究控制太空中这些长绳的技术，而且可以利用卫星和航天飞机上的试验验证有趣的电离层物理学。我认为这是一次证明任务价值的机会，重新设计设备的工程师们将有机会说明他们确实理解了故障的根源，并真正地解决了这些问题。"

TSS 复飞之前，基于第一次飞行的经验教训进行了一些硬件改进。当然，展开机构受到了重点关注。由于 TSS 调查委员会无法准确诊断上次 U2 脐带断开的故障，所以决定不使用它并将其功能重新分配给 U1 脐带。为了防止上部绳索控制机构内再次发生绳索卡顿，卫星接口上的索端从 9 in 缩短到 3 in，以减小其僵硬度，避免与上部绳索控制机构产生干涉。在绳索展开开始时，游标电机速度控制器被改为渐增式的斜坡加速度，以更紧密地匹配上部绳索控制机构外绳索的运动。标准的初始展开序列被更改为第二次飞离成功时使用的序列，即在飞离前点燃 4 个卫星推进器，以增加绳索上的张力，然后在激活控制律之前打开游标电机。通过缩短螺栓和改进机械结构实现了更大间隙，从而避免了水平卷绕装置与突出螺栓之间的机械干涉。所有受到损伤或应力作用的水平卷绕部件都被更换了。使用额外的地面测试设备进行了更逼真的系统仿真，尤其是更好地模拟了卫星在轨的惯性和加速度。

杰弗里·A. 霍夫曼说："令人欣喜的是，我们把所有的东西都打开了，绳索开始前进，一切都很完美。它开始远离我们。当它离开几百米时，我们关闭了提供初始张力的氮气推进器。一旦绳索足够长，重力就会产生张力，并拉出绳索的其余部分。"考虑到 4 年前的事多么令人筋疲力尽，这次乘组人员分成两班，以便在绳索展开时，一直有人监视绳索状态，做好干预的准备。"我们只是看着它逐渐展开……实际上，随着绳索展开得越来越长，展开速度也越来越快。它移动得很快，每秒几米，直到完全展开。令我着迷的是，绳索弯曲了很大的弧度。它就像一个巨大的弧线穿过太空。一点也不直。"实际上，仿真结果已经表明电动力、气动力以及科里奥利效应[①]的综合作用会使绳索在展开时产生明显的向后偏转，尽管乘组人员评论说这是"巨大的"弧线，但实际上这是在预期的标准范围内的情况。

展开过程在接下来的 5 h 内继续进行，绳索的运转状态符合预期，在预计的频率内发生了摆动和振荡。在展开过程开始时发生了一次意料之外的平面外天平动，通过轨道器机动很快就将其消除了。当绳索接近完全展开时，已经有 1 A 的电流流过了导电铜线，这比科学家们预期的还要多。

然后另一个似曾相识的情况让杰弗里·A. 霍夫曼感到震惊，"在剩余长度 1 km 以内的一点，我们要制动，让它停留在此处，然后我们开始做试验。我正通过摄影机记录着这条巨大的弧线，突然看到绳索上出现了少量波纹。又是这种可怕的感觉："不，不要再发生了。"

杰弗里·A. 霍夫曼从飞行甲板的后窗望出去，他意识到绳索已经在展开臂内断裂了（见图 10 - 27）。他立即用无线电说："休斯敦，绳索断了。它从根部断了。我们没有危险。"

尽管对失去卫星深感失望，但首要任务是确保轨道器的安全。如果绳索在任何一个非根部的点断开，展开装置都将立刻切断绳索，同时轨道器会执行躲避机动，以防止绳索反

①　科里奥利效应是一种虚构的力，它常用于简化旋转系统所涉及的计算，特别是在计算地球表面特定纬度的切向速度时经常使用。

弹回来。但由于绳索在展开臂内部断裂，所以就不会有这种危险。

　　杰弗里·A. 霍夫曼检查留在机构中的绳索，"我连接了一个功能强大的光学长焦镜头，仔细观察绳索的断头。我看到了变成棕色的和烧焦的部分，所以我们在返航前就知道肯定是发生了短路，把绳索熔断了。

图 10 - 27　在展开臂支架上的 TSS 绳索破损端

　　TSS - 1R 任务故障调查委员会在故障发生 2 天后就成立了，他们一收到绳索的剩余部分和可用的遥测数据就得出了同样的结论。5 月底发布的报告称，"绳索故障的原因是电弧放电和烧灼引起了绳索大部分被烧蚀，从而导致了拉力失效"。委员会确定电弧发生在下部绳索控制机构中，并确定释放电流高达 1 A。这次事件发生在科学操作的被动模式，在绳索导体上有 - 3 500 V 的直流电压。电弧间歇地持续了 9 s，因为绳索的受损部分以3.3 ft/s 的速度通过展开机构的剩余部分，并进入 37.4 ft 高的展开臂，这其中的空间等离子体为电流提供了回路。这种放电使电弧附近大部分绳索材料被明显烧蚀了，破坏了凯芙拉纤维层所提供的结构强度。此时，被烧蚀的绳索还处于展开臂内，标称负载足以将绳索在烧蚀部分拉断。

是什么引起了电弧放电呢？这条 13.7 mile 长、1 in 粗的绳索可能在常人看来似乎没
什么特殊的，但它是一种独特的硬件，其制造复杂性被大大低估了。为了传导电流，同时
承载重力梯度引起的张力，绳索被设计为一种复合结构，其 Nomex 内芯由一束 10 股细铜
线包裹。由于单股线的最大长度约为 2.24 mile，通过端到端地连接股线，得到了所需的
12.4 mile 总长度。人们设计了一种对接焊接流程，在不增加导体总直径的情况下连接线
束。第一层挤压特氟龙使铜线绝缘并支撑起一层凯芙拉纤维，这层纤维使绳索具备了所需
的结构强度（见图 10-28）。类似于铜，10 股（原文如此——译者注）凯芙拉纤维拼接在
一起形成一个独立层。包裹在绳索之外的第二层特氟龙可以防止绳索磨损以及轨道环境中
原子氧的侵蚀。

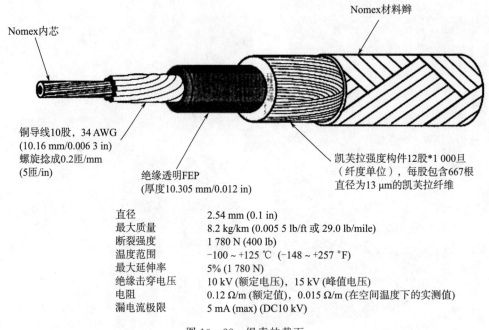

Nomex内芯

Nomex材料辫

铜导线10股，34 AWG
(10.16 mm/0.006 3 in)
螺旋捻成0.2匝/mm
(5匝/in)

凯芙拉强度构件12股*1 000旦
（纤度单位），每股包含667根
直径为13 μm的凯芙拉纤维

绝缘透明FEP
(厚度10.305 mm/0.012 in)

直径	2.54 mm (0.1 in)
最大质量	8.2 kg/km (0.005 5 lb/ft 或 29.0 lb/mile)
断裂强度	1 780 N (400 lb)
温度范围	-100 ~ +125 ℃ (-148 ~ +257 °F)
最大延伸率	5% (1 780 N)
绝缘击穿电压	10 kV (额定电压)，15 kV (峰值电压)
电阻	0.12 Ω/m (额定值)，0.015 Ω/m (在空间温度下的实测值)
漏电流极限	5 mA (max) (DC10 kV)

图 10-28　绳索的截面

　　虽然绝缘的破损部分被烧毁了，但委员会从测试和分析中得到了充分的证据，证明特
氟龙绝缘层的异物渗透或损坏发生在制造或处理过程中，他们认为这可能是绝缘层破损暴
露导电铜层并引起电弧放电的原因。生产和检验记录记载了制造绳索所遇到的困难，压制
和编织过程中出现了许多问题。例如，由于绳索制造是在普通环境中而不是在洁净室中进
行的，① 所以金属和非金属污染物很容易渗入绝缘层。事实上，在展开机构中的几个位置
都发现了足以破坏绝缘效果的铝屑。在飞行绳索的返回部分上同样发现了铜导体的损伤。
绳索上污染物的渗入要归因于将绳索卷绕在卷筒组件上的过程。随着绳索一层一层缠绕，
被卷在里面的绳索受到了相对较高的负荷，最内层的绳索受到的负荷最高。这些力比将碎

---

　　① 　在洁净室中制造、组装和储存太空硬件是很普遍的做法，它能对温度、湿度、压力和微粒进行严格的控制。
与医院的手术室相似，在洁净室工作的人必须穿类似于防护服（scrub）的服装，包括手套、鞋套、帽子和面罩。

片压入绳索所需的力大几个数量级，因此特氟龙和凯芙拉纤维层被刺穿，铜线的绝缘层受到了严重的破坏。

在下部绳索控制机构中也会发生类似的情况。实际上，在失重状态下，漂浮的金属碎片在静电力的影响下很容易进入滑轮中，尽管滑轮上作用在绳索的力较弱，但不幸的是这里的异物会被压入绝缘层。虽然乘组人员已经经过了应对电弧的训练，通过将分流电阻器连接到绳索以降低驱动电弧的电压，但他们却不能防止故障的发生。实际上，由于下行至地面的遥测数据和机载数据的采样率之间存在 6 s 的延迟，在绳索失效之前，没有人有足够的时间来查看数据、评估数据和采取行动。

从好的方面来看，绳索断裂证明了使用绳索进行动量交换的有效性。如前所述，在重力梯度中，轨道器和卫星以它们共同的质心的轨道速度行进。在断裂发生之前，卫星高于系统的质心，其速度比卫星所处轨道高度的速度要快。随着连接断开，卫星可以利用多余的能量自由爬升到更高的轨道，这个轨道的近地点是断裂时的高度。换句话说，卫星在没有消耗任何推进剂的情况下改变了它的轨道高度。哥伦比亚号发生的情况则相反。它行进的速度比轨道力学所要求的速度更低，能量低于在那个高度所需的能量。在绳索断裂后，轨道器进入一个较低的轨道，这个轨道远地点是断裂时的高度。虽然这不是任务的目标，但由此证明了使用系绳进行无推进剂变轨的概念。

在任务失败之后，乘组人员和任务控制中心评估了接近卫星并让两个太空行走人员手动将其与对接环对接来回收卫星的可能性，但考虑到这种尝试需要消耗的推进剂，以及如何将仍然附着在卫星上的近 12.4 mile 的绳索装载在有效载荷舱中，很快就放弃了这次救援，尤其是轨道器还有被绳索缠住的危险。

卫星仍在哥伦比亚号的视野范围内，杰弗里·A. 霍夫曼回忆道："我们确实观测到了绳索一些令人惊叹的景象。仅仅因为绳系系统的轨道力学，卫星轨道的远地点在航天飞机远地点上方大约 140 km 处。重力把绳索拉直了。尽管它断裂时盘旋而扭曲，但重力把它拉直了。任务控制中心会告诉我们绳索何时会飞过我们，所以我们拍了几张照片。"实际上，即使在地面上也可能看到卫星及其连接的绳索。"我们生活在卫星时代，我们都看到过卫星飞过，它们是微小的光点。当绳索飞过时，你会看到一条线，看到一条明亮的线划过天空。这真是太奇怪了！看到一些有实际物理尺寸的东西在天上移动会令你大吃一惊。"

哥伦比亚号的乘组人员还有其他任务活动要完成，一个新型自主飞行卫星科学任务计划补充一些数据，在绳索断裂之前已经收集了 5 h 的数据了，这基本上完成了主要部分的任务目标。当然，失去卫星对参与该项目的每个人来说都是一个打击。回想那些事，杰弗里·A. 霍夫曼说："有很多好的科学工作我们还没有做。我觉得最让我失望的是，当你回卷绳索时，你必须处理各种各样的不稳定因素。我们通过数百小时的飞行技术讨论以及模拟来弄清楚如何消除这些不稳定因素，并对绳索进行可控回收，但我们没有机会看到它是如何发挥作用的。"

遗憾的是，STS-75 是该计划最后一次绳系卫星任务。尽管绳索可以为空间科学和探索带来很多应用，但由于卫星的丢失、系统显而易见的复杂性和争取必要资金之难，这个项目被削减了。基础轨道力学的紧密耦合、动力学、控制、机理、轨道环境以及系统各部分电动势相互作用，甚至各种尚未被完全理解的动态情况，都使 STS - 46 和 STS - 75 成为航天飞机执行过最复杂的任务之一。

正如杰弗里·A. 霍夫曼多年后所反映的那样，"这是一个非常吸引人的项目，因为这是以前从来没有人做过的事情。这就像学习如何去月球……你要怎么做呢？没有人知道如何控制绳系卫星……我们用航天飞机做了一些从未有人做过的事情。"

第 11 章　需要更多的时间和能源

11.1　引言

　　时间和能源是航天器管理中最宝贵的资源，以至于任务规划者对时间和能源几乎留不出多少余量。甚至在哥伦比亚号航天飞机首飞前，就考虑到单次任务发射涉及高额的费用，因此需要扩展航天飞机的在轨性能，以使它可以在单次任务中进行更多的活动。

　　基于此，1979 年，得克萨斯州休斯敦的约翰逊航天中心开展了一项为期 8 个月的轨道服务模块系统的分析研究（OSMSAS），研究的内容是通过为基线版本轨道器增加电源、热管理和姿态控制系统，延长轨道器在轨时间，扩展更多样化的任务目标。标志性的起点是 1977 年 10 月 NASA 的 STS 任务模型，规划了 1981—1984 年的运输项目，提出了对早期任务的轨道、质量、有效载荷和时间表的评估。研究任务主要以空间实验室为主，因为各方不断地为有效载荷提出在轨时间和能源的需求。

　　为基线版本轨道器提供能源的三个燃料电池可以持续提供 21 kW 的功率，其中的 2/3 完全提供给轨道器自身，另外 1/3 提供给有效载荷。由于欧洲工业界几乎没有任何制造太空应用燃料电池的经验，因此明确规定空间实验室的能源供应也由航天飞机提供。这意味着空间实验室和其子系统只能使用 4.5 kW 的功率，无论是加压舱还是全托盘配置，或者是两者的组合，只能为试验装置提供 3 kW 的功率。然而，NASA 的 STS 任务模型预见到，截至 1984 年提出的 29 项空间实验室试验任务，至少 80% 的任务所需功率为 17～33 kW，平均为 29kW。当然，期望随着 NASA 获得了在轨飞行经验后，对轨道器能源管理的理解将提高一个层次，即 29kW 足以满足所有空间实验室飞行的实际需求。预计 1984 年以后搭载货物清单的巨大的不确定性，也使得预测电源长期需求非常困难，但是微重力环境下材料加工方面的多项电源需求研究表明，能源总需求在 20 世纪 90 年代中期将稳定增长到 100 kW，那时空间加工设施有望商业化。

　　任务持续时间也呈现出同样的趋势，预计到 1984 年初飞行计划时间为 45 天，后期提出的计划时间更长。显然，基线版本轨道器不满足这样的要求。在研究中，约翰逊航天中心工程师提出一种灵活的进化型增长思路，增加基线版本轨道器的电源和续航能力。

　　最初的想法是增加燃料电池低温燃料贮箱的数量，但这个想法很快就被舍弃了，因为这样极大程度地减少了单次任务中可用的有效载荷。例如，增加 10 组低温贮箱会使功率增加 7 kW，任务时间增加至 23 天，但是有效载荷的质量从 20 000 lb 减少到不到 9 000 lb。

11.2　能源扩展包

一种更容易让人接受的方案是通过增加太阳能电力设施，有效利用来自于轨道阳照区太阳光产生的免费能源。它被称为能源扩展包（PEP，见图 11-1），包括电池阵展开组件（ADA）、能源管理和控制组件（PRCA，见图 11-2），还有所有必要的接口和显示控制设备。通常，两个主单元在有效载荷舱的前端，空间实验室通道的上方，为航天员在飞行甲板后窗操作机械臂提供良好的视野。这种安装布局减少了电源电缆的长度，与有效载荷舱后部设备的干涉也被降到最小。然而，基于有效载荷的包络，ADA 可以安装在舱内的任何地方，系统可以和全托盘式的空间实验室配置兼容。

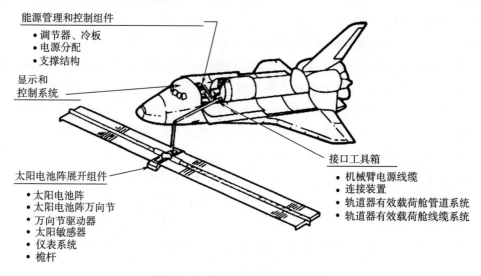

图 11-1　能源扩展包的主要组成

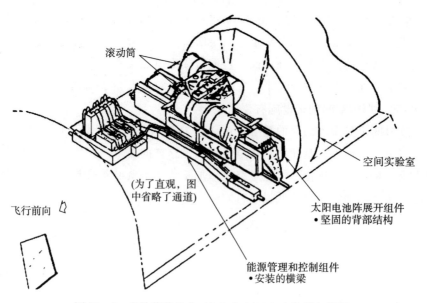

图 11-2　有效载荷舱内 ADA 和 PRCA 安装详细视图

　　ADA（见图 11 - 3）的核心结构是箱式梁，横跨载荷舱整个宽度，并通过标准的桥梁固定装置安装在侧壁上。箱式梁配有两个太阳电池板组件，分别用螺栓固定在梁的两侧，每个太阳电池板都有独自的展开桅杆筒和二极管组件。在轨期间，在抓捕固定装置集电环/RMS 处抓取 ADA，并将其垂直从有效载荷舱吊起，然后转移到部署位置。航天员通过目视监测太阳电池板展开情况。然后将它移动到其操作位置，满足任务和有效载荷的定向要求，同时最大程度地暴露在阳光下。一旦转移到位，机械臂关节制动器将保持锁定，使整个结构变为刚性连接，使脆弱的太阳电池板上的动态负载最小化。

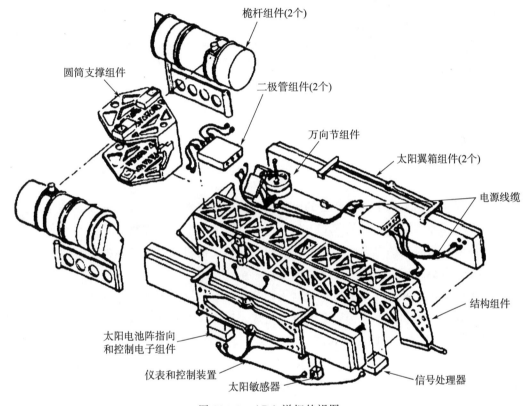

图 11 - 3　ADA 详细的视图

　　太阳电池板的部署始于将两个圆筒旋转 90°，垂直于核心结构的长轴。实际上，根据包装要求，圆筒必须沿着核心结构的长边方向存放，而不是垂直于太阳电池板。增添一个支撑组件，使每个圆筒可以围绕一端旋转，并沿太阳电池板的展开方向定向。可展开的三角形复合桁架组成的太阳电池板桅杆，螺旋形地存放在圆筒内。桅杆伸展和缩回都由一个驱动双速齿轮箱的冗余电机来调节，通过电缆控制太阳电池板的展开。当 11.4 ft×118 ft 的太阳电池板完全展开时，桅杆本身通过弹簧保持张力，以确保必要的平面度。随着太阳电池板的展开，圆筒支撑组件将控制太阳电池板平面方向和垂直方向对轨道器引起负载的动态响应。每个太阳电池板有 50 个铰接段，每个铰接段由连在挠性基板上的 0.8 in ×1.6 in 的太阳电池构成（见图 11 - 4）。

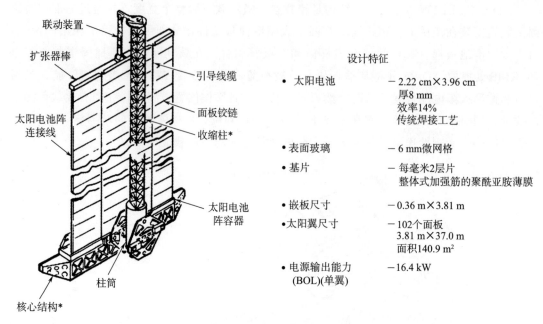

图 11-4　PEP 太阳电池板的特征

在太阳光下，由太阳电池板产生的电能通过机械臂末端操纵装置上的脐带连接器穿过集电环/RMS 抓捕固定装置（见图 11-5），[①] 供应轨道器上，它被物理连接在组件上。然后，电流沿着机械臂上的电缆流向安装在载荷舱门槛上的机械臂肩部，然后经过此处的电缆被输送到 PRCA，为轨道器的主母线供电。

PRCA 由安装在三层冷板上的 6 台电压调节器（冷板反射多余的热量）、3 台分流调节器、数据总线耦合器和支撑结构梁上的电缆组成。PRCA 安装在有效载荷舱的前部，以减少从 ADA/RMS 组件传送的电缆长度，同时减小与其他有效载荷的干涉。

在飞行中，由 ADA 电子设备控制太阳电池板的方向（见图 11-6），它包括太阳敏感器、信息处理器和定向控制电子装置。为最大化阳照面积，集电环组件具备 α 角 360°的旋转能力，也就是说，可以绕着垂直太阳电池板平面轴线的方向全方位旋转。每个圆筒上的电动机又提供了第二个旋转自由度，即绕太阳电池板展开轴方向 β 角±90°的旋转能力。为最优化操作灵活性和电源产生效率，ADA 可以通过机械臂绕轨道器机动到任意位置。

在阳光下，可以不使用燃料电池，或者将最小（空）负载与太阳电池板并联使用。由于系统具有简单、可靠、电压可调节且太阳电池板尺寸最小化等优点，并联方法是首选项。轨道器的姿态由 RCS 游标推进器控制，其优势在于推进剂的经济性，并且对展开的脆弱太阳电池板具有较小动态负载。主推进器可以作为备份，但它们会消耗更多的推进剂，并且对太阳电池板产生更大的动态负载。

---

①　集电环是一种便于从静止结构向旋转结构传送电流和电子信号的电子装置。

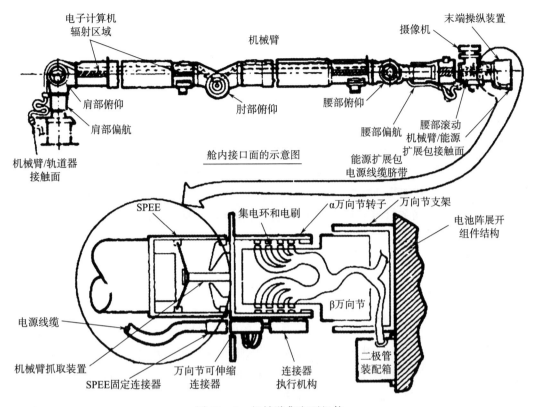

图 11 - 5　机械臂集电环组件

任务
- 地球观测(ZLV)
- 利用太阳能(ZSL)
- 天体观测(任意方向下Z轴稳定)
- 太空制造或生命科学研究
  (XLV–重力梯度稳定)

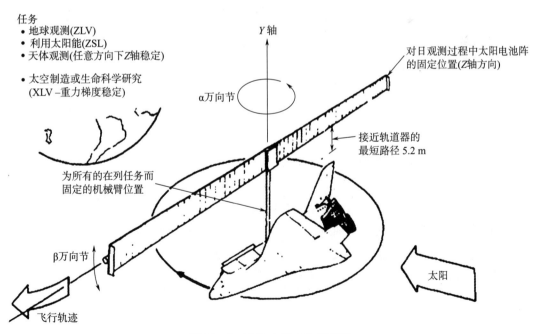

图 11 - 6　PEP 太阳电池板定向

虽然它看起来是一个相当复杂的系统，但 PEP 轨道器的基本性能看起来不错。例如，在轨道倾角为 28.5°时，可以为需求为 7 kW（等价于基线版本轨道器）的有效载荷提供 12 天的能源（相比而言，没有 PEP 时只能提供 6 天）；或是在轨道倾角为 55°时，可以提供 20 天的能源；或者在极地轨道情况下提供 48 天的能源。纬度越高，连续光照就越多，从而增加产能时间，减少燃料电池对低温燃料的消耗量。如果减少低温燃料贮箱的数量，性能也会变好。例如，只有两个贮箱时，由 PEP 提供的电能可以保证 6.5～12 天的飞行时间，相比之下 4 个贮箱的基线版本只能保证 5 天飞行。倾角越大，由于太阳光的照射量和日照时间增加，任务持续时间延长越明显。减少两个贮箱意味着可以增加净载荷 3 500 lb。

同样也考虑了其他几种配置，将它们的性能与基线版本轨道器相互进行了比较。很明显，PEP 能够延长任务时间至几个星期，或是允许更重的有效载荷，以此来扩大轨道器的飞行包络。

另一个好消息是与安装每个低温贮箱需要 39 h 相比，PEP 系统对任务周转的影响可以忽略不计。实际上，由于 PEP 的硬件设备可以使用标准载荷连接点，因此可以被有效载荷舱携带到任意地点，它安装简单、快速，并且可以满足同一任务其他有效载荷的需要。显然，它并不廉价。但是预计 4 700 万美元的研发费用很快就可以通过节省轨道器维护成本实现回笼。实际上，从 PEP 提供的电能意味着每个燃料电池在飞行中装载量降低，从而减少了磨损，延长了电池的寿命，减小了翻修成本。通过携带燃料电池的数量或减少它们供应的电量，意味着需要通过轨道器热辐射器耗散的热量减少，从而提高了寿命且减少了维护成本。

截至 1984 年，PEP 已经发展成所谓的能源模块，被称为"在轨太阳能农场"，轨道器可以对接后获取电能。10 年后，人们期望这些太阳能农场可以在更长的时间里为轨道器提供至少 100 kW 的供电能力。这样的自主飞行平台也可以为独立的有效载荷提供服务，例如材料加工，由轨道器将其留在太空中，下一次任务时再收集。大型的太阳能农场也可以为独立的有效载荷和停靠的航天飞机提供姿态调整和控制功能，这样，预计 1.39 亿美元研发成本的能源模块才能物尽其用。

11.3　25 kW 能源模块

位于阿拉巴马州亨茨维尔的竞争对手马歇尔航天中心也研究了扩展轨道飞行包络的问题。它的方案与约翰逊航天中心的自主飞行平台形式的能源模块类似，但是继承了阿波罗的设计。为了搭载航天飞机进入轨道，主结构采用了为天空实验室开发的阿波罗望远镜安装架（ATM），[①] 它与一个管状的前向桁架连接，支撑着一个单轴万向太阳电池板。它

①　天空实验室是由 NASA 发射入轨的第一个空间站，由土星 V 火箭第三级外装太阳能电池板和散热器组成，内部有可容纳 3 个工作人员的居住和工作空间。ATM 是从阿波罗月球着陆器的下降级派生出来的一种箱状结构。发射时它与天空实验室纵轴保持一致，然后在轨转动 90°。它提供了安装支架和航空电子设备，包括 4 个太阳望远镜和 4 个太阳电池板。

还有两个对接端口，以便在双口对接模式下与轨道器对接的同时（如空间实验室飞行任务），还能支持自主飞行平台。对接和有效载荷停泊由轨道器机械臂执行。电能由单轴跟踪式太阳电池板产生，通过太阳敏感器对准太阳。电池在轨道的阴影区提供电能，并在阳照区进行充电。由 ATM 计算机控制的升级的控制力矩陀螺仪（CMG）将在必要时由轨道器的 RCS 系统对平台的姿态进行控制。在自由飞行期间和与轨道器对接期间，机载计算机将分别通过 TDRS 卫星的数据链路进行通信和数据处理。热调节器类似于轨道器热辐射器的设计。弯曲的轮廓允许热辐射器折叠在模块上，以便在航天飞机有效载荷舱中发射升空。一旦在轨部署，热辐射器将通过二氯一氟甲烷（氟利昂 21）冷却剂回路耗散热量。由于这种热辐射器只适用于自主飞行器自身的设备，其他停泊的有效载荷都需要自带散热系统。

由于该自主飞行器的基本功率输出为 25 kW，因此它被称为 25 kW 能源模块，但据推测未来的版本将能提供 100 kW 或更大的功率。

11.4　扩展型持久飞行轨道器

遗憾的是，不管是 PEP 还是 25 kW 能源模块都停留在绘图板上。除了永恒的资金问题，主要的障碍是迫在眉睫的空间站。设计和制造永久性的前哨站不断被推迟，意味着航天飞机不得不作为一个临时的小型空间站。建造空间实验室的目的是进行那些最终打算在空间站上进行的研究项目。如果空间站一开始就包含在项目之内，那么航天飞机就可以作为地面和空间站之间运输航天员和设备的简单工具了，空间站才是真正开展工作的地方。然而，空间站所有工作在 20 世纪 70 年代中期就被冻结了，以便 NASA 可以专注于航天飞机的研制。到了 20 世纪 80 年代初，空间站计划重回议程。1984 年，时任美国总统里根下令 10 年内建成空间站。如果一切都是按计划开展，到 20 世纪 90 年代初，就不再需要延长航天飞机任务的时间了。

但接下来的事就世人皆知了。里根设想的 10 年过去了，但没有任何空间站的设备被发射到太空中，直到 20 世纪 90 年代末在轨组装才开始。同时，NASA 不得不寻找一种比基线版本轨道器在轨时间更长的轨道器。

1990 年 4 月 2 日，NASA 宣布与洛克韦尔航天运输系统部（STSDR）签署一项协议，开发用于有效载荷舱中携带燃料电池低温燃料的托盘（见图 11 - 7），作为扩展型持久飞行轨道器（EDO）项目的主要内容。为了让航天飞机任务能够持续 16 天，协议条款要求洛克韦尔出资开展设计和建造工作，交货期不得迟于 1991 年 12 月。NASA 分 3 年支付给洛克韦尔。

EDO 托盘（见图 11 - 8）正是约翰逊航天中心和马歇尔航天中心在 20 世纪 70 年代末开发用于延长轨道器在轨时间方法时所排除的方案。它增加了 4 套低温贮箱，总共装有 368 lb 液态氢和 3 125 lb 液态氧。它们被装载在有效载荷舱后方的一个重 3 500 lb、直径 15 ft 的托盘结构上。在轨飞行过程中，内部连接件及相关控制面板和电子设备向燃料电池提供低温燃料。随着技术的进步和人们对航天器资源管理认知的提升，采用了更多的低温燃料，而不是采用太阳能发电机。

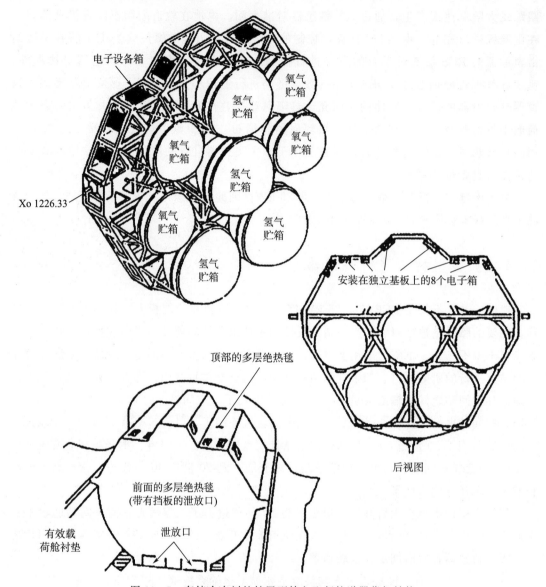

图 11-7　存储冷冻剂的扩展型持久飞行轨道器货架结构

　　与洛克韦尔的协议包括了对于延长持续时间至关重要的其他几项改进要求。其中一项要求是可再生二氧化碳消除系统（RCRS），目的是减少氢氧化锂罐的使用，它主要用于舱内空气中二氧化碳（CO_2）的滤除。由于每天至少需要两罐，为期 16 天的任务则需要大量的罐体，这增加了质量，并且还需要大量的储存空间。

　　第二项要求是，RCRS 系统将机舱内的空气输送到两个相同的固体胺树脂床之一中，以此来除去 CO_2。固体胺树脂是多孔聚合物基底上的聚乙烯亚胺吸附剂涂层，当暴露在含有 CO_2 的空气中时，树脂与空气中的水蒸气结合形成水合胺，与 CO_2 反应产生弱碳酸氢盐键。该过程需要水，因为干胺不能直接反应。当一个装置被激活后，另一个通过热处理和真空排气的方式再生。后一种要求妨碍了在上升段和返回段使用 RCRS，因此在这些任务阶段仍然需要装载氢氧化锂罐。

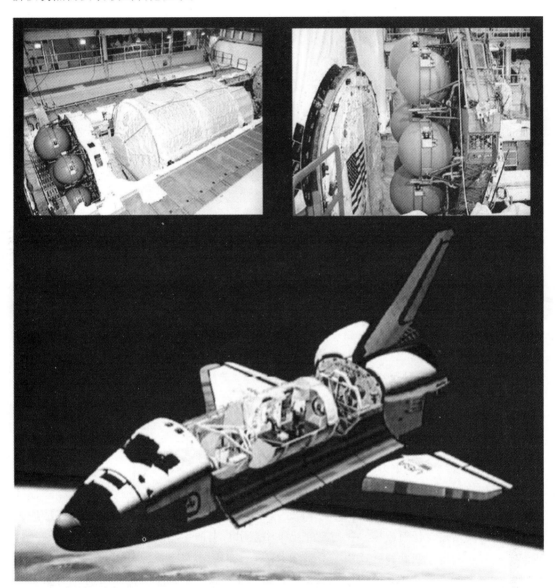

图 11 - 8　安装在轨道器有效载荷舱的 EDO 托盘

　　这种创新的、至关重要的系统需要根据环境测试协议（ETA），在轨道器乘员舱的高仿真模拟器及其环境控制系统中进行全面测试。通过 RCRS 常规测试，诊断出多种故障，但这些故障都是已知的。它还搞清楚了一些未知的东西，正如首席设计师亨利·罗特（Henry Rotter）回忆道："我们一直在做大量的测试……验证固体胺对人类没有伤害。然而我们不知道人类是否会损害固体胺。我们决定最好试一下，所以我们把 7 个男人关在

ETA 里，给他们简易床和相关的物品，他们就睡在里面。就这样，把他们锁在 14.7 psi[①] 的小屋里待了 7 天……期间二氧化碳的含量没有改变。然后我们又让 7 个女人同样待了 7 天……仍然没有看到变化，因此认为人类对固体胺没有影响，所以我们在 EDO 中开始执行飞行任务了。"

附加的氮气贮箱被安装在有效载荷舱现有贮箱的旁边，以便在较长的任务中保持乘员舱内的空气。

协议中还包含改进型废物收集系统（IWCS），以处理 16 天任务中 7 名航天员制造的大量工作废物。这个马桶容量无限，比以前的型号更舒适卫生，并且消除了许多机械问题。

最后，新的气闸储存舱在减少了氢氧化锂罐的情况下，使乘员舱增加了约 127 ft^3 的存储空间。

总之，托盘和轨道器的其他改进构成了所谓的 EDO 工具包。1991 年 8 月至 1992 年 2 月的一次重大改造期间，在加利福尼亚州帕姆代尔的洛克韦尔轨道器总装改造车间，哥伦比亚号被改装。[②] EDO 的第一次飞行于 1992 年 6 月 15 日起飞升空，计划飞行 13 天进行微重力研究。

11.5　EDO 第一次飞行：STS-50

航天员邦尼·J. 邓巴是 STS-50 的主要设计师之一。回忆起作为 STS-61A 的空间实验室 D1 的任务专家的第一次飞行经历，她说到："德国 MAN 技术材料公司赞助了一些试验项目。我认为在地球上 1 g 重力环境下是无法实现二元合金的定向凝固试验的。有些试验是很基础的研究，例如涡轮叶片的加工。当然，你实际上不会在太空中生产它们，但重力环境确实干扰着我们对某些处理过程的理解，因为重力环境会产生对流和紊乱的气流。"这些试验就是在无重力环境中研究这些过程。

鉴于邦尼·J. 邓巴在材料处理方面的背景，由她去询问 NASA 空间站中是否会有材料研发的熔炉等设施也是理所应当的。回复令人不安，她回忆道："我得到的回答是，我们没有为空间站建设任何设施。我们有的只是中层甲板上的一些东西，所以我说：'好吧，我们无法真正利用空间站开展这些前沿研究。'"

NASA 利用天空实验室开展了金属定向凝固领域的第一步探索，证明了微重力确实影响了材料的性能，如热传导等。对于邦尼·J. 邓巴而言，"如果不为空间站建造设施，对我们的投资和未来的科学探索来说都损失惨重。"幸运的是，她与航天员萨利·K. 赖德成立了一个同盟。"我们发现了在微重力环境中操作设施的能力与探索月球和火星之间的关

---

① 这是飞行过程中乘员舱的标称压力。

② 奋进号为持久飞行而改进了乘员舱，并携带了用于操作有效载荷舱的托盘的管道，所以它已经符合 EDO 标准。亚特兰蒂斯号和哥伦比亚号也进行了改进。亚特兰蒂斯号从未使用过。发现者号未进行改装。只有哥伦比亚号和奋进号带着这种托盘进行了飞行。

联，月球和火星的重力较小，那里可以就地利用资源。作为一个研究材料的人，对我而言，如果不知道零重力环境下会怎么样，如何去推断 1/6 或 1/3 重力环境下会发生什么？我不可能在月球上采矿时，期望着与在地球上产生同样的化学反应、热传递等。"

应 NASA 局长的要求，萨利·K. 赖德当时正牵头一项旨在确定未来太空探索目标的探索战略计划。她让邦尼·J. 邓巴成立并领导微重力材料研究任务小组，研究如何准备利用空间站进行材料研究。在与 NASA 的各个中心讨论这个问题并起草可能的方案填补这个空白之后，邦尼·J. 邓巴和她的团队提出了一些重要的建议。最主要的是，在空间站作为永久性前哨战被使用之前，未来材料研究设施和程序将在空间实验室任务中进行。读者可能记得，空间实验室概念提出的原因之一是试验或硬件快速周转的可能性，它可以根据飞行经验来调整或改进，并在再次飞行中进行进一步研究。在 1987 年年底提交的报告中，微重力材料研究任务小组提出了一系列专门用于材料研究的空间实验室飞行。

5 年后，STS‐50 运载着空间实验室加压舱升空，携带了许多微重力下的晶体生长反应炉，还有一些观察流体行为和燃烧过程的试验设备。邦尼·J. 邓巴是乘组中的一员，"我们用全新的硬件设备进行飞行有两个目的：一是发展科学，可以提升最先进的技术；另一个是作为空间站的测试平台。"邦尼·J. 邓巴被任命为有效载荷指令长，这大大提升了她的责任心。"作为有效载荷指令长，我的任务是负责对乘组训练提出要求，将这些要求落实到乘组中，并按照时间点与乘组活动规划师一同工作。这是一次美妙的经历。我们在 13 天中两班倒，昼夜不停地工作。当我们进行交接班时，我有一种自豪感，也许对很多人来说并不重要，但就像在马歇尔训练一样，我们从未有过一次交接班时间超过 15 min。在空间实验室的诸多飞行中总是有一个问题，就是不能在一次轮班中做完所有的事情，还有迟到或者熬夜的情况。我们在飞行中从来没有过。约翰逊和马歇尔的地面支持都执行得很好，我对此非常满意。"

经过 47 次飞行，NASA 似乎终于掌握了航天飞机飞行的技巧。"我说这话有点不好意思，"邦尼·J. 邓巴说："但这是一次非常顺利的飞行，没有任何故障。我们唯一遇到的一件事是反应炉有一个大功率开关，开关防护装置不够窄，没能防止人的脚趾进入并关闭反应炉。这对研究人员来说是非常失望的，但是我们加载了一些备份样本。这是我记得的唯一一件大事，其他一切都非常成功。"

实际上，这些事当中，关于如何在空间站上做研究，STS‐50 向我们提供了几条非常重要的经验教训。例如，因为不太可能预见微重力环境下的试验有什么反应，所以需要分配一定时间，允许太空中的航天员和地面上的科学家对实时发生的事情做出反应，从而在试验过程中做出决定。这与通常情况下将任务时间计划细化到几乎每一分钟，以便最大程度地利用在轨时间的做法形成鲜明的对比。

另一个重要的教训是，在飞行前的训练中应该投入多少时间。一个学派认为，对于空间站的飞行来说，对如何操作科研设施进行基本准备就足够了，因为在长时间的任务中会有更多的时间。至少按照航天飞机标准，在长时间飞行中，STS‐50 证明了这是不正确的。正如邦尼·J. 邓巴所说："事实证明，要做的研究比时间（允许的）更多。我认为时间就是金钱，在空间站上是按小时收费。如果我要投入训练时间，我宁愿投入到飞行前的地面准备阶段，而不是在太空中使用宝贵的资源。我想我们在空间实验室的飞行中证明了这一点。"

随着快速通信和数字媒体的出现，国际空间站上的航天员应该很容易上手，这个推论似乎是有争议的。无论何时想尝试新的程序或试验，视频教程都可以很容易上传。但正如邦尼·J. 邓巴所说："我绝不会让一名从未解剖过老鼠的天文学家根据培训视频去提取老鼠的内耳部分，这是需要在实验室进行动手操作训练的技能。但我认为我们在 STS-50 中受到了一些那样的限制。"

STS-50 的成功归功于 EDO 托盘完美的表现。STS-50 飞行了大约 24 h，哥伦比亚号的 3 个燃料电池开始使用额外的低温燃料贮箱。新的 CO_2 清除系统在最初的 25 h 内运行良好，然后经历了 6 次关机，导致了其钝化，然后开始使用大多情况下作为备用措施的氢氧化锂罐。经过 4 天的故障排查，系统被重新激活，并在剩余的飞行中表现得令人满意。

EDO 工具包飞行了 14 次，除了 1 次外，其他全部搭载于哥伦比亚号。[①] STS-80 任务中，它使哥伦比亚号执行了航天飞机计划中最长的一次任务。STS-80 任务于 1996 年 11 月 19 日发射，搭乘了 5 名航天员，12 月 7 日返航，飞行时间为 17 天 15 小时 53 分钟。

EDO 工具包达到了设计者的期望，但不可否认，它是一个巨大的设备，牺牲了有效载荷的质量，以延长在轨飞行时间。工程中的任何一个分支，规划者都必须做出妥协。尽管如此，我们可以合理地推测，如果 PEP 或 25 kW 能源模块已经可用，NASA 就能够开展比 STS-80 更长时间的飞行，也许可以持续一个月。

到了 20 世纪 90 年代后期，随着国际空间站的建成，长时间飞行任务的需求逐渐消失。除了哈勃空间望远镜最后一次在轨服务的 STS-125 任务之外，哥伦比亚号失事后的所有飞行都是前往这个不断生长的前哨站。每次飞行都要运送一个空间站的组件或者备件和补给品，有效载荷舱中都没有足够的空间安装 EDO 托盘。实际上，这也没有必要了。国际空间站任务不需要延长任务时间，一旦运送完成，就没有别的事可做了。然而，随着航天飞机计划接近尾声，NASA 认识到仍有改进的余地。

轨道器可以通过集成功率转换器单元（APCU），将 28 V 直流电系统的电力传输到 ISS 的 120 V 直流电网。在组装的早期，ISS 的发电能力有限，这个装置在应对航天飞机访问期间增加的能源消耗方面起到了至关重要的作用。然而，它是单向传输的。到 2007 年 5 月，奋进号和发现号都进行了空间站到航天飞机电力传输系统（SSPTS）的升级，用可双向供电的电力传输单元（PTU）代替 APCU。同时，ISS 也进行了 SSPTS 升级。

在 2007 年 1 月和 2 月之间，ISS 的常驻航天员进行了 3 次太空行走，铺设了轨道器和 ISS 电力系统之间所需的外部电缆。从 120 V 降到 28 V 直流电流后，ISS 可以向轨道器输送高达 8 kW 功率的电能，从而降低了燃料电池消耗低温燃料的速率。基于飞行配置，

---

① 这个总数包括不幸的 STS-107 任务，EDO 与哥伦比亚号及其机组一起失事。EDO 在另一架航天飞机的唯一一次飞行是 1995 年奋进号的 ASTRO-2/STS-67 任务。

SSPTS 使轨道器对接任务阶段可以从 6～8 天延长到 9～12 天，以便获得更多时间进行后勤转移、额外试验和详细的轨道器检查（如果需要的话）。

2007 年的 STS-118 任务是测试 SSPTS 升级后的第一个任务。它运行得非常好，以至于在轨 3 天后，任务管理组批准了一个为期 3 天的扩展任务，允许增加第四次太空行走，以提前完成一些装配任务，这些任务有助于未来的飞行。从某种意义上说，这是一种重新使用 PEP 和能源模块利用太阳能为轨道器供电的策略。

第 12 章　增加新的能力

12.1　夜间操作

这件事迟早都要发生。为了满足美国商业、军事和科学的需要，航天飞机必须拥有足够的灵活性，即在一天内的任何时候都能发射，包括在夜间。

1983 年 8 月 30 日 GMT（格林尼治时间）6：32，挑战者号照亮了黑暗的佛罗里达天空，它看起来像太阳。在保护罩内，STS-8 任务的五名乘员完全享受着这场演出。

航空法规要求在黑暗中飞机起飞或降落时驾驶舱和座舱的灯光要被调暗，使得眼睛适应周围环境，以便在紧急疏散时，人们不会因为光线的强烈反差感到炫目。为了遵守这项安全预防要求，STS-8 乘组都在暗光下进行模拟训练。事实上，在起飞前紧急疏散的训练中，他们能够通过发射台的结构逃生，而不用浪费宝贵的时间使他们的眼睛适应夜视。那是理论上的情况。然而，在起飞时，乘组保持夜视的想法就消失了。正如航天员们的飞行后报告中描述的那样，"驾驶舱里是白天"，"看起来像是你身处在一个发光球体的中间"，基本上像是"在向透着光的云朵里看"。那势不可挡的光线是两个固体火箭助推器喷射出的火舌。

夜间发射的需求源于任务中有效载荷的要求。在有效载荷舱的后部是一个支架，包围 PAM 近地点点火发动机上的 INSAT-1B。一旦进入地球同步轨道，这颗印度通信卫星就能提供电话和数据连接、直联的电视广播以及综合气象服务。为了将卫星定位在印度次大陆的赤道上方，通过轨道力学给出的解决方案是发射必须在夜间进行。这是美国载人航天计划中第二次夜间发射。[①]

尽管 NASA 宣布航天飞机在投入运行之前仅进行 4 次轨道飞行测试，STS-8 仍有一定的试飞味道。驾驶员丹·布兰登施泰因（Dan Brandenstein）指出："事实上，我们在晚上发射意味着我们最终会在夜间着陆。"[②] 这是该计划的另一个首次，航天员洛伦·J. 施赖弗认为这是必须要完成的，"作为一个全面运行的项目，你总会在晚上降落在某处。"

所有航天飞机飞行员都是经验丰富的试飞员，在任何情况下都能熟练地着陆。尽管航天飞机的外形和飞机相似，夜间着陆还是存在着一个挑战，它必定是一次独特的驾驶体验。为了更好地理解这些问题，有必要回顾一下，当飞机夜间着陆时，整个跑道必须由两侧灯光照明。飞行员必须清楚地看到着陆区域，这样才能确信是将轮子着陆在了跑道上，而不是附近的玉米地里。现代飞机有着陆灯，通常在机翼前缘和前起落架上。在制定降落

---

① 美国载人飞船的首次夜间发射是 1972 年 12 月 7 日凌晨阿波罗 17 号照亮佛罗里达州上空的时候。

② 日出 15 min 前的着陆被定义为夜间着陆。

方法的过程中，飞行员可以进行调整，以确保他们正确地对准跑道，并在所期望的着陆点落地。

再入大气层的热量意味着轨道器的整个表面必须被防热系统的隔绝毯和防热瓦所覆盖。外部将没有安装着陆灯的空间，不过它们也没用，因为着陆程序规定，直到飞行器距离跑道几百英尺的时候，航天飞机才能放下起落架，以 300 mile/h 的速度着陆之前几秒钟的光亮也来不及进行最后的调整。

丹·布兰登施泰因继续道："迪克·特鲁利（Dick Truly）[1] 和我看着对方说：'哦，这将很有趣。'"负责解决着陆时照明不足问题的洛伦·J. 施赖弗说："跑道本身两边有边界灯或进场灯（见图 12-1）。有很多线索可寻，但是没有什么能像飞机着陆灯那样照亮着陆区。所以我们必须想办法在着陆区提供一些照明，而且需要照射得足够远，以使指令长可以得到通常他可以得到的视觉提示。"拥有超亮度的氙气灯为着陆照明问题提供了最令人满意的解决方案。正如洛伦·J. 施赖弗所说："我们发现，将这些灯呈四组或两组倾斜分布在着陆区，不仅为你指明了方向，也能为夜间着陆提供光亮。"

图 12-1　航天飞机的一次夜间降落，清晰地展示了跑道边界的灯光

一旦灯光和反射器的正确组合被辨认出来，最后的微调仍可以继续。到目前为止，所有飞行都降落在加利福尼亚州爱德华兹的干涸河床上，很容易想象这是一块风沙之地。虽

---

[1]　前 X-15 驾驶员，并且是 STS-2 任务驾驶员，还是 STS-8 任务的指令长。

然白天没有问题，但晚上在尘土飞扬的地面着陆会造成严重而危险的情况。正如洛伦·J.施赖弗指出的："一旦你进来，如果光源在你身后……翼尖产生的涡流和落地时的其他影响将激起河床上大量的沙尘。如果照明光源在你身后，灰尘会在你身后扬起，它将切断着陆区其余的光线。沙尘很快就会挡住所有的光。"因此决定夜间着陆时，航天飞机要降落在水泥跑道上。就像丹·布兰登施泰因所说："我们降落的跑道使用了我们设计的照明系统，它完美地发挥了作用。"

包括 STS-8 在内，项目中一共有 26 次夜间着陆，其中 6 次是在爱德华兹空军基地。

12.2　"去做保守的事"

1997 年 4 月 4 日，哥伦比亚号和 STS-83 的 7 名乘员开始了一次计划为期 16 天的微重力科学实验室任务，他们在空间实验室模块要完成 33 个试验，以研究太空中金属、合金、蛋白质、流体的行为和燃烧过程。

尤其需要关注的是 3 个蛋白质晶体生长试验，它们旨在揭开与人体生理学相关的蛋白质的高阶结构①之谜，如胰岛素和 HIV 逆转录酶。② 它们预计将产生大约 1 500 种蛋白质晶体样本，用于分析地球上的癌症、糖尿病、酗酒、老年痴呆症和艾滋病。相比在地球上获得的蛋白质，在太空中培育蛋白质的优点是，在没有重力的情况下它们可以具有更高质量的结构。实际上，在地面上，这种结构在自重下往往会屈曲和变形，从而改变它们的三维组织。

虽然火灾是航天器最严重的灾害之一，但燃烧过程一直是航天科学家研究的热门话题。在没有重力的情况下，研究人员可以更好地了解推进剂、点火和火焰。这项研究为提高内燃机效率和减少污染带来了希望。在 STS-83 期间，美国石油协会估计，美国每年有 2 000 亿美元的原油开支，只要将燃料效率提高 1%，每年就可以节省 1 亿桶原油，相当于每天节省 550 万美元。

金属和合金在失重状态下也能表现出最自然的性质，特别是可以研究过冷现象。当一滴液体迅速冷却到冰点以下，仍保持液态时就会发生过冷现象。对过冷现象的研究可能会产生更好的飞机、汽车和货车发动机，更坚固的建筑材料，更好的铸造方法，以及更好的锻接、铸造和焊接技术。

所有的试验都在第三个飞行日启动，但入轨后不久，2 号燃料电池开始显示出现可能退化的迹象，显然，任务必须被缩短。

---

①　总的来说，蛋白质由多个氨基酸序列组成。共有 20 种不同的氨基酸。氨基酸的线性排列被定义为蛋白质的一级结构。然而，蛋白质链不同部分之间的布朗运动和静电作用可以形成二级、三级甚至四级结构。这种高阶结构解释了氨基酸序列是如何折叠的，并解释了蛋白质的具体性质。不正确的折叠有可能产生一种"缺陷"蛋白质，其行为会严重破坏细胞功能。

②　逆转录酶（RT）是一种负责组装与 RNA 序列互补的 DNA 序列的蛋白质。这种蛋白质被所谓的逆转录病毒（如 HIV）所利用，它进入细胞内部，恶性的 RNA 序列被 RT 所读取并转译成一个损坏的 DNA 序列，然后在细胞内进行破坏，从而导致了众所周知的艾滋病。

　　燃料电池通过在氢氧化钾电解质中结合氧和氢的化学反应来发电。在电池的一侧，氢气和氢氧根离子（OH^-）反应生成水和电子（$2H_2 + 4OH^- \rightarrow 4H_2O + 4e$）。电子（e）离开电池作为驱动轨道器的电荷。当电子通过电路返回到电池后，与电池另一侧的氧气和水发生反应（$O_2 + 2H_2O + 4e \rightarrow 4OH^-$），产生新的 OH^- 离子补充氢反应的消耗。最终结果是 2 个氢分子和 1 个氧分子被消耗，产生了 4 个电子、2 个水分子和热量。离开电池的电子数量决定了燃料电池消耗的反应物数量。这还提供了一种检查分配系统中是否存在泄漏的方法。如果燃料电池处于关闭状态，或者没有负载，低温贮箱[①]反应物的持续消耗则是发生泄漏的明确证据。

　　每个轨道器有 3 个燃料电池，都位于中机身的前部与有效载荷舱的底部。与许多子系统一样，燃料电池被设计成可重复使用的，且在飞行任务之间需要最小维护的形式。在这种情况下，它们有大约 2 000 h 的在线运行使用寿命。每一个燃料电池高 14 in，宽 15 in，长 40 in，考虑到在标称情况下它可以提供最高 10 kW 的连续供电能力，在非标称情况下（例如，如果一个或多个燃料电池已经失效）可以提供 12 kW 的供电能力和 10 min 16 kW 的峰值供电能力，这样的尺寸相当适中。

　　燃料电池被分割成一个用来进行化学反应的电源部分，和一个监控反应物流量、去除残余热量和水以及控制温度的辅助部分。电源部分包含的 96 个电池单元被分为 3 组，每组 32 个电池单元。集水器布满每个电池组，将反应物和低温燃料分开。

　　每个单元内由氧电极（阴极）和氢电极（阳极）产生反应，它们浸泡在氢氧化钾电解质中被一种多孔基体分隔。每一个电池单元在空载情况下产生 1.15 V 的电压，在正常负载下产生 0.9～1 V 的电压。串联这些单元，一个电池组共产生的电压范围为 28 V（电气负载的额定电压）到 32 V，即每一个电池单元提供的电压 0.9～1 V 乘以电池单元的数量。

　　在正常的燃料电池操作中，氢和氧被充分混合以产生电能。基体是一种石棉纤维吸附装置，起到阻隔电解质、限制反应物混合的作用。但当暴露于腐蚀性电解质多个小时后，电池单元内产生了热量，基体的制造缺陷或基体纤维中的杂质会导致产生针孔并允许反应物分子在这个针孔上直接化合。这种局部反应产生的热量会使这个针孔燃烧并扩大。由于无法控制其传播，这种反应会引起爆炸。在航天飞机计划早期，没有办法监测这种"渗透（crossover）"情况，因为这种电池单元的退化输出将被其他运作良好的单元所吸收。

　　这种情况在 STS - 2 任务中持续了 2.5 h，标称的 5 天飞行不得不被缩短为 2 天，这是飞行规则允许的最短任务周期。除了令人失望之外，也提出了一个可能严重危害航天员健康的问题。正如飞行员乔·恩格尔指出的："我们的水也有问题，因为燃料电池上的隔膜失效使过量的氢进入我们的饮用水，[②] 使它起了很多泡。无论我们什么时候喝水，水中都充满了大量的氢气泡，它们不会像（地球上的）玻璃杯中的气泡那样浮到面上，然后自己

---

　　①　因为氢气和氧气只有在接近绝对零度的低温下才是液态，所以形容词"低温"被应用于所有处理它们的部件。
　　②　燃料电池有用的副产品是水。它被收集并储存在 4 个水箱中，以字母表中的字母命名。通常，水箱 A 储存的纯净水被乘员用于准备食物和个人卫生。

跑掉，因为在零重力的情况下，它们不会上浮，只是停留在溶液中。我们没有办法将它们分离，所以水中有大量的氢气，一旦它们进入你的身体，这就像你非常快地喝可乐一样，体内仍然有二氧化碳气体在不断冒泡，所以你想打嗝并吐出那些气体，这是自然的生理反应。但你只要那样做，就会吐水。这可不是一件好事，所以我们没有喝水。当我们回来的时候，我们都脱水了。"

从 STS - 9 开始，第三个电池组被添加到每个燃料电池中来产生更多的电量，因为任务需求越来越大。随着燃料电池的增大，个别电池单元发生故障的概率随着"磨损"或使用年限的增加而增加。因此，人们设计了电池性能监视器（CPM），用来检测即将发生的故障，例如单个单元中的渗透。比较每半块电池组的电压并计算电压差。因为一个电池组中所有的单元产生相同的电流，两个半块电池组的电压一定相同。临界阈值被定义为 300 mV 的电压差。

这是 NASA 认为发生在哥伦比亚号 2 号燃料电池上的情况。实际上，CPM 监测到 2 号燃料电池超出了阈值并重新回到稳定状态。现有的数据不足以让任务控制中心排除渗透的可能，因此，4 月 6 日上午 9 时，任务控制中心决定缩减任务，并要求航天飞机在 2 天内返回地球。尽管一个燃料电池足以为轨道器提供动力，但关于冗余的飞行规则要求以 3 个良好的燃料电池进行再入，所以这是第一次尝试只用两个燃料电池进行返回。

上午 9 时 12 分，加拿大航天员克里斯·哈德菲尔德（Chris Hadfield）作为任务控制中心的航天通信员，得知了来自任务管理团队的坏消息，"任务管理团队所有人在工厂直接开会进行讨论。他们不了解 2 号燃料电池的情况。尽管你们努力做了很多工作来使问题稳定，但这显然已经不是在家里发生的事情了，所以我们将缩短任务。"任务指令长吉姆·哈尔瑟尔（Jim Halsell）代表全体乘组专业地回答道："那肯定令人失望，但我们知道你尽了最大的努力，做了正确的事。我们对你们所做的所有工作表示感谢。"

失望是航天员很少会有的感觉，在有限的时间里，机组乘员决心尽可能多地进行有用的科学研究。另一方面，他们已经刻苦训练了 18 个月，科研人员花了很多时间来设计和准备试验。在这种情况下，任务就是要做到最好。

为了尽可能多地为空间实验室和试验装置供电，所有非必要设施被关闭，包括机载照明。实际上，在观看飞行后的视频时，有可能看到乘员们在小手电筒的照明下工作，这让人想起阿波罗 13 号的场景。在亨茨维尔工作的空间实验室控制人员与航天员一起为减少试验的运行时间而工作着，他们为了最大程度地得到科学回馈，不断地调整着时间表。

其中，所设计的燃烧模块试验用来研究所谓的层流烟尘过程，在不同条件下的火焰形状、产生烟灰的类型和数量，以及烟尘成分温度的研究，为第一次对稳定非浮力火焰的观测提供了数据。燃烧学科学家及密歇根大学的首席研究员杰勒德·费思（Gerard Faeth）充满激情地说："科学家们第一次看见了微重力条件下燃烧的烟尘浓度和结构，这是一个真正的第一次。我们今天看到的图片很可能会收入未来的教科书。"火焰中的很多能量释放到了烟尘中。"研究人员对烟尘在燃烧过程中的作用以及它是如何由不同燃料产生的有了更深入的了解。烟尘有很多负面的属性，这就是我们关注它的原因。它是一种污染物，它对公共健康有害；它也是家庭火灾的主要起源；它含有一氧化碳，是有毒的。烟尘每年在美国造成约 4 000 人死亡，造成的火灾使大约 25 000 人受到损伤。"

　　燃烧研究中的另一个第一次是在 4 月 7 日载荷指令长贾尼丝·沃丝（Janice Voss）进行的几次液滴燃烧试验中实现的。加州大学圣迭戈分校的首席研究人员福曼·威廉斯（Forman Williams）博士称："6 次燃烧都成功了，并且我们第一次点燃了处于自由状态的液滴。"设计这个试验的目的是研究火焰的燃烧速度、火焰结构和火焰熄灭的条件。"我们无法在地面试验中获得这种数据。我们已经在两种不同的氧气浓度下进行了燃烧试验，并计算了每一种浓度下自由状态的液滴燃烧的次数。"福曼·威廉斯解释道。燃料液滴的燃烧是加热炉材料处理、家庭和商业供暖，以及利用燃气轮机和汽油发动机产生能量的一个重要研究方向。这项研究的发现使科研人员对燃烧过程有了更深入的了解，这将产生更清洁、更安全地燃烧化石燃料的方法，以及在地球上更有效地发热和发电的方法。

　　后续的燃烧研究，是低刘易斯数火焰球结构（SOFBALL）研究，用南加州大学首席研究员保罗·龙尼（Paul Ronney）博士的话说就是，"我做梦也想不到。"研究的目的是确定火焰球能够稳定存在的条件，以及热量损失是否是维持火焰球稳定燃烧的某种方式。在第一个试验中，氢气、氧气和二氧化碳的混合物在设备中燃烧了 500 s。这是一个意义重大的结果，正如保罗·龙尼所指出的："这些是有史以来最弱的火焰，含有温度最低、最少、最稀的混合物，它们不会在地球的重力下燃烧。我们早就知道，燃烧较少的混合物能提高燃烧效率，但对这些混合物的燃烧极限却知之不多。"这项研究的结果使科学家们对燃烧过程有了更好的理解，并帮助他们改进了理论模型。"燃烧模型针对这些类型的火焰给出了不同的结果，"保罗·龙尼说，"这是一项严格的测试，以显示哪一种现有的燃烧模型应该被使用。"

　　4 月 7 日晚上，空间实验室和所有的试验装备已经被停止使用，哥伦比亚号已配置好准备返回，乘员们有时间回答媒体的一些问题。第二天，哥伦比亚号在佛罗里达州顺利着陆，成功完成了航天飞机第一次在只有两个燃料电池工作的情况下的再入过程。

　　飞行后的燃料电池检验结果显示，有几个电池单元轻微退化，其症状显示似乎出现了渗透。实际上，燃料电池还远没有达到临界值。不幸的是，就其本质而言，CPM 无法判断燃料电池是否出现渗透或只是简单的退化。事后看来，STS-83 任务可以继续，但在缺乏更多燃料电池实际状态信息的情况下，NASA 做出了正确的决定。在这一事件之后，对 CPM 进行了改进和升级，使其能够以电池单元为基础进行告警。如果早些这样做，就会是另一种情形，NASA 会清楚地知道燃料电池中出现了什么情况，并能够做出更明智的抉择。STS-83 被过早地召回，但它的任务还远远没有结束……

12.3　"未来增加灵活性的潜力"

　　实际上，NASA 的管理人员已考虑在不久的将来重新进行一次完整任务飞行的可能性，以完成 MSL 的研究。航天员、科学界和其中的每个人都愿意去尝试。着陆之后，

STS-83 任务指令长吉姆·哈尔瑟尔自信地说："我们已经准备好飞行了。如果由我决定，我想给他们一两周的休息时间让他们为这次飞行减压，然后再回来开始下一次飞行。"任务科学家迈克尔·鲁滨逊（Michael Robinson）补充道："从有效载荷的角度来看，我们能准备好。所有的科学团队都说他们能准备好。"然后，"就会变得很紧张，但再来一次的话，大多数实际（试验）样本没有动过，所以它们不需要被改变，不需要升级或更改设备，没有必要这样做。"

"即使从经济角度看，花费也会增加。截至 1995 年，典型的航天飞机飞行费用为 5 亿美元，大部分费用用于地面测试、处理、训练、任务规划、仿真和其他活动。然而，重新执行同样的飞行任务只需要航天器和乘组人员做很少的准备。据 NASA 航天飞机的经理汤米·霍洛韦（Tommy Holloway）所说，让 STS-83 重返太空将花费 5 000 万~6 000 万美元。这对于 NASA 的预算储备来说，只是相当少量的资金。马歇尔航天中心的微重力研究办公室主任乔尔·卡恩斯（Joel Kearns），作为 MSL 有效载荷的赞助方，甚至更为乐观，"肯定是少于汤米·霍洛韦所说数字的一半，甚至会少更多，"他补充了最重要的一点，"我们越快去做，它越便宜。"

4 月 25 日，NASA 宣布，STS-83 会作为 STS-94（第一个可用的任务编号）在 7 月初重飞。这给了该机构不到 3 个月的时间为哥伦比亚号、机组人员和空间实验室做准备。实施非常规的处理流程需要跳出框架思考问题。通常情况下，空间实验室将从航天飞机的有效载荷舱中被取出并送往肯尼迪航天中心的操作和检测（O&C）大楼，为下一次任务进行飞行后的检查和准备。在发射的前 10 周，它将返回到 3 个轨道器处理设施（OPF）之一，被安装到执行任务的轨道器中。额外的系统集成验证将确认轨道器和空间实验室之间的连接。发射前一个月，轨道器将被置于发射台，进行最后的系统验证。

正常的流程大约需要 13 个月，但对于 STS-94 来说，NASA 不得不将时间压缩到 2 个月，处理时间减少了 75%，这是从未尝试过的。甚至在宣布任务重启之前，就决定让空间实验室搭载在哥伦比亚号上，直接在 OPF 大楼里进行检测处理。这就意味着大部分的空间实验室地面支持设备不能被使用，因为它设计之初不是用来处理搭载在轨道器中的实验室的。因此，大多数检测在系统集成级实施而不是在部件级进行。所以需求必须被修改或删除，以适应地面支持设备的不足。为了确定那些必须要进行的检查或测试，人们付出了很多努力。

每一次任务结束后，硬件设备都要经过一系列的飞行后检查。一旦新任务的硬件装配完毕，就必须进行另一套飞行前检查。因为哥伦比亚号和空间实验室不会分开，所以要对飞行前检查进行分析，确定哪些检查必不可少，其他检查项可以作为 STS-94 飞行前检查的一部分，而不是 STS-83 的飞行后检查，甚至推迟到 STS-94 返回后进行。[①] 焦点在于系统集成，但进行一些部件级验证是为了确保空间实验室部件没有达到预期寿命，还不需要更换。一个远程采集单元和一个试验输入/输出单元在 STS-83 中显示出异常行为，但

---

① 这是一个明智的选择，因为 STS-83 的一些飞行后检查与 STS-94 飞行前检查的目的相似。这种权宜之计避免了重复检查，节省了时间。

没有时间去评估和解决这些问题。这台故障录像机被留在地面，因为它在飞行中很可能出现一些异常情况。

哥伦比亚号也是被检测的对象，因为无论在下一次飞行前有多少时间，机组人员的安全都具有最高优先级。每一项被删减的检查都要被评估，以确认它在 STS‐83 前已经执行，并且相关的接口没有被破坏。此外，STS‐94 进行了关键部件安全性和可靠性的全面系统检查，以确认它们工作正常。

艰苦的工作得到了圆满的回报。1995 年 7 月 1 日 STS‐94 发射，它的表现超出了所有人的预期。着陆后，汤米·霍洛韦只有赞美之词："任务完成得很出色。所有的科学目标，包括更高的期望，都已经完成。飞行器有着绝对示范性的表现，我非常高兴。"任务指令长吉姆·哈尔瑟尔也很激动："哥伦比亚号的表现堪称完美。几天过去了，我们却不必做错误日志重置（error log reset）。用我们的话说就是没有任何问题……所以总的来说，这次飞行完成了上一次飞行要做的事。"

STS‐94 的成功飞行是自信心的一次完美体现，能力卓越的 NASA 和航天飞机计划解决了突发问题并将它们转化为圆满的成果。与此同时，重新飞行的案例是极具权威的一课，如果有必要，可以应用于即将到来的空间站组装飞行。

当重新飞行的抉择受到争议时，汤米·霍洛韦指出："我认为这将是一个很好的测试建设空间站能力的实例，我们有能力将有效载荷带回来，还可以出于任何原因带回空间站的一个模块，即便像这次的事情或是空间站上的接口没有像我们期望的那样工作，也能够在实际中以合理的时间对它进行处理。"

这样的情况从未发生过，但我们可以肯定的是，如果发生，NASA 能够迅速恢复。

12.4　有效载荷规划及集成

1975 年 7 月 24 日，阿波罗太空舱最后一次在海中溅落，为阿波罗‐联盟号测试计划（ASTP）画上了句号，这使 NASA 将所有资源和人才投入到航天飞机的开发上，计划的第一次飞行快到了。令 ASTP 取得国际政治[①]成功的一组员工逐渐发现自己闲了下来。然而，航天飞机计划的一个重要方面被忽视了，现在就需要开始重视。

因为一旦航天飞机开始运作，美国所有的消耗型运载器将被淘汰，航天飞机显然需要以与货运航线相同的方式来运行，必须能够容纳各种有效载荷，它们每一个都有自己的需求。[②] 这显然不是一个容易的任务，因为它需要 NASA 面对一条陡峭的学习曲线。

拥有数十人的前 ASTP 团队改名为航天飞机有效载荷集成与开发项目办公室（SPIDPO），着手制定和实施战略，旨在让航天飞机成为高效的轨道运输货车。NASA 对

---

　　① 1975 年的阿波罗‐联盟号测试计划标志着第一次美国和苏联的飞船在太空中进行交会，并实施对接运行。这是冷战中两大主角的第一次合作。它的结果最终促成了国际空间站的建立。

　　② 20 世纪 70 年代早期进行的几项经济分析预测，如果航天飞机每周至少飞行一次或两次，那么它的成本将比任何现役的消耗型运载器便宜得多。

有效载荷规划和集成的方法并不陌生，但航天飞机带来了一系列前所未有的新问题。例如，以前所有的载人航天项目都是在 NASA 内部自给自足的，将项目中的一块分配给该局各地的中心，与工业界只有很少的外部联系。此外，只有少量、简单的有效载荷在载人任务中飞行过。现在 NASA 有了一个大容量的货运飞行器，每一次任务都被各种有效载荷填满，其中大部分有效载荷是复杂、昂贵且与其他有效载荷不相关的，而且最糟糕的是，它们都是在没有监管的情况下由外部开发的。

由于航天飞机搭载商业卫星时需要与上面级匹配，SPIDPO 小组决定，根据它们的大小，每次飞行最多搭载 4 颗卫星。这就引出了一个关键问题，即如何将每个有效载荷与轨道器实现物理连接。最合适的地方是有效载荷舱前隔板底部的连接器板，它上面安装了超过 100 个连接器，用于供电、指令和与轨道器之间的数据交互传输。每一个有效载荷都会通过沿着舱壁的电缆被手动连接到连接器板上。但这是一个复杂的方法，很容易导致插错电缆，复验会使一个已经很耗时的过程额外增加时间。实际上，除非一个给定的轨道器总是被用来搭载 4 颗商业卫星，否则有效载荷舱需要为当次的有效载荷重新配置，每一次都涉及布线方案。这个问题在空间实验室上被加剧了，不同的配置和试验需要获取轨道器提供的全部资源。因此，任何一次空间实验室任务都需要在连接器板上连接错综复杂的电缆网。

最终一种更简洁的方法被设计出来。领导 SPIDPO 的格林·S. 伦尼回忆说："我们最终将舱内所有连接器等分为 4 套放置在 4 个位置，每一套能发挥 1/4 的作用，供电服务将由航天飞机提供，所以如果是小尺寸的用户，使用一套连接器。如果比那种尺寸大一倍，使用两套连接器。如果是占据整个货舱的专用航班，你可以拥有所有的服务。"

在制定所谓的空间运输系统用户收费政策时，也采用了类似的方法来确定 NASA 应向商业用户收取的费用。问题是价格应该基于被运输的有效载荷的体积还是质量。考虑到卫星可能占据整个舱，但质量相对较小，NASA 决定将有效载荷舱划分成 4 块，并根据有效载荷占据的块数来向用户收费。必要时也要考虑质量。虽然听起来很简单，但其他因素在实际定价时也起到了重要作用。特别是，与法国阿里安运载火箭的竞争迫使 NASA 削减报价，以尽可能赢得更多的用户，因为那是航天飞机在经济方面证明自己的方式。实际上，除非航天飞机每周飞行一到两次，否则该项目将无法产生经济回报。因此，NASA 必须尽一切可能防止失去合同，即使这意味着赔本运营（可以这么说）。

兼容是格林·S. 伦尼团队面临的另一个挑战。这需要了解如何在轨道器内混合和匹配不同的有效载荷。格林·S. 伦尼承认："混合货物提出了全新的挑战，以前没有人大量处理过。首先，策划者必须避免有效载荷之间的干扰，不仅在物理上要避免侵入到相邻的有效载荷的操作范围内，而且要考虑到热、电磁和无线电频率干扰等因素。其他因素也很重要，如有效载荷的部署/运行高度、轨道倾角、任务时序上的操作时间等。格林·S. 伦尼回忆说："我们不得不亲自确认，因为有效载荷人员只会说，我们计划了一些可以运行和实现的事情，并且只要那样做就不会有问题。"

航天飞机前所未有的可重用性使 NASA 及购买其发射服务的用户态度发生了意想不

到的转变。在此之前，当一个电信公司或军方用户购买了发射服务时，他们实际上获得了对运载火箭本身的完全控制权。在拥有运载器的前提下，用户就决定了他们的需求。这对一次性使用的火箭来说是一个合理的协议，但航天飞机的可重用性和乘组人员的存在意味着现在 NASA 才是其所有者，用户只能在符合 NASA 规定的要求内租赁一次发射服务。

格林·S. 伦尼回忆道："人们还怀有他们拥有运载器时的心态，操作人员应该按照他们所说的去做，所以这对他们来说是一种控制权的转变。当时对我们来说还不那么明显……然而，当我们听到一些牢骚的时候我们开始明白，他们之前是怎么工作的，他们期望的是什么，为什么现在不同了，为什么在某些方面我们的想法会出现冲突。"对此，SPIDPO 准备了大量的文件清楚地解释了航天飞机的环境和接口，帮助用户在不危及乘员安全的前提下设计与轨道器兼容的有效载荷。就像格林·S. 伦尼所说的，"我们给他们制订了一本要求手册……包含机械要求、电气要求和无线电频率的要求……我们通过为对象进行逻辑分组来搜集材料，然后保持记录的习惯，用了很多年来制订它。"

对于之前的载人航天项目，几乎每一个硬件都是 NASA 一直负责开发和建造的，但航天飞机搭载的设备是在没有 NASA 监管的情况下进行开发的。有效载荷将由世界各地的公司进行开发。正如格林·S. 伦尼苦笑着说的那样，"你不知道他们在做什么。"这就是为什么有效载荷安全小组需要在有效载荷开发建造过程中一些重要的里程碑节点开展评审工作，以验证安装兼容性和集成性的需求。出于同样的原因，NASA 要求有效载荷被设计为三机冗余的形式，并且能够在两机故障的情况下不能威胁轨道器及其机组人员的安全。

航天飞机使用户在设计和发射有效载荷方面变得更困难了，NASA 也在尽力减轻这种痛苦。为了便于用户充分了解如何设计有效载荷，实现无延误地通过安全评审，NASA 编写了说明文件，以解释大部分安装兼容性和集成性的需求。NASA 建立了货物集成评审流程，说明他们将如何处理有效载荷以及如何满足有效载荷部署或操作的要求，NASA 还引入了有效载荷集成经理（PIM）的职位，建立 NASA 和其用户之间的联系。对于每一次任务，将指定一个 PIM 来安排飞行中携带的有效载荷组合，包括协调有效载荷审批、安全评审、货物集成等所有活动。

SPIDPO 成立之时，人们认为航天飞机会按一个货运航班的规律运营。即使每年只有少数几次飞行任务，甚至在挑战者号失事之后商业卫星的运输也被取消了，SPIDPO 仍继续为这个项目服务。在航天飞机运营的 30 年时间里，SPIDPO 提供的重要价值在于它使每一次飞行都能成功。与此同时，它使 NASA 和全世界的航天机构了解到如何运营一种可重复使用的航天器。

第 13 章　航天飞机计划的遗产

13.1　引言

2005 年 9 月 25 日，《今日美国》发表了由特拉奇·沃森（Traci Watson）撰写的一篇一页的文章《NASA 局长认为航天飞机是一个错误》。文章称，NASA 局长迈克尔·D. 格里芬（Michael D. Griffi）自 4 月份以来曾在谈话中表示，航天飞机是一个错误，并且"现在普遍认为那不是正确的途径"。[①]

这个具有冲击性的声明是在航天飞机计划的一个微妙时刻提出的。事实上，就在 2003 年 2 月 1 日，哥伦比亚号在计划返回佛罗里达州前 15 min 的时候失事，它在得克萨斯州和路易斯安那州的上空解体。事故调查委员会很快发现了这次失利的多重原因。其中最主要的是在上升过程中，一块从外部推进剂贮箱表面脱落的泡沫击中了机体左翼前缘。左翼上由此产生了一个 20 in 的洞，后来再入过程的热流穿透了机体并引起灾难性的结构故障。飞行器的解体导致 7 名乘组人员全部丧生。因此，NASA 努力实施多方面升级和改进计划，以提高安全性并降低再次发生事故的风险。

两年后，2005 年 7 月 26 日，发现号被发射升空重启飞行任务，这次任务是为国际空间站运送大量急需的物品。通过对上升影像的分析发现，泡沫再次从外部推进剂贮箱表面脱落。虽然没有任何碎片击中发现号，但也是擦肩而过，在哥伦比亚号事件之后，这是 NASA 无法承受的。航天飞机机组在地面上又停飞了一年，以进一步改进外部贮箱。正是在这第二次间歇期间，格里芬对航天飞机计划进行了批判。鉴于两架轨道器失事的历史背景，他的论断看起来似乎合理，但我们真的可以认为航天飞机计划是一个错误吗？

13.2　航天飞机的故障

毫无疑问，挑战者号和哥伦比亚号的失事是航天飞机计划最严重的失败。两者都是由灾难性的结构性故障引发的，这归咎于该计划初始阶段的设计缺陷。事故夺走了 14 名勇敢的航天员的生命，尽管他们知道太空飞行的危险，但相信了 NASA 的能力。

1986 年 1 月 26 日，在阳光州冬日里一个异常寒冷的清晨，挑战者号开始了它的第十次任务。大约 72 s 后飞行就戛然而止了。罗杰斯委员会调查了这起事故，发现组成固体火箭助推器的 4 个部段之间的连接处存在致命的缺陷。在低温情况下，如发射前夜晚所经历

---

① 值得注意的是，格里芬对国际空间站表达了同样的看法。

的，O 形橡胶圈有失去弹性的倾向，从而影响它们对连接处的密封。[①] 因此，右侧助推器内部的高温高压气体能够从助推器下部与外部贮箱连接处附近的接头泄漏。这个"喷灯"不仅在外部推进剂贮箱的底部烧出一个孔，而且切断了承重轴。推进剂贮箱的裂口将倾倒液氢，破损的承重轴使助推器绕其上部附件转动，从而破坏外部贮箱顶部的氧气贮箱，从而导致失控爆炸和结构破坏。[②]

最重要的是，委员会发现了 NASA 核心的错误行为模式，这可追溯到 10 多年前。当 NASA 将航天飞机作为国家唯一需要的运载器出售时，这种模式就开始了。人们对新型航天器的可复用性大肆吹捧，认为这样可以减少进入太空的花销，甚至是可以盈利的，没有必要浪费消耗型运载器。但这里有一个陷阱，正如许多研究所指出的那样，盈利能力和低运营成本要求航天飞机要像商业航班那样运营。具体而言，它必须每周至少执行一次飞行任务。这种要求显然是荒谬的，但对资金和政治支持的需求战胜了人们的常识。这家未来的太空航空公司开始接受航天飞机部署商业和军用卫星的合同，这导致了（如第 2 章所示）两类上面级的设计和开发。

经过 4 次任务之后，飞行测试程序宣布完成，航天飞机可以开始运行。这种论断的疯狂之处再一次显现出来，任何现代客机或军用飞机在获批服役之前需要进行数千小时的地面和飞行测试。航天飞机作为复杂的飞行机器，应该经过相同的验证，但缺乏资金并急于履行商业合同共同导致了测试早早结束。

迫于按时发射的压力，NASA 采取了"异常现象正常化"的态度来忽视安全问题。这是哥伦比亚大学的黛安娜·沃恩（Diane Vaughan）教授在分析挑战者号事故时提出的。正如她写的，"异常现象正常化"意思是组织内的人们习惯于偏离行为，以至于他们不认为这是一种偏离，尽管事实上他们远远超出了他们自己的基本安全规则。"[③]

实际上，这意味着接受了这样的情况，因为异常（或异常行为）的发生对安全性没有任何影响，所以没有必要纠正它，它就变成系统正常（因此是"正常化"影响）行为的一部分。

在挑战者号的案例中，众所周知的是，O 形圈没有按照预期情况工作。实际上，一些回收的助推器已经表明，一些 O 形圈已经受到严重的损坏，如果接口处的设计按照所宣传的方式工作，那么事故就不会发生。像挑战者号那样的事故很有可能早就发生了。但这种异常从来没有造成任何重大问题，所以被认为不值得对此进行详细分析。实际上，整个接口处的设计没有经过充分的测试，只通过计算机模拟和地面测试分析了静态负载。由于

① 诺贝尔奖获得者、以向公众阐明物理学中的复杂概念而闻名于世的理查德·P. 费曼（Richard P. Feynman）揭露了这个问题。在罗杰斯委员会的公开听证会上，他演示了一块与 O 形圈相同的橡胶是如何在低温下失去完整性的。对于这个试验，这位聪明的物理学家简单地使用了一杯加冰块的水！您可以在 YouTube 上搜索他的演示视频，看这个天才的工作非常有趣。

② 从技术上讲，挑战者号没有爆炸。实际上，由于氢气和氧气混合，外部贮箱发生爆炸，由外部贮箱爆炸和随之而来的失控产生的加速度导致轨道器遭受了结构性解体。这类似于由爆炸冲击导致人遭受骨折或器官破裂。在这种情况下，身体受到的伤害是气流冲击的结果，而不是身体自己爆炸。

③ 黛安娜·沃恩所著的《挑战者号发射的决定》是任何想要了解异常现象正常化以及它如何影响安全性的组织内各层级必读的内容。这个问题非常重要，以至于在研究和解释人为因素问题时，挑战者号事故经常被引用为例子。

缺乏资金和时间，几乎没有对上升时的动态负载进行研究。更全面的分析还揭示出即使 O 形圈未经受低温，接口处的弹性也可能导致热气泄漏。

NASA 管理人员给负责固体助推器工程师的压力进一步加剧了挑战者号的异常现象正常化，他们担心异常寒冷的气温可能会损害 O 形圈的完整性。[①] 他们的专业意见被一群对履行商业义务比确保安全更感兴趣的管理层置之不理。[②] 这是 NASA 将航天飞机作为客机出售的直接后果。

这次事故还反映出轨道器在发生事故的情况下缺乏拯救机组人员的逃生系统。[③] 但公平地说，NASA 从来没有足够的资源来增加一个适当的应急系统，节省下来的质量有助于实现保持政治支持所需的有效载荷运载能力。

最终，航天飞机计划恢复得比以前更加强大和安全。[④] 1988 年 9 月 29 日发现号发射时，它标志着 NASA 带着将人员安全放在首位的理念，重新回归人类太空飞行计划。太空航班服务已交给消耗型运载器了。

但是记忆会随着时间的流逝而渐渐的消失，那些陈旧而又有缺陷的习惯慢慢地重新浮出水面。当哥伦比亚号于 2003 年 2 月 1 日非常成功地结束了为期 16 天的任务，失约于肯尼迪航天中心的时刻是 NASA 再次进行自我检查的时候了。哥伦比亚号事故调查委员会认为，一块泡沫在上升过程中从外部贮箱脱落并击中了轨道器的左翼，从而在其中一个前缘板上造成一个相当大的洞。机组乘员没有意识到这一点，他们注定难逃厄运。不可避免地，再入过程中的热等离子体穿透机翼，熔化金属并导致机翼崩溃。机体失控导致了飞行器的解体。

异常现象正常化再次成为问题的核心。正如带缺陷的助推器接口一样，覆盖在外部贮箱上泡沫的脆弱性是众所周知的。出乎意料的是，因为没有发生过危险，针对促进泡沫分离的外部贮箱特征的设计更改迄今为止都还没有被实施。人们也很清楚轨道器热防护的脆弱性。贴在机身下面防热瓦和形成机头及机翼前缘的碳-碳板在再入时非常完美地保证了铝结构免于熔化，但处理机械应力方面的表现较差。然而，考虑到轨道器的规模以及排除采用热结构[⑤]的技术限制，这是 NASA 可以提出的最好解决方案。当宣布航天飞机投入运行时，热防护系统在轨维修的初步研究被驳回。哥伦比亚号失事后，它们又恢复为一个紧

---

① 通过互联网上那些令人印象深刻的图片，您可以感受到发射前的夜间有多冷，这些图片展示了发射台架构的金属框架上悬挂着巨大的长冰柱。如果发射台不是位于阳光州，而是在斯堪的纳维亚半岛，那么这是可以被接受的！

② 艾伦·J. 麦克唐纳（Allan J. McDonald）所著的《真相，谎言和 O 形圈》是另一本关于挑战者号事故的必读图书，作者是为数不多的在 NASA 向固体火箭助推器制造商莫顿·齐奥科尔公司施压后还反对发射的工程师之一。

③ 对于最初的两次任务，如果发射出现问题，双人机组人员可以使用弹射座椅逃离故障轨道器。当运载较多乘组人员时，前排座椅的弹射机构被禁用，后来被移除。在挑战者号事故之后，乘员舱内增加了一个带杆的逃生系统。在紧急情况下，入口/出口舱将被吹掉并且杆延伸入气流中。然后，航天员可以一个接一个地用杆作为指引避免撞击机翼，离开乘员舱。一旦脱离轨道器，他们会打开降落伞并寻找安全的地方降落。尽管乘员在泳池和公海上训练过，但没有人相信该系统能够起作用。实际上，它只能在大气层的低部和轨道器处于稳定状态时才能使用。这仅仅是使公众产生航天员的安全状况变得更好这种错觉的权宜之计。但坦率地说，这个系统所占用的质量用于额外的有效载荷更好。

④ 固体火箭助推器的接口处得到很大改善，之后没有发现这种类型的其他问题。关于挑战者号之前和之后的接口设计的深入描述，请参考拙作《入轨和返回：航天飞机如何在太空中飞行》。

⑤ 关于最初为航天飞机提出的"热结构"概念的讨论，请参阅第 1 章。

急事项。[①] 再一次地，该计划复飞至 2011 年结束也没有出现过其他重要事件。航天飞机的反对者常提出的一种观点是它太复杂，因此操作起来太昂贵。具体来说就是，它未能实现廉价访问太空的承诺。但是，我们必须明白，复杂并不是一件坏事，只要它能被彻底理解、妥善管理并逐步实施。

　　NASA 所犯的错误是，在没有任何中间步骤的情况下，从"简单的"阿波罗太空舱跳跃到类似于波音 737 型的航天器。这就好像莱特兄弟在 1903 年 12 月 17 日做过莱特飞行者一号的历史性飞行之后，就开始着手开发波音 747 一样！在成千上万的技术革新已经实现并且积累了数百万小时的飞行经验和操作之后，这个天空女王[②]大约在 60 年后才出现。NASA 如果从一个较小的航天器开始，只是将航天员和小型有效载荷运送到使用土星 V 号系列火箭组装的空间站可能会更好。类似于欧空局的赫尔墨斯航天飞机或内华达山脉公司目前正在开发的追梦者号太空船将胜任这项工作。轨道拖船和空间站可以用于研究、制造和卫星服务。凭借在运营可重复使用航天器方面的经验，再推出具有更强可靠性和安全性的升级版本，则可以更好地控制运营成本，并且会随着时间的推移而下降。如果需要，可以开发出更大、更复杂的可重复使用航天器。成本、可靠性和安全性都比航天飞机要更好。飞行前的维护是非常昂贵且漫长的，主要是因为没有人知道如何运营可重复使用的航天器，更不用说是一个像窄体客机那么大的航天器。NASA 必须从头开始学习，经历磨练和错误的过程。

　　如果有足够的资金，NASA 就能建立空间站，将人类活动扩展到火星上，并开始建立天基制造业。如果事先考虑，土星 V 号运载器可能已经投入生产，或是更多先进的重型火箭已经开始研制了。这将使轨道器尺寸大幅缩减到适合运输人员和小型有效载荷的尺寸。

　　由于太空探索的益处从未被普通民众和政界人士充分理解，NASA 只得勉强去开发航天飞机。为了获得必要的资金，他们被迫将其作为万能工具出售。顿时，复杂性明显增加。他们也被迫接受美国空军要求的大容量有效载荷舱，携带笨重的间谍卫星并采用三角翼，以便在再入过程中进行大范围机动。这些要求增加了更多的复杂性，并且 NASA 无法从小型飞行器的运营中吸取经验。另外，另一种选择是根本不要航天飞机。NASA 面临着一个难以解决的棘手难题。

　　此外，对大型有效载荷运输能力的需求与一个已经比之前做的任何事情都更加复杂的系统耦合后，便不允许为机组乘员增加一个合适的应急逃生系统了。

　　但是，历史不能用"假如"来书写，并且美好的愿望也改变不了过去。在我们不能否认航天飞机计划失败的同时，也应该庆幸其所取得的真正成就是长期以来其他任何项目所无法匹敌的。

---

　　①　关于哥伦比亚号之后研发的外部贮箱和热防护系统修复技术的更多详细信息，请参阅拙作《入轨和返回：航天飞机如何在太空中飞行》的第 5 章和第 8 章。

　　②　波音 747 之所以以这种方式被广泛提及，因为它是有史以来最漂亮、最重要的飞机之一。

13.3　航天飞机的成就

通过可重复使用的航天器来降低进入太空的成本是一个很好的想法，将昂贵而复杂的航天器和运载器建造成一次性物品是荒谬的。从原始的独木舟到喷气式战斗机，人类所创造的每一种交通工具都具有大量循环重复使用的固有属性。但太空运载器行业并没有遵循这一趋势，除了近年来的一些例外，[①] 仍在追求抛弃式的理念。因此，对于 NASA 来说，提出一个完全可重复使用的太空运输系统（甚至在阿波罗计划结束之前）是一项大胆的举措。由于设计上的限制，它实现了部分可重用的配置。哥伦比亚号飞行 27 次[②]，挑战者号 9 次[③]，发现号 39 次，亚特兰蒂斯号 33 次，奋进号 25 次。事实上，该计划取得了完成 134 次出色飞行任务的巨大成就。考虑到每个轨道器的设计寿命是 100 次飞行任务，该计划本可以走得更远，特别是在哥伦比亚号任务失事后遇到的问题会越来越少。

实际上，轨道器是迄今为止服役过的最大航天器[④]，它也创造了其他一些成就。

首先，NASA 必须学会运营和管理比他们以前所尝试的任何计划都要复杂得多的太空计划。在阿波罗计划中，NASA 不得不训练执行少量任务的小规模机组人员，[⑤] 这些任务具有与登陆月球基本相同的目标。[⑥] 在航天飞机计划中，NASA 向大量不同任务敞开了大门，这些任务各不相同，平均来说要承载 7 名机组人员，其中一些人不是专业的航天员。学习如何同时规划几个复杂任务，设计、构建和验证不同类型的硬件，维护和准备 5 架轨道器机队的飞行，并训练机组人员和地面支持团队是非常必要的。即使在挑战者号之后飞行舱单逐年减少，但组织工作和规划设计的付出依然保持在同一水平，以确保每次任务都能成功。

小型的阿波罗太空舱可容纳 3 名机组乘员，但航天飞机为 7 名航天员提供了前所未有的机会，可以在长达 2 周的任务中生活和工作。[⑦] 以此为契机，美国太空计划最终向女性开放[⑧]。例如，萨莉·K. 里德成为第一批在太空中飞行的美国女性，凯瑟琳·D. 沙利文是第一批太空行走的美国女性，艾林·M. 科林斯（Eileen M. Collins）成为第一位女性航

---

① 如 SpaceX 和蓝色起源公司。

② 这个数字包括最后一个失败的任务 STS - 107。

③ 没有考虑最后一次飞行，因为它没有到达轨道。

④ 国际空间站及苏联/俄罗斯的和平号空间站尺寸显然要大得多，但在此处，"航天器"一词指的是往返于轨道的飞行器。另外值得一提的是，苏联的暴风雪号航天飞机比美国的稍大。然而，它只飞行过一次，而且是无人驾驶的。因此，可以肯定地说，NASA 的航天飞机是有史以来最大的、可操作的、可重复使用的航天器。

⑤ 每次飞行只有 3 名航天员。

⑥ 阿波罗号早期的任务要么是验证地球低轨道上的程序和硬件，要么是环绕月球而不是登陆月球。然而，它们都旨在为阿波罗计划的真正目标——着陆任务建立信心和积累经验。

⑦ 如第 7 章所述，STS - 61B 是一个例外，因为它有 8 名航天员。幸运的是，天空实验室的存在避免了过度拥挤的不适。值得回忆的是，STS - 71 是第一架与俄罗斯和平号交会对接的航天飞机，它卸下 7 名航天员，但 8 名航天员随它返回。飞行时间最长的是 STS - 80 任务，那次减少为 5 名机组乘员，历时近 18 天的飞行时间。

⑧ 读者可能会记得，俄罗斯的瓦莲京娜·捷列什科娃（Valentina Tereshkova）在 1963 年 6 月 16 日的发射中成为了第一位进入太空的女性。然而，这仅是一次宣传性质的飞行，没有任何其他任务。实际上，因为苏联/俄罗斯的太空计划允许参与的女性航天员是如此之少，以至于它可以被明确地定义为"仅限男性"的计划。

天飞机飞行员，后来成为第一位女性航天飞机指令长。

轨道器给了 NASA 为非专业航天员分配座位的机会。除了载荷专家，也向普通公众提供座位。① 由于航天飞机是由纳税人资助的，因此选择其中一些人参与飞行任务是合情合理的。NASA 想要让教师、艺术家、诗人、音乐家以及其他能够以接近普通百姓的方式传达太空飞行经验的人来参与飞行。② 第一个参加所谓"太空公民"计划的是来自新罕布什尔州康科德的小学老师莎伦·克丽斯塔·麦考利芙（Sharon Christa McAuliffe）。她被分配到挑战者号执行的 STS-51L 任务中，目的是从太空传授一些课程。不幸的是，当挑战者号失事时，她和她的 6 名同行者不幸遇难。这阻碍了"太空公民"计划的实施。实际上，NASA 知道航天飞机与普通航班完全不同，只有经过全面训练的航天员才能承担风险。③

承载大规模机组的能力为非美国专业航天员提供了空间。在 1983 年的 STS-9 中，德国的乌尔夫·默博尔德④成为乘坐航天飞机的超长外国专业人士名单中的第一人。如果你读过整个计划中的飞行人员名单，你肯定会发现有意大利、加拿大、西班牙、荷兰、德国、日本、英国等国家的人员。⑤

STS-9 的国际化特征被扩展到了哥伦比亚号有效载荷舱内的大型加压圆筒舱上，这是欧洲制造的空间实验室的第一次飞行。20 年来，这使航天飞机成为了一个迷你研究站，来为国际空间站做准备工作。空间实验室还开启了 NASA 与国际合作伙伴的重要合作。在这方面，最典型的案例之一是与意大利航天局的合作，在 STS-46 和 STS-75⑥ 中搭载系留卫星系统。

航天飞机-和平号计划增加了更多的国际化特征。为了减少逾期已久的空间站的建造成本，NASA 被迫与俄罗斯合作，利用其掌握的可追溯至 20 世纪 70 年代后期的长期太空飞行专有技术。这个联合计划始于 1995 年 2 月发现号与和平号空间站的交会，以验证接近到只有 10 m 的方法，这为 1995 年 6 月 29 日罗伯特·吉布森（昵称霍特）让亚特兰蒂斯号前往这个苏联空间复合体铺平了道路。这真是一个似曾相识的时刻。在阿波罗-联盟号测试项目任务期间，托马斯·P. 斯塔福德（Thomas P. Stafford）与苏联阿列克谢·列昂诺夫（Alexi Leonov）握手。大约 20 年后，罗伯特·吉布森与他的俄罗斯同道阿纳托利·索洛维耶夫（Anatoly Solovyev）握手。ASTP 基本上是两个对立的超级大国之间显示友谊的基本政治姿态，而且没有任何后续动作，但这一次合作是持久的。航天飞机与和

① 第 7 章详细讨论了这一点。
② NASA 的专业航天员对这一举措并没有什么热情，因为它把飞行机会让给了那些不必经历航天员选拔过程和相同程度训练的人。
③ 事故发生后，载荷专家仍被允许参与某些飞行，但与挑战者号以前的载荷专家相比，他们获得了更好的训练，而且对于执行任务来说这些专家确实是不可或缺的。
④ 参考第 7 章。
⑤ 公平地说，苏联的太空计划早在航天飞机之前就已经向外国人敞开了大门，但这些人中很少有人是专业航天员。相反，他们是共产主义国家的普通群众，通过给他们提供太空飞行的机会来表达对他们国家的友谊和支持。实际上，苏联/俄罗斯项目并未开启真正的国际合作时代。现在，俄罗斯联盟号飞船通常会运送非俄罗斯航天员，但这是因为目前还没有其他方法可以到达国际空间站。
⑥ 参考第 10 章深入了解这些令人着迷的任务。

平号一共进行了 9 次对接，美国航天员一次就在这个前哨站住了几个月。通过这种方式，NASA 获得了自天空实验室以来长时间太空飞行的第一手实践经验，在此过程中发现，那时获得的许多经验教训已经被遗忘了。[①]

　　最后在 1998 年 12 月，奋进号的 STS-88 任务是将国际空间站的前两个部分连接在一起，并启动在太空中有史以来最为复杂的构建工程。实际上，国际空间站的模块化配置是否是最佳选择是令人质疑的。虽然将类似于天空实验室的多个单元组装成一个空间站可能会更容易和更快，但必须认识到，土星 V 号的生产在最后一次登月之前就已结束，因此航天飞机是 NASA 可以使用的最大运载器。此外，从一开始航天飞机就代表了能够组装大型轨道基础设施的能力，因此，我们可以确信航天飞机没有辜负这些期望。

13.4　总　结

　　在简要介绍航天飞机计划的失败和成就之后，我们必须总结航天飞机是否是一个错误。我坚定地认为它不是一个错误。

　　虽然太空运输系统的想法是错误的，但是航天飞机是一个了不起的飞行器，并且是人类长久以来最复杂的创造之一。事后来看，指出每一个瑕疵和缺陷总是很容易的，但重要的是要准确了解为什么航天飞机会有如此大的缺陷。这主要归结为缺乏足够的资金和政治支持，迫使 NASA 和美国航天业接受繁重的要求，并决策使用最便宜的解决方案，尽管从工程角度看解决方案明显不是最好的。从这方面看，固体火箭助推器的选择就是非常突出的。航天业也难辞其咎，如果它包容卫星维修和翻新的理念，航天飞机将会有一个很长的航班日志需要完成。飞行得越多，运营航天器就越好、越便宜。美国空军也必须承担责任，它强加的要求在现实中几乎没有得到利用。如果它用真正的资金和信心支持该计划，那么航天飞机将有大量的任务。

　　在这种情况下，我们可以很容易地理解，航天飞机确实是至今我们所知道的 NASA 可用的最佳解决方案。正如一个孩子长大成人一样，航天飞机随着一个又一个任务而逐步成熟，30 年的成就包括：可重用性；执行各种任务目标的能力；开放的国际合作；为女性、少数民族和外国人提供了飞行的机会；组装了国际空间站。这些成就只是航天飞机及其机组人员留给我们的一小部分遗产。没有任何其他太空计划能够如此成功。

　　今天，航天飞机的任务尚未结束，3 架幸存的轨道器在美国的几个胜地展出。发现号位于华盛顿国家航空航天博物馆，亚特兰蒂斯号位于佛罗里达州的肯尼迪航天中心，奋进号位于洛杉矶的加利福尼亚科学中心。它们将永久停留在地面的现实并不妨碍它们激励未来一代的探险家，我们希望他们有一天会重返月球，甚至踏上更远的火星。

---

　　① 天空实验室是美国第一个空间站，由土星 V 第三级组成，该级装有生活和工作区域以及附加的外部模块。它被访问过 3 次，最长的任务持续 84 天。虽然 NASA 考虑在早期的航天飞机任务中附加一个小型推进模块以推进该空间站变轨，从而使其可能重新使用，但空间站在此之前就坠入了大气层，直到航天飞机-和平号联合计划以前都没有长达数月的任务经验。

作者简介

戴维德·西沃尔拉 1981 年出生于意大利皮内罗。当他还是个孩子的时候，就对各种各样的飞行器着迷，尤其是那些在大气层外飞行的飞行器。对航天的热情使他获得了意大利都灵理工学院宇航工程专业的学士和硕士学位。2009 年，他在英国受雇成为一名民航客机结构维修专家。他认为飞机就是飞得很低、很慢的航天器。他的第一本书《入轨和返回：航天飞机如何在太空中飞行》来源于他对航天飞机计划长久以来的热爱。除了热爱太空探索，他还喜欢烹饪、旅行和风光摄影。他目前与西班牙籍妻子莫妮卡生活在伦敦附近。

参 考 文 献

［1］ Astronautix. com.（n. d.）. Industrial Space Facility.［online］Available at：http：//www. astronautix. com/i/industrialspacefacility. html［Accessed 15 Mar. 2017］.

［2］ Applications of Tethers in Space：Workshop Proceedings，Volume 1.（1983）. NASA－CP－2364.［online］Williamsburg，Virginia：NASA. Available at：http：//www. ntrs. nasa. gov［Accessed 15 Mar. 2017］.

［3］ Cassutt，M.（2009）. Secret Space Shuttles.［online］Air & Space Magazine. Available at：http：//www. airspacemag. com/space/secret－space－shuttles－35318554/［Accessed 15 Mar. 2017］.

［4］ Dressler，G.，Matuszak，L. and Stephenson，D.（2003）. Study of High－Energy Upper Stage for Future Shuttle Missions. In：39th AIAA Joint Propulsion Conference and Exhibit.［online］Available at：http：//www. ntrs. nasa. gov［Accessed 15 Mar. 2017］.

［5］ Dtic. mil.（2006）. Stealth satellites：Cold War myth or operational reality？.［online］Available at：http：//www. dtic. mil/dtic/aulimp/citations/gsa/2006＿153341/132330. html［Accessed 15 Mar. 2017］.

［6］ Erickson，M.（2005）. Into the Unknown Together. The DOD，NASA，and Early Spaceflight. 1st ed. Ft. Belvoir：Defense Technical Information Center.

［7］ Evans，B.（2007）. Space Shuttle Challenger：Ten Journeys Into The Unknown. 1st ed. Chichester：Springer－Praxis.

［8］ Evans，B.（2010）. Space Shuttle Columbia：Her Missions and Crews. 1st ed. Chichester：Springer－Praxis.

［9］ Forum. nasaspaceflight. com.（n. d.）. Industrial Space Facility.［online］Available at：http：//forum. nasaspaceflight. com/index. php？topic＝33781. 0［Accessed 15 Mar. 2017］.

［10］ Frochlich，W.（1983）. Spacelab：An international short－stay orbiting laboratory. NASA－EP－165.［online］NASA. Available at：http：//www. ntrs. nasa. gov［Accessed 15 Mar. 2017］.

［11］ Harland，D. M.（2004）. The Story of the Space Shuttle. 1st ed. Berlin：Springer－Verlag.

［12］ Harland，D. M. and Catchpole，J.（2002）. Creating the international space station. 1st ed. London：Springer.

［13］ Harland，D. M. and Lorenz，R.（2006）. Space systems failures. 1st ed. Berlin［u. a.］：Springer.

［14］ Inertial Upper Stage User's guide.（1980）.［online］Boeing. Available at：http：//www. nasaspaceflight. com［Accessed 15 Mar. 2017］.

［15］ Jackson，T.，Pido，J. and Zimmerman，P.（1991）. Navigation of the TSS－1 mission.［online］Huston，Texas：Rockwell Space Operation Company. Available at：http：//www. ntrs. nasa. gov［Accessed 15 Mar. 2017］.

［16］ Jsc. nasa. gov.（2017）. Oral History Project Participants－complete list.［online］Availableat：

https：//www. jsc. nasa. gov/history/oral _ histories/participants. htm［Accessed 15 Mar. 2017］.

［17］ Lardas，M. (1989) . Shuttle tethered operations：The effect on orbital trajectory and inertialnavigation. ［online］Houston，TX，United States：McDonnell – Douglas Astronautics Co. Available at：http：// www. ntrs. nasa. gov［Accessed 15 Mar. 2017］.

［18］ Lord，D. (1987) . Spacelab：An International Success Story. NASA – SP – 487. ［online］ NASA. Available at：http：//www. ntrs. nasa. gov［Accessed 15 Mar. 2017］.

［19］ Manned Maneuvering Unit User's Guide. (1978) . NASA – CR – 151864. ［online］Martin Marietta. Available at：http：//www. ntrs. nasa. gov［Accessed 15 Mar. 2017］.

［20］ Marshall，L. and Geiger，R. (1995) . Deployer Performance Results for the TSS – 1 Mission. NASA – CR – 202595. ［online］Martin Marietta Astronautics. Available at：http：//www. ntrs. nasa. gov ［Accessed 15 Mar. 2017］.

［21］ Molczan，T. (2011) . Evaluation of the Opportunity to Launch Prowler on STS 38. ［online］ Available at：http：//www. satobs. org/［Accessed 15 Mar. 2017］.

［22］ National Reconnaissance Program's Planned Use of the Space Shuttle. (1981) . ［online］National Reconnaissance Office. Available at：http：//www. nro. gov/foia/［Accessed 15 Mar. 2017］.

［23］ National Space Transportation System Reference. Volume 1：Systems and Facilities. (1988) . ［online］NASA. Available at：http：//www. ntrs. nasa. gov［Accessed 15 Mar. 2017］.

［24］ Nsarchive. gwu. edu. (n. d.) . The Spy Satellite So Stealthy that the Senate Couldn' t Kill It. ［online］ Available at： http：//nsarchive. gwu. edu/NSAEBB/NSAEBB143/ ［Accessed 15 Mar. 2017］.

［25］ O' Connor，B. and Stevens，J. (2016) . Tethered Space Satellite – 1 (TSS – 1) ：Wound About a Bolt. MSFC – CS1007 – 1. ［online］NASA. Available at：http：//www. ntrs. nasa. gov［Accessed 15 Mar. 2017］.

［26］ Orbital service module systems analysis study documentation. Volume 1：Executive summary. (1978) . NASA – CP – 151877. ［online］ NASA. Available at：http：//www. ntrs. nasa. gov ［Accessed 15 Mar. 2017］.

［27］ Ordahl，C. (1982) . The MDAC Payload Assist Module. In：AIAA 9th Communication Satellite Systems Conference. ［online］McDonnell Douglas. Available at：http：//www. nasaspaceflight. com ［Accessed 15 Mar. 2017］.

［28］ PAM – D User's Requirements Document. (1983) . MDC G6626E. ［online］McDonnell Douglas Astronautics Company. Available at：http：//www. nasaspaceflight. com［Accessed 15 Mar. 2017］.

［29］ Portanova，P. (1983) . DOD Space Shuttle Operations at Vandenberg Air Force Base Launch and Landing Site. ［online］The Aerospace Corporation. Available at：http：//www. nasaspaceflight. com ［Accessed 15 Mar. 2017］.

［30］ Powers，B. ，Shea，C. and Mcmahan，T. (1992) . The first mission of the Tethered Satellite System. NASA – TM – 107955. ［online］ NASA. Available at：http：//www. ntrs. nasa. gov ［Accessed 15 Mar. 2017］.

［31］ Power Extension Package (PEP) system definition extension，orbital service module systems analysis study. Volume 1：Executive summary. (1979) . NASA – CR – 160321. ［online］McDonnell Douglas. Available at：http：//www. ntrs. nasa. gov［Accessed 15 Mar. 2017］.

[32] Ryan, R. , Mowery, D. and Tomlin, D. (1993) . The dynamic phenomena of a tethered satellite: NASA's first Tethered Satellite Mission, TSS – 1. NASA Technical Paper 3347. [online] NASA. Available at: http: //www. ntrs. gov [Accessed 14 Mar. 2017].

[33] Renewing Solar Science: The Solar Maximum Repair Missions. (1985) . NASA – EP – 206. [online] NASA. Available at: http: //www. ntrs. nasa. gov [Accessed 15 Mar. 2017].

[34] Repairing Solar Max: The Solar Maximum Repair Mission. (1984) . [online] NASA. Available at: http: //www. ntrs. nasa. gov [Accessed 15 Mar. 2017].

[35] Science. ksc. nasa. gov. (2017) . STS – 83. [online] Available at: https: //science. ksc. nasa. gov/ shuttle/missions/sts – 83/mission – sts – 83. html [Accessed 15 Mar. 2017].

[36] Science. ksc. nasa. gov. (2017) . STS – 94. [online] Available at: https: //science. ksc. nasa. gov/ shuttle/missions/sts – 94/ [Accessed 15 Mar. 2017].

[37] Shuttle Crew Operation Manual. (2008) . [online] NASA. Available at: https: //www. nasa. gov/centers/johnson/news/flightdatafiles/ [Accessed 15 Mar. 2017].

[38] Sivolella, D. (2014) . To Orbit and Back Again. 1st ed. New York, NY: Springer New York.

[39] Spaceflightnow. com. (2016) . 'Slick 6:' 30 years after the hopes of a West Coast space shuttle – Spaceflight Now. [online] Available at: https: //spaceflightnow. com/2016/02/08/astronaut – interview – 30 – years – after – the – hopes – of – a – west – coast – space – shuttle/ [Accessed 15 Mar. 2017].

[40] Spacelab News Reference. (1983) . NASA – TM – 102974. [online] ESA, NASA. Available at: http: //www. ntrs. nasa. gov [Accessed 15 Mar. 2017].

[41] Spacelab – 1. (1983) . NASA – TM – 85197. [online] NASA. Available at: http: //www. ntrs. nasa. gov [Accessed 15 Mar. 2017].

[42] Spacelab – 2. (1985) . NASA – EP – 217. [online] NASA. Available at: http: //www. ntrs. nasa. gov [Accessed 15 Mar. 2017].

[43] Spacelab – 3. (n. d.) . NASA – EP – 203. [online] NASA. Available at: http: //www. ntrs. nasa. gov [Accessed 15 Mar. 2017].

[44] Space Transportation System User Handbook. (1982) . [online] NASA. Available at: http: //www. ntrs. nasa. gov [Accessed 15 Mar. 2017].

[45] Strozier, J. , Sterling, M. , Schultz, J. and Ignatiev, A. (2001) . Wake vacuum measurement and analysis for the wake shield facility free flying platform. Vacuum, 64 (2), pp. 119 – 144.

[46] STS investigators' guide. (1989) . [online] NASA. Available at: http: //www. ntrs. nasa. gov [Accessed 15 Mar. 2017].

[47] STS – 5 Press Information. (1983) . [online] Rockwell International Space Transportation & Systems Group. Available at: http: //www. ntrs. nasa. gov [Accessed 15 Mar. 2017].

[48] STS – 5 Space Shuttle Mission Press Kit. (1982) . [online] NASA. Available at: http: //www. ntrs. nasa. gov [Accessed 15 Mar. 2017].

[49] STS – 6 Press Information. (1983) . [online] Rockwell International Space Transportation & Systems Group. Available at: http: //www. ntrs. nasa. gov [Accessed 15 Mar. 2017].

[50] STS – 6 Space Shuttle Mission Press Kit. (1983) . [online] NASA. Available at: http: //www. ntrs. nasa. gov [Accessed 15 Mar. 2017].

［51］ STS – 8 Press Information. （1983）. ［online］ Rockwell International Space Transportation & Systems Group. Available at: http: //www. ntrs. nasa. gov ［Accessed 15 Mar. 2017］.

［52］ STS – 9 Press Information. （1983）. ［online］ Rockwell International Space Transportation & Systems Group. Available at: http: //www. ntrs. nasa. gov ［Accessed 15 Mar. 2017］.

［53］ STS – 34 Press Information. （1989）. ［online］ Rockwell International Space Transportation & Systems Group. Available at: http: //www. ntrs. nasa. gov ［Accessed 15 Mar. 2017］.

［54］ STS – 35 Space Shuttle Mission Press Kit. （1990）. ［online］ NASA. Available at: http: // www. ntrs. nasa. gov ［Accessed 15 Mar. 2017］.

［55］ STS – 37 Space Shuttle Mission Press Kit. （1991）. ［online］ NASA. Available at: http: // www. ntrs. nasa. gov ［Accessed 15 Mar. 2017］.

［56］ STS – 39 Press Information. （1991）. ［online］ Rockwell International Space Transportation & Systems Group. Available at: http: //www. ntrs. nasa. gov ［Accessed 15 Mar. 2017］.

［57］ STS – 41B Press Information. （1984）. ［online］ Rockwell International Space Transportation & Systems Group. Available at: http: //www. ntrs. nasa. gov ［Accessed 15 Mar. 2017］.

［58］ STS – 41C Space Shuttle Mission Press Kit. （1984）. ［online］ NASA. Available at: http: // www. ntrs. nasa. gov ［Accessed 15 Mar. 2017］.

［59］ STS – 45 Press Information. （1992）. ［online］ Rockwell International Space Transportation & Systems Group. Available at: http: //www. ntrs. nasa. gov ［Accessed 15 Mar. 2017］.

［60］ STS – 46 Press Information. （1992）. ［online］ Rockwell International Space Transportation & Systems Group. Available at: http: //www. ntrs. nasa. gov ［Accessed 15 Mar. 2017］.

［61］ STS – 46 Space Shuttle Mission Press Kit. （1992）. ［online］ NASA. Available at: http: // www. ntrs. nasa. gov ［Accessed 15 Mar. 2017］.

［62］ STS – 49 Press Information. （1992）. ［online］ Rockwell International Space Transportation & Systems Group. Available at: http: //www. ntrs. nasa. gov ［Accessed 15 Mar. 2017］.

［63］ STS – 50 Press Information. （1992）. ［online］ Rockwell International Space Transportation & Systems Group. Available at: http: //www. ntrs. nasa. gov ［Accessed 15 Mar. 2017］.

［64］ STS – 51 Space Shuttle Mission Press Kit （1993）. ［online］ Rockwell International Space Transportation & Systems Group. Available at: http: //www. ntrs. nasa. gov ［Accessed 15 Mar. 2017］.

［65］ STS – 51A Space Shuttle Mission Press Kit. （1985）. ［online］ NASA. Available at: http: // www. ntrs. nasa. gov ［Accessed 15 Mar. 2017］.

［66］ STS – 51B Space Shuttle Mission Press Kit. （1985）. ［online］ NASA. Available at: http: // www. ntrs. nasa. gov ［Accessed 15 Mar. 2017］.

［67］ STS – 51D Press Information. （1985）. ［online］ Rockwell International Space Transportation & Systems Group. Available at: http: //www. ntrs. nasa. gov ［Accessed 15 Mar. 2017］.

［68］ STS – 51F Space Shuttle Mission Press Kit. （1985）. ［online］ NASA. Available at: http: // www. ntrs. nasa. gov ［Accessed 15 Mar. 2017］.

［69］ STS – 51I Space Shuttle Mission Press Kit. （1985）. ［online］ NASA. Available at: http: // www. ntrs. nasa. gov ［Accessed 15 Mar. 2017］.

［70］ STS – 54 Press Information. （1993）. ［online］ Rockwell International Space Transportation &

Systems Group. Available at: http: //www. ntrs. nasa. gov [Accessed 15 Mar. 2017].

[71]　STS - 57 Press Information. (1993). [online] Rockwell International Space Transportation & Systems Group. Available at: http: //www. ntrs. nasa. gov [Accessed 15 Mar. 2017].

[72]　STS - 60 Space Shuttle Mission Press Kit. (1994). [online] NASA. Available at: http: // www. ntrs. nasa. gov [Accessed 15 Mar. 2017].

[73]　STS - 60 Space Shuttle Mission Report. (1994). NASA - CR - 197233. [online] NASA. Available at: http: //www. ntrs. nasa. gov [Accessed 15 Mar. 2017].

[74]　STS - 61A Space Shuttle Mission Press Kit. (1985). [online] NASA. Available at: http: // www. ntrs. nasa. gov [Accessed 15 Mar. 2017].

[75]　STS - 61B Space Shuttle Mission Press Kit. (1985). [online] NASA. Available at: http: // www. ntrs. nasa. gov [Accessed 15 Mar. 2017].

[76]　STS - 67 Space Shuttle Mission Press Kit. (1995). [online] NASA. Available at: http: // www. ntrs. nasa. gov [Accessed 15 Mar. 2017].

[77]　STS - 69 Space Shuttle Mission Press Kit. (1995). [online] NASA. Available at: http: // www. ntrs. nasa. gov [Accessed 15 Mar. 2017].

[78]　STS - 69 Space Shuttle Mission Report. (1995). NSTS - 37402. [online] NASA. Available at: http: //www. ntrs. nasa. gov [Accessed 15 Mar. 2017].

[79]　STS - 72 Space Shuttle Mission Press Kit. (1996). [online] NASA. Available at: http: // www. ntrs. nasa. gov [Accessed 15 Mar. 2017].

[80]　STS - 75 Space Shuttle Mission Press Kit. (1996). [online] NASA. Available at: http: // www. ntrs. nasa. gov [Accessed 15 Mar. 2017].

[81]　STS - 80 Space Shuttle Mission Press Kit. (1996). [online] NASA. Available at: http: // www. ntrs. nasa. gov [Accessed 15 Mar. 2017].

[82]　STS - 80 Space Shuttle Mission Report. (1997). NASA - TM - 112252. [online] NASA. Available at: http: //www. ntrs. nasa. gov [Accessed 15 Mar. 2017].

[83]　STS - 83 Space Shuttle Mission Press Kit. (1997). [online] NASA. Available at: http: // www. ntrs. nasa. gov [Accessed 15 Mar. 2017].

[84]　STS - 87 Space Shuttle Mission Press Kit. (1997). [online] NASA. Available at: http: // www. ntrs. nasa. gov [Accessed 15 Mar. 2017].

[85]　STS - 94 Space Shuttle Mission Press Kit. (1997). [online] NASA. Available at: http: // www. ntrs. nasa. gov [Accessed 15 Mar. 2017].

[86]　S. T. Wu, (1978). UAH/NASA Workshop on The Uses of a Tethered Satellite System. NASA - CR -161836. [online] Huntsville: The University of Alabama, NASA. Available at: http: //www. ntrs. nasa. gov [Accessed 15 Mar. 2017].

[87]　Thespacereview. com. (2013). The Space Review: On the trail of "The Curse of Slick - 6". [online] Available at: http: //www. thespacereview. com/article/2349/1 [Accessed 15 Mar. 2017].

[88]　Thespacereview. com. (n. d.). The Space Review: A lighter shade of black: the (non) mystery of STS - 51J. [online] Available at: http: //www. thespacereview. com/article/1536/1 [Accessed 15 Mar. 2017].

[89]　Tethered Satellite System (TSS - 1) (STS Flight 46). Volume 2; System Description. (1991).

[online] Martin Marietta Astronautics. Available at: http: //www. ntrs. nasa. gov [Accessed 15 Mar. 2017].

[90] The 25 kW power module evolution study. Part 3: Conceptual designs for power module evolution. Volume 1: Power module evolution. (1979). NASA – CR – 161145. [online] NASA. Available at: http: //www. ntrs. nasa. gov [Accessed 15 Mar. 2017].

[91] Tsiao, S. (2008). "Read you loud and clear!". 1st ed. Washington, DC: National Aeronautics and Space Administration, NASA History Division, Office of External Relations.

[92] Upper Stage Alternatives for the Shuttle Era. (1981). NASA – TM – 84137. [online] NASA. Available at: http: //www. ntrs. nasa. gov [Accessed 15 Mar. 2017].

[93] Williams, D. and Johnson, B. (2003). EMU Shoulder Injury Tiger Team Report. NASA/TM – 2003 – 212058. NASA.

[94] Wired, I. (2006). I Spy. [online] WIRED. Available at: https: //www. wired. com/2006/02/spy – 3/ [Accessed 15 Mar. 2017] .